工业和信息化部“十四五”规划教材

普通高等教育“十一五”国家级规划教材

21世纪高等院校自动化专业系列教材

智能控制

第3版

李少远　主编
王景成　邹媛媛　高岳　参编

机械工业出版社

本书从控制系统建模、控制与优化的本质要求出发，系统介绍了近年来模糊推理、神经网络、智能优化理论和方法的作用及意义。作为控制理论和方法的进一步发展，本书着重介绍了智能理论和方法在解决复杂系统控制问题中的方法及意义，同时结合实例介绍智能理论与方法在控制系统中的各种应用。本书共分10章，主要介绍了智能控制的基本概念与研究内容、复杂系统结构与智能控制、模糊集合与模糊推理的数学基础、常用模糊控制器形式、工作原理和设计过程、机器学习的经典算法、神经元与神经网络，针对非线性系统的建模和控制问题给出了详细阐述，以遗传算法重点介绍了数值优化算法对设计控制系统的作用，最后介绍了数据挖掘、数据校正和数据融合等新技术，并对智能控制的发展进行了展望。

本书可作为高等院校高年级本科生和研究生教材，也可供控制科学与工程、计算机控制、系统工程、电气工程及相关专业的工程技术人员参考。

本书配有在线课程，扫描前言中的二维码即可查看课程培训视频、拓展阅读、知识图谱等教学资源，本书配套的电子课件、教学大纲、习题答案可登录 www.cmpedu.com 免费注册，审核通过后下载，或联系编辑索取（微信：18515977506，电话：010－88379753）。

图书在版编目（CIP）数据

智能控制/李少远主编.—3版.—北京：机械工业出版社，2023.12（2024.8重印）

21世纪高等院校自动化专业系列教材

ISBN 978-7-111-73411-6

Ⅰ.①智… Ⅱ.①李… Ⅲ.①智能控制－高等学校－教材 Ⅳ.①TP273

中国国家版本馆CIP数据核字（2023）第113057号

机械工业出版社（北京市百万庄大街22号　邮政编码100037）

策划编辑：李馨馨　　责任编辑：李馨馨　解　芳

责任校对：张爱妮　刘雅娜　陈立辉　　责任印制：单爱军

北京虎彩文化传播有限公司印刷

2024年8月第3版第3次印刷

184mm×260mm·16印张·425千字

标准书号：ISBN 978-7-111-73411-6

定价：59.00元

电话服务	网络服务
客服电话：010-88361066	机　工　官　网：www.cmpbook.com
010-88379833	机　工　官　博：weibo.com/cmp1952
010-68326294	金　　书　　网：www.golden-book.com
封底无防伪标均为盗版	机工教育服务网：www.cmpedu.com

前　言

控制理论经过了经典控制理论和现代控制理论两个具有里程碑意义的重要阶段，在科学理论和实际应用上都取得了辉煌的成就，这是有目共睹的。控制理论和方法面向实际系统的控制需求以解析模型的形式进行分析和设计，既具有严谨的学术意义，又以深刻的理论方法指导实际应用。当前，国内外控制界都把复杂系统的控制作为控制科学与工程学科发展的前沿方向，大型复杂工业过程作为重要的背景领域，以其特有的复杂性推动着这一学科前沿的发展。在面向复杂系统的控制问题时，人类积累的经验非常重要，过去的二十多年里，以模糊推理、神经网络和智能优化等为主要内容的智能控制技术取得了长足的发展，在一些以复杂非线性、不确定性、对系统性能要求多样性及其对象解析模型难以建立等为特征的系统控制中发挥着重要作用，因而也引起了众多研究者的关注。

关于模糊推理、神经网络和现代优化的方法较多，在许多学科中都有很多的应用，在控制领域也已出版了很多书籍。本书更着重从控制系统的建模、控制与优化的学科内容要求出发，系统地介绍智能理论和方法对控制系统的作用。模糊推理和神经网络是实现智能控制的结构框架，而现代优化算法则是实现智能控制的核心算法，实现控制系统的具有学习和自适应的功能正是智能控制的目的。《智能控制》（第 1 版）于 2005 年由机械工业出版社出版后，在国内许多高校作为教材使用，对于推动智能控制技术的教学发展起到了重要作用；2007 年，本书又获批作为普通高等教育“十一五”国家级规划教材进行出版。同时，在第 1 版教材使用过程中，作者也收到了一些反馈信息，一并在第 2 版中进行完善修改，主要考虑到本书是面向控制科学与工程相关学科的学生进行，因而在修订版中主要加强了模糊控制与传统 PID 控制之间关系的分析，神经网络针对系统建模中节点的生长与修剪方法以及智能优化方法在实际系统问题中的应用实例。

人类社会在经历了由技术变革而引起的三次工业革命，即将迎来第四次工业革命，人工智能技术将成为主角，对人类社会产生深刻的影响。人工智能技术经历了多年的发展，在理论方法和关键技术取得突破性进展。这些进展在改造传统产业中发挥了重要作用，特别在系统控制方面，继第一代、第二代控制理论后，以智能为核心的新一代控制理论正在推动技术的变革和社会进步。另一个方面是，由于智能技术的进步衍生了很多新的产业，如智能驾驶、智慧城市等，突显了人工智能技术的光辉前景。“人工智能的核心是机器学习”，因此，在本次修订中以智能技术发展的最新热点为基础进行修改。

本书共分为 10 章。第 1 章从控制理论发展需要的角度对智能控制的基本概念和研究内容进行了阐述；第 2 章介绍了复杂系统结构与智能控制，这些内容包括了传统人工智能的基本概念和控制策略。第 3 章为模糊集合与模糊推理的数学基础，也是第 4 章模糊控制的重要基础。第 4 章则重点介绍了常用的模糊控制器形式，包括 Mamdani 型和 T－S 型，详细介绍了工作原理和设计过程，还给出了模糊控制系统稳定性分析与设计的一些方法。第 5 章介绍了机器学习的经典算法的基本知识，如决策树、支持向量机和主成分分析，并探讨这些算法在控制领域的具体应用。第6章介绍了神经元与神经网络的基础知识，包括前馈神经网络、反馈神经网络的典型结构和学习算法。第7章则在第6章的基础上针对非线性系统的建模和控制问题给出了详细阐述。控制系统中涉及的数值优化算法较多，也是正在广泛研究的热点问题。第8章以遗传算法为重点介绍了数值优化算法对设计控制系统的作用，推而广之，其他一些数值优化算法也可被用来设计控制系统。智能系统所利用的信息多是系统的输入/输出“数据”，或者说系统的“数据”反映了系统的性质。第9章从智能控制系统数据的利用角度，介绍了近年来研究较多的数据挖掘、数据校正和数据融合等新技术，当然，介绍这些方法的目的是起到“抛砖引玉”的作用，因为这是一个很广泛的课题，足以形成一个独立的课程。第10章则对智能控制的进一步发展进行了探讨和展望。

本书力图从控制系统的建模、控制与优化的学科内容要求出发，系统介绍智能理论和方法对控制系统的作用，书中也引入了一些实际应用的例子，以利于读者理解和掌握课程内容。

由于编者水平有限，书中错漏之处在所难免，恳请广大读者批评指正，在此对于读者给予本书的反馈意见表示衷心感谢。

编 者
2023年10月于崂山

目录

第 1 章 概论

自美国数学家维纳在 20 世纪 40 年代创立控制论以来，自动控制理论经历了经典控制理论和现代控制理论两个重要发展阶段，在处理复杂系统控制问题中，传统的控制理论在面临复杂性所带来的问题时，力图突破旧的模式以适应社会对自动化提出的新要求，世界各国控制理论界都在探索建立新一代的控制理论来解决复杂系统的控制问题。近年来，把传统控制理论与模糊逻辑、神经网络、遗传算法等人工智能技术相结合，充分利用人类的控制知识对复杂系统进行控制，逐渐形成了智能控制理论的雏形。1985 年 1 月，电气与电子工程师学会（IEEE）在美国纽约召开了第一届智能控制学术会议，集中讨论了智能控制的原理和系统结构等问题，标志着这一新的体系的形成。虽然智能控制体系的形成只有三十几年的历史，理论还远未成熟，但其已有的应用成果和理论发展说明了智能控制正成为自动控制的前沿学科之一。

1.1 控制科学发展的新阶段——智能控制

拓展阅读
中国在智能控制领域做出的贡献

控制理论在应用中面临的挑战如下。

1）传统控制系统的设计与分析是建立在已知系统精确数学模型的基础上的，而实际系统由于存在复杂性、非线性、时变性、不确定性和不完全性等，一般无法获得精确的数学模型。

2）研究这类系统时，必须提出并遵循一些比较苛刻的假设，而这些假设在应用中往往与实际不相吻合。

3）对于某些复杂的和具有不确定性的对象，根本无法以传统数学模型来表示，即无法解决建模问题。

4）为了提高性能，传统控制系统可能变得很复杂，从而增加了设备的初始投资和维修费用，降低了系统的可靠性。

为了讨论和研究自动控制面临的挑战，在 1986 年 9 月，美国国家科学基金会（NSF）及电气与电子工程师学会（IEEE）的控制系统学会在加利福尼亚州圣塔克拉拉大学（University of Santa Clara）联合组织了一次名为“对控制的挑战”的专题报告会。有 50 多位知名的自动控制专家出席了这一会议。他们讨论和确认了每个挑战。根据与会自动控制专家的集体意见，发表了《对控制的挑战——集体的观点》。

在自动控制发展的现阶段，还存在一些至关重要的挑战：科学技术间的相互影响和相互促进，如计算机、人工智能和超大规模集成电路等技术；当前和未来应用的需求，如空间技术、海洋工程和机器人技术等应用要求；基本概念和时代进程的推动，如离散事件驱动、信息高速公路、非传统模型和人工神经网络的连接机制等。

面对这些挑战，自动控制工作者的任务如下。

1）扩展视野，发展新的控制概念和控制方法，采用非完全模型控制系统。

2）采用在开始时知之甚少和不甚完善的，但可以在系统工作过程中在线改进，使之知之较多和不断完善的系统模型。

3）采用离散事件驱动的动态系统和本质上完全断续的系统。

从这些任务可以看出，系统与信息理论以及人工智能思想和方法将深入建模过程，模型将不再被视为固定不变的，而是不断演化的实体。所开发的模型不仅含有解析与数值，而且包含定性和符号数据。它们是因果性的、动态的、高度非同步的、非解析的，甚至是非数值的。对于非完全已知的系统和非传统数学模型描述的系统，必须建立包括控制律、控制算法、控制策略、控制规则和协议等理论。实质上，这就是要建立智能化控制系统模型，或者建立传统解析和智能方法的混合（集成）控制模型，而其核心就在于实现控制器的智能化。

要解决上述领域中面临的问题，不仅需要发展控制理论与方法，而且需要开发应用计算机科学与工程的最新成果。20世纪90年代以来，计算机科学在工业控制中的应用问题已引起学术界越来越广泛的重视与深入研究。其中，最有代表性的是由IEEE控制系统学会和国际自动控制联合会（IFAC）理论委员会合作的“计算机科学面临工业控制应用的挑战”的研究计划。该计划是在一些国家和多国合作研究项目的基础上形成的。计划指出：开发大型的实时控制与信号处理系统是工程界面临的最具挑战的任务之一，这涉及硬件、软件和智能（尤其是算法）的结合，而系统集成又需要先进的工程管理技术。

设立这一迎接挑战的研究计划是基于以下因素。

1）工业部门往往无法有效地把数学技术的最新进展用于控制和信号处理，以提高实时系统的智能水平（Intelligent Level）。

2）控制学术界又常常不清楚如何在工业上进行控制系统硬件、软件和智能三者的集成开发，自动控制界和计算机科学界在工业和学术两方面的对话与有效合作仍然是需要进一步解决的问题。

3）在开发大型的实时系统时，应了解硬件、软件和智能如何结合以及该系统的算法如何设计。

4）评价由收集专家经验或利用数学模型以及依靠控制和信号处理的数学技术而得到的智能的相关价值。

5）建议重新树立控制和计算机科学的传统学术形象，以求组成一个更加统一的实时与动态系统。

人工智能（Artificial Intelligence，AI）的产生和发展为自动控制系统的智能化提供了有力支持。人工智能影响了许多具有不同背景的学科，它的发展已促进自动控制向着更高的水平——智能控制（Intelligent Control）发展。人工智能和计算机科学界已经提出一些方法、示例和技术，用于解决自动控制面临的难题。例如，简化处理松散结构的启发式软件方法（专家系统外壳、面向对象程序设计和再生软件等）；基于角色（Actor）或智能体（Agent）的处理超大规模系统的软件模型；模糊信息处理与控制技术以及基于信息论和人工神经网络的控制思想和方法等。

值得指出的是，自动控制面临的这一国际性挑战，不仅受到学术界的极大关注，而且得到众多工程技术界、公司企业和各国政府有关部门的高度重视。许多工业发达国家先后提出相关研究计划，提供研究基金，竞相开发智能控制技术。例如，美国NSF和电力研究所（EPRI）于1992年年初发布了一个智能控制合作计划的招标书。该计划首期提供300万美元研究经费，用于智能控制的分析和实验研究。

综上所述，自动控制既面临严峻挑战，又存在难得的发展机遇。为了解决面临的难题，一方面，要推进控制硬件、软件和智能的结合，实现控制系统的智能化；另一方面，要实现自动控制科学与计算机科学、信息科学、系统科学以及人工智能的结合，为自动控制提供新思想、新方法和新技术，创立边缘交叉新学科，推动智能控制的发展。

1.2 智能控制的基本概念与研究内容

近年来，越来越多的学者意识到在传统控制中加入逻辑、推理和启发式知识的重要性，这类系统一般称为智能控制系统。对“智能控制”这一术语尚未有确切的定义，IEEE 控制系统协会归纳为：智能控制系统必须具有模拟人类学习（Learning）和自适应（Adaptation）的能力。智能控制不同于经典控制理论和现代控制理论的处理方法，控制器不再是单一的数学解析模型，而是数学解析模型和知识系统相结合的广义模型。综合来说，智能控制具有以下基本特点。

1）智能控制系统应能对复杂系统，如非线性、快时变、复杂多变量、环境扰动等进行有效的全局控制，并具有较好的容错能力。

2）智能控制是一种定性决策和定量控制相结合的多模态组合控制。

3）智能控制的基本目的是从系统的功能和整体优化的角度来分析和综合系统，以实现预定的目标，智能控制应具有自组织能力。

4）智能控制系统同时具有以知识表示的非数学广义模型和以数学模型表示的混合控制过程，人的知识在控制中起着重要的协调作用，系统在信息处理上，既有数学运算，又有逻辑和知识推理能力。

1.2.1 模糊逻辑控制

模糊控制是智能控制较早的形式，它吸取了人的思维，具有模糊性的特点。从广义上讲，模糊逻辑控制指的是应用模糊集合理论统筹考虑系统的一种控制方式，模糊控制不需要精确的数学模型，是解决不确定性系统控制的一种有效途径。在早期（1990 年以前）的文献中，如 C. C. Lee、H. J. Zimmerman 认为模糊控制是在其他基于模型的控制方法不能很好地进行控制时的一种有效选择，模糊控制器的隶属度函数、控制规则是根据经验预先总结而确定的，控制过程中没有对规则的修正功能，不具有学习和自适应能力。即便如此，模糊控制仍然取得了一些成功的应用，如在窑炉、工业机器人等方面。但在对较复杂的不确定性系统进行控制时往往精度较低，总结控制规则过分依赖现场操作、调试时间长、难以满足要求，比较而言，可以称为经典模糊控制。目前，众多学者对传统模糊控制进行了许多改进，发展成为多种形式的模糊控制，出现了模糊模型及辨识、模糊自适应控制，并在稳定性分析、鲁棒性设计等方面取得了进展，基于模型和分析方法的模糊控制可以称为现代模糊控制，这给模糊控制带来了新的活力，从而也成为智能控制的重要分支。

传统控制理论通常是基于控制系统的线性数学模型来设计控制器，而大多数工业被控对象是具有时变、非线性等特性的复杂系统，对这样的系统进行控制，不能仅仅基于在平衡点附近的局部线性模型，而需要加入一些与工业状况有关的人类的控制经验，这些经验通常是定性的或定量的，模糊推理控制正是这种控制经验的表示方法，C. C. Lee 称这种模糊控制为直接模糊控制，并已成功地应用于一些工业过程控制中。这种方法的优点是不需要被控过程的数学模型，因而可省去传统控制方法的建模过程，但同时过多地依赖控制经验。此外，由于没有被控对象的模型，在投入运行之前就很难进行稳定性、鲁棒性等闭环分析，这也妨碍了传统控制理论在模糊控制中的应用，基于模型的现代控制与基于控制经验的模糊控制很难形成统一的模式，发挥各自的优势。

随着研究的深入，越来越多的研究者在模糊控制模式中引入了模糊模型的概念，出现了模糊模型，控制器就可根据这个模型采用现代控制理论方法进行设计，将定量知识和定性知识较好地融合在一起，模糊模型如图1-1所示。

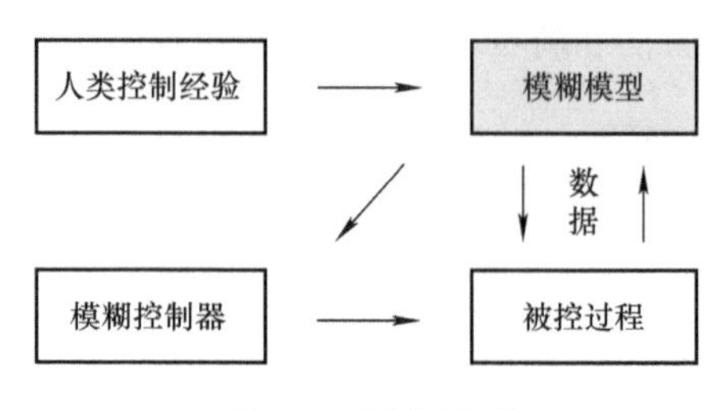

图1-1 模糊模型

模糊模型就是用if－then形式的规则表示控制系统的输入/输出关系，现在发表在各种文献上的模糊模型，主要有Mamdani模型和T－S模型。

在Mamdani模型中，图1-1表示的系统映射可以写成：

$$\begin{aligned}R_i:\text{if}\quad & y(k)\text{ is }A_{i1}\text{ and }y(k-1)\text{ is }A_{i2}\text{ and},\cdots,\text{and }y(k-n+1)\text{ is }A_{in}\\ & \text{and }u(k)\text{ is }B_{i1}\text{ and }u(k-1)\text{ is }B_{i2}\text{ and},\cdots,\text{and }u(k-m+1)\text{ is }B_{im}\\ & \text{then }y(k+1)\text{ is }C_i\end{aligned} \tag{1-1}$$

按Mamdani推理，采用质心法进行模糊判决，则系统总的推理输出为

$$y(k+1)=\frac{\sum_{i=1}^{N}\overline{C}_i\cdot\mu_i}{\sum_{i=1}^{N}\mu_i} \tag{1-2}$$

式中，μ_i为前提条件的模糊蕴含；$\overline{C}_i$为第i条规则输出模糊集合的中心点。已经证明这种带模糊判决和取小蕴含运算Mamdani型的模糊模型是对连续函数的一种完备映射。

Takagi和Sugeno于1985年提出了一种区别于Mamdani模型的T－S模糊模型，T－S模型在前提部分与Mamdani模型有相同的结构，而结论部分代替了原来的模糊集合，用一个前提部分变量的多项式表示，是前提变量的线性函数，对于式（1-1）所示系统有这样的结构：

$$\begin{aligned}R_i:\text{if }& y(k)\text{ is }A_{i1}\text{ and }y(k-1)\text{ is }A_{i2}\text{ and},\cdots,\text{and }y(k-n+1)\text{ is }A_{in}\\ & \text{and }u(k)\text{ is }B_{i1}\text{ and }u(k-1)\text{ is }B_{i2}\text{ and},\cdots,\text{and }u(k-m+1)\text{ is }B_{im}\\ & \text{then }y_i(k+1)=g_i(\cdot)=p_0^i+p_1^iy(k)+\cdots+p_n^iy(k-n+1)+\\ & \qquad p_{n+1}^iu(k)+\cdots+p_{n+m}^iu(k-m+1)\end{aligned} \tag{1-3}$$

也可表示为状态方程的形式：

$$\begin{cases}x(k+1)=A_ix(k)+B_iu(k)\\ y(k)=C_ix(k)\end{cases} \tag{1-4}$$

这种控制系统的结构如图1-2所示。T－S模糊模型可以看成是系统在不同工况时的局部模型，基于T－S模型，可以充分利用现代控制理论知识对各个局部模型分别设计控制器，由于它们在前提条件中对应不同的隶属度μ_i，则系统总的输出仍可按式（1-4）进行模糊判决。

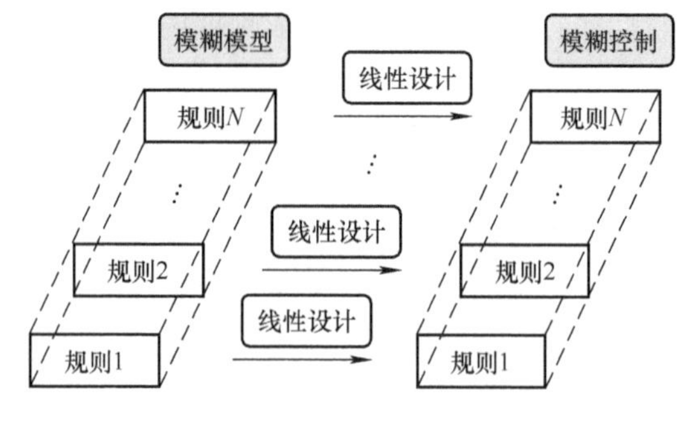

图1-2 T－S模糊控制系统的结构

模糊模型除具有连续函数的映射能力外，还具有以下优点。

1）集成专家控制经验，以 if - then 规则的形式表示，具有知识表达的特点。

2）局部线性化模型可以采用现代控制理论（极点配置、状态反馈、预测控制等）方法进行系统设计和分析。

3）Mamdani 和 T - S 模型都可以根据系统的输入/输出进行辨识，具有定量和定性知识集成的特点。

1.2.2 神经网络控制

神经网络控制是研究和利用人脑的某些结构机理以及人的知识和经验对系统的控制，采用神经网络，控制问题可以看成模式识别问题，被识别的模式是映射成“行为”信号的“变化”信号。人们普遍认为，神经网络控制系统的智能性、鲁棒性均较好，能处理高维、非线性、强耦合和不确定性的复杂工业生产过程中的控制问题，其显著特点是具有学习能力，不断修正神经元之间的连接权值，并离散存储在连接网络中，因而对非线性系统、难以建模的系统具有良好的映射能力，权值的修正可以看成是对映射的修正，以达到期望的目标函数。

模糊推理和神经网络在控制中的应用有着不同的特点。一般来说，模糊控制是基于规则的推理，如果具有足够的系统控制知识，则可以进行很好的控制；而神经网络需要大量的数据学习样本，如果系统有足够的各态遍历的学习样本，神经网络可以通过学习得到满意的控制器，并可在控制中不断进行学习，修正连接权值。K. Hornik 证明了多层神经网络是一种对连续函数的完备的逼近，L. X. Wang 证明了模糊基函数也具有同样的逼近。模糊映射在系统中是集合到集合（Set - Set）的规则映射，而神经网络则是点到点（Point - Point）的映射。因此，模糊逻辑容易表达人们的控制经验等定性知识，而神经网络在利用系统定量数据方面有较强的学习能力。神经网络控制将系统控制问题看成“黑箱”的映射问题，缺乏明确的物理意义，因而控制经验的定性知识不易融入控制中。

神经网络的研究已有较长的历史，对于控制界，神经网络的优势如下。

1）能够充分逼近任意复杂的非线性系统。

2）能够学习与适应严重不确定性系统的动态特性。

3）由于大量神经元之间广泛连接，即使有少量单元或连接损坏，也不影响系统的整体功能，从而表现出很强的鲁棒性和容错性。

4）采用并行分布处理方法，使得快速进行大量运算成为可能。

这些特点显示了神经网络在解决高度非线性和严重不确定性系统控制方面的巨大潜力，将神经网络引入控制系统是控制学科发展的必然趋势，它的引入不仅给这一领域的突破带来了生机，也为控制研究者带来了许多亟待解决的问题。

一般来说，神经网络用于控制有两种方法，一种是用来实现建模，另一种是直接作为控制器使用。具体可分为以下几个方面。

1）系统建模。对于系统的输入/输出数据，利用神经网络在带有严重非线性特性的系统中建立其输入/输出映射，比传统的线性系统辨识更为有效，多数神经网络建模是和控制器一起实现的。

2）直接自校正控制。神经网络先离线学习被控对象的逆动力学特性，然后作为对象的前馈控制器，并在线学习动力学特性，这种方法的思想是，如果神经网络（Neural Network，NN）充分逼近对象的逆动力学特性，则从 NN 的输入端至对象的输出端的传递函数近似为1。

3）间接自校正控制。自校正调节器的目的是在被控系统参数变化的情况下，自动调整控制器的参数，消除扰动的影响，以保证系统的性能指标，在这种控制方式中，神经网络用作过程参数或某些非线性函数的在线估计器。

4）神经网络模型参考自适应控制。文献中还提出神经网络控制器（NNC）根据输出误差 $e=y_m-y$ 来修正权值，使得 $e\to0$，当系统结构已知时，可用常规的控制方法取代NNC；当系统结构未知时，则用NNC的逼近能力来完成控制。

5）神经网络内模控制。神经网络内模控制（IMC）是一种非线性控制，为了获得更好的控制效果，通常在控制器前加一个常规的滤波器，IMC不去直接学习被控系统的逆动力学映射关系，而由NN状态估计器来训练学习，以减轻IMC的负担。

近年来，随着神经网络的发展，深度学习（Deep Learning）逐渐成为研究的热点。深度学习在控制领域的研究已经有所成效，其中较为著名的有自适应动态规划方法等。但总体来说，相关的研究和报道依然较少，研究的广度和深度都略显不足。目前，深度学习在控制系统的各个环节均有应用和研究，主要集中在控制目标识别、控制策略计算、系统参数辨识和状态特征提取等方面，分别对应于控制系统中控制对象、控制器、执行器和传感器四个部分。

单输出控制系统中，控制策略就是指单一的控制量，而在智能控制系统中，控制策略还可以指一串动作或者一个决策。传统的控制器是用输出量和给定量的误差来进行控制策略的计算的，而在智能控制系统中，控制器是通过获取系统的状态来进行控制策略的计算。传统的控制是根据系统的机理来设计控制器的，而深度神经网络是一个需要监督信号进行训练的模型，其控制策略是系统经过多次训练而得出的。

1.2.3 遗传算法

遗传算法（GA）是模拟自然进化过程而得到的一种随机性全局优化方法，现在也被广泛研究和应用，而其方法的全局性、快速性、并行性和鲁棒性，使得遗传算法越来越为各领域所接受，遗传算法在自动控制学科中，已用来研究离散时间最优控制问题、Riccati方程的求解问题、控制系统的鲁棒稳定问题等。尤其是在模糊神经网络训练中，应用最广的BP算法，由于本身的机理，使得其训练结果常常陷入局部最优，成为神经网络发展的一大障碍，因而，近年来遗传算法成为模糊神经网络训练中的有力工具，用来训练神经网络权值，对控制规则和隶属度函数进行优化，也可以用来优化网络结构。

遗传算法的应用研究比理论研究更为丰富，已渗透到许多学科，如工程结构优化、计算数学、制造系统、航空航天、交通、计算机科学、通信、电子学、电力、材料科学等。遗传算法的应用按其方式可分为三部分，即基于遗传的优化计算、基于遗传的优化编程和基于遗传的机器学习。

1.3 本书的主要内容

本书从控制系统建模、控制与优化的本质要求出发，系统地介绍近年来模糊推理、神经网络、现代优化理论与方法对控制系统的建模、控制与优化的作用。作为控制理论和方法的进一步发展，本书着重反映智能理论和方法在解决复杂系统控制问题的方法和意义，同时介绍智能理论与方法在控制系统中的各种应用实例。本书包括下列内容。

1）简述智能控制产生的背景、起源与发展，讨论智能控制的定义、特点和智能控制器的一般结构，介绍智能控制的分层递阶结构，阐述专家系统和学习控制与智能控制之间的关系。

2）介绍现有智能控制的主要形式，包括模糊推理、神经网络和遗传算法，着重从控制系统的建模、控制与优化的学科内容要求出发，系统地介绍这些理论和方法对控制系统的意义。

3）结合近年来在复杂控制系统的数据挖掘和信息处理，介绍智能控制方法的应用，主要包括控制系统软测量、数据挖掘、数据校正与数据融合等。

实现智能控制的结构框架是模糊推理和神经网络，而实现智能控制的核心算法是现代优化算法，智能控制的目的是实现控制系统的学习和自适应功能。本书将沿着这一主线进行介绍和论述。

第2章　复杂系统结构与智能控制

智能控制的概念和原理主要是针对被控对象、环境、控制目标或任务的复杂性而提出的，本章主要介绍复杂系统的结构和智能控制的基本原理，包括分层递阶智能控制、专家系统智能控制和学习控制，是学习后续各章智能控制方法和技术的重要基础。

2.1 复杂系统的分层递阶智能控制

为了实现规划、决策、学习等智能功能，智能控制所实现的含义要比常规控制广泛得多。广义的控制可以定义为：驱使系统实现要求功能的过程。为了实现广义的控制功能，智能控制需要将认知系统研究的成果与常规的系统控制方法有机结合在一起。

认知系统传统上是作为人工智能的一部分，主要实现类似于人的一些行为功能，这些功能主要是基于从简单的逻辑操作到高级的推理方法来实现的。在这方面已取得了很大进展，如模式识别、语言学以及启发式方法等已经作为认知系统的一部分，广泛应用于声音、图像及其他传感信息的分析和分类中。在系统控制方面也已经建立起许多成熟的理论和方法，它们可以用来进行运动控制的轨迹跟踪、动态规划及优化控制等。

2.1.1 分层递阶智能控制的一般结构原理

G. N. Saridis 等提出了一种分层递阶智能控制理论，将计算机的高层决策、系统理论中先进的数学建模和综合方法以及处理不确定和不完全信息的语言学方法结合在一起，形成了一种适合于工程需要的智能控制方法。该理论可认为是人工智能、运筹学和控制理论三个主要学科领域的交叉。

分层递阶智能控制系统的结构如图2-1所示，由组织级、协调级和执行级三个层次组成，并按照自上而下精确程度渐增、智能程度逐减的原则进行功能分配，图2-2是一个典型的复杂系统智能控制的分层递阶结构。

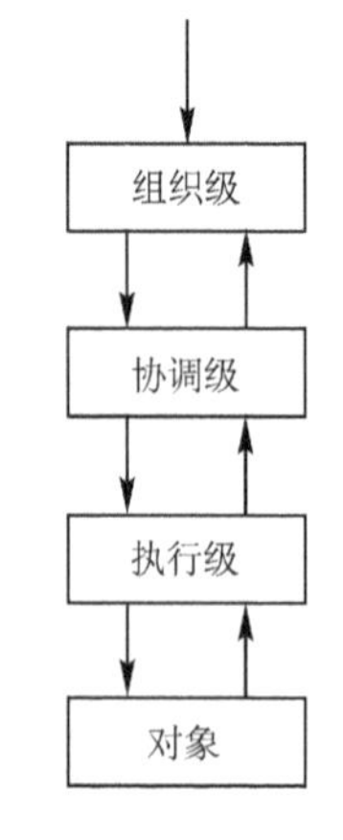

图2-1　分层递阶智能控制系统的结构

智能控制系统上层的作用主要是模仿人的行为功能，因而主要是基于知识的系统，它所实现的规划、决策、学习、数据存储、任务协调等主要是对知识进行处理，智能控制系统下层的作用是执行具体的控制任务，对数值进行操作和运算。对各功能模块可赋予主观的概率模型或模糊集合，因此，对每一个执行的任务，可以用熵来进行计算，它对整个系统的协调提供了一个分析的度量准则。分层递阶智能控制的理论可以表述为：对于自上而下按照精确程度渐增、智能程度逐减的原则所建立的分层递阶结构的系统，智能控制器的设计问题可以认为是这样的数学问题：寻求正确的决策和控制序列，以使得整个系统的总熵最小，这就是 Saridis 智能控制理论中的“精度随智能降低而提高”（IPDI）原理。

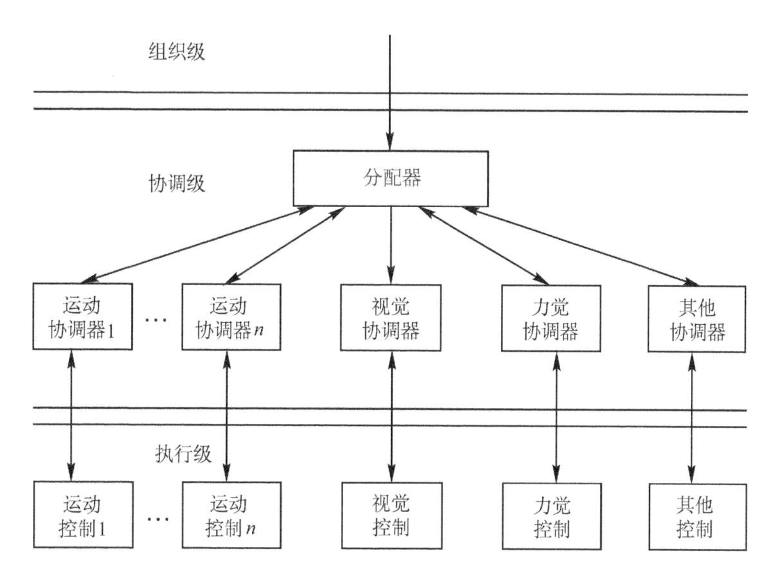

图 2-2　复杂系统智能控制的分层递阶结构

关于熵的定义可以在有关信息论的文献中查到，为了便于读者理解本书中的有关内容，现把熵的定义简述如下。

对连续的随机过程 x，熵 $H(x)$ 的定义为

$$H(x) = -\int p(x)\ln p(x)\,\mathrm{d}x = -E[\ln p(x)] \tag{2-1}$$

式中，$p(x)$ 是 x 的概率密度；$E[\cdot]$ 表示数学期望值。对离散随机过程有

$$H(x) = -\sum p(x)\ln p(x) \tag{2-2}$$

熵是不确定性的一种度量。由熵的表达式可知，熵越大，期望值越小。熵最大就表明不确定性最大，时间序列最随机，功率谱最平坦。

2.1.2　组织级

组织级是分层递阶智能控制系统的最上面一层，其作用是对于给定的外部命令和任务，寻找能够完成该任务的子系统控制任务的组合，再将这些子任务要求送到协调级，通过协调处理，最后将具体的执行动作要求送至执行级去完成所要求的任务，最后对任务执行的结果进行性能评价，并将评价结果逐级向上反馈，同时对以前存储的知识信息加以修改，从而起到学习的作用。

由此可见，组织级的作用主要是进行任务规划，是典型的人工智能中的问题求解，已有很多人工智能专家在这方面做了大量工作。这里介绍一种由 Moed 和 Saridis 所提出的基于神经网络来实现组织级功能的方法。

为了便于对问题的描述，定义一组基元事件的集合 $C=(c_1, c_2, \cdots, c_n)$，$c_i$ 可以表示基本动作、动作对象、动作结果等，它们是最基本的事件，这些基元的组合既可以表示外部的任务输入要求，也可以表示子任务的组合，在神经网络中，c_i 表示神经网络节点，网络由如下 3

部分组成。

1）输入节点：用来表示要求的目标或子目标，在这里外部输入命令即是要求的目标。

2）输出节点：由基元事件组成，这些基元事件的适当组合可实现要求的目标。

3）隐节点：主要用来实现输入和输出节点之间复杂的连接关系。

对于每个节点都用一个二进制随机变量 $x_i=\{0,1\}$ 来表示，并令 $P(x_i=1)=P_i$，$P(x_i=0)=1-P_i$，其中1表示神经元节点处于激发状态，0表示节点处于关闭状态。网络的状态向量 $\boldsymbol{X}=(x_1,x_2,\cdots,x_i,\cdots,x_n)$ 表示一组0和1的有序组合，它描述了神经网络的状态，对于给定的输入，当网络达到稳定状态时，抽取相应的输出节点状态便得到最优的执行特定任务的基元事件的有序组合。

一般的神经网络应用能量函数作为代价函数，通过使其极小化来找到最优的状态，如果将能量与知识联系起来，那么这里能量的含义是表示缺乏知识的程度，即能量的减少表示知识的增加。换言之，这里能量是与不确定性的程度相对应的，即能量减少，不确定的程度也减少，并可由它表示在给定任务要求下所得到的基元事件组合的概率，并可进一步计算出代价函数。

2.1.3 协调级

协调级的拓扑结构如图2-3所示，可以表示成树形结构（D，C），D 是分配器，即树根，C 是子节点的有限子集，称为协调器。

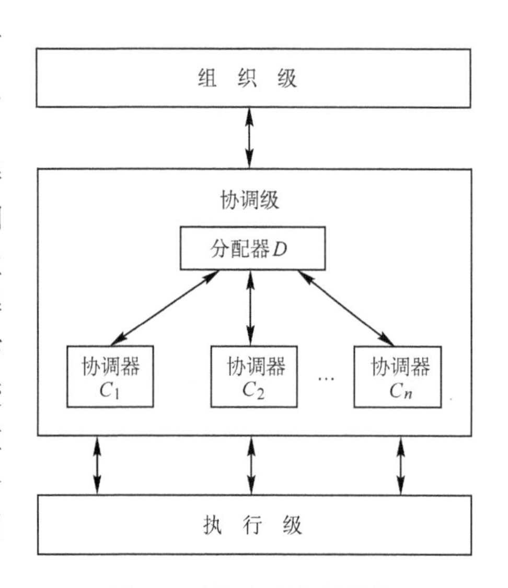

图2-3 协调级的拓扑结构

每一个协调器与分配器都有双向连接，而协调器之间没有连接。协调级中分配器的任务是处理对协调器的控制和通信，具体为：由组织级为某些特定作业给定一系列基本事件（任务）后，应该由哪些协调器来执行任务和接受任务执行状态的通知。控制和通信可以由以下方法来实现：将给定的基本事件的顺序变换成具有必需信息的、面向协调器的控制动作，并在适当时刻把它们分配给相应的协调器。在完成任务后，分配器也负责组成反馈信息，送回给组织级。因此，分配器需要有以下功能。

1）通信能力：允许分配器接收和发送信息，沟通组织级与协调器之间的联系。

2）数据处理能力：描述组织级的命令信息和协调器的反馈信息，为分配器的决策单元提供信息。

3）任务处理能力：辨识要执行的任务，为相应的协调器选择合适的控制程序，组成组织级所需的反馈。

4）学习功能：减少决策中的不确定性，而且当获得更多的执行任务经验时，减少信息处理过程，以此来改善分配器的任务处理能力。

每一协调器与几个装置相连，并为这些装置处理操作过程和传送数据，协调器可以被看作在某些特定领域内具有确定性功能的专家，根据工艺模型所加的约束和事件要求，它有能力从多种方案中选择一种动作，完成分配器按不同方法所给定的同一种任务；将给定的和面向协调器的控制动作顺序变换成具有必需数据和面向硬件的实时操作动作，并将这些动作发送给装置。在执行任务之后，协调器应该将结果报告给分配器。协调器所需具备的能力与分配器完全一样，但它处在较低和更特定的级别上。应该说明的是，转换在相互作用过程中实现，分配器和协调器实际上具有不同的时间标度。分配器中的一步，在协调器中可以产生许多步。在分配器的监督下，协调器必须相互合作，共享信息。单个协调器不能也没有足够的信息去完成整个任务。分配器和协调器应作为整体来处理所需的作业。

以上描述说明，分配器和协调器处在不同的时标级别，但有相同的组织结构，这种统一的结构由数据处理器、任务处理器和学习处理器组成。数据处理器的功能是提供被执行任务有关信息和目前系统的状态，它完成三种描述，即任务描述、状态描述和数据描述。

在任务描述中，给出从上一级的执行任务表。在状态描述过程中它提供了每一个任务执行的先决条件以及按某种抽象术语表达的系统状态。数据描述给出了状态描述中抽象术语的实际值。这种信息组织对任务处理器的递阶决策非常有用。该三级描述的维护和更新受监督器操纵。监督器操作是基于从上级来的信息和从下级来的任务执行后的反馈。监督器还负责数据处理和任务处理之间的连接。

任务处理器的功能是为下级单元建立控制命令，任务处理器采用递阶决策，包含三个步骤：任务调度、任务转换和任务建立。任务调度通过检查任务描述和包含在状态中相应的先决和后决条件，来确定要执行的任务而不管具体的状态值。如果没有可执行的子任务，那么任务调度就必须决定内部操作，使某些任务的先决条件变成真。任务转换将任务或内部操作分解成控制动作，后者根据目前系统的状态，以合适的次序排列。任务建立过程将实际值赋给控制动作，建立最后完全的控制命令。它利用数据处理器中的递阶信息描述，使递阶决策和任务处理快速有效。在完成所有要执行的任务后，就调用监督器，以某种特定的形式向上一级组织反馈信息。监督器还负责将任务处理器和学习器相互连接起来。

学习处理器的功能是改善任务处理器的特性，以减少在决策和信息处理中的不确定性。学习处理器可以使用不同的学习机制，以完成它的功能。协调级的连接以及功能，可以应用 Petri 网来进一步详细分析。限于篇幅，这里不深入讨论。

2.1.4 执行级的最优控制

动态系统的最优控制，已有系统的数学描述。在递阶智能控制中，为了用熵进行总体的评估，必须将传统的最优控制描述方法转化为用熵进行描述。以下我们会看到这两种描述方法实质上是一致的。

对一个确定性动态系统，优化控制问题可以表示为：给定一个动态系统

$$\dot{\boldsymbol{x}} = f(x,u,t)\,,\ \boldsymbol{x}(t_0) = x_0 \tag{2-3}$$

和性能指标

$$V(x_0,u,t_0) = \int_{t_0}^{T} L(x,u,t)\,\mathrm{d}t,\ L(x,u,t) > 0 \tag{2-4}$$

式中，$\boldsymbol{x}(t) \in \Omega_x$ 是定义在状态空间 Ω_x 上的 n 维状态向量；$t \in T = [t_0, T]$；$u(x,t): \Omega_x \times T \rightarrow R^m$ 是定义在允许反馈控制集合 $\Omega_u \in \Omega_x$ 和 T 中的 m 维反馈控制律。

问题是选择一个适当的控制律 $u(x,t): \Omega_u \times T \rightarrow R^m$，使标量函数 V 的值为 K，$V_{\min} \leqslant K \leqslant \infty$。

$$V(x_0,t;u(x,t)) = \int_{t_0}^{T} L(x_0,t;u(x,t))\,\mathrm{d}t = K \tag{2-5}$$

Bellman 的动态规划原理已经证明在最优控制的小邻域，$u(x,t)$ 以及任何 $u(x,t)$：$\Omega_u \times T \rightarrow R^m$ 满足广义的 Hamilton - Jacobi 方程

$$\frac{\partial V}{\partial t}+\frac{\partial V^T}{\partial x}f(x,u,t)+L(x,u,t)=0 \tag{2-6}$$

$$V(x_f,t_f)=0$$

最优控制律是要求其控制 $u^*(x,t):\Omega_u\times T$，使

$$V(x_0,t;u(x,t))=\min_u\int_{t_0}^{T}L(x,u,t)\mathrm{d}t=V_{\min} \tag{2-7}$$

并满足 Hamilton - Jacobi 方程

$$\frac{\partial V}{\partial t}+\min\left[\frac{\partial V^T}{\partial x}f(x,u,t)+L(x,u,t)\right]=0 \tag{2-8}$$

$$V(x_f,t_f)=0$$

为了用熵的概念来描述该优化问题，要考虑设计者从允许控制集合中选择合适控制的不确定性，并满足标量等于 K（在最优控制情况下为 $V_{\min}$）的要求。它可以表示成一个条件，即 V 的期望值等于 K，例如

$$E\{V(x_0,t_0,u(x,t))\}=K \tag{2-9}$$

V 的期望值在允许控制的集合 Ω_u 中取值。在这个集合中，用概率密度 $P(u)$来表示选择$u(x,t)$ 的不确定性。为了简化符号，用 u 代替 $u(x,t)$，则

$$P(u)=P(u(x,t)),\ \int_{\Omega_x}P(u)\mathrm{d}x=1 \tag{2-10}$$

对这个概率密度，可以赋予以下熵函数

$$H(u)=-\int_{\Omega}P(u)\ln P(u)\mathrm{d}x \tag{2-11}$$

选择 $P(u)$使熵为最大，并受式（2-9）和式（2-10）的约束，于是所得的概率密度是在给定信息的基础上最小可能的估计。

结合式（2-9）、式（2-10）和式（2-11），得到熵的无约束表达式为

$$\begin{aligned}I&=H(u)-\mu[E\{V\}-K]-\lambda_1\left[\int_{\Omega}P(u)\mathrm{d}x-1\right]\\&=-\int_{\Omega_x}[P(u)\ln P(u)+\mu P(u)V]\mathrm{d}x-\lambda_1\left[\int_{\Omega_x}P(u)\mathrm{d}x-1\right]+\mu K\end{aligned}$$

利用变分法，I 对 $P(u)$的极大要求为

$$\frac{\partial}{\partial P}[-P\ln P-\mu PV-\lambda_1P]=0 \qquad \frac{\partial^2 I}{\partial P^2}<0$$

$$-\ln P-1-\mu V-\lambda_1=0 \qquad -\frac{1}{P}<0$$

因此在最坏情况下，不确定性最大的概率密度为

$$P=\mathrm{e}^{-\lambda-\mu V\{x_0,u(x,t),t\}},\ \lambda=\lambda_1+1$$

于是

$$\mathrm{e}^{\lambda}=\int_{\Omega_x}\mathrm{e}^{-\mu V\{x_0,u(x,t),t\}}\mathrm{d}x \tag{2-12}$$

注意到

$$\begin{aligned}\frac{\partial}{\partial\mu}\ln\left[\int_{\Omega_x}\mathrm{e}^{-\mu V}\mathrm{d}x\right]&=\left[\int_{\Omega_x}\mathrm{e}^{-\mu V}\mathrm{d}x\right]^{-1}\int_{\Omega_x}(-V)\mathrm{e}^{-\mu V}\mathrm{d}x=-\mathrm{e}^{-\lambda}\int_{\Omega_u}V\mathrm{e}^{-\mu V}\mathrm{d}x\\&=\int_{\Omega_x}-V\mathrm{e}^{-\lambda-\mu V}\mathrm{d}x=\int_{\Omega_x}-PV\mathrm{d}x=-E(V)\end{aligned} \tag{2-13}$$

为了简化，式中把 $V\{x_0,u(x,t),t\}$ 简记为 V，则

$$E(V)=K=-\frac{\partial}{\partial\mu}\ln\int_{\Omega_x}\mathrm{e}^{-\mu V}\mathrm{d}x$$

参数μ和$\lambda=1+\lambda_1$是适当的常数。从密度函数的性质可以得到反馈控制的一般结论

$$\frac{\mathrm{d}P}{\mathrm{d}t}=0\Leftrightarrow\frac{\partial P}{\partial t}+\frac{\partial P^T}{\partial x}\dot{\boldsymbol{x}}+\frac{\partial P}{\partial V}\frac{\partial V}{\partial t}=0\Rightarrow\frac{\partial P}{\partial t}+\frac{\partial P^T}{\partial x}\dot{\boldsymbol{x}}-[L(x,u,t)\mu]P=0$$

上式中对某些给定的$u(x,t)$，由$P=\mathrm{e}^{-\lambda-\mu V}$可得

$$\frac{\partial P}{\partial t}=-\left(\frac{\partial V}{\partial t}\right)\mu P,\ \frac{\partial P}{\partial x}=-\frac{\partial V}{\partial x}\mu P,\ \dot{\boldsymbol{x}}=f(x,u,t)$$

因此

$$\left[\frac{\partial V}{\partial t}+\frac{\partial V^T}{\partial x}f(x,u,t)+L(x,u,t)\right]\mu P=0 \tag{2-14}$$

对所有$u(x,t)=u\in\Omega_x\times T$，式（2-14）可以简化成式（2-6），对$u(x,t)=u^*(x,t)$，式（2-14）就成为式（2-7）。现在允许反馈控制的集合中$u(x,t)=u\in\Omega_n\times T$，$\Omega_u\subset\Omega_x$选择最优控制。在最大的不确定情况下，可把最优反馈控制问题作为“最优设计”问题再来计算。假设所允许的控制集合被式（2-10）所给定的概率密度函数$P(u)$所覆盖，而$P(u)$表示了最优函数选择的不确定性。把最坏情况下的$P(u)$表达式代入式（2-11），相应的熵为

$$H(u)=\lambda+\mu E\{V(x_0,u(t),t)\} \tag{2-15}$$

只要对式（2-12）两边取对数再求期望即可。为了求得最优反馈控制，将式（2-15）相对于u求极小值，其必要条件为

$$\frac{\mathrm{d}H}{\mathrm{d}u}=\frac{\partial H}{\partial u}+\frac{\partial H}{\partial P}\frac{\partial P}{\partial u}=0 \tag{2-16}$$

上述讨论的是确定性情况，当系统存在过程噪声和测量噪声时，同样可以用熵来描述最优反馈控制，此时状态X要用估计值$\hat{X}$来代替。这样就在信息理论与最优控制问题之间建立等价的测度关系，从而为分层递阶智能控制系统采用熵函数作为统一的性能测度提供了理论基础。

2.2 专家系统

专家系统是智能控制的一个重要分支，其实质是使系统的构造和运行都基于控制对象和控制规律的各种专家知识，而且要以智能的方式来利用这些知识，使得被控对象尽可能地优化和实用化，因此专家系统又称为基于知识的控制或专家智能控制。

2.2.1 专家系统的基本组成与特点

专家系统是一种人工智能的计算机程序系统，这些程序软件具有相当于某个专门领域专家的知识和经验水平，以及解决专门问题的能力。

专家系统的基本组成结构如图2-4所示。由图2-4可以看出，知识库和推理机是专家系统中的两个主要组成要素。知识库存储着作为专家经验的判断性知识，例如表达建议、推断、命令、策略的产生规则等，用于某种

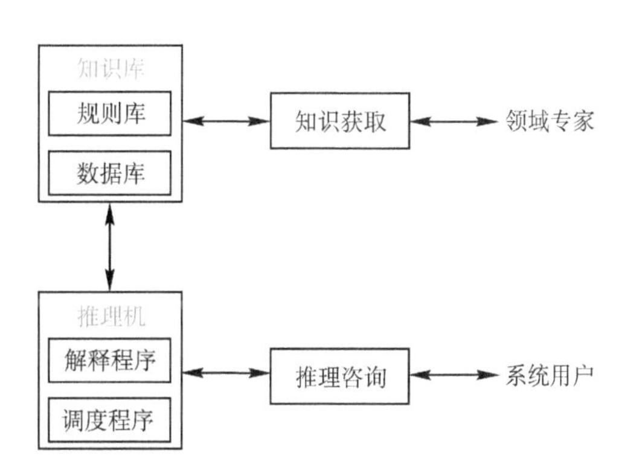

图2-4 专家系统的基本组成结构

结论的推理、问题的求解，以及对于推理、求解知识的各种控制知识。知识库中还包含另一类叙述性知识，也称作数据，用于说明问题的状态、有关的事实和概念、当前的条件以及常识等。完整的知识库还应该包括具有管理功能的软件系统，主要用于对知识条目的查询、检索、增删、修改、扩充等。

知识库通过“知识获取”机构与领域专家相联系，形成专家系统与领域专家的人-机接口，知识获取的过程即为建立和更新知识库、对知识条目进行测试和精练的过程。知识获取的手段可以采用“专题面谈”“口语记录分析”等人工移植方式，也可以采用机器学习的方法。

推理机实际上是一个运用知识库中提供的两类知识，基于某种通用的问题求解模型，进行自动推理、求解问题的计算机软件系统。它包括一个解释程序，用于决定如何使用判断性知识来推导新的知识，还包括一个调度程序，用于决定判断性知识的使用次序。推理机的具体构造取决于问题领域的特点及专家系统中知识表示和组织的方法。推理机的运行可以根据不同的控制策略：从原始数据和已知条件推断出结论的方法称为正向推理或数据驱动策略；先提出结论或假设，然后寻找支持这个结论或假设的条件或证据，若成功则结论成立，否则再重新假设，这种方法称为反向推理或目标驱动策略；运用正向推理帮助系统提出假设，再运用反向推理寻找证据，这种方法称为双向推理或混合控制。

推理机通过“推理咨询”机构与系统用户相联系，形成了专家系统与系统用户之间的人-机接口，系统可以输入并“理解”用户有关领域问题的咨询提问，再向用户输出问题求解的结论，并对推理过程做出解释。人-机之间的交互信息一般要在机器内部表达形式与人可接受的形式（如自然语言、图文等）之间进行转换。

专家系统通过某种知识获取手段，把人类专家的知识和经验技巧移植到计算机中，并模拟人类专家的推理、决策过程，表现出求解复杂问题的人工智能，它与传统的计算机技术和常规的软件程序相比，具有显著的特点。

在功能上，专家系统是一种知识信息处理系统，不是数值信息计算系统。它依靠知识表达技术确定问题的求解途径，而不是基于数学描述方法建立处理对象的计算模型。它主要采用知识推理的各种方法来求解问题，进行决策，而不是在固定程序控制下通过执行指令来完成求解任务。

在结构上，专家系统的两个主要组成部分——知识库和推理机是独立构造、分离组织，但又相互作用的。这不能简单地看作一种编程技巧，而是说明一个知识基系统的首要特征是它具有一个知识体的核心部分。维持专家系统的知识是明确的、可存取的，而且是可积累的。常规的软件程序尽管也包含许多领域知识，但这些知识往往是隐含的，它们与求解问题的方法混杂在一起，无法得到单独的操作和控制。

在性能上，专家系统具有启发性，能够运用专家的经验知识对不确定或不精确的问题进行启发式推理，运用排除多余步骤或减少不必要计算的策略；专家系统具有透明性，它能够向用户显示为得出某一结论而形成的推理链，运用有关推理知识检查导出结论的精度、一致性和合理性，甚至提出一些证据来解释或证明它的推理；专家系统具有灵活性，它能够通过知识库的扩充和更新，提高求解专门问题的水平或适应环境对象的某些变化，通过与系统用户的交互使自身的性能得到评价和监控。

2.2.2 专家智能控制系统的基本原理

到目前为止，专家系统并没有明确的公认定义，粗略地说，专家控制是指将专家系统的设计规范和运行机制与传统控制理论和技术相结合而形成的实时控制系统设计、实现的方法。

专家控制的功能目标是模拟、延伸、扩展“控制专家”的思想、策略和方法。所谓“控制专家”，既指一般自动控制技术的专门研究者、设计师、工程师，也指具有熟悉操作技能的控制系统操作人员。他们的控制思想、策略和方法包括成熟的理论方法、直觉经验和手动控制技能。专家控制并不是对传统控制理论和技术的排斥、替代，而是对它的包容和发展。专家控制不仅可以提高常规控制系统的控制品质、拓宽系统的作用范围、增加系统功能，而且可以对传统控制方法难以奏效的复杂过程实现控制。

专家控制的理想目标是实现如下所述的控制系统。

1）能够满足任意动态过程的控制需要，包括时变的、非线性的、受到各种干扰的控制对象或生产过程。

2）控制系统或过程的运行可以利用对象或过程的一些先验知识，而且只需要最少量的先验知识。

3）有关对象或过程的知识可以不断增加积累，据此改善系统的控制性能。

4）有关控制系统的潜在知识以透明的方式存放，能够方便地修改和扩充。

5）用户可以对控制系统的性能进行定性的说明，例如“速度尽可能快”“超调量要小”等。

6）控制性能方面的问题可以得到诊断，控制回路中单元（包括传感器和执行器等）的故障可以得到检测。

7）用户可以访问系统的内部信息，并进行交互，例如对象或过程的动态特性、控制性能的统计分析、限制控制性能的因素以及对当前采用的控制作用的解释等。

专家控制的上述目标覆盖了传统控制理论在建模、控制、优化和诊断等方面可以达到的功能，但又超过了传统控制技术。作一个形象的比喻，专家控制试图在控制回路中“加入”一个富有经验的控制工程师，系统能够提供一个“控制工具箱”，即可对控制、辨识、测量、监视、诊断等方面的各种方法和算法任意选择，运用自如，而且透明地面向系统外部的用户。

专家智能控制所实现的控制作用是控制规律的解析算法与各种启发式控制逻辑的有机结合。

可以简单地说，传统控制理论和技术的成就与特长在于它针对精确描述的解析模型进行精确的数值求解，即它的着眼点主要限于设计和实现控制系统的各种典型算法。

例如，经典的 PID 控制就是一个精确的线性方程所表达的算法：

$$u(t) = K_p\left[e(t) + \frac{1}{T_i}\int_0^t e(\tau)\mathrm{d}\tau + T_d\frac{\mathrm{d}}{\mathrm{d}t}e(t)\right] \tag{2-17}$$

式中，$u(t)$为控制信号；$e(t)$为系统输出与设定值的偏差；K_p 为比例系数；$T_i=1/K_i$ 为积分系数；$T_d=K_d$ 为微分系数。

在 PID 控制器中，控制作用的大小取决于误差的比例项、积分项和微分项，K_p、K_i 和 K_d 的选择取决于被控对象或过程的动态特性，适当地整定 PID 的 3 个参数，可以获得满意的控制系统性能，即系统具有适当的稳定性、稳态误差和动态特性。应该指出，PID 的控制效果实际上是比例、积分和微分 3 种控制作用的合理加权。PID 控制算法由于其简单可靠等特点，一直是在工业控制中应用最广泛的控制器形式。

再考虑一种高级控制策略的参数自适应控制，系统结构如图 2-5 所示，该系统具有两个回路。内环回路由被控对象或过程以及常规的反馈控制器组成，外环回路由参数估计和控制器设计两部分组成。参数估计部分对被控系统的动态参数进行递推估计，控制器设计部分根据被控对象参数的变化对控制器参数进行相应的调节。当被控对象或过程的动力学特性由于内部不确定性或外部环境干扰不确定性而发生变化时，自适应控制器能够自动校正控制作用，从而使控制系统尽量保持满意的性能。参数估计和控制器设计主要由各种算法实现，统称为自校正算法。

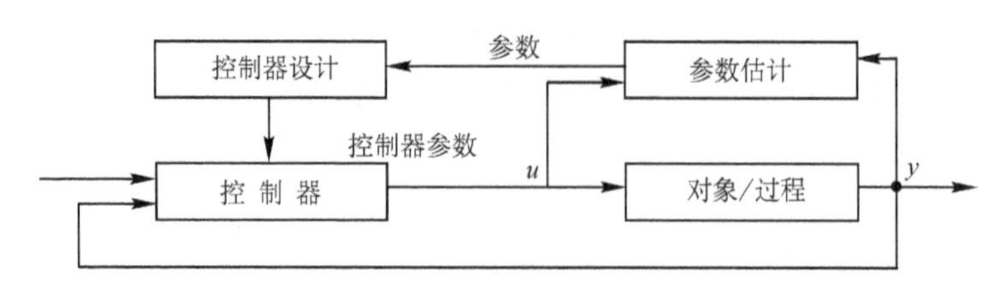

图2-5 参数自适应控制系统结构

无论是简单的PID控制还是复杂的自适应控制，要在很大的运行范围内取得完美的控制效果，都不能孤立地依靠算法进行，因为这些算法还包含着许多的启发式逻辑，而且要使实际系统在线运行，具有完整的功能，还需要并不能表示为数值算法的各种推理控制逻辑。

传统控制技术中存在的启发式控制逻辑可以列举如下。

（1）控制算法的参数整定和优化

例如，对于不精确模型的PID控制算法，参数整定通常运用Ziegler－Nichols规则，即根据开环系统Nyquist曲线与负实轴的交点所表示的临界增益K_c和ω_c来确定K_p、K_i和K_d的经验取值，这种经验规则本身就是启发式的，而且在通过试验来求取临界点的过程中，还需要许多启发式逻辑才能恰当使用上述规则。

控制器参数的校正和在线优化，也属于启发式控制逻辑。例如被称为专家PID控制器的EXACT，就是通过对系统误差的模式识别，分别识别出过程响应曲线的超调量、阻尼比和衰减振荡周期，然后根据用户给定的指标要求，在线校正K_p、K_i和K_d这三个参数，直至过程的响应曲线为某种指标下的最优响应曲线。

（2）不同算法的选择决策和协调

例如参数自适应控制，系统有两个运行状态：控制状态和调节状态。在获得被控系统模型一定参数的条件下，可以使用不同的控制算法：最小方差控制、极点配置控制、PID控制等。如果模型不准确或参数发生变化，系统需切换到调节状态，引入适当的激励，启动参数估计算法。如果激励不足，则需引入扰动信号。如果对象参数发生跳变，则需对估计参数重新初始化。如果由于参数估计不当造成系统不稳定，则需启发一种$K_c-\omega_c$估计器重新估计参数。最后如果发现自校正控制已收敛到最小方差控制，则转入控制状态。另外，$K_c-\omega_c$估计器的K_c和ω_c值同时也起到对备用的PID控制的参数整定作用。由上可知，参数自适应控制中涉及众多的辨识和控制算法，不同算法之间的选择、切换和协调都是依靠启发式逻辑进行监控和决策的。

（3）未建模动态的处理

例如，在PID控制中，并未考虑系统元件的非线性。当系统启停或设定值跳变时，由于元件的饱和等特性，在积分项的作用下系统输出将产生很大超调，形成振荡，为此需要进行逻辑判断，即若误差过大，则取消积分项。

例如，当不希望执行部件操作过于频繁时，可利用逻辑实现带死区的PID控制等。

（4）系统在线运行的辅助操作

在核心的控制算法以外，系统的实际运行还需要许多重要的辅助操作，这些操作功能一般都是由启发式逻辑决定的。

例如，为避免控制器的初始状态在开机时对系统造成冲击，一般采用从手动控制切入自动控制的方式，这种从手动到自动的无扰切换是根据逻辑判断的。又如，当系统出现异常状态或控制幅值超限时，必须在某种逻辑控制下进行报警和现场处理。

系统应能与操作人员进行交互，以使系统得到适当的对象先验知识，使操作人员了解、监控系统运行状态等。

传统控制技术对于上述各种启发式控制逻辑，并没有作深入揭示，采取了回避的态度，或者以专门的方式进行个别处理。专家智能控制的基本策略正是面对这些启发式逻辑，试图采用形式化的方法，将这些启发式逻辑组织起来，进行一般化处理，从它们与核心算法的结合上使传统控制表现出较好的智能性。

总之，与传统控制技术不同，专家控制的作用和特点在于依靠完整描述的被控对象或过程知识，求取良好的控制系统性能。

2.2.3　仿人智能控制

广义上讲，各种智能控制方法研究的共同点都是使工程控制系统具有某种“仿人”的智能，即研究人脑的微观或宏观的结构功能，并把它移植到工程控制系统上。事实上，控制理论本身的研究就是从模仿人的控制行为开始的，迄今为止世界上最高级的控制器还是人类自身。早在 20 世纪 80 年代，我国的周其鉴、李祖枢等就提出了仿人智能控制的研究方法，他们认为，应将对人脑的宏观结构功能模拟与对人控制器的行为功能模拟相结合，直接对人的控制经验、技巧和各种直觉推理逻辑进行概括和总结，形成鲁棒性强、能实时运行的简单实用控制算法。本节将介绍其理论方法的要点。

智能控制系统的特征模型 Φ 是对系统动态特性的一种定性与定量相结合的描述，是控制问题求解和控制指标的不同要求对系统动态信息空间 Σ 的一种划分。如此划分出的每一区域分别表示系统运动的一种特征状态 ϕ_i，特征模型为全体特征状态的集合。

$$\Phi = \{\phi_1, \phi_2, \cdots, \phi_n\},\ \phi_i \in \Sigma \tag{2-18}$$

在图 2-6a 表示的系统动态信息空间 Σ 中，每一块区域都对应于图 2-6b 中系统偏差响应曲线上的一段，表明系统处于某种特征运动状态，例如特征状态

$$\phi_1 = \{e \cdot \dot{e} \geqslant 0 \cap |\dot{e}/e| > \alpha \cap |e| > \delta_1 \cap |\dot{e}| > \delta_2\} \tag{2-19}$$

表明系统正处于受到扰动作用以较大速度偏离目标值的状态，式中 α、δ_1、δ_2 为参数阈值。

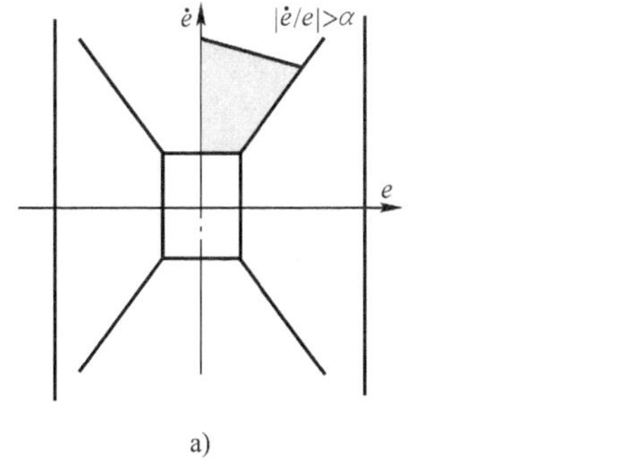

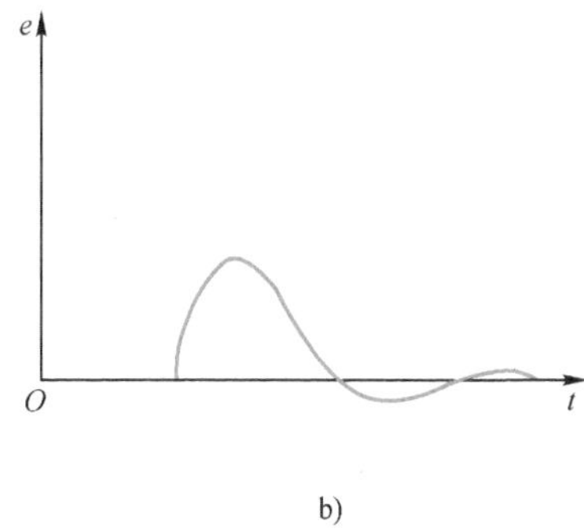

图 2-6　特征状态示例
a）一种简单的特征模型　b）偏差响应曲线

从式（2-19）可以看出，特征状态由一些特征基元的组合描述，设特征基元集为

$$Q = \{q_1, q_2, \cdots, q_n\} \tag{2-20}$$

基元 q_i 的常用表示为

$q_1: e \cdot \dot{e} \geqslant 0$　　$q_2: |\dot{e}/e| > \alpha$　　$q_3: |e| < \delta_1$

$q_4: |e| > M_1$　　$q_5: |\dot{e}| < \delta_2$　　$q_6: |\dot{e}| > M_2$

$q_7: e_{m_i-1} \cdot \dot{e}_m > 0$　　$q_8: |e_{m_i-1}/e_m| \geqslant 1$　　$\cdots$

其中，α、δ_1、δ_2、M_1、M_2 均为阈值；e_{m_i}为误差的第 i 次极值。

若特征模型和特征基元集分别以向量表示为

$$\boldsymbol{\Phi} = (\phi_1, \phi_2, \cdots, \phi_n),\ \boldsymbol{Q} = (q_1, q_2, \cdots, q_n) \tag{2-21}$$

则二者的关系可表示为

$$\boldsymbol{\Phi} = \boldsymbol{P} \odot \boldsymbol{Q} \tag{2-22}$$

式中，$\boldsymbol{P}$ 为一关系矩阵，其元素 p_{ij}可取 -1、0 或 1 三个值，分别表示取反、取零和取正。符号⊙表示“与”的矩阵相乘关系，即

$$\phi_i = [(p_{i1} \cdot q_1) \cap (p_{i2} \cdot q_2) \cap \cdots \cap (p_{im} \cdot q_m)] \tag{2-23}$$

当除 $p_{i1}=1$，$p_{i2}=-1$ 之外的 P 的第 i 行元素全为零时，$\phi_i = [e\dot{e} \geqslant 0 \cap |\dot{e}/e| \leqslant \alpha]$。

仿人智能控制器的设计通常包括下述几个步骤。

（1）特征辨识

反映系统运动状态的所有特征信息构成了系统的特征模型，成为控制器应有的先验知识。系统在运行过程中，根据系统的输入/输出数据进行特征识别，从而确定系统当前处于什么样的特征状态的过程，这一步骤称为特征辨识。

（2）特征记忆

特征记忆是指仿人智能控制器对一些特征信息的记忆，这些特征信息或者集中地表示了控制器前期决策与控制的效果，或者集中地反映了控制任务的要求以及被控对象的性质。所记忆的特征信息称为特征记忆量，其集合记为

$$\Lambda = \{\lambda_1, \lambda_2, \cdots, \lambda_p\},\ \lambda_i \in \Sigma \tag{2-24}$$

特征记忆量的常用表示有误差值、控制量的大小、误差的变化量等。

特征记忆量的引入可使控制器接受的大量信息得到简化，消除冗余，从而有效地利用控制器的存储量。特征记忆可直接影响控制与校正输出，可作为自校正、自适应和自学习的根据，也可作为系统稳定性监控的依据。

（3）决策模态

决策模态是仿人智能控制器的输入信息和特征记忆量与输出信息之间的某种定量或定性的映射关系，决策模态的集合记为

$$\boldsymbol{\Psi} = \{\psi_1, \psi_2, \cdots, \psi_r\} \tag{2-25}$$

其中，定量映射关系 ψ_i 可表示为

$$\psi_i: u_i = f_i(e, \dot{e}, \lambda_i, \cdots),\ u_i \in U(\text{控制量取值集合}) \tag{2-26}$$

定性映射关系 ψ_j 可表示为

$$\psi_j: f_j \rightarrow \text{if(条件), then(操作)} \tag{2-27}$$

人的控制策略是灵活多变的，不仅因对象而异，而且对同一对象在不同的动态响应状态下或不同的控制要求下也会采取不同的控制策略，这种多变的策略表现为多样的决策模式，也称为多模态决策。

仿人智能控制方法的基本原理是模仿人的启发式直觉推理逻辑，即通过特征辨识判断系统当前所处的特征状态，以确定控制策略，进行多模态决策。

特征辨识和多模态控制实际上是一种具有二次映射关系的信息处理过程，其中的一次映射是特征模型到控制模态集的映射，即

$$\Omega:\Phi \rightarrow \Psi,\ \Omega = \{\omega_1,\omega_2,\cdots,\omega_i,\cdots,\omega_s\} \tag{2-28}$$

这是一种定性映射，模仿人的启发式直觉推理，可用产生式规则表示

$$\omega_i:\text{if } \phi_i \quad \text{then} \quad \psi_i \tag{2-29}$$

再一次映射是控制模态本身所包含的映射，即

$$\Psi:R \rightarrow U,\Psi = \{\psi_1,\psi_2,\cdots,\psi_i,\cdots,\psi_r\} \tag{2-30}$$

式中，R 为控制器输入信息集合 E 与特征记忆量集合 Λ 的并集；U 为控制器输出信息的集合。

为简明起见，上述二次映射关系可定义为两个三重序元关系，设仿人智能控制过程表示为 IC，则有

$$IC = (\Phi,\Psi,\Omega),\ \Psi = (R,U,F) \tag{2-31}$$

式中，F 表示决策模态包含的映射关系。

控制模态集 Ψ 也是仿人智能控制器的先验知识。实际上每一控制模态都可由一些模态基元组成。例如，在运行控制这一层次上，相应的控制模态集中，常用的模态基元表示有：

ψ_1：比例控制模态基元 $K_{\mathrm{p}}e$　　ψ_2：微分控制模态基元 $K_{\mathrm{d}}\dot{e}$

ψ_3：积分控制模态基元 $K_{\mathrm{i}}\int e\mathrm{d}t$　　ψ_4：峰值误差和控制基元模态 $K\sum_{i=1}^{n} e_{m_i}$

ψ_5：保持控制模态基元 u_{H}　　ψ_6：Bang - Bang 控制模态基元 $\pm u_{\max}$

仿人智能控制器在实现上为分层递阶的结构，并遵循层次随“智能增加而精度降低”的 IPDI 原则，较高层解决较低层中的状态描述、操作变更以及规则选择等问题，间接影响整个控制问题的求解，这种高阶产生式系统结构实际上是一种分层信息处理与决策机构。

仿人智能控制的方法原理可归纳为如下。

1）分层的信息处理和决策机构。

2）在线的特征辨识和特征记忆。

3）开/闭环控制、正/负反馈控制和定性/定量控制相结合的多模态控制。

4）启发式直觉推理逻辑的运用。

2.3 学习控制

学习控制是智能控制的一个重要分支。K. S. Fu 把学习控制与智能控制相提并论，从发展学习控制的角度首先提出智能控制的概念。他推崇在控制问题中引入拟人的自学习功能，研究各种机器系统可以实现的学习机制。学习控制与自适应控制一样，是传统控制技术发展的高级形态，但随着智能控制的兴起和发展，已被看作脱离开传统范畴的新技术、新方法，可形成一类独立的智能控制系统。

与自适应控制相比，学习控制要求把过去的经验与过去的控制局势相联系，能针对一定的控制局势来调用适当的经验。学习控制强调记忆，而且记忆的是控制作用表示为运行状态的函数的经验信息。从智能控制的观点来看，适应过程与学习过程各具特点，功能互补。自适应过程适用于缓慢的时变特性以及新型的控制局势，而对于非线性严重的问题则往往失效，学习控制适合于建模不准确的非线性特性，但不宜于时变动态特性。

自 20 世纪 70 年代以来，研究者已提出各种学习控制方案，下面介绍几种典型的方法。

2.3.1 基于模式识别的学习控制

基于模式识别的学习控制方法的基本思想是，针对先验知识不完全的对象和环境，将控制局势进行分类，确定这种分类的决策，根据不同的决策切换控制作用的选择，通过对控制器性能估计来引导学习过程，从而使系统总的性能得到改善。

J. Sklansky 认为，学习控制系统是具有三个反馈环的层次结构。底层是简单反馈环，包括一个补偿器，它提供控制作用；中间层是自适应层，包括一个模式识别器，它对补偿器进行调整，以响应对象动态特性变化的估计；高层是学习环，包括一个“教师”（一种控制器），它对模式识别器进行训练，以做出最优或近似最优的识别，这种学习控制系统的原理框图如图 2-7所示。

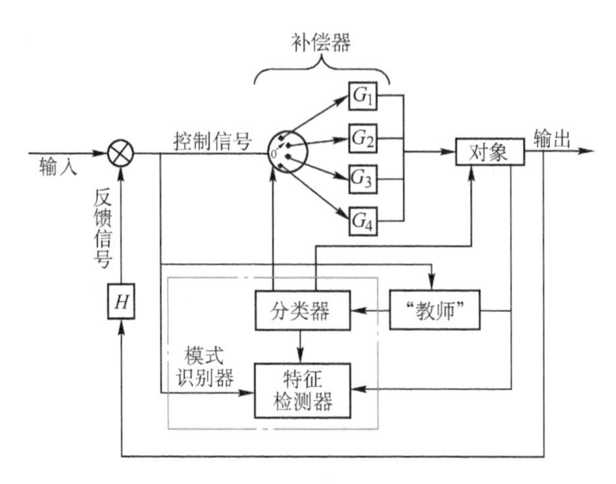

图 2-7 学习控制系统的原理框图

图 2-7 中，补偿器由多路开关和控制作用的并行单元组成，G_i 的选择由模式识别器的结果信号来确定。模式识别器中的特征检测器敏感对象的动态特性变化，将这些变化转换为一组特征（动态特性参数的估计、状态变量的估计等）。分类器把每一组特征与一个模式类别相联系，这种联系将为 G_i 的选择提供激发信号，也可用来按照某种预定的规则直接激发对受控对象的调节。“教师”监视系统的性能，并调整模式类别在特征空间中的界面，体现学习在控制中的作用。“教师”送往模式识别器的调整作用是一种再励信号，它根据计算所得的性能指标对分类器进行“奖励”或“惩罚”。

在这种学习控制系统中，如果对象的参数在稳定范围内变化，而且外部干扰统计上也是稳态的，那么仅有简单的反馈环就足够了。如果对象参数变化剧烈，出现不稳定的干扰，那么借助于模式识别器进行参数估计，启用自适应控制，就能使问题得到缓解。但是在大多数情况下，对象变化和环境干扰的统计特性是未知的，模式识别器并不可能事先得到充分的设计。这样学习环就提供一种在线设计模式识别器的能力，整个系统中同时存在学习和控制的作用。

模式分类在学习控制问题中被用于区分不同的控制局势类别。假设控制局势的未知模式可表示为一组测量值或观测值 x_1，x_2，…，x_k，这 k 个值称为特征。特征可表示为 k 维向量 $\boldsymbol{x}=(x_1, x_2, \cdots, x_k)^{\mathrm{T}}$，称为特征向量，相应的向量空间 Ω_x 称为特征向量空间。若控制局势可能有 m 个模式类 ω_1，ω_2，…，ω_m，那么模式分类就是对给定的特征向量 $\boldsymbol{x}$ 指定一种正确的类别隶属关系，即对特征向量 $\boldsymbol{x}$ 的分类进行决策。模式分类的操作就是将 k 维特征空间 Ω_x 划分为 m 个互斥子区域的过程。特征空间的这种聚集同类特征向量的子区域称为决策空间，而分割各决策空间的界面称为决策面。模式分类确定了从 Ω_x 空间到决策空间的映射。决策面可以用解析的判别函数来表示，每一个模式类 ω_i 都有一个判别函数 $d_i(x)$ 与之相关联（$i=1, 2, \cdots, m$），即若特征向量 $\boldsymbol{x}$ 属于模式类 ω_i，则有

$$d_i(\boldsymbol{x}) > d_j(\boldsymbol{x}), \ \forall j \neq i \tag{2-32}$$

于是，模式类 ω_i 与 ω_j 之间的决策面可表示为方程

$$d_i(\boldsymbol{x}) - d_j(\boldsymbol{x}) = 0 \tag{2-33}$$

2.3.2 再励学习控制

心理学家认为，一个系统具有某种特定目标性能的任何有规律的变化都是“学习”。一般可用互斥而又完备的模式类 $\omega_1, \omega_2, \cdots, \omega_m$ 来描述系统性能的变化。令 P_i 为第 i 类响应模式类 ω_i 发生的概率，系统性能的变化可表示为概率集 $\{P_i\}$ 的再励，这种再励的数学表示为

$$P_i(n+1) = \alpha P_i(n) + (1-\alpha)\lambda_i(n), \ n=1,2,\cdots, \ i=1,2,\cdots,m \tag{2-34}$$

其中，$P_i(n)$ 表示在观察到输入 $\boldsymbol{x}$ 的时刻 n 出现 ω_i 的概率，$0<\alpha<1$，$0 \leqslant \lambda_i(n) \leqslant 1$，而且

$$\sum_{i=1}^{m} \lambda_i(n) = 1 \tag{2-35}$$

由于 $P_i(n+1)$ 与 $P_i(n)$ 之间的线性关系，以上两式常称为线性再励学习算法。

在学习控制系统中，学习控制器的输入 $\boldsymbol{x}$ 通常是被控对象的输出，而 ω_i 则直接表示第 i 个控制作用，这样 $\lambda_i(n)$ 可看作与第 i 类控制作用相联系的归一化性能指标。在某些简单情况下，$\lambda_i(n)$ 可为 0 或 1，表示由于第 i 个控制作用而导致的系统性能是满意的或不满意的；或者可表示控制器在时刻 n 对输入 $\boldsymbol{x}$ 做出的决策正确或不正确。

在再励控制器的设计中，控制器的模式类 $\omega_1, \omega_2, \cdots, \omega_m$ 即为相应的允许控制作用，而控制器的性能，即对不同控制局势的控制作用的品质，则可根据对象的输入/输出进行评估。在对象和环境干扰的先验信息不完全的情况下，所设计的控制器将在每一时刻学习最优控制作用，学习过程可由当时估计的系统性能来引导，因而控制器就能进行“在线”的学习。

2.3.3 Bayes 学习控制

在利用动态规划或统计决策理论设计随机最优控制器时，通常需要知道系统环境参数或对象输出的概率分布。考虑如下状态方程表示的离散随机系统

$$\boldsymbol{x}(n+1) = \boldsymbol{g}(\boldsymbol{x}(n), \boldsymbol{u}(n)) \tag{2-36}$$

式中，$\boldsymbol{x}(n)$ 为时刻 n 的状态向量；$\boldsymbol{u}(n)$ 为时刻 n 的控制作用。问题的表述为寻求最优控制 $u = u^*$，使性能指标

$$J = E\left\{ \sum_{n=1}^{N} F[\boldsymbol{x}(n), \boldsymbol{u}(n-1)] \right\} \tag{2-37}$$

极小。为此可利用具有已知概率密度 $P(\boldsymbol{x})$ 的动态规划方法。类似于统计模式识别中的情况，如果概率分布或密度函数未知或不全已知，则控制器的设计可以首先学习未知的密度函数，然后根据估计信息实现控制律。如果这种估计逼近真实函数，则控制律也逼近最优控制律。所谓 Bayes 学习控制，就是利用一种基于 Bayes 定理的迭代方法来估计未知的密度函数信息。这方面的具体算法可参考有关文献。

2.3.4 迭代学习控制

针对一类特定的系统但又不依赖系统的精确数学模型，迭代学习控制通过反复训练的方式

进行自学习，使系统逐步逼近期望的输出。下面介绍其基本原理。

考虑如下的线性定常系统

$$\begin{cases}\boldsymbol{R}\ddot{\boldsymbol{x}}(t)+\boldsymbol{Q}\dot{\boldsymbol{x}}(t)+\boldsymbol{P}\boldsymbol{x}(t)=\boldsymbol{u}(t)\\ \boldsymbol{y}(t)=\dot{\boldsymbol{x}}(t)\end{cases} \tag{2-38}$$

式中，$\boldsymbol{x}(t)$、$\boldsymbol{u}(t)$和$\boldsymbol{y}(t)$分别为n维状态变量、控制变量和输出变量，且均为实变量；而$\boldsymbol{R}$、$\boldsymbol{Q}$和$\boldsymbol{P}$分别为$n\times n$的对称正定实矩阵，它们均为未知的系统矩阵。已知系统的初始条件为

$$\boldsymbol{x}(0)=\boldsymbol{x}_0,\ \dot{\boldsymbol{x}}(0)=\dot{\boldsymbol{x}}_0=\boldsymbol{y}_{\mathrm{d}}(0)$$

这里$\boldsymbol{y}_{\mathrm{d}}(0)$是定义在有限区间［0，$T$］上的期望轨迹输出。可以看出，所讨论的系统是一种速度跟踪伺服系统。

迭代学习控制的基本思想是，基于多次重复训练，只要保证训练过程的系统不变性，控制作用的确定可在模型不确定的情况下获得有规律的原则，使系统的实际输出逼近期望输出。图2-8描述了这种方法的迭代运行结构和过程。

在图2-8中，若第k次训练时期望输出与实际输出的误差为

$$\boldsymbol{e}_k(t)=\boldsymbol{y}_{\mathrm{d}}(t)-\boldsymbol{y}_k(t),\ t\in[0,T] \tag{2-39}$$

第$k+1$次训练的输入控制$\boldsymbol{u}_{k+1}(t)$则为第k次训练的输入控制$\boldsymbol{u}_k(t)$与输出误差$\boldsymbol{e}_k(t)$的加权和

$$\boldsymbol{u}_{k+1}(t)=\boldsymbol{u}_k(t)+\boldsymbol{W}\boldsymbol{e}_k(t) \tag{2-40}$$

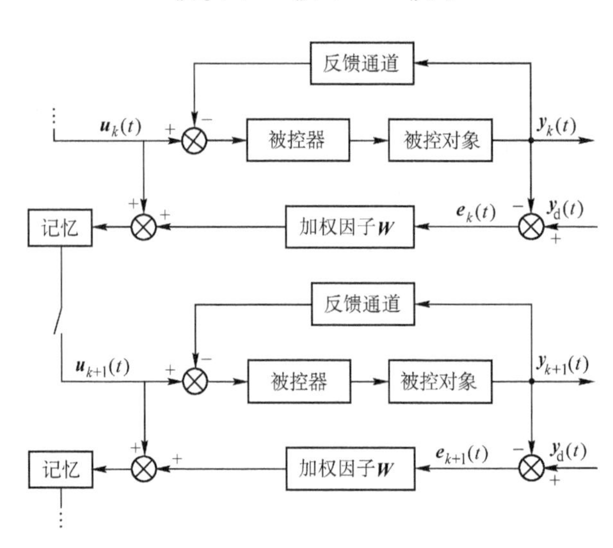

图2-8 迭代学习控制的运行

迭代学习控制方法已经证明，设每次重复训练时都满足初始条件$\boldsymbol{e}_k(0)=0$，当$k\to\infty$，即重复训练次数足够多时，可有$\boldsymbol{e}_k(t)\to 0$，即实际输出能逼近期望输出

$$\boldsymbol{y}_k(t)\to\boldsymbol{y}_{\mathrm{d}}(t) \tag{2-41}$$

在迭代学习控制系统中，控制作用的学习是通过对以往控制经验（控制作用与误差的加权和）的记忆实现的。算法的收敛性依赖于加权因子$\boldsymbol{W}$的确定。这种学习系统的核心是系统不变性的假设以及基于记忆单元间断的重复训练过程，它的学习规律极为简单，可实现训练间隙的离线计算，因而不但有较好的实时性，而且对于干扰和系统模型的变化具有一定的鲁棒性。

2.3.5 基于联结主义的学习控制

控制系统的设计问题，实质上就是为被控对象选择一个控制律函数，使系统达到某个性能指标。为此，自然要牵涉从被控对象的实际输出和期望输出到控制作用之间的映射关系，以及其他有关的映射关系。因而，从根本上看，控制设计问题也就是确定合适的函数映射问题。而学习控制系统的功能在于它可用来在线地综合所涉及的各种函数映射，使系统表现出一定的智能。联结主义的机制是实现学习功能、形成学习控制系统总体结构的一种有效方法。联结主义学习控制的研究主要基于神经网络、模糊推理等技术，代表了学习控制问题中一类重要的理论观点。

在一个控制系统中，表现为“输入刺激”与“期望输出作用”之间联结关系的有如下几类函数映射。

1）控制器映射，即从被控对象的实际输出 $\boldsymbol{y}_m$ 和期望输出 $\boldsymbol{y}_\mathrm{d}$ 到一个合适的控制作用集 $\boldsymbol{u}$ 的映射

$$\boldsymbol{u}=f(\boldsymbol{y}_m,\boldsymbol{y}_\mathrm{d},t)$$

2）控制参数映射，即从被控对象的实际输出 $\boldsymbol{y}_m$ 到控制器某些参数 $\boldsymbol{k}$ 的映射

$$\boldsymbol{k}=f(\boldsymbol{y}_m,t)$$

3）模型状态映射，即从被控对象的实际输出 $\boldsymbol{y}_m$ 和控制作用 $\boldsymbol{u}$ 到系统状态的估计 $\hat{\boldsymbol{x}}$ 的映射

$$\hat{\boldsymbol{x}}=f(\boldsymbol{y}_m,\boldsymbol{u},t)$$

4）模型参数映射，即从包括被控对象的实际输出 $\boldsymbol{y}_m$ 和控制作用 $\boldsymbol{u}$ 的系统运行条件到精确的模型参数集 $\boldsymbol{p}$ 的映射

$$\boldsymbol{p}=f(\boldsymbol{y}_m,\boldsymbol{u},t)$$

上述映射关系一般应表示为动态函数，当这些映射关系由于先验不确定性的存在而不能预先完全确定时，就需要学习的作用。在典型的学习控制应用中，所期望的映射关系是静态的，即并不显式地依赖于时间，因而可以隐含地表示为一种目标函数，它既涉及被控对象的输出，又涉及学习系统的输出。这种目标函数为学习系统提供了性能反馈，学习系统通过性能反馈来指定映射关系中的可调整因素，系统中的各种映射关系是存放在存储单元中的，经过逐步修正和积累而形成改进系统性能的“经验”。

2.4 习题

1. 试用熵的概念分析协调级中各决策变量的不确定性。

2. 设有以下系统

$$\begin{cases}\dot{x}_1=x_2\\ \dot{x}_2=x_2+2u\end{cases}$$

式中，$x_1(0)=x_{10},x_2(0)=x_{20}$。

系统控制的性能指标为 $J(u)=\int_0^\infty(x_1^2+x_2^2+u^2)\mathrm{d}t$，试用熵的概念求最优控制。

3. 试说明专家经验在控制系统中的作用。

4. 一个城市的交通管理系统是一个典型的递阶控制系统，试根据 IPDI 原理给出系统的结构描述。

第3章　模糊集合与模糊推理

本章介绍模糊集合的表示方法及其基本运算，同时介绍模糊关系的表示方法和模糊关系的合成，通过基于规则库的模糊推理，更深刻地理解模糊控制系统中的几种常用模糊推理。这是学习本书后续模糊控制内容的必要准备。

3.1 模糊集合及其运算

模糊数学诞生于1965年，它的创始人是美国的自动控制专家扎德（L. A. Zadeh）教授，他首先提出用隶属度函数来描述模糊概念，并创立了模糊集合论，为模糊数学奠定了基础。本节主要介绍模糊集合的基本概念、运算法则，从而揭示了它与普通集合的联系和区别。

3.1.1 模糊集合的定义及表示方法

19世纪末，德国数学家格奥尔格·康托（Georg Cantor，1845—1918）创立的集合论已经成为现代数学的基础。集合一般指具有某种属性的、确定的、彼此间可以区别的事物的全体。在康托创立的经典集合论中，一个事物要么属于某集合，要么不属于某集合，两者必居其一，没有模棱两可的情况。这就表明，经典集合所表达概念的内涵和外延都必须是明确的。将所考虑的对象限制在一个特殊的集合，比如某班学生、全体实数、半平面上的点等。称这个集合为基本集合或论域，以 X 记之，X 中的一部分称为 X 的子集，常以 A 记之，X 中的对象称为元素，以 x 记之。

一个概念所包含的区别于其他概念的全体本质属性称为概念的内涵，而符合某概念的对象的全体就是概念的外延。比如“人”这个概念的外延就是世界上所有人的全体，而内涵就是区别于其他动物的本质属性的全体，如“能制造和使用工具”“具有抽象、概括、推理和思维的能力”等。从集合论的角度看，内涵就是集合定义，而外延则是组成该集合的所有元素。而在人们的思维中，有许多没有明确外延的概念，即模糊概念，表现在语言上有许多模糊概念的词，如以人的身高为论域，“高个子”“中等身材”“矮个子”没有明确的外延，或者以人的年龄为论域，“年轻”“中年”“老年”都没有明确的外延。所以诸如此类的概念都是模糊概念。

模糊概念不能用经典集合加以描述，这是因为不能绝对地区别“属于”或“不属于”，也就是说论域上的元素集合概念的程度不是绝对的0或1，而是位于0~1的一个实数。通常用于描述此类特性的是模糊集合。模糊集合是一种特别定义的集合，它可用来描述模糊现象，与经典集合既有联系又有分别。对于模糊集合来说，一个元素可以既属于又不属于，亦此亦彼，界限模糊。例如，前面提到的“高个子”，如果规定身高超过180cm的人算作“高个子”，这是经典集合的概念。因此，身高为179cm的人，也可以毫不犹豫地说他不是“高个子”。这就是关于“高”的两值逻辑，是用精确的两值作为边界来划分属于还是不属于该集合。如果规定差不多超过180cm的人为“高个子”，这是一个模糊集合的概念，这时，如果碰到一个身高为182cm的人，可以不假思索地算作“高个子”。那么对于身高179cm的人，这就需要人为地决定，可以说他不够高，也可以说他勉强比较高。这就是关于“高”的连续值逻辑，是用人为的量作为边界来划分属于还是不属于这个集合。

定义3-1　模糊集合（Fuzzy Sets）　论域U上的模糊集合F是指，对于论域U中的任意元素$u \in U$，都指定了[0，1]闭区间中的某个数$\mu_F(u) \in [0,1]$与之对应，称为u对F的隶属度（Degree of Membership），通常表示为$\tilde{F}$。这意味着定义了一个映射μ_F

$$\mu_F: U \rightarrow [0,1]$$

$$\mu \rightarrow \mu_F(u)$$

这个映射称为模糊集合F的隶属度函数（Membership Function）。本书在不致混淆的情况下，也将模糊集合$\tilde{F}$简记为F。

上述定义表明，论域U上的模糊集合F由隶属度函数$\mu_F(u)$来表征，$\mu_F(u)$取值范围为闭区间[0，1]，$\mu_F(u)$的大小反映了u对于模糊集合F的从属程度。$\mu_F(u)$的值接近于1，表示u从属于F的程度很高；$\mu_F(u)$的值接近于0，表示u从属于F的程度很低。可见，模糊集合的特性完全由隶属度函数所描述。

当$\mu_F(u)$的值域$=\{0, 1\}$时，μ_F锐化成一个经典集合的特征函数，模糊集合F锐化成一个经典集合，由此不难看出，经典集合是模糊集合的特殊形式，模糊集合是经典集合的概念推广。

仍以前面提到的“年轻、中年、老年”为例，这三个年龄的特征分别用模糊集合A、B、C来表示，它们的论域都是[1，150]，论域中的元素是年龄u，可以规定模糊集合A、B、C的隶属度函数$\mu_A(u)$、$\mu_B(u)$、$\mu_C(u)$，如图3-1所示。

如果$u_1=30$，u_1对A的隶属度$\mu_A(u_1)=0.75$，这意味着30岁的人属于“年轻”的程度是0.75。如果$u_2=40$，u_2既属于A集合又属于B集合，$\mu_A(u_2)=0.25$，$\mu_B(u_2)=0.5$，这说明40岁的人已不太年轻，比较接近中年，但属于中年的程度还不太大，只有0.5。再比如$u_3=50$，$\mu_B(u_3)=1$，这说明50岁正值中年，但即将走向“老年”。对比用阈值来划分三个年龄段的方法，显然模糊集合能够比较准确、更加真实地描述人们头脑中的原有概念，而用普通集合来描述模糊性概念反而不准确、不真实，也可以说是粗糙的。

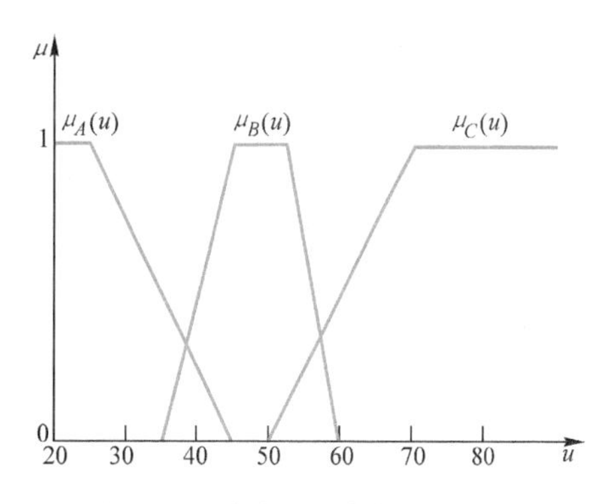

图3-1　“年轻”“中年”“老年”的隶属度函数

定义3-2　支集（Support）　模糊集合F的支集S是一个普通集合，它是由论域U中满足$\mu_F(u)>0$的所有的u组成的，即

$$S=\{u \in U | \mu_F(u)>0\}$$

例如，在图3-1中，模糊集合B（“中年”）的支集是闭区间[35，60]。

定义3-3　模糊单点（Singleton）　如果模糊集合F的支集在论域U上只包含一个点u_0，且$\mu_F(u_0)=1$，则F就称为模糊单点。即

$$F=\{u_0 \in U | \mu_F(u_0)=1\}$$

模糊单点的隶属度函数如图3-2所示，它是位于u_0点的一条竖直的线段，线段的长度为1。模糊单点也可以看成是一个普通的集合，它只包含一个点u_0。

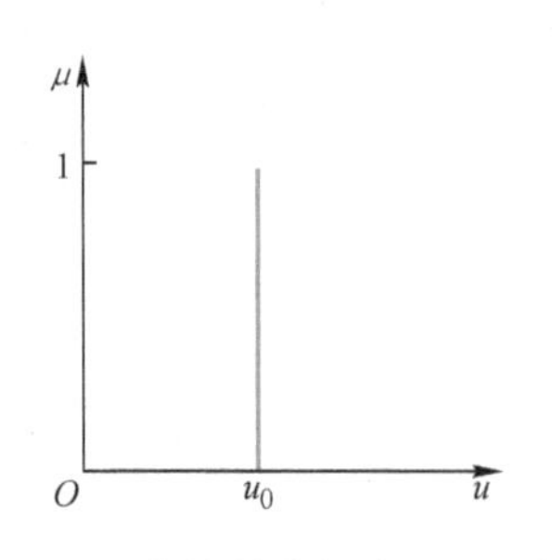

图3-2 模糊单点的隶属度函数

模糊集合的表达方式有以下几种：

（1）当论域U为离散有限集$\{u_1, u_2, \cdots, u_n\}$时

通常有如下三种方式：

1）扎德表示法

$$F=\frac{F(u_1)}{u_1}+\frac{F(u_2)}{u_2}+\cdots+\frac{F(u_n)}{u_n} \tag{3-1}$$

式中，$\frac{F(u_1)}{u_1}$不是“分数”，而是表示论域中的元素u_i与其隶属度$F(u_1)$之间的对应关系。符号“+”也不表示“加法”，而仅仅是个记号，表示模糊集合在论域上的整体。

【例3-1】 在论域$U=\{1,2,3,4,5,6,7,8,9,10\}$中讨论“几个”这一模糊概念。根据经验，可以定量地给出它们的隶属度函数，模糊集合“几个”可以表示为

$$F=0/1+0/2+0.2/3+0.7/4+1/5+1/6+0.7/7+0.3/8+0/9+0/10$$

由上式可知，5个、6个的隶属程度为1，说明用“几个”表示5个、6个的可能性最大；而4个、7个对于“几个”这个模糊概念的隶属度为0.7；通常不采用“几个”来表示1个、2个或9个、10个，因此它们的隶属函数为零。

采用支集来表示模糊集合，则表达式更简单明了，例如模糊集合“几个”可表示为

$$F=0.2/3+0.7/4+1/5+1/6+0.7/7+0.3/8$$

2）序偶表示法：将论域U中的元素u_i与其隶属度$A(u_i)$构成序偶来表示F，则

$$F=\{(u_1,F(u_1)),(u_2,F(u_2)),\cdots,(u_n,F(u_n))\} \tag{3-2}$$

仍考虑例3-1，采用序偶表示法，模糊集合F可以写为

$$F=\{(3,0.2),(4,0.7),(5,1),(6,1)(7,0.7),(8,0.3)\}$$

3）向量表示法：用论域中的隶属度$A(u_i)$来表示模糊集合F，则

$$F=(F(u_1),F(u_2),\cdots,F(u_n)) \tag{3-3}$$

采用向量表示法，例3-1中的F可表示为

$$F=(0,0,0.2,0.7,1,1,0.7,0.3,0,0)$$

式中，向量的顺序不能颠倒，隶属度为0的项也不能省略。有时也可以将上述三种方法结合起来表示为

$$F=\left(\frac{F(u_1)}{u_1},\frac{F(u_2)}{u_2},\cdots,\frac{F(u_n)}{u_n}\right)$$

例3-1可以表示为$F=\left(\frac{0.2}{3},\frac{0.7}{4},\frac{1}{5},\frac{1}{6},\frac{0.7}{7},\frac{0.3}{8}\right)$，同时也舍弃了隶属度为0的项。

（2）当论域U是离散无限域时

通常有两种方式：

1）可数情况：扎德表示法

$$F=\sum_{1}^{\infty}\frac{F(u_i)}{u_i}=\int_{1}^{\infty}\frac{F(u_i)}{u_i} \tag{3-4}$$

式中，$U=\{u_1,u_2,\cdots,u_n,\cdots\}$，$F(u_i)=\mu_F(u_i)$，这里$\Sigma$、$\int$仅仅是符号，不是表示“求和”记号，而是表示论域$U$上的元素$u$与隶属度$\mu_F(u)$之间的对应关系的总括；$F(u_i)/u_i$也不是表

示“分数”，而是表示论域 U 上的元素 u 与隶属度 $\mu_F(u)$ 之间的对应关系。

2）不可数情况：扎德表示法

$$F=\int_U \frac{F(u)}{u} \tag{3-5}$$

式中，$\mu_F(u_i)=F(u_i)$，$\int$ 不是积分号，$F(u_i)/u_i$ 也不是表示“分数”。

（3）当论域 U 是连续域时

扎德表示法为

$$F=\int_U \frac{\mu_F(u)}{u} \tag{3-6}$$

【例3-2】 以年龄为论域，设 $U=[0,200]$，扎德给出了“年老” O 与“年轻” Y 两个模糊集合的隶属度函数为

$$O=\begin{cases}0 & 0\leqslant u\leqslant 50\\ \left[1+\left(\frac{u-50}{5}\right)^{-2}\right]^{-1} & 50<u\leqslant 200\end{cases} \tag{3-7}$$

$$Y=\begin{cases}1 & 0\leqslant u\leqslant 25\\ \left[1+\left(\frac{u-25}{5}\right)^{2}\right]^{-1} & 25<u\leqslant 200\end{cases} \tag{3-8}$$

其隶属度函数曲线如图3-3所示。

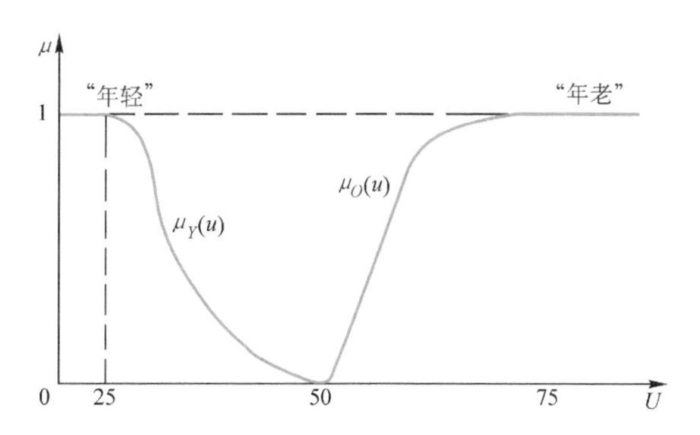

图3-3 “年轻”与“年老”的隶属度函数曲线

采用扎德表示法，“年老” O 与“年轻” Y 两个模糊集合可写为

$$\begin{aligned}O&=\int_{0\leqslant u\leqslant 50}\frac{0}{u}+\int_{50<u\leqslant 200}\frac{\left[1+\left(\frac{u-50}{5}\right)^{-2}\right]^{-1}}{u}\\&=\int_{50<u\leqslant 200}\frac{\left[1+\left(\frac{u-50}{5}\right)^{-2}\right]^{-1}}{u}\end{aligned}$$

$$Y=\int_{0\leqslant u\leqslant 25}\frac{1}{u}+\int_{25<u\leqslant 200}\frac{\left[1+\left(\frac{u-25}{5}\right)^{2}\right]^{-1}}{u}$$

3.1.2 模糊集合的基本运算

与经典集合一样，在模糊集合中也具有“交”“并”“补”等基本运算，两个模糊集合之间的运算，实际上就是逐点对隶属度函数做相应运算。为了方便，用符号∀表示“对任意”。

1. 模糊集合的相等

若有两个模糊集合 A 和 B，对于所有的 $x\in X$，均有 $\mu_A(x)=\mu_B(x)$，则称模糊集合 A 与模糊集合 B 相等，记作 $A=B$。

2. 模糊集合的包含

若有两个模糊集合 A 和 B，对于所有的 $x\in X$，均有 $\mu_A(x)\leqslant\mu_B(x)$，则称 A 包含于 B 或 A 是 B 的子集，记作 $A\subseteq B$。

3. 模糊空集

若对于所有的 $x\in X$，均有 $\mu_A(x)=0$，则称 A 为模糊空集，记作 $A=\varnothing$。

4. 模糊全集

若对于所有的 $x\in X$，均有 $\mu_A(x)=1$，则称 A 为模糊全集。

5. 模糊集合的并集

若有三个模糊集合 A、B 和 C，对于所有 $x\in X$，均有

$$\mu_C(x)=\mu_A(x)\vee\mu_B(x)=\max[\mu_A(x),\mu_B(x)]$$

则称 C 为 A 与 B 的并集，记为 $C=A\cup B$。

6. 模糊集合的交集

若有三个模糊集合 A、B 和 C，对于所有 $x\in X$，均有

$$\mu_C(x)=\mu_A(x)\wedge\mu_B(x)=\min[\mu_A(x),\mu_B(x)]$$

则称 C 为 A 与 B 的交集，记为 $C=A\cap B$。

7. 模糊集合的补集

若有两个模糊集合 A 与 B，对于所有 $x\in X$，均有

$$\mu_B(x)=1-\mu_A(x)$$

则称 B 为 A 的补集，记为 $B=\bar{A}=A^{c}$。

当论域 U 是连续有限域时，根据式（3-6），模糊集合 A 和 B 的交、并、补集可以直接写成

$$A\cap B\Leftrightarrow\int_U(\mu_A(u)\wedge\mu_B(u))/u \tag{3-9}$$

$$A\cup B\Leftrightarrow\int_U(\mu_A(u)\vee\mu_B(u))/u \tag{3-10}$$

$$A^{c}\Leftrightarrow\int_U(1-\mu_A(u))/u \tag{3-11}$$

以上各种运算可用图3-4表示。

【例3-3】 设论域 $U=\{$爷、奶、爸、妈$\}$，有模糊集合

$$A=\text{“男人”}=\frac{1}{\text{爷}}+\frac{0}{\text{奶}}+\frac{1}{\text{爸}}+\frac{0}{\text{妈}}$$

$$B=\text{“年轻”}=\frac{0.1}{\text{爷}}+\frac{0.2}{\text{奶}}+\frac{0.9}{\text{爸}}+\frac{1}{\text{妈}}$$

则

$$A \cap B = \text{“年轻的男人”} = \frac{0.1}{\text{爷}} + \frac{0}{\text{奶}} + \frac{0.9}{\text{爸}} + \frac{0}{\text{妈}}$$

$$A \cup B = \text{“或者年轻或者是男人”} = \frac{1 \vee 0.1}{\text{爷}} + \frac{0 \vee 0.2}{\text{奶}} + \frac{1 \vee 0.9}{\text{爸}} + \frac{0 \vee 1}{\text{妈}}$$

$$= \frac{1}{\text{爷}} + \frac{0.2}{\text{奶}} + \frac{1}{\text{爸}} + \frac{1}{\text{妈}}$$

$$A^{c} = \text{“不是男人”} = \text{“女人”} = \frac{0}{\text{爷}} + \frac{1}{\text{奶}} + \frac{0}{\text{爸}} + \frac{1}{\text{妈}}$$

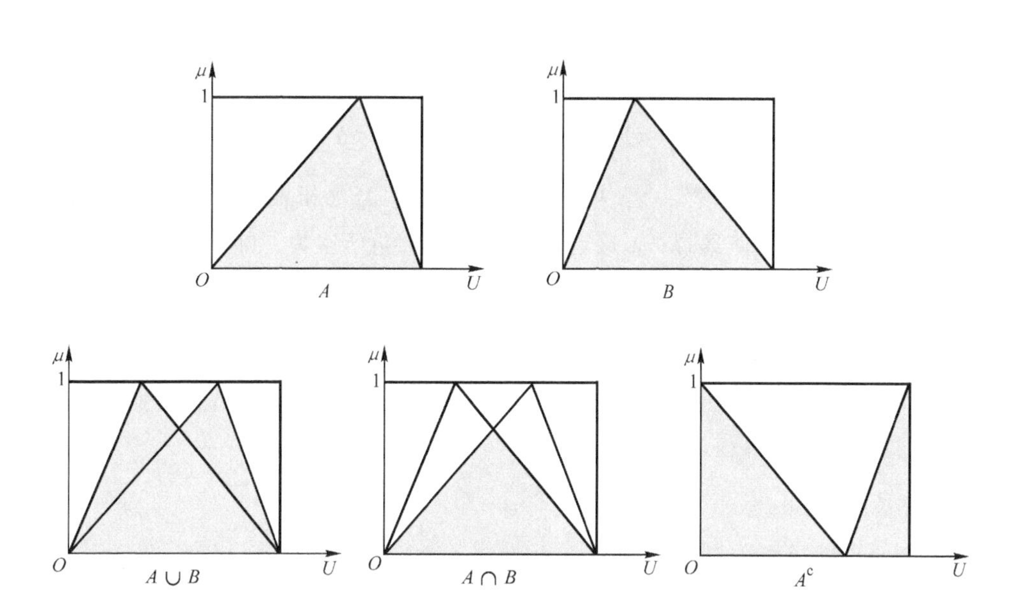

图 3-4　模糊集合运算的韦氏图

模糊集合中除了“交”“并”“补”等基本运算以外，还有如下一些代数运算法则，设论域 U 上的两个模糊集合 A 和 B，可以由模糊隶属度函数按以下的定义模糊集合的“代数和”“代数积”“有界和”“有界差”“有界积”等算法。

（1）代数积

$$A \cdot B \leftrightarrow \mu_{A \cdot B}(x) = \mu_A(x)\mu_B(x)$$

（2）代数和

若有三个模糊集合 A、B 和 C，对于所有的 $x \in X$，均有

$$\mu_C(x) = \mu_A(x) + \mu_B(x) - \mu_A(x)\mu_B(x)$$

则称 C 为 A 与 B 的代数和，记为 $C = A \hat{+} B$，上述式子也可以表示成

$$A \hat{+} B \leftrightarrow \mu_{A \hat{+} B}(x) = \mu_A(x) + \mu_B(x) - \mu_A(x)\mu_B(x)$$

（3）有界和

$$A \oplus B \Leftrightarrow \mu_{A \oplus B}(x) = [\mu_A(u) + \mu_B(u)] \wedge 1$$

（4）有界差

$$A \ominus B \Leftrightarrow \mu_{A \ominus B}(x) = [\mu_A(u) + \mu_B(u)] \vee 0$$

（5）有界积

$$A \otimes B \Leftrightarrow \mu_{A \otimes B}(x) = [\mu_A(u) + \mu_B(u) - 1] \vee 0$$

(6) 强制和

$$A \cup B \leftrightarrow \mu_{A \cup B}(x) = \begin{cases} \mu_A(x) & \mu_B(x) = 0 \\ \mu_B(x) & \mu_A(x) = 0 \\ 1 & \mu_A(x) > 0, \mu_B(x) > 0 \end{cases}$$

(7) 强制积

$$A \cap B \leftrightarrow \mu_{A \cap B}(x) = \begin{cases} \mu_A(x) & \mu_B(x) = 1 \\ \mu_B(x) & \mu_A(x) = 1 \\ 0 & \mu_A(x) < 1, \mu_B(x) < 1 \end{cases}$$

(8) λ - 补集

$$A_\lambda^c \Leftrightarrow \mu_{A_\lambda^c}(u) = \frac{1 - \mu_A(u)}{1 + \lambda \mu_A(u)} \quad (-1 < \lambda < \infty)$$

系数 λ 的大小表示“补的程度”。若 $\lambda = 0$，则 A_λ^c 就是 A^c（模糊集合补集）；当 λ 接近于“-1”时，A_λ^c 就接近于全体集合；λ 接近于∞时，A_λ^c 接近于空集，即

$$A_\lambda^c = \begin{cases} A^c & \lambda = 0 \text{ 时} \\ U & \lambda = -1 \text{ 时} \\ \varnothing & \lambda = \infty \text{ 时} \end{cases}$$

3.1.3 模糊集合运算的基本性质

(1) 幂等律 $A \cap A = A$

$A \cup A = A$

(2) 交换律 $A \cup B = B \cup A$

$A \cap B = B \cap A$

(3) 结合律 $(A \cup B) \cup C = A \cup (B \cup C)$

$(A \cap B) \cap C = A \cap (B \cap C)$

(4) 分配律 $(A \cup B) \cap C = (A \cap C) \cup (B \cap C)$

$(A \cap B) \cup C = (A \cup C) \cap (B \cup C)$

(5) 吸收律 $(A \cup B) \cap A = A$

$(A \cap B) \cup A = A$

(6) 同一律 $A \cup U = U \quad A \cap U = A$

$A \cup \varnothing = A \quad A \cap \varnothing = \varnothing$

(7) 复原律 $(A^c)^c = A$

(8) 对偶律 $(A \cup B)^c = A^c \cap B^c$

$(A \cap B)^c = A^c \cup B^c$

(9) α 截集

定义 3-4 A 的 α 截集 设 $A \in \Gamma(x), \forall \alpha \in [0,1]$，称

$$A_\alpha \hat{=} \{x \in X | \mu_A(x) \geqslant \alpha\}$$

为 A 的 α 截集（或 α 的水平集）。

A_α 是普通集合，它的直观意义是把 x 中隶属度不小于 α 的元素集中起来便构成 A_α，α 称为阈值（或水平）。当 $\alpha_1 < \alpha_2$ 时，有 $A_{\alpha_1} \geqslant A_{\alpha_2}$。

所谓取一个模糊集合 A 的 α 截集 A_α，也就是将隶属度函数按下式转化成特征函数

$$\mu_{A_\alpha}(x)=\begin{cases}1 & \mu_A(x)\geqslant\alpha\\0 & \mu_A(x)<\alpha\end{cases}$$

其转换形式如图3-5所示，其中曲线为 $\mu_A(x)$，矩形波线是 A_α 的特征函数 $\mu_{A_\alpha}(x)$。

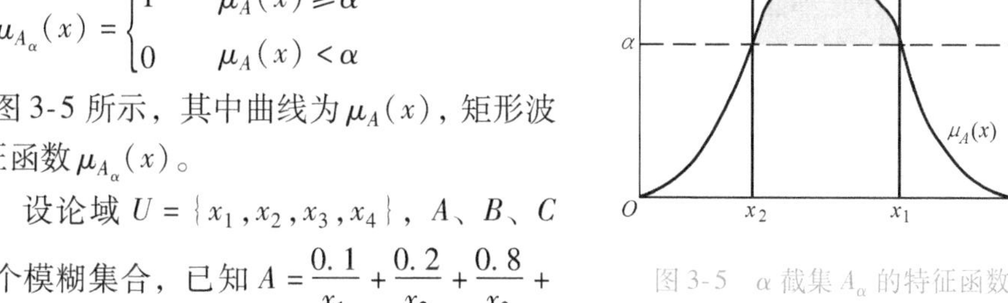

图3-5　α 截集 A_α 的特征函数

【例3-4】　设论域 $U=\{x_1,x_2,x_3,x_4\}$，A、B、C 是论域上的三个模糊集合，已知 $A=\frac{0.1}{x_1}+\frac{0.2}{x_2}+\frac{0.8}{x_3}+\frac{0.7}{x_4}$、$B=\frac{0}{x_1}+\frac{0.4}{x_2}+\frac{0.6}{x_3}+\frac{1}{x_4}$ 和 $C=\frac{0.3}{x_1}+\frac{0.2}{x_2}+\frac{1}{x_3}+\frac{0.4}{x_4}$，试求模糊集合 $R=A\cap B\cap C$、$S=A\cup B\cup C$ 和 $T=A\cup B\cap C$。

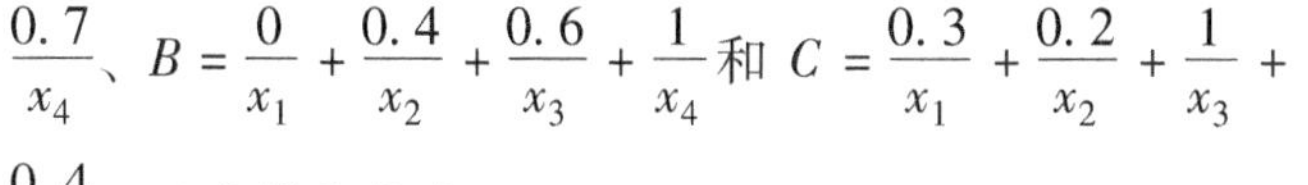

利用模糊集合的模糊算子可得：

$$R=\frac{0.1\wedge0\wedge0.3}{x_1}+\frac{0.2\wedge0.4\wedge0.2}{x_2}+\frac{0.8\wedge0.6\wedge1}{x_3}+\frac{0.7\wedge1\wedge0.4}{x_4}$$
$$=\frac{0}{x_1}+\frac{0.2}{x_2}+\frac{0.6}{x_3}+\frac{0.4}{x_4}$$

$$S=\frac{0.1\vee0\vee0.3}{x_1}+\frac{0.2\vee0.4\vee0.2}{x_2}+\frac{0.8\vee0.6\vee1}{x_3}+\frac{0.7\vee1\vee0.4}{x_4}$$
$$=\frac{0.3}{x_1}+\frac{0.4}{x_2}+\frac{1}{x_3}+\frac{1}{x_4}$$

$$T=\frac{0.1\vee0\wedge0.3}{x_1}+\frac{0.2\vee0.4\wedge0.2}{x_2}+\frac{0.8\vee0.6\wedge1}{x_3}+\frac{0.7\vee1\wedge0.4}{x_4}$$
$$=\frac{0.1}{x_1}+\frac{0.2}{x_2}+\frac{0.8}{x_3}+\frac{0.4}{x_4}$$

3.2　模糊关系与模糊推理

模糊关系在模糊集合中占有重要的地位，当论域为有限集时，可以用模糊矩阵来表示模糊关系，同时模糊矩阵也可以看作普通关系矩阵的推广。本节首先讨论模糊关系的定义及其合成运算，然后介绍模糊蕴含关系和近似推理。

3.2.1　模糊关系的定义及表示方法

在日常生活中，除了如"电源开关与电动机起动按钮都闭合了""A 等于 B"等清晰概念上的普通逻辑关系以外，还会常常遇到一些表达模糊概念的关系语句。例如"妹妹（x）与妈妈（y）很相像""西湖比太湖更美"等。因此可以说模糊关系是普通关系的拓宽，普通关系只是表示事物（元素）间是否存在关联，而模糊关系是描述事物（元素）间对于某一模糊概念上的关联程度，这要用普通关系来表示是很困难的，而用模糊关系来表示则更为确切而现实。

把普通集合关系的定义推广到模糊集合，便可以得到模糊关系的定义。

定义3-5　集合的直积　由两个集合 X 与 Y 的各自元素 $x\in X$ 及 $y\in Y$ 构成的序偶$(x,\ y)$

的集合，称为 X 与 Y 的直积。直积又称为笛卡儿积、叉积。记为 $X\times Y$，即

$$X\times Y=\{(x,y)\mid x\in X\wedge y\in Y\}$$

"序偶"的顺序是不能改变的。一般来说，$(x,y)\neq(y,x)$，故一般 $X\times Y\neq Y\times X$。

定义 3-6 模糊关系 两个非空集合 U 与 V 之间的直积

$$U\times V=\{(u,v)\mid u\in U,v\in V\}$$

中的模糊集合 R 被称为 U 到 V 的模糊关系，又称二元关系，其特性可以由下面的隶属度函数来描述：

$$\mu_R:U\times V\rightarrow[0,1]$$

隶属度函数 $\mu_R(u,v)$ 表示序偶 (u,v) 的隶属程度，也描述了 (u,v) 间具有关系 R 的量级，特别在论域 $U=V$ 时，称 R 为 U 上的模糊关系。当论域为 n 个集合 $U_i(i=1,2,\cdots,n)$ 的直积 $U_1\times U_2\times\cdots\times U_n$ 时，它们所对应的模糊关系 R 则被称为 n 元模糊关系。

【例 3-5】 医学上用体重(kg) = 身高(cm) − 100 表示人的标准体重，这实际上给出了身高（U）和体重（V）的二元关系。为简单起见，令

$$U=\{140,150,160,170,180\}$$

$$V=\{40,50,60,70,80\}$$

由于人的胖瘦不同，对于"非标准"的情况，应该描述其接近标准的程度。R 表示"身高和体重接近标准关系的程度"，它是从 U 到 V 的一个模糊关系，见表 3-1。

表 3-1 身高与体重接近标准关系的程度

$\mu_R(u,v)$	40	50	60	70	80
140	1	0.8	0.2	0.1	0
150	0.8	1	0.8	0.2	0.1
160	0.2	0.8	1	0.8	0.2
170	0.1	0.2	0.8	1	0.8
180	0	0.1	0.2	0.8	1

模糊关系通常可以用模糊集合、模糊矩阵和模糊图等方法来表示。

1. 模糊集合表示法

当 $X\times Y$ 为连续有限域时，二元模糊关系 R 的模糊集合表示法为

$$R=\int_{X\times Y}\mu_R(x,y)/(x,y)\qquad x\in X,y\in Y \tag{3-12}$$

同样，对于 n 元模糊关系表示为

$$R=\int_{X_1\times X_2\times\cdots\times X_n}\mu_R(x_1,x_2,\cdots,x_n)/(x_1,x_2,\cdots,x_n)\quad x_i\in X_i \tag{3-13}$$

以例 3-5 所述的模糊关系 R 为例，若 $u\in[140,160]$、$v\in[40,50]$时，用模糊集合表示为

$$R=\frac{1.0}{(140,40)}+\frac{0.8}{(140,50)}+\frac{0.8}{(150,40)}+\frac{1.0}{(150,50)}+\frac{0.2}{(160,40)}+\frac{0.8}{(160,50)}$$

2. 模糊矩阵表示法

通常，二元模糊关系用模糊矩阵来表示。

当 $X=\{x_i\mid_{i=1,2,\cdots,m}\}$，$Y=\{y_j\mid_{j=1,2,\cdots,n}\}$是有限集合时，则 $X\times Y$ 的模糊关系 R 可用下列 $m\times n$ 阶矩阵来表示：

$$\boldsymbol{R}=\begin{bmatrix} r_{11} & r_{12} & \cdots & r_{1j} & \cdots & r_{1n} \\ r_{21} & r_{22} & \cdots & r_{2j} & \cdots & r_{2n} \\ \vdots & \vdots & & \vdots & & \vdots \\ r_{i1} & r_{i2} & \cdots & r_{ij} & \cdots & r_{in} \\ \vdots & \vdots & & \vdots & & \vdots \\ r_{m1} & r_{m2} & \cdots & r_{mj} & \cdots & r_{mn} \end{bmatrix} \tag{3-14}$$

式中，元素 $r_{ij}=\mu_R(x_i, y_j)$。表示模糊关系的矩阵 $\boldsymbol{R}$ 被称为模糊矩阵，由于 μ_R 的取值区间为 [0，1]，因此，模糊矩阵关系元素 r_{ij} 的值也都在 [0，1] 区间。

用模糊矩阵来表示表 3-1 的关系，为

$$\boldsymbol{R}=\begin{bmatrix} 1.0 & 0.8 & 0.2 & 0.1 & 0.0 \\ 0.8 & 1.0 & 0.8 & 0.2 & 0.1 \\ 0.2 & 0.8 & 1.0 & 0.8 & 0.2 \\ 0.1 & 0.2 & 0.8 & 1.0 & 0.8 \\ 0.0 & 0.1 & 0.2 & 0.8 & 1.0 \end{bmatrix}$$

3. 模糊图表示法

模糊关系 $\boldsymbol{R}$ 的模糊图表示法，通常可以有两种图示形式：关系图和流通图。

【例 3-6】 设模糊关系 $\boldsymbol{R}$ 用模糊矩阵表示时，为

$$\begin{array}{c} \\ \boldsymbol{R}= \begin{array}{c} x_1 \\ x_2 \\ x_3 \end{array} \end{array} \begin{array}{c} \begin{array}{ccc} y_1 & y_2 & y_3 \end{array} \\ \begin{bmatrix} 0.4 & 0.3 & 0.1 \\ 0.5 & 0.2 & 0.6 \\ 0.0 & 0.1 & 0.9 \end{bmatrix} \end{array}$$

图 3-6 给出了模糊关系 $\boldsymbol{R}$ 的模糊关系图和模糊流通图图示。

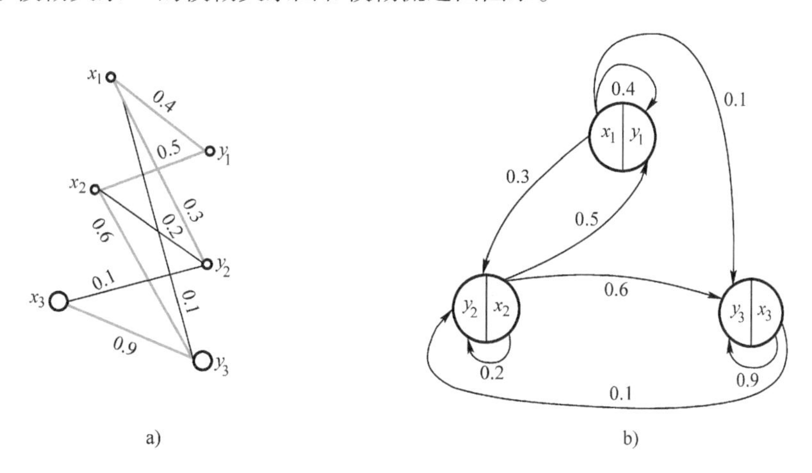

图 3-6 模糊关系 $\boldsymbol{R}$ 的图示

a）模糊关系图 b）模糊流通图

3.2.2 模糊关系的合成

在日常生活中，两个单纯关系的组合，构成一种新的合成关系，如有 u、v、w 三个人，若

v 是 u 的姐妹，而 u 又是 w 的丈夫，则 v 与 w 就是一种新的关系，即姑嫂关系。用关系式表示的话，可写作：姑嫂 = 兄妹∘夫妻。这是普通关系的合成，模糊关系和普通关系一样，两种模糊关系可以组成一种合成关系，下边给出它的定义。

定义 3-7 设有三个论域 U、V、W，Q 是 U 到 V 的一个模糊关系，R 是 V 到 W 的一个模糊关系，Q 对 R 的合成 $Q \circ R$ 指的是 U 到 W 的一个模糊关系，它具有隶属度函数

$$\mu_{Q \circ R}(u,w) = \bigvee_{v \in V}(\mu_Q(u,v) \wedge \mu_R(v,w)) \tag{3-15}$$

当论域 U、V、W 为有限时，模糊关系的合成可用模糊矩阵的合成表示。假设 Q、R、S 三个模糊关系对应的模糊矩阵分别为

$$\boldsymbol{Q} = (q_{ij})_{n \times m} \quad \boldsymbol{R} = (r_{jk})_{m \times l} \quad \boldsymbol{S} = (s_{ik})_{n \times l}$$

则有

$$s_{ik} = \bigvee_{j=1}^{m} (q_{ij} \wedge r_{jk})$$

即用模糊矩阵的合成 $\boldsymbol{Q} \circ \boldsymbol{R} = \boldsymbol{S}$ 来表示模糊关系的合成 $\boldsymbol{Q} \circ \boldsymbol{R} = \boldsymbol{S}$。

不能用模糊矩阵表示的模糊关系也可以进行合成运算，也遵照最大、最小原则。例如，设 R、S 为 $X \times Y$ 和 $Y \times Z$ 上的模糊关系，不能用矩阵表示，其隶属度函数分别为 $\mu_R(x,y)$ 及 $\mu_S(y,z)$，则 $R \circ S$ 的隶属度函数为

$$\mu_{R \circ S} = \bigvee_{y \in Y} (\mu_R(x,y) \wedge \mu_S(y,z)) \tag{3-16}$$

定义 3-8 设 $\boldsymbol{R} \in \boldsymbol{U} \times \boldsymbol{V}$，$\boldsymbol{Q} \in \boldsymbol{V} \times \boldsymbol{W}$，$\boldsymbol{T} \in \boldsymbol{W} \times \boldsymbol{Z}$，则模糊矩阵合成具有下列性质：

(1) 结合律 $\boldsymbol{R} \circ (\boldsymbol{S} \circ \boldsymbol{T}) = (\boldsymbol{R} \circ \boldsymbol{S}) \circ \boldsymbol{T}$

(2) 分配律 $\boldsymbol{R} \circ (\boldsymbol{S} \cup \boldsymbol{T}) = (\boldsymbol{R} \circ \boldsymbol{S}) \cup (\boldsymbol{R} \circ \boldsymbol{T})$

$(\boldsymbol{S} \cup \boldsymbol{T}) \circ \boldsymbol{R} = (\boldsymbol{S} \circ \boldsymbol{R}) \cup (\boldsymbol{T} \circ \boldsymbol{R})$

$\boldsymbol{R} \circ (\boldsymbol{S} \cap \boldsymbol{T}) = (\boldsymbol{R} \circ \boldsymbol{S}) \cap (\boldsymbol{R} \circ \boldsymbol{T})$

$(\boldsymbol{S} \cap \boldsymbol{T}) \circ \boldsymbol{R} = (\boldsymbol{S} \circ \boldsymbol{R}) \cap (\boldsymbol{T} \circ \boldsymbol{R})$

(3) 包含 若 $\boldsymbol{S} \subseteq \boldsymbol{T}$，则 $\boldsymbol{R} \circ \boldsymbol{S} \subseteq \boldsymbol{R} \circ \boldsymbol{T}$

(4) 逆 $(\boldsymbol{R} \circ \boldsymbol{S})^{\mathrm{T}} = \boldsymbol{S}^{\mathrm{T}} \circ \boldsymbol{R}^{\mathrm{T}}$

(5) $\boldsymbol{R} \circ \boldsymbol{I} = \boldsymbol{I} \circ \boldsymbol{R} = \boldsymbol{R}$

(6) $\boldsymbol{R} \circ 0 = 0 \circ \boldsymbol{R} = 0$

(7) $\boldsymbol{R}^{m+1} = \boldsymbol{R}^m \circ \boldsymbol{R}$，$\boldsymbol{R}^m \circ \boldsymbol{R}^n = \boldsymbol{R}^{m+n}$，$(\boldsymbol{R}^m)^n = \boldsymbol{R}^{mn}$，特别是 $\boldsymbol{R}^0 = \boldsymbol{I}$

【例 3-7】 设模糊关系 $\boldsymbol{A} \in \boldsymbol{U} \times \boldsymbol{V}$，$\boldsymbol{B} \in \boldsymbol{V} \times \boldsymbol{W}$ 和 $\boldsymbol{C} \in \boldsymbol{U} \times \boldsymbol{W}$，其隶属度如下所示，试计算模糊关系合成及其合成关系的逆关系。

$$\boldsymbol{A} = \begin{bmatrix} 1.0 & 0.2 & 0.5 & 0.1 \\ 0.1 & 0.4 & 0.1 & 0.0 \\ 0.3 & 0.9 & 0.0 & 0.4 \end{bmatrix}, \boldsymbol{B} = \begin{bmatrix} 0.4 & 0.9 \\ 0.7 & 1.0 \\ 0.1 & 0.3 \\ 0.2 & 0.8 \end{bmatrix}$$

则 $\boldsymbol{A} \circ \boldsymbol{B}$ 第一行第一列的元素是这样得到的：

$$\begin{aligned} &(1.0 \wedge 0.4) \vee (0.2 \wedge 0.7) \vee (0.5 \wedge 0.1) \vee (0.1 \wedge 0.2) \\ &= 0.4 \vee 0.2 \vee 0.1 \vee 0.1 = 0.4 \end{aligned}$$

其余的类推，可以得到模糊关系的合成

$$\boldsymbol{A} \circ \boldsymbol{B} = \begin{bmatrix} 0.4 & 0.9 \\ 0.4 & 0.4 \\ 0.7 & 0.9 \end{bmatrix}$$

根据逆关系的定义有

$$(\boldsymbol{A}\circ\boldsymbol{B})^{\mathrm{T}}=\begin{bmatrix}0.4 & 0.4 & 0.7\\0.9 & 0.4 & 0.9\end{bmatrix}$$

且

$$\boldsymbol{A}^{\mathrm{T}}=\begin{bmatrix}1.0 & 0.1 & 0.3\\0.2 & 0.4 & 0.9\\0.5 & 0.1 & 0.0\\0.1 & 0.0 & 0.4\end{bmatrix}\quad \boldsymbol{B}^{\mathrm{T}}=\begin{bmatrix}0.4 & 0.7 & 0.1 & 0.2\\0.9 & 1.0 & 0.3 & 0.8\end{bmatrix}$$

计算 $\boldsymbol{B}^{\mathrm{T}}\circ\boldsymbol{A}^{\mathrm{T}}$ 第一行第一列的元素

$$\begin{aligned}&(0.4\wedge1.0)\vee(0.7\wedge0.2)\vee(0.1\wedge0.5)\vee(0.2\wedge0.1)\\&=0.4\vee0.2\vee0.1\vee0.1=0.4\end{aligned}$$

其余的类推，可以得到模糊关系的合成

$$\boldsymbol{B}^{\mathrm{T}}\circ\boldsymbol{A}^{\mathrm{T}}=\begin{bmatrix}0.4 & 0.4 & 0.7\\0.9 & 0.4 & 0.9\end{bmatrix}$$

于是得到

$$(\boldsymbol{A}\circ\boldsymbol{B})^{\mathrm{T}}=\boldsymbol{B}^{\mathrm{T}}\circ\boldsymbol{A}^{\mathrm{T}}$$

3.2.3　语言变量与蕴含关系

语言是人们进行思维和信息交流的重要工具。语言可分为两种：自然语言和形式语言。人们日常所用的语言属于自然语言。自然语言的特点是语义丰富、灵活，同时具有模糊性，如“这朵花很美丽”“他很年轻”“小张的个子很高”等。通常的计算机语言是形式语言，形式语言有严格的语法规则和语义，不存在任何的模糊性和歧义。带模糊性的语言称为模糊语言，如长、短、大、小、高、矮、年轻、年老、较老、很老和极老等。在模糊控制中，常见的关于误差的模糊语言有正大、正中、正小、正零、负零、负小、负中、负大等。

语言变量是自然语言中的词或句，它的取值不是通常的数，而是用模糊语言表示的模糊集合。例如，若把“年龄”看成是一个模糊语言变量，则它的取值不是具体岁数，而是诸如“年幼”“年轻”“年老”等用模糊语言表示的模糊集合。

扎德（L. A. Zadeh）为语言变量做了如下的定义：语言变量由一个五元组$(x,T(x),U,G,M)$来表征。其中，x 是变量的名称；U 是 X 的论域；$T(x)$是语言变量值的集合，每个语言变量值是定义为论域 U 上的一个模糊集合；G 是语言法则，用以产生语言变量 x 值的名称；M 是语义规则，用于产生模糊集合的隶属度函数。

例如，若定义“速度”为语言变量，则 T（速度）可能为

$$T(\text{速度})=\{\text{慢},\text{适中},\text{快},\text{很慢},\text{稍快},\cdots\}$$

上述每个模糊语言如慢、适中等定义为论域 U 上的一个模糊集合。设论域 $U=[0,160]$，则可以认为大致低于 60km/h 为“慢”，80km/h 左右为“适中”，100km/h 以上为“快”。这些模糊集合可以用图 3-7 所示的隶属度函数图来描述。

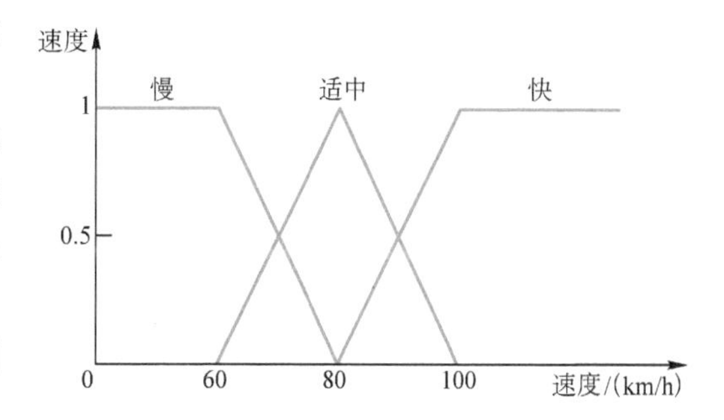

图 3-7　模糊语言变量“速度”的隶属度函数

如上所述，每个模糊语言相当于一个模糊集合，通常在模糊语言前面加上“极”“非常”“相当”“比较”“略”“稍微”等修饰词。这

类用于加强或减弱语气的词可视为一种模糊算子，其中“极”“非常”“相当”称为集中化算子。“比较”“略”“稍微”称为散漫化算子，二者统称为语气算子。这类修饰词改变了该模糊语言的含义，相应地隶属度函数也要改变。例如，设原来的模糊语言 A，其隶属度函数为 μ_A，则通常有

$$\mu_{极A}=\mu_A^4 \qquad \mu_{非常A}=\mu_A^2 \qquad \mu_{相当A}=\mu_A^{1.25}$$
$$\mu_{比较A}=\mu_A^{0.75} \qquad \mu_{略A}=\mu_A^{0.5} \qquad \mu_{稍微A}=\mu_A^{0.25}$$

【例 3-8】 在论域 $U=[0,100]$ 岁内给出了年龄的语言变量值“老”的模糊子集隶属度函数为

$$\mu_{老}(x)=\begin{cases}0 & x<50\\ \dfrac{1}{1+\left(\dfrac{x-50}{5}\right)^{-2}} & x\geqslant 50\end{cases}$$

现以 60 岁为例，通过隶属度函数分别计算它属于“极老”“非常老”“相当老”“比较老”“略老”“稍微老”的程度为

$$\mu_{极老}(60)=[\mu_{老}(60)]^4=(0.8)^4=0.410$$
$$\mu_{非常老}(60)=[\mu_{老}(60)]^2=(0.8)^2=0.640$$
$$\mu_{相当老}(60)=[\mu_{老}(60)]^{1.25}=(0.8)^{1.25}=0.757$$
$$\mu_{比较老}(60)=[\mu_{老}(60)]^{0.75}=(0.8)^{0.75}=0.845$$
$$\mu_{略老}(60)=[\mu_{老}(60)]^{0.5}=(0.8)^{0.5}=0.894$$
$$\mu_{稍微老}(60)=[\mu_{老}(60)]^{0.25}=(0.8)^{0.25}=0.946$$

以 $N=$ 年龄为例，表征语言变量的五元体如图 3-8 所示。

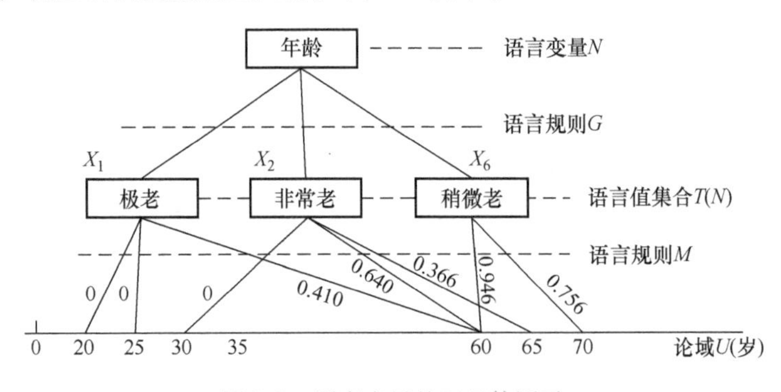

图 3-8 语言变量的五元体图示

在模糊控制中，模糊控制规则实质上是模糊蕴含关系。在模糊逻辑中有很多种定义模糊蕴含的方法，必须针对控制的目的选择符合直觉判据的定义方法。

在模糊推理中有两类最主要的模糊蕴含推理方式：一类是广义前向推理方式；另一类是广义反向推理方式。

广义前向推理：

前提 1：如果 x 是 A 则 y 是 B

前提 2：x 是 A'

结　论：y 是 B'

广义反向推理：

　　前提 1：如果 x 是 A 则 y 是 B

　　前提 2：y 是 B'

　　结　论：x 是 A'

其中，x 是论域 X 中的语言变量，它的值是 X 中的模糊集合 A、A'；而 y 是论域 Y 中的语言变量，它的值是 Y 中的模糊集合 B、B'。横线上方是前提或条件，横线下方是结论。广义前向推理和广义反向推理都是通常所说的“三段论”，前提 1（即所谓的“大前提”）是一条“if…, then…”形式的模糊规划，if 部分是规则的前提，then 部分是规则的结论，若已知规则的前提求结论，就是广义前向推理；若已知规则的结论为前提，则是广义反向推理。

【例 3-9】 举一个广义前向推理的例子。根据经验“如果秋冬的雨雪多，则来年的冬小麦收成好”。今年秋冬的雨雪较多，那么明年的冬小麦的收成如何？这是一个模糊预报的问题。

【例 3-10】 举一个广义反向推理的例子。医生说：“如果患了肝炎，则 GPT 指标高。”某人的 GPT 指标不很高，他患肝炎的可能性有多大？这是一个模糊诊断的问题。

表 3-2 和表 3-3 分别列出了广义前向推理和广义反向推理的准则，它是人们公认的模糊推理的结果，也是模糊蕴含应满足的准则。由下表中可以看出，准则 2、3、4、8 的结论都有两种可能，当“x 是 A”与“y 是 B”之间的因果关系很强时，结论为第一种；当“x 是 A”与“y 是 B”之间的因果关系不很强时，结论为第二种。

表 3-2　广义前向推理的准则

准　则	x 是 A'（前提）	y 是 B'（结论）
准则 1	x 是 A	y 是 B
准则 2－1	x 是非常 A	y 是非常 B
准则 2－2	x 是非常 A	y 是 B
准则 3－1	x 是略 A	y 是略 B
准则 3－2	x 是略 A	y 是 B
准则 4－1	x 是非 A	y 不定
准则 4－2	x 是非 A	y 是非 B

从表中注意到，在模糊蕴含中“x 是 A”与“y 是 B”之间的因果关系并不要求非常严格，即准则 2－2 和准则 3－2 还是可以接受的。准则 4－2 相当于：如果 x 是 A 则 y 是 B，否则 y 是非 B。虽然在形式逻辑中这样的关系是并不适用的，但在日常推理中人们常常希望有这样的因果关系。准则 8－2 也是同样的情况。

表 3-3　广义反向推理的准则

准　则	y 是 B'（前提）	x 是 A'（结论）
准则 5	y 是非 B	x 是非 A
准则 6	y 是非（非常 B）	x 是非（非常 A）
准则 7	y 是非（略 B）	x 是非（略 A）
准则 8－1	y 是 B	x 不定
准则 8－2	y 是 B	x 是 A

在上述的两类模糊蕴含推理方法中，模糊前提 1：“如果 x 是 A，则 y 是 B”表示了 A 与 B 之间的模糊蕴含关系，记为 $A \to B$。在普遍的形式逻辑中，$A \to B$ 有严格的定义。但在模糊逻辑

中，$A \to B$ 不是普通逻辑的简单推广。很多人对此进行了研究，并提出了许多定义的方法，在模糊逻辑控制中，通常有如下几种模糊蕴含关系的运算方法。

（1）模糊蕴含最小运算（Mamdani）

$$R_{\mathrm{C}} = A \to B = A \times B = \int_{X \times Y} \mu_A(x) \wedge \mu_B(y) / (x,y)$$

（2）模糊蕴含积运算（Larsen）

$$R_{\mathrm{P}} = A \to B = A \times B = \int_{X \times Y} \mu_A(x) \mu_B(y) / (x,y)$$

（3）模糊蕴含算术运算（Zadeh）

$$\begin{aligned} R_{\mathrm{a}} &= A \to B = (\bar{A} \times Y) \oplus (X \times B) \\ &= \int_{X \times Y} 1 \wedge (1 - \mu_A(x) + \mu_B(y)) / (x,y) \end{aligned}$$

（4）模糊蕴含的最大最小运算（Zadeh）

$$\begin{aligned} R_{\mathrm{m}} &= A \to B = (A \times B) \cup (\bar{A} \times Y) \\ &= \int_{X \times Y} (\mu_A(x) \wedge \mu_B(y)) \vee (1 - \mu_A(x)) / (x,y) \end{aligned}$$

（5）模糊蕴含的布尔运算

$$\begin{aligned} R_{\mathrm{b}} &= A \to B = (\bar{A} \times Y) \cup (X \times B) \\ &= \int_{X \times Y} (1 - \mu_A(x)) \vee \mu_B(y) / (x,y) \end{aligned}$$

（6）模糊蕴含的标准法运算一

$$\begin{aligned} R_{\mathrm{s}} &= A \to B = A \times Y \to X \times B \\ &= \int_{X \times Y} (\mu_A(x) > \mu_B(y)) / (x,y) \end{aligned}$$

其中

$$\mu_A(x) > \mu_B(y) = \begin{cases} 1 & \mu_A(x) \leqslant \mu_B(y) \\ 0 & \mu_A(x) > \mu_B(y) \end{cases}$$

（7）模糊蕴含的标准法运算二

$$\begin{aligned} R_{\Delta} &= A \to B = A \times Y \to X \times B \\ &= \int_{X \times Y} (\mu_A(x) \gg \mu_B(y)) / (x,y) \end{aligned}$$

其中

$$\mu_A(x) \gg \mu_B(y) = \begin{cases} 1 & \mu_A(x) \leqslant \mu_B(y) \\ \dfrac{\mu_B(y)}{\mu_A(x)} & \mu_A(x) > \mu_B(y) \end{cases}$$

3.2.4 近似推理

上面列举了7种模糊蕴含关系的运算方法，它们均可以应用于广义前向推理和广义反向推理的模糊推理中。模糊推理也叫近似推理，这两个术语可以不加区分地混用。

对于广义前向推理，结论 B' 是根据模糊集合 A' 和模糊蕴含关系 $A \to B$ 的合成推理出来的，因此可以得到如下的近似推理关系：

$$B' = A' \circ (A \to B) = A' \circ R_{A \to B}$$

其中，$R_{A \to B}$ 为模糊蕴含关系，它可采用3.2.3节中列举的任何一种运算方法；“$\circ$”是合成运算符。假定模糊集合 A' 具有如下形式：

$$A = \int_X \mu_A(x)/x$$

$$非常\ A = A^2 \int_X \mu_A^2(x)/x$$

$$略\ A = A^{0.5} = \int_X \mu_A^{0.5}(x)/x$$

$$非\ A = \bar{A} = \int_X (1-\mu_A(x))/x$$

根据上述 A' 的各种表示方式，利用近似推理公式可以推出相应的 B'。

类似地，对于广义反向推理，有如下的近似推理公式：

$$A' = (A \to B) \circ B' = R_{A\to B} \circ B'$$

其中，$R_{A\to B}$ 为模糊蕴含关系；“$\circ$”是合成运算符；B' 是模糊集合，它具有如下形式：

$$非\ B = \bar{B} = \int_Y (1-\mu_B(y))/y$$

$$非(非常\ B) = \overline{(非常\ B)} = \int_Y (1-\mu_B^2(y))/y$$

$$非(略\ B) = \overline{略\ B} = \int_Y (1-\mu_B^{0.5}(y))/y$$

$$B = \int_Y \mu_B(y)/y$$

同样，根据上述各种情况的 B' 可推出相应的 A'。

【例 3-11】　若 x 小则 y 大，已知 x 较小，问 y 如何？

设论域 $X = Y = \{1,2,3,4,5\}$

$$[小] = \frac{1}{1} + \frac{0.5}{2}$$

$$[较小] = \frac{1}{1} + \frac{0.4}{2} + \frac{0.2}{3}$$

$$[大] = \frac{0.5}{4} + \frac{1}{5}$$

首先，按照模糊蕴含的最大最小运算计算模糊关系

$$\boldsymbol{R}_{小\to大} = (\boldsymbol{\mu}_{小}(x) \wedge \boldsymbol{\mu}_{大}(y)) \vee (1-\boldsymbol{\mu}_{小}(x))$$

$$= \begin{bmatrix} 1 \\ 0.5 \\ 0 \\ 0 \\ 0 \end{bmatrix} \wedge [0 \quad 0 \quad 0 \quad 0.5 \quad 1] \vee \left(\begin{bmatrix} 1 \\ 1 \\ 1 \\ 1 \\ 1 \end{bmatrix} - \begin{bmatrix} 1 \\ 0.5 \\ 0 \\ 0 \\ 0 \end{bmatrix} \right)$$

$$= \begin{bmatrix} 0 & 0 & 0 & 0.5 & 1 \\ 0.5 & 0.5 & 0.5 & 0.5 & 0.5 \\ 1 & 1 & 1 & 1 & 1 \\ 1 & 1 & 1 & 1 & 1 \\ 1 & 1 & 1 & 1 & 1 \end{bmatrix}$$

其次，根据广义前向推理的近似推理规则，模糊集合 $A=x$ 较小，可以得到

$$\begin{aligned}\boldsymbol{B}&=\boldsymbol{A}\circ\boldsymbol{R}_{小\to大}\\&=[1\quad 0.4\quad 0.2\quad 0\quad 0]\circ\boldsymbol{R}_{小\to大}\\&=[0.4\quad 0.4\quad 0.4\quad 0.5\quad 1]\end{aligned}$$

将 $\boldsymbol{B}=[0.4\quad 0.4\quad 0.4\quad 0.5\quad 1]$ 与 $\boldsymbol{Y}_{大}=[0\quad 0\quad 0\quad 0.5\quad 1]$ 相比较，可以得到 $B=y$ 较大的结论。

因此问题的答案是：当 x 较小时，y 为较大，与准则 2 相符合。

【例 3-12】 仍考虑上述例子，若 y 较小，问 x 如何？

这是一个广义反向推理，根据规则，模糊集合 $B=y$ 较小，可以得到

$$\begin{aligned}\boldsymbol{A}'&=\boldsymbol{R}_{小\to大}\circ\boldsymbol{B}'\\&=\boldsymbol{R}_{小\to大}\circ[1\quad 0.4\quad 0.2\quad 0\quad 0]\\&=[0.4\quad 0.4\quad 0.4\quad 0.5\quad 1]\end{aligned}$$

将 $\boldsymbol{A}'=[0.4\quad 0.4\quad 0.4\quad 0.5\quad 1]$ 与 $\boldsymbol{X}_{大}=[0\quad 0\quad 0\quad 0.5\quad 1]$ 相比较，可以得到 $\boldsymbol{A}'=x$ 较大的结论。

故问题的答案是：当 y 较小时，x 为较大，与准则 7 相符合。

3.3 基于规则库的模糊推理

3.3.1 模糊推理的基本方法

模糊控制中的规则通常来源于专家的知识，对于多输入多输出（MIMO）系统，其规则具有如下的形式：

$$R=\{R_{\mathrm{MIMO}}^{1},R_{\mathrm{MIMO}}^{2},\cdots,R_{\mathrm{MIMO}}^{n}\}$$

其中 R_{MIMO}^{i} 的前提条件为

R_{MIMO}^{i}：如果(x 是 A_i and…and y 是 B_i)则（z_1 是 C_i，…，z_q 是 D_i）

R_{MIMO}^{i} 的前提条件构成了在直积空间 $X\times\cdots\times Y$ 上的模糊集合 $A_i\times\cdots\times B_i$，结论是 q 个控制作用的并集，它们之间是互相独立的。因此，第 i 条规则可以表示为如下的模糊蕴含关系：

$$R_{\mathrm{MIMO}}^{i}(A_i\times\cdots\times B_i)\to(C_i+\cdots+D_i)$$

于是规则 R 可以表示为

$$\begin{aligned}R_{\mathrm{MIMO}}^{i}&=\{\bigcup_{i=1}^{n}R_{\mathrm{MIMO}}^{i}\}\\&=\{\bigcup_{i=1}^{n}[(A_i\times\cdots\times B_i)\to(C_i+\cdots+D_i)]\}\\&=\{\bigcup_{i=1}^{n}[(A_i\times\cdots\times B_i)\to C_i],\cdots,\bigcup_{i=1}^{n}[(A_i\times\cdots\times B_i)\to D_i]\}\\&=\{RB_{\mathrm{MISO}}^{1},\cdots,RB_{\mathrm{MISO}}^{q}\}\end{aligned}$$

可见模糊规则库 R 可看成由 q 个子规则库所组成，每一个子规则库由 n 个多输入单输出（MISO）的规则库所组成。由于每个子规则是互相独立的，因此下面只需考虑其中一个 MISO 子规则库的近似推理问题。

不失一般性，考虑如下的两个输入一个输出的模糊系统：

输入：x 是 A' and y 是 B'

R_1：如果 x 是 A_1 and y 是 B_1 则 z 是 C_1

also R_2：如果 x 是 A_2 and y 是 B_2 则 z 是 C_2

⋮

also R_n：如果 x 是 A_n and y 是 B_n 则 z 是 C_n

输出：z 是 C'

其中，x、y 和 z 是代表系统状态和控制量的语言变量；A_i、B_i 和 C_i 分别为 x、y 和 z 的语言值。x、y 和 z 的论域分别为 X、Y 和 Z。

模糊控制规则"如果 x 是 A_i and y 是 B_i，则 z 是 C_i"的蕴含关系 R_i 定义为

$$R_i = (A_i \text{ and } B_i) \rightarrow C_i$$

即

$$\begin{aligned}\mu_{R_i} &= \mu_{(A_i \text{and } B_i)\rightarrow C_i}(x,y,z)\\ &= [\mu_{A_i}(x) \text{ and } \mu_{B_i}(y)] \rightarrow \mu_{C_i}(z)\end{aligned}$$

其中，"A_i and B_i"是定义在 $X \times Y$ 上的模糊集合 $A_i \times B_i$，$R_i = (A_i \text{ and } B_i) \rightarrow C_i$ 是定义在 $X \times Y \times Z$ 上的模糊蕴含关系。考虑 n 条模糊控制规则的总的模糊蕴含关系为（取连接词"also"为求并运算）

$$R = \bigcup_{i=1}^{n} R_i$$

最后求得推理的结论为

$$C' = (A' \text{ and } B') \circ R$$

其中

$$\mu_{(A' \text{ and } B')}(x,y) = \mu_{A'}(x) \wedge \mu_{B'}(y)$$

或者

$$\mu_{(A' \text{ and } B')}(x,y) = \mu_{A'}(x)\mu_{B'}(y)$$

式中，"$\circ$"是合成运算符，通常采用最大 - 最小合成法。

【例 3-13】 已知一个双输入单输出的模糊系统，其输入量为 x 和 y，输出量为 z，其输入输出关系可用如下两条模糊规则来描述。

R_1：如果 x 是 A_1 and y 是 B_1 则 z 是 C_1

R_2：如果 x 是 A_2 and y 是 B_2 则 z 是 C_2

现已知输入为 x 是 A' and y 是 B'，试求输出量 z。这里 x、y、z 均为模糊语言变量，且已知

$$A_1 = \frac{1.0}{a_1} + \frac{0.5}{a_2} + \frac{0}{a_3} \quad B_1 = \frac{1.0}{b_1} + \frac{0.6}{b_2} + \frac{0.2}{b_3} \quad C_1 = \frac{1.0}{c_1} + \frac{0.4}{c_2} + \frac{0}{c_3}$$

$$A_2 = \frac{0}{a_1} + \frac{0.5}{a_2} + \frac{1.0}{a_3} \quad B_2 = \frac{0.2}{b_1} + \frac{0.6}{b_2} + \frac{1.0}{b_3} \quad C_2 = \frac{0}{c_1} + \frac{0.4}{c_2} + \frac{1.0}{c_3}$$

$$A' = \frac{0.5}{a_1} + \frac{1.0}{a_2} + \frac{0.5}{a_3} \quad B' = \frac{0.6}{b_1} + \frac{1.0}{b_2} + \frac{0.6}{b_3}$$

由于这里所有模糊集合的元素均为离散量，所以模糊集合可用模糊向量来描述，模糊关系可以用模糊矩阵来描述。

（1）求每条规则的蕴含关系 $\boldsymbol{R}_i = (\boldsymbol{A}_i \text{ and } \boldsymbol{B}_i) \rightarrow \boldsymbol{C}_i$（$i=1$，2）

若此处 $\boldsymbol{A}_i$and $\boldsymbol{B}_i$ 采用求交运算，蕴含关系运算采用最小运算 $\boldsymbol{R}_C$，则

$$\boldsymbol{A}_1 \text{ and } \boldsymbol{B}_1 = \boldsymbol{A}_1 \times \boldsymbol{B}_1 = \boldsymbol{A}_1^{\mathrm{T}} \wedge \boldsymbol{B}_1$$

$$=\begin{bmatrix}1.0\\0.5\\0\end{bmatrix}\wedge[1.0\quad 0.6\quad 0.2]=\begin{bmatrix}1.0 & 0.6 & 0.2\\0.5 & 0.5 & 0.2\\0 & 0 & 0\end{bmatrix}$$

为便于下面进一步的计算，可将 $\boldsymbol{A}_1\times\boldsymbol{B}_1$ 的模糊矩阵表示成如下的向量：

$$\overline{\boldsymbol{R}}_{A_1\times B_1}=[1.0\quad 0.6\quad 0.2\quad 0.5\quad 0.5\quad 0.2\quad 0\quad 0\quad 0]$$

则

$$\boldsymbol{R}_1=(\boldsymbol{A}_1\ \text{and}\ \boldsymbol{B}_1)\rightarrow\boldsymbol{C}_1=\overline{\boldsymbol{R}}_{A_1\times B_1}^{\mathrm{T}}\wedge\boldsymbol{C}_1$$

$$=\begin{bmatrix}1.0\\0.6\\0.2\\0.5\\0.5\\0.2\\0\\0\\0\end{bmatrix}\wedge[1.0\quad 0.4\quad 0]=\begin{bmatrix}1.0 & 0.4 & 0\\0.6 & 0.4 & 0\\0.2 & 0.2 & 0\\0.5 & 0.4 & 0\\0.5 & 0.4 & 0\\0.2 & 0.2 & 0\\0 & 0 & 0\\0 & 0 & 0\\0 & 0 & 0\end{bmatrix}$$

仿照同样的步骤可以求得 $\boldsymbol{R}_2$ 为

$$\boldsymbol{R}_2=\begin{bmatrix}0 & 0 & 0\\0 & 0 & 0\\0 & 0 & 0\\0 & 0.2 & 0.2\\0 & 0.4 & 0.5\\0 & 0.4 & 0.5\\0 & 0.2 & 0.2\\0 & 0.4 & 0.6\\0 & 0.4 & 1.0\end{bmatrix}$$

（2）求总的模糊蕴含关系

$$\boldsymbol{R}=\boldsymbol{R}_1\cup\boldsymbol{R}_2=\begin{bmatrix}1.0 & 0.4 & 0\\0.6 & 0.4 & 0\\0.2 & 0.2 & 0\\0.5 & 0.4 & 0.2\\0.5 & 0.4 & 0.5\\0.2 & 0.4 & 0.5\\0 & 0.2 & 0.2\\0 & 0.4 & 0.6\\0 & 0.4 & 1.0\end{bmatrix}$$

（3）计算输入量的模糊集合

$$\boldsymbol{A}'\ \text{and}\ \boldsymbol{B}'=\boldsymbol{A}'\times\boldsymbol{B}'=\boldsymbol{A}'^{\mathrm{T}}\wedge\boldsymbol{B}'$$

$$=\begin{bmatrix}0.5\\1.0\\0.5\end{bmatrix}\wedge[0.6\quad 1.0\quad 0.6]=\begin{bmatrix}0.5 & 0.5 & 0.5\\0.6 & 1.0 & 0.6\\0.5 & 0.5 & 0.5\end{bmatrix}$$

$$\overline{\boldsymbol{R}}_{A'\times B'}=[0.5\quad 0.5\quad 0.5\quad 0.6\quad 1.0\quad 0.6\quad 0.5\quad 0.5\quad 0.5]$$

（4）计算输出量的模糊集合

$$\boldsymbol{C}' = (\boldsymbol{A}' \text{ and } \boldsymbol{B}') \circ \boldsymbol{R} = \overline{\boldsymbol{R}}_{A' \times B'} \circ \boldsymbol{R}$$

$$= [0.5 \quad 0.5 \quad 0.5 \quad 0.6 \quad 1.0 \quad 0.6 \quad 0.5 \quad 0.5 \quad 0.5] \circ \begin{bmatrix} 1.0 & 0.4 & 0 \\ 0.6 & 0.4 & 0 \\ 0.2 & 0.2 & 0 \\ 0.5 & 0.4 & 0.2 \\ 0.5 & 0.4 & 0.5 \\ 0.2 & 0.4 & 0.5 \\ 0 & 0.2 & 0.2 \\ 0 & 0.4 & 0.6 \\ 0 & 0.4 & 1.0 \end{bmatrix}$$

$$= [0.5 \quad 0.4 \quad 0.5]$$

最后求得输出量 z 的模糊集合为

$$C' = \frac{0.5}{c_1} + \frac{0.4}{c_2} + \frac{0.5}{c_3}$$

3.3.2　模糊推理的性质

从上面的例题计算可以看出，当输入的维数较高，即有很多个模糊子句用“and”相连时，模糊推理的计算便较为复杂。下面介绍模糊推理计算的一些有用的性质。

性质 1　若合成运算“∘”采用最大 - 最小法或最大 - 乘积法，连接词“also”采用求并法，则“∘”和“also”的运算次序可以交换，即

$$(A' \text{ and } B') \circ \bigcup_{i=1}^{n} R_i = \bigcup_{i=1}^{n} (A' \text{ and } B') \circ R_i$$

证明：先考虑“∘”表示最大 - 最小合成法

$$C' = (A' \text{ and } B') \circ \bigcup_{i=1}^{n} R_i = \bigcup_{i=1}^{n} (A' \text{ and } B' \to C_i)$$

即

$$\begin{aligned}
\mu_{C'}(z) &= [\mu_{A'}(x) \text{and } \mu_{B'}(y)] \circ \max[\mu_{R_1}(x,y,z), \cdots, \mu_{R_n}(x,y,z)] \\
&= \max_{x,y} \min\{[\mu_{A'}(x) \text{and } \mu_{B'}(y)], \max[\mu_{R_1}(x,y,z), \cdots, \mu_{R_n}(x,y,z)]\} \\
&= \max_{x,y} \max\{\min[(\mu_{A'}(x) \text{and } \mu_{B'}(y)), \mu_{R_1}(x,y,z)], \cdots, \\
&\qquad \min[(\mu_{A'}(x) \text{and } \mu_{B'}(y)), \mu_{R_n}(x,y,z)]\} \\
&= \max\{[(\mu_{A'}(x) \text{and } \mu_{B'}(y)) \circ \mu_{R_1}(x,y,z)], \cdots, [(\mu_{A'}(x) \text{and } \mu_{B'}(y)) \circ \mu_{R_n}(x,y,z)]\}
\end{aligned}$$

也就是说

$$\begin{aligned}
C' &= [(A' \text{ and } B') \circ R_1] \cup \cdots \cup [(A' \text{ and } B') \circ R_n] \\
&= \bigcup_{i=1}^{n} [(A' \text{ and } B') \circ R_i] \\
&= \bigcup_{i=1}^{n} [(A' \text{ and } B') \circ (A_i \text{ and } B_i \to C_i)] \\
&= \bigcup_{i=1}^{n} C_i'
\end{aligned}$$

其中，

$$C'_i=(A' \text{ and } B')\circ(A_i \text{ and } B_i\rightarrow C_i)$$

对于“∘”表示最大-乘积法的情况，同样可以证明上述结论也成立。

【例3-14】 利用性质1重新求解例3-13。

$$\begin{aligned}C' &= C'_1\cup C'_2\\ &=[(A' \text{ and } B')\circ R_1]\cup[(A' \text{ and } B')\circ R_2]\\ &=[\overline{R}_{A'\times B'}\circ R_1]\cup[\overline{R}_{A'\times B'}\circ R_2]\end{aligned}$$

在例3-13中，合成运算符“∘”采用的是最大-最小法，所以下面也采用同样的方法：

$$\boldsymbol{C}'_1=\overline{\boldsymbol{R}}_{A'\times B'}\circ \boldsymbol{R}_1$$

$$=[0.5\quad 0.5\quad 0.5\quad 0.6\quad 1.0\quad 0.6\quad 0.5\quad 0.5\quad 0.5]\circ\begin{bmatrix}1.0 & 0.4 & 0\\0.6 & 0.4 & 0\\0.2 & 0.2 & 0\\0.5 & 0.4 & 0\\0.5 & 0.4 & 0\\0.2 & 0.2 & 0\\0 & 0 & 0\\0 & 0 & 0\\0 & 0 & 0\end{bmatrix}$$

$$=[0.5\quad 0.4\quad 0]$$

$$\boldsymbol{C}'_2=\overline{\boldsymbol{R}}_{A'\times B'}\circ \boldsymbol{R}_2$$

$$=[0.5\quad 0.5\quad 0.5\quad 0.6\quad 1.0\quad 0.6\quad 0.5\quad 0.5\quad 0.5]\circ\begin{bmatrix}0 & 0 & 0\\0 & 0 & 0\\0 & 0 & 0\\0 & 0.2 & 0.2\\0 & 0.4 & 0.5\\0 & 0.4 & 0.5\\0 & 0.2 & 0.2\\0 & 0.4 & 0.6\\0 & 0.4 & 1.0\end{bmatrix}$$

$$=[0\quad 0.4\quad 0.5]$$

$$\boldsymbol{C}'=\boldsymbol{C}'_1\cup\boldsymbol{C}'_2=[0.5\quad 0.4\quad 0.5]$$

可见所求的结果与例3-13相同。

性质2 若模糊蕴含关系采用R_C，合成运算采用最大-最小法，and运算采用求交法，则

$$C'_i=(A' \text{ and } B')\circ(A_i \text{ and } B_i\rightarrow C_i)$$

$$\begin{aligned}\mu_{C'_i} &=(\mu_{A'} \text{ and } \mu_{B'})\circ(\mu_{A_i\times B_i}\rightarrow\mu_{C_i})\\ &=(\mu_{A'} \text{ and } \mu_{B'})\circ[\min(\mu_{A_i},\mu_{B_i})\rightarrow\mu_{C_i}]\\ &=(\mu_{A'} \text{ and } \mu_{B'})\circ\min[(\mu_{A_i}\rightarrow\mu_{C_i}),(\mu_{B_i}\rightarrow\mu_{C_i})]\\ &=\max_{x,y}\min\{\min(\mu_{A'},\mu_{B'}),\min[(\mu_{A_i}\rightarrow\mu_{C_i}),(\mu_{B_i}\rightarrow\mu_{C_i})]\}\end{aligned}$$

$$= \max_{x,y} \min\{\min[\mu_{A'}, (\mu_{A_i} \to \mu_{C_i})], \min[\mu_{B'}, (\mu_{B_i} \to \mu_{C_i})]\}$$
$$= \min\{[\mu_{A'} \circ (\mu_{A_i} \to \mu_{C_i})], [\mu_{B'} \circ (\mu_{B_i} \to \mu_{C_i})]\}$$

也即

$$C'_i = [A' \circ (A_i \to C_i)] \cap [B' \circ (B_i \to C_i)]$$

采用类似的步骤可以证得当模糊蕴含关系采用 R_P 时，上面的关系也成立。

【例 3-15】　利用性质 1 和性质 2，重新求解例 3-13。

$$\boldsymbol{A}_1 \to \boldsymbol{C}_1 = \begin{bmatrix} 1.0 \\ 0.5 \\ 0 \end{bmatrix} \wedge [1.0 \quad 0.4 \quad 0] = \begin{bmatrix} 1.0 & 0.4 & 0 \\ 0.5 & 0.4 & 0 \\ 0 & 0 & 0 \end{bmatrix}$$

$$\boldsymbol{A}' \circ (\boldsymbol{A}_1 \to \boldsymbol{C}_1) = [0.5 \quad 1.0 \quad 0.5] \circ \begin{bmatrix} 1.0 & 0.4 & 0 \\ 0.5 & 0.4 & 0 \\ 0 & 0 & 0 \end{bmatrix} = [0.5 \quad 0.4 \quad 0]$$

$$\boldsymbol{B}_1 \to \boldsymbol{C}_1 = \begin{bmatrix} 1.0 \\ 0.6 \\ 0.2 \end{bmatrix} \wedge [1.0 \quad 0.4 \quad 0] = \begin{bmatrix} 1.0 & 0.4 & 0 \\ 0.6 & 0.4 & 0 \\ 0.2 & 0.2 & 0 \end{bmatrix}$$

$$\boldsymbol{B}' \circ (\boldsymbol{B}_1 \to \boldsymbol{C}_1) = [0.6 \quad 1.0 \quad 0.6] \circ \begin{bmatrix} 1.0 & 0.4 & 0 \\ 0.6 & 0.4 & 0 \\ 0.2 & 0.2 & 0 \end{bmatrix} = [0.6 \quad 0.4 \quad 0]$$

$$\begin{aligned} \boldsymbol{C}'_1 &= [\boldsymbol{A}' \circ (\boldsymbol{A}_1 \to \boldsymbol{C}_1)] \cap [\boldsymbol{B}' \circ (\boldsymbol{B}_1 \to \boldsymbol{C}_1)] \\ &= [0.5 \quad 0.4 \quad 0] \cap [0.6 \quad 0.4 \quad 0] = [0.5 \quad 0.4 \quad 0] \end{aligned}$$

同理可以求得

$$\begin{aligned} \boldsymbol{C}'_2 &= [\boldsymbol{A}' \circ (\boldsymbol{A}_2 \to \boldsymbol{C}_2)] \cap [\boldsymbol{B}' \circ (\boldsymbol{B}_2 \to \boldsymbol{C}_2)] \\ &= [0 \quad 0.4 \quad 0.5] \end{aligned}$$

根据性质 1 有

$$\boldsymbol{C}' = \boldsymbol{C}'_1 \cup \boldsymbol{C}'_2 = [0.5 \quad 0.4 \quad 0] \cup [0 \quad 0.4 \quad 0.5] = [0.5 \quad 0.4 \quad 0.5]$$

可见所得结果与例 3-13 相同。

通过上例看出，利用性质 2 可使计算简单。当用 and 连接的模糊字句很多时，用例 3-13 的方法计算总的模糊蕴含关系 $\boldsymbol{R}$ 很复杂，模糊矩阵的维数将很高。而利用性质 2，每个子模糊蕴含关系都比较简单，模糊矩阵的维数也较低，并不随 and 连接的模糊子句个数的增加而增加。

性质 3　对于 $C'_i = (A' \text{ and } B') \circ (A_i \text{ and } B_i \to C_i)$ 的推理结果可以用如下简洁的形式来表示：

$$\mu_{C'_i}(z) = \alpha_i \wedge \mu_{C_i}(z) \qquad \text{当模糊蕴含运算采用 } R_C$$
$$\mu_{C'_i}(z) = \alpha_i \mu_{C_i}(z) \qquad \text{当模糊蕴含运算采用 } R_P$$

其中

$$\alpha_i = \left[\max_x (\mu_{A'}(x) \wedge \mu_{A_i}(x))\right] \wedge \left[\max_y (\mu_{B'}(y) \wedge \mu_{B_i}(y))\right]$$

证明：设模糊运算采用 R_C，合成运算采用最大 - 最小法，则根据性质 2 有

$$C'_i = (A' \text{ and } B') \circ (A_i \text{ and } B_i \to C_i) = [A' \circ (A_i \to C_i)] \cap [B' \circ (B_i \to C_i)]$$

$$\mu_{C'_i}(z) = \min\left\{\max_x \min[\mu_{A'}(x), (\mu_{A_i}(x) \to \mu_{C_i}(z))], \max_y \min[\mu_{B'}(y), (\mu_{B_i}(y) \to \mu_{C_i}(z))]\right\}$$

$$
\begin{aligned}
&= \min\left\{\max_x \min[(\mu_{A'}(x),\mu_{A_i}(x)\wedge\mu_{C_i}(z))],\max_y \min[(\mu_{B'}(y),\mu_{B_i}(y)\wedge\mu_{C_i}(z))]\right\}\\
&= \min\left\{\max_x[\mu_{A'}(x)\mu_{A_i}(x)\wedge\mu_{C_i}(z)],\max_y[\mu_{B'}(y)\wedge\mu_{B_i}(y)\wedge\mu_{C_i}(z)]\right\}\\
&= \left[\max_x(\mu_{A'}(x)\mu_{A_i}(x)\wedge\mu_{C_i}(z))\right]\wedge\left[\max_y(\mu_{B'}(y)\wedge\mu_{B_i}(y)\wedge\mu_{C_i}(z))\right]\\
&= \left[\max_x(\mu_{A'}(x)\mu_{A_i}(x))\right]\wedge\left[\max_y(\mu_{B'}(y)\wedge\mu_{B_i}(y))\right]\wedge\mu_{C_i}(z)\\
&= \alpha_i\wedge\mu_{C_i}(z)
\end{aligned}
$$

设模糊蕴含关系采用 R_{P}，则有

$$
\begin{aligned}
\mu_{C_i'}(z) &= \min\left\{\max_x \min[\mu_{A'}(x),\mu_{A_i}(x)\mu_{C_i}(z)],\max_y \min[\mu_{B'}(y),\mu_{B_i}(y)\mu_{C_i}(z)]\right\}\\
&= \min\left\{\max_x[\mu_{A'}(x)\wedge\mu_{A_i}(x)\mu_{C_i}(z)],\max_y[\mu_{B'}(y)\wedge\mu_{B_i}(y)\mu_{C_i}(z)]\right\}\\
&= \max_x[\mu_{A'}(x)\mu_{A_i}(x)\wedge\mu_{C_i}(z)],\max_y[\mu_{B'}(y)\wedge\mu_{B_i}(y)\wedge\mu_{C_i}(z)]\\
&= \left[\max_x(\mu_{A'}(x)\wedge\mu_{A_i}(x)\mu_{C_i}(z))\right]\wedge\left[\max_y(\mu_{B'}(y)\wedge\mu_{B_i}(y)\wedge\mu_{C_i}(z))\right]\\
&\approx \left\{\left[\max_x(\mu_{A'}(x)\wedge\mu_{A_i}(x))\right]\wedge\left[\max_y(\mu_{B'}(y)\wedge\mu_{B_i}(y))\right]\right\}\wedge\mu_{C_i}(z)\\
&= \alpha_i\wedge\mu_{C_i}(z)
\end{aligned}
$$

推论：如果输入量的模糊集合是模糊单点，即 $A'=\frac{1}{x_0}$，$B'=\frac{1}{y_0}$，则有

$$R_{\mathrm{C}}:\mu_{C_i'}(z)=\alpha_i\wedge\mu_{C_i}(z)$$

$$R_{\mathrm{P}}:\mu_{C_i'}(z)=\alpha_i\mu_{C_i}(z)$$

其中，

$$\alpha_i=\mu_{A_i}(x_0)\wedge\mu_{B_i}(y_0)$$

根据性质3，这个推论的结论是显然的。

结合性质2和性质3，可以看到

$$R_{\mathrm{C}}:\mu_{C_i'}(z)=\bigcup_{i=1}^{n}\alpha_i\wedge\mu_{C_i}(z)$$

$$R_{\mathrm{P}}:\mu_{C_i'}(z)=\bigcup_{i=1}^{n}\alpha_i\mu_{C_i}(z)$$

这里 α_i 可以看成相应于第 i 条规则的加权因子，它也看成第 i 条规则的适用程度，或者看成第 i 条规则对模糊控制作用所产生的贡献的大小。这样的认识可以帮助人们加强对模糊控制机理的理解。

为了便于说明问题，假设有如下的两条模糊控制规则

R_1：如果 x 是 A_1 and y 是 B_1 则 z 是 C_1

R_2：如果 x 是 A_2 and y 是 B_2 则 z 是 C_2

前面举例（例3-13~例3-15）说明了当 x、y、z 的论域为离散量且为有限时的推理计算方法。由于这时模糊集合可用模糊向量来表示，模糊关系可用模糊矩阵来表示，因此推理计算可表示成相应的向量和矩阵运算。

图3-9和图3-10表示了当论域为连续时模糊推理计算的方法，图3-9相应于模糊蕴含计

算采用 R_C 的情况，图 3-10 相应于模糊蕴含计算用 R_P 的情况。图 3-11 和图 3-12 表示了输入为单点模糊集合时的模糊推理的图示计算方法。

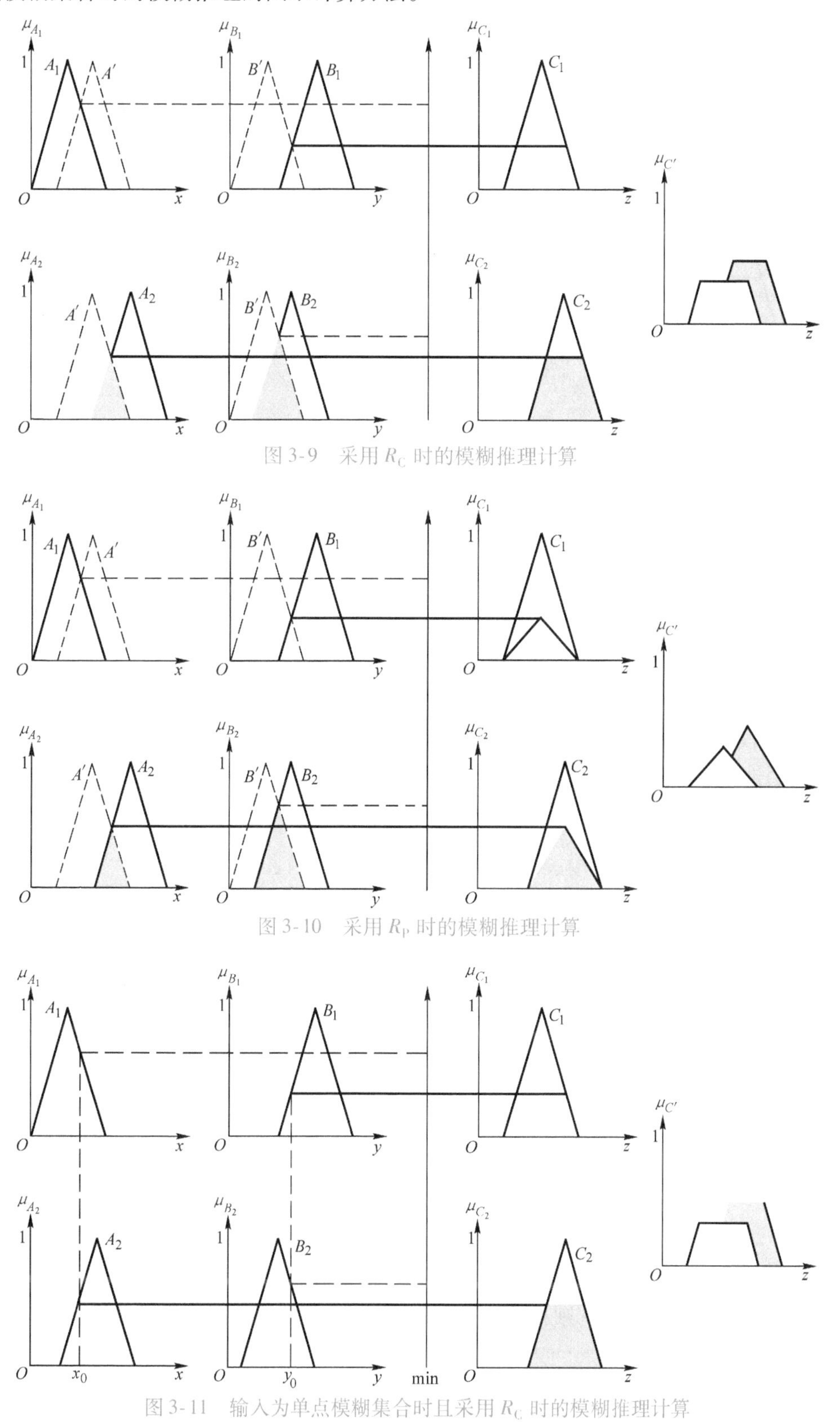

图 3-9　采用 R_C 时的模糊推理计算

图 3-10　采用 R_P 时的模糊推理计算

图 3-11　输入为单点模糊集合时且采用 R_C 时的模糊推理计算

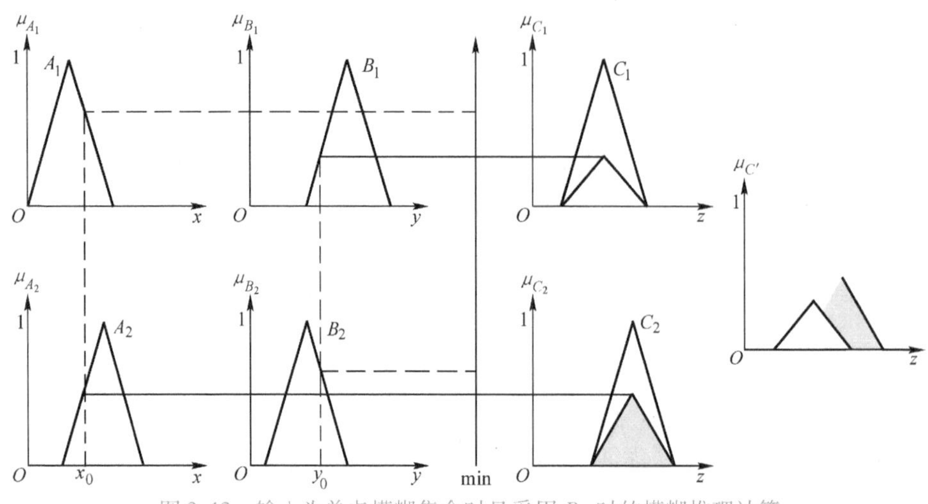

图 3-12 输入为单点模糊集合时且采用 R_P 时的模糊推理计算

3.3.3 模糊控制中的几种常用模糊推理

1. 第一种模糊推理——模糊蕴含运算采用 Mamdani 的最小运算规则

这种模糊推理方法就是上面讨论较多的方法，即模糊蕴含运算采用 R_C，从而有

$$\mu_{C'_i}(z)=\alpha_i \wedge \mu_{C_i}(z)$$

$$\mu_{C'_i}(z)=\mu_{C'_1}(z) \wedge \mu_{C'_2}(z)=[\alpha_1 \wedge \mu_{C_1}(z)] \vee [\alpha_2 \wedge \mu_{C_2}(z)]$$

α_1 和 α_2 可根据性质 3 及相应推论进行计算。图 3-10 和图 3-11 利用图形对这第一种模糊推理方法进行了解释。

2. 第二种模糊推理——模糊蕴含运算采用 Larsen 的最小运算规则

这种模糊推理方法就是指模糊蕴含运算采用 R_C，从而有

$$\mu_{C'_i}(z)=\alpha_i \wedge \mu_{C_i}(z)$$

$$\mu_{C'_i}(z)=\mu_{C'_1}(z) \vee \mu_{C'_2}(z)=[\alpha_1 \mu_{C_1}(z)] \vee [\alpha_2 \mu_{C_2}(z)]$$

图 3-10 和图 3-12 利用图形解释了该推理过程。

3. 第三种模糊推理——语言变量的隶属度函数为单调的 Tsukamoto 的方法

这是 Tsukamoto 提出的方法，它是第一种推理方法当 A_i、B_i、C_i 的隶属度函数为单调函数时的特例。实质上，对 A_i 和 B_i 的隶属度函数单调性的限制条件可以取消，只要求 C_i 的隶属度函数为单调即可。

对于该方法，首先根据第一条规则求出 α_1，根据 $\alpha_1=C_1(z_1)$ 求得 z_1；再根据第二条规则求出 α_2，根据 $\alpha_2=C_2(z_2)$ 求得 z_2，准确的输出量可表示为 z_1 和 z_2 的加权组合（见图 3-13），即

$$z_0=\frac{\alpha_1 z_1+\alpha_2 z_2}{\alpha_1+\alpha_2}$$

4. 第四种模糊推理——规则的结论是输入语言变量的函数

在这种推理方式中，模糊规则具有如下形式：

R_i：如果（x 是 A_i and…and y 是 B_i）则 $z=f_i$（x，…，y）

其中，x，…，y 表示过程状态变量和控制变量；A_i，…，B_i 是语言变量 x，…，y 的语言变量值。

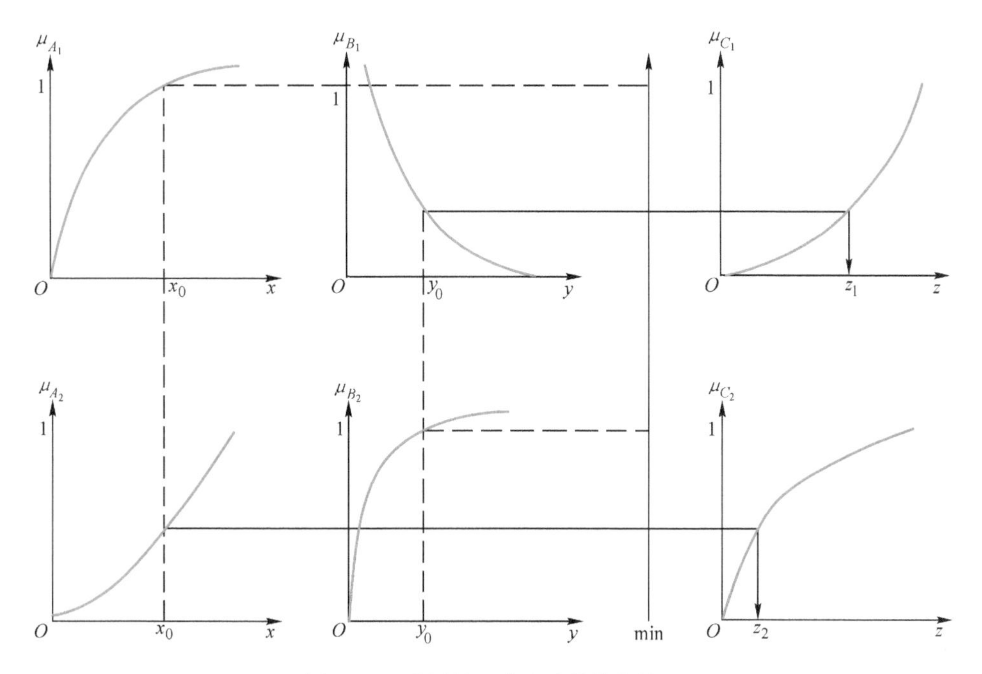

图 3-13　采用第三种方法的模糊推理

为简单起见，仍假定有如下两条控制规则。

R_1：如果（x 是 A_1 and y 是 B_1）则 $z=f_1(x,y)$

R_2：如果（x 是 A_2 and y 是 B_2）则 $z=f_2(x,y)$

根据第一条规则，控制作用的推断值为 $\alpha_1 f_1(x_0,y_0)$，第二条规则的推断值为 $\alpha_2 f_2(x_0,y_0)$，总的控制作用是 $f_1(x_0,y_0)$ 和 $f_2(x_0,y_0)$ 的加权组合，即

$$z_0=\frac{\alpha_1 f_1(x_0,y_0)+\alpha_2 f_2(x_0,y_0)}{\alpha_1+\alpha_2}$$

该方法是由 Takagi 和 Sugeno 提出来的，而且已用来控制一个模型小车沿着弯曲的轨道运动，并控制汽车停靠到车库中。利用该方法取得了满意的结果。

国外学者还提出一些别的推理算法，例如 Yager 模糊推理法、Mizumoto 模糊推理法等，因为篇幅有限，请参考其他文献，这里不再一一介绍。

3.4 习题

1. 试说明模糊集合与经典集合的主要区别。

2. 给出下列模糊集合 A、B 和 C 的 α 截集。

（1）$\mu_A(x)=\left\{\left(\frac{0.2}{3},\frac{0.7}{4},\frac{1}{5},\frac{1}{6},\frac{0.7}{7},\frac{0.3}{8}\right)\right\}$，$\alpha=0.4$，$\alpha=0.6$

（2）$\mu_B(x)=\frac{1}{1+\left(\frac{x-50}{10}\right)^4}$，$\alpha=0.3$，$\alpha=0.5$，$\alpha=0.7$

（3）$\mu_C(x)=\frac{1}{1+(x-10)^2}$，$\alpha=0.2$，$\alpha=0.4$，$\alpha=0.6$

3. 给出下列模糊集合 A 和 B，计算 A 和 B 的并集、交集以及代数和、有界和、有界差、有界积。

$$A=\left\{\left(\frac{1}{2},\frac{0.5}{3},\frac{0.3}{4},\frac{0.2}{5}\right)\right\},\ B=\left\{\left(\frac{0.5}{2},\frac{0.7}{3},\frac{0.2}{4},\frac{0.4}{5}\right)\right\}$$

4. R 和 S 分别是定义在 $X\times Y$ 和 $Y\times Z$ 上的两个模糊关系，R 表示“x 与 y 有关”，S 表示“y 与 z 有关”，$\boldsymbol{R}$ 和 $\boldsymbol{S}$ 关系矩阵如下，试用最大－最小法推导“x 与 z 有关”的模糊关系矩阵。

$$\boldsymbol{R}=\begin{bmatrix}0.1 & 0.3 & 0.5 & 0.7\\ 0.4 & 0.2 & 0.6 & 0.8\\ 0.6 & 0.8 & 0.5 & 0.2\end{bmatrix},\ \boldsymbol{S}=\begin{bmatrix}0.9 & 0.2\\ 0.3 & 0.5\\ 0.6 & 0.4\\ 0.7 & 0.4\end{bmatrix}$$

5. 一个模糊系统的输入－输出关系 $R(X,Y)$ 是根据模糊规则“if x 是 A，then y 为 Y”推理得到的，其中 $A\subset X$，$B\subset Y$，表示为 $R(X,Y)=A\rightarrow B$，现在给定模糊集合 A 和 B 为

$$A=\left\{\left(\frac{0.5}{x_1},\ \frac{1}{x_2},\ \frac{0.6}{x_3}\right)\right\},\ B=\left\{\left(\frac{1}{y_1},\ \frac{0.4}{y_2}\right)\right\}$$

试根据最大－最小法推导 $R(X,Y)$，并给出当输入为 $A'=\left\{\left(\frac{0.2}{x_1},\frac{0.5}{x_2},\frac{0.8}{x_3}\right)\right\}$时模糊系统输出 B'。

6. 在上例中 A、B 和 A'分别为

$$A=\left\{\left(\frac{0.2}{x_1},\frac{0.9}{x_2},\frac{0.1}{x_3}\right)\right\},\ B=\left\{\left(\frac{0.1}{y_1},\frac{1}{y_2},\frac{0.2}{y_3}\right)\right\},\ A'=\left\{\left(\frac{0.3}{x_1},\frac{1}{x_2},\frac{0.1}{x_3}\right)\right\}$$

试计算模糊系统输出 B'。

第4章　基于模糊推理的智能控制

本章介绍基于模糊集合和模糊推理的控制系统的基本原理、结构特点和设计方法。模糊控制系统主要包括Mamdani模糊规则控制和Takagi－Sugeno模糊模型（简称T－S模型）控制两种形式，适用于难以建立解析数学模型的复杂系统的控制，本章还对模糊控制系统的稳定性进行了分析，并以实例说明了模糊控制系统设计的方法和步骤。

拓展阅读
中国在模糊控制领域做出的贡献

4.1 模糊控制系统的基本概念

模糊控制系统是一种自动控制系统，它以模糊数学、模糊语言形式的知识表示和模糊逻辑的规则推理为理论基础，采用计算机控制技术构成一种具有反馈通道的闭环结构的数字控制系统。它的组成核心是具有智能性的模糊控制器，这也就是它与其他自动控制系统的不同之处。因此，模糊控制系统无疑也是一种智能控制系统。

随着科技的发展，一些传统的建模方法对于复杂系统、模糊性问题均不太适用，而以模糊集合和模糊逻辑推理为基础的“模糊模型”的建立，却是一个理想的途径。因此，模糊控制系统自然也是一种极为理想的控制系统。

4.1.1 模糊控制系统的组成

根据模糊控制系统的定义，不难想象模糊控制系统的组成具有常规计算机控制系统的结构形式，模糊控制系统通常由被控对象、执行机构、控制器、输入/输出接口和测量装置五个部分组成。

1. 被控对象

被控对象可以是一种设备或装置以及它们的群体，也可以是一个生产的、自然的、社会的、生物的或其他各种的状态转移过程。这些被控对象可以是确定的或模糊的、单变量或多变量的、有滞后或无滞后的，也可以是线性的或非线性的、定常的或时变的，以及具有强耦合和干扰等多种情况。对于那些难以建立精确数学模型的复杂对象，更适宜采用模糊控制。

2. 执行机构

执行机构有各类交、直流电动机，伺服电动机，步进电动机等，还有气动和液压装置，如各类气动调节阀和液压马达、液压阀等。

3. 控制器

控制器是各类自动控制系统中的核心部分。由于被控对象的不同，以及对系统静态、动态特性的要求和所应用的控制规则（或策略）相异，可以构成各种类型的控制器。在经典控制理论中，有用运算放大器加上阻容网络构成的 PID 控制器和由前馈、反馈环节构成的各种串、并联校正器。在现代控制理论中，有状态观测器、自适应控制器、解耦控制器、鲁棒控制器等。而在模糊控制理论中，则采用基于模糊知识表示和规则推理的语言型“模糊控制器”，这也是模糊控制系统区别于其他自动控制系统的特点所在。

4. 输入/输出（I/O）接口

在实际系统中，由于多数被控对象的控制量及其可观测状态量是模拟量。因此，模糊控制系统与通常的全数字控制系统或混合控制系统一样，必须具有模/数（A/D）、数/模（D/A）转换单元，不同的只是在模糊控制系统中，还应该有适用于模糊逻辑处理的“模糊化”与“解模糊化”（或称“非模糊化”）环节，这部分通常也被看作模糊控制器的输入/输出接口。

5. 测量装置

测量装置是将被控对象的各种非电量，如流量、温度、压力、速度、浓度等转换为电信号的一类装置。通常由各类数字的或模拟的测量仪器、检测元件或传感器等组成。在模糊控制系统中，为了提高控制精度，要及时观测被控制量的变化特性及其与期望值间的偏差，以便及时调整控制规则和控制量输出值，因此，往往将测量装置的观测值反馈到系统输入端，并与给定输入量相比较，构成具有反馈通道的闭环结构形式。

4.1.2 模糊控制系统的原理与特点

模糊控制系统的原理框图如图 4-1 所示，它的核心部分为模糊控制器，模糊控制器的控制规律由计算机的程序来实现，以一步模糊控制算法为例，实现的过程是这样的：微机经中断采样获取被控量的精确值，然后将此量与给定值比较得到误差信号 E（在此取单位反馈）。一般选取误差信号 E 作为模糊控制器的一个输入量。把误差信号 E 的精确量进行模糊量化变成模糊量，误差 E 的模糊量可用相应的模糊语言表示。至此，得到了误差 E 的模糊语言集合的一个子集 $\boldsymbol{e}$（$\boldsymbol{e}$ 其实是一个模糊向量）。再由 $\boldsymbol{e}$ 和模糊控制规则 R（模糊关系），根据模糊推理的合成规则进行模糊决策，得到模糊控制量 u 为

$$u=\boldsymbol{e}\circ R \tag{4-1}$$

式中，u 是一个模糊量。

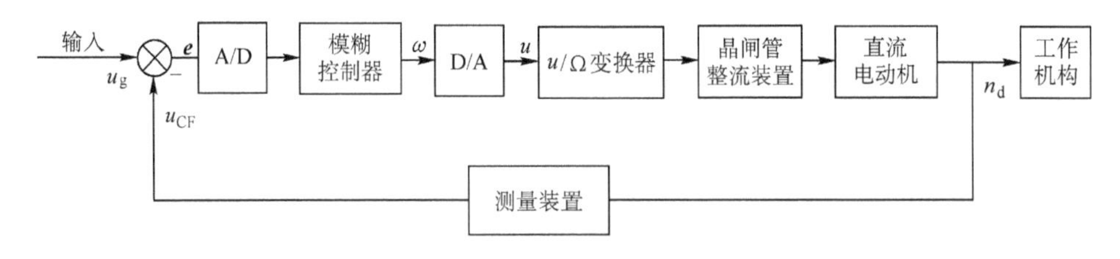

图 4-1 模糊控制系统的原理框图

为了对被控对象施加精确的控制，还需要将模糊量 u 转换为精确量，这一步骤在图4-2 框图中称为清晰化处理（亦称非模糊化）。得到了精确的数字控制量后，经数模转换变为精确的模拟量送给执行机构，对被控对象进行一步控制。然后，中断等待第二次采样，进行第二步控制。这样循环下去，就实现了对被控对象的模糊控制。

综上所述，模糊控制系统的基本算法可概括为 4 个步骤。

1）根据本次采样得到的系统的输出值，计算所选择的系统的输入变量。

2）将输入变量的精确值变为模糊量。

3）根据输入变量（模糊量）及模糊控制规则，按模糊推理合成规则计算控制量（模糊量）。

4）由上述得到的控制量（模糊量）计算精确的控制量。

通过上面的模糊控制系统的基本原理说明，可以看到模糊控制系统具有如下优点。

1）模糊控制系统不依赖于系统精确的数学模型，特别适宜于复杂系统（或过程）与模糊性对象等采用，因为它们的精确数学模型很难获得或者根本无法找到。

2）模糊控制中的知识表示、模糊规则和合成推理是基于专家知识或熟练操作者的成熟经验，并可通过学习不断更新。因此，它具有智能性和自学习性。

3）模糊控制系统的核心是模糊控制器。而模糊控制器均以计算机（微机、单片机等）为主体，因此它兼有计算机控制系统的特点。如具有数字控制的精确性与软件编程的柔软性等。

4）模糊控制系统的人 - 机界面具有一定程度的友好性。它对于有一定操作经验而对控制理论并不熟悉的工作人员来说，很容易掌握，并且易于使用“语言”进行人 - 机对话，更好地为操作者提供控制信息。

4.1.3　模糊控制系统分类

模糊控制系统可以参照确定性自动控制系统的分类方法，从不同的角度来进行分类。例如，根据系统控制信号的时变特征来分类，有恒值模糊控制系统和随动模糊控制系统；根据模糊控制器推理规则是否具有线性特性来分类，有线性模糊控制系统和非线性模糊控制系统；根据系统的输入/输出变量的多少，可以分为单变量模糊控制系统和多变量模糊控制系统等。但是，由于模糊控制系统有自己的系统结构特征，因此，在分类定义和设计与分析方法上，不会和一般自动控制系统完全雷同。

1. 线性模糊控制系统与非线性模糊控制系统

线性模糊控制系统与非线性模糊控制系统的分类不像确定性系统那样，可以用系统方程来严格区分，因此首先对模糊控制系统的线性度作如下定义。

（1）线性度定义

对于开环模糊控制系统 S，其输入变量为 u，输出变量为 v，它们的论域分别为 U 和 V。设 A_i 和 B_j 分别是论域 U 和 V 上均匀分布的正规凸模糊集合，并且

$$A_i \in U \qquad (i=0,\ \pm 1,\ \cdots,\ \pm n)$$

$$B_j \in V \qquad (j=0,\ \pm 1,\ \cdots,\ \pm m)$$

若对于任意的输入偏差 $\Delta u \in U$ 和相应的输出偏差 $\Delta v \in V$，满足

$$\frac{\Delta v}{\Delta u}=K \quad K \in [K_c-\delta, K_c+\delta] \tag{4-2}$$

并且

$$\delta \mathrel{\hat{=}} \frac{v_{\max}-v_{\min}}{2\xi(u_{\max}-u_{\min})m} \tag{4-3}$$

这里，δ 为给定的任意小正数（$\delta \ll K_c$），被称为线性度，可以用来衡量模糊控制系统的线性化程度，根据对线性模糊控制系统定义要求不同，它可以由线性化因子 ξ 来调整，如果 $|K-K_c| \leqslant \delta$，则称系统 S 为线性模糊控制系统，否则是非线性模糊控制系统。

根据上述线性度定义可知，模糊控制系统的线性与非线性不像确定性系统中线性定义那么严格、明确，而且也是一个模糊概念。它由 δ 的值来决定，当论域一定时，由式（4-3）可知，δ 值由模糊集合个数 m 和线性化因子 ξ 决定。m 值越大，则 δ 值越小，线性模糊控制系统对线

性的定义越严格，当 $m \to \infty$ 时，对线性要求也就与确定性系统相一致。此外，即使 m 一定，人为地调整线性化因子 ξ，也可对线性模糊度 δ 进行设置。

（2）线性模糊控制系统的规则表示

设线性模糊控制系统的输入论域和输出论域分别为 U 与 V，在其上可以适当定义相应的模糊集合 A_i、B_j（$i=0$，± 1，…，$\pm n$；$j=0$，± 1，…，$\pm m$），使系统的模糊规则间具有比例关系，且数量较少。若 A_i、B_i 为均匀分布的正规凸模糊集合，则线性模糊系统的规则可以表示为

$$\text{if } u = A_i \text{ and } v_s = B_j \text{ then } v_z = B_{j+ki}$$
$$(i=0, \ \pm 1, \ \cdots, \ \pm n)$$

式中，k 为比例系数，且为整数。

2. 恒值模糊控制系统与随动模糊控制系统

模糊控制系统与确定性控制系统一样，根据系统输出量（被控制量）为恒定值或者是以一定精度跟踪输入量函数的不同要求，可以分为恒值模糊控制系统与随动模糊控制系统两类。

（1）恒值模糊控制系统

若系统的给定值不变，要求其被控制输出量保持恒定，而影响被控制量变化的只是进入系统的有界扰动作用，控制的目的是要求系统自动地克服这些扰动影响，则此类系统被称为“恒值模糊控制系统”，也可称为“自镇定模糊控制系统”，如液位模糊控制系统等。

（2）随动模糊控制系统

若系统的给定值是时间函数，要求其被控制输出量按一定精度要求，快速地跟踪给定值函数。尽管系统也存在外界扰动，但其对系统的影响不是控制的主要目标，把这类系统称为“随动模糊控制系统”或“模糊控制跟踪系统”，如机器人关节的模糊控制位置随动系统。

但是，也应注意到，对于偏差控制来说，这两类系统的目的是一致的，都是消除偏差，而且在过程控制中它们是共存的。往往根据工艺过程的要求在一段时间内给定值是改变的，系统处于跟踪状态；而在另一段时间内，给定值不变，系统运行于恒值控制状态。

通常对于恒值控制系统来讲，被控对象特性和系统运行状态变化不大，对控制器的适应性和鲁棒性要求不高，采用一般的线性控制器即能满足要求；而对于随动系统而言，要求有强的适应性和鲁棒性，以及快速跟踪特性，因此，对控制器的控制策略和算法要求就很高，如采用自适应控制、非线性补偿控制等。上述情况，对于模糊控制系统也同样存在，尽管模糊控制器本身具有一定的鲁棒性，但对于非线性严重的被控对象，并不一定能满足控制性能的要求。因此，对于线性模糊控制系统的偏差控制，可以只用一组模糊控制规则来设计控制器。而对具有复杂对象的非线性模糊控制系统，特别是有快速跟踪要求的，则除考虑分阶段采用多值模糊控制规则以外，通常还可以采用自适应控制、非线性解耦反馈控制、预测控制等精确控制策略和模糊控制器相结合的集成控制方法，将会取得满意的动态控制性能。

3. 有差模糊控制系统和无差模糊控制系统

控制系统静态精度的重要标志之一是系统的稳态误差，即当系统达到稳定状态后，其输出与给定输入所对应的期望输出之间的差值。显然，这种误差越小，系统的稳态精度越高。对于恒值控制系统来讲，一般要求无静差；而对于随动控制系统，它除了对静差有一定要求以外，更重要的就是瞬态响应的快速性。模糊控制系统和确定性系统一样，按静态误差是否存在，也可以分为有差模糊控制系统和无差模糊控制系统。

（1）有差模糊控制系统

通常的模糊控制器在设计中只考虑系统输出误差的大小及其变化率，相当于一般的 PD 调

节器作用，再加上模糊控制器本身的多级继电特性，因此，一般的模糊控制系统均存在有静态误差，可称为有差模糊控制系统。

（2）无差模糊控制系统

根据在通常的自动控制系统中采用带有积分环节的 PID 调节器原理，如果在模糊控制器中也引入积分作用，则可以将常规模糊控制器所存在的余差抑制到最小限度，达到模糊控制系统的无差要求。当然，这里的无差也是一个模糊概念，不可能是绝对的无静差，只能是某种限度上的无静差。为此，这样系统称之为无差模糊控制系统。

4.2 模糊控制的基本原理

模糊控制系统的结构与常规的计算机数字控制系统类似，只是它的控制器为模糊控制器。模糊控制系统又称为模糊逻辑控制器（Fuzzy Logic Controller，FLC），一般模糊控制系统的结构图如图 4-2 所示，从功能上划分，它主要由 4 个部分组成：模糊化、知识库、模糊推理和清晰化。

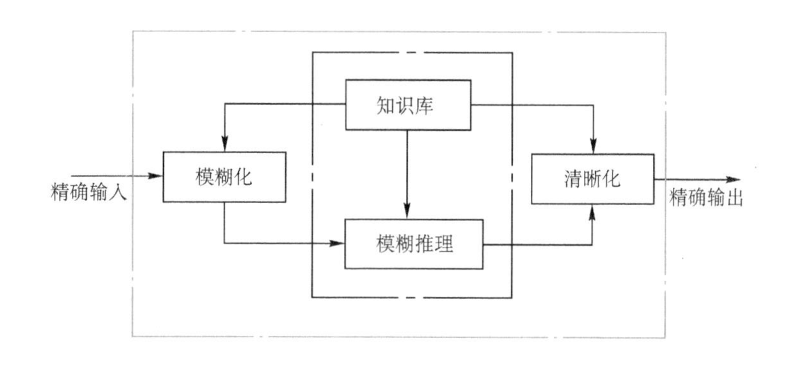

图 4-2　模糊控制系统的结构图

按照输入变量数目不同，模糊控制器可分为如下两类。

（1）单变量模糊控制器

常规的模糊控制器为单变量模糊控制器，它有一个独立的外部输入变量和一个输出变量，而单变量模糊控制器输入的个数称为模糊控制器的维数。一维模糊控制器的输入一般为被控变量与设定值之差 $e=r-y$，适合于简单被控对象。二维模糊控制器的输入一般为误差 e 和误差的变化率 $\dot{e}=\mathrm{d}e/\mathrm{d}t$，这是最典型的模糊控制器，应用最为广泛。三维模糊控制器的输入可以是 e、$\dot{e}$ 和 e 的积分 $\int e\mathrm{d}t$，也可以是 e、$\dot{e}$ 和 e 的二次导数 $\ddot{e}$，三维模糊控制器能得到更好的控制性能，但其设计复杂，运算量大，尤其是完备的控制规则库难以建立，因为人对具体被控对象进行控制的逻辑思维通常不超过三维，三维输入规则的建立是复杂和困难的。

（2）多变量模糊控制器

多变量模糊控制器有多个独立的输入变量和一个或多个输出变量，多变量模糊控制器的变量多，如果每个输入变量又可引出各自的误差、误差变化率甚至误差的积分等输入量，那么模糊控制器的输入个数将会更多，对应的模糊控制规则的推理语句维数随着输入变量的增加成指数增加，直接建立这种系统的控制规则是非常困难的，因此，多变量系统模糊控制器的设计一般要进行结构分解，或进行降维处理，分解为多个简单模糊控制器的组合形式。本书主要讲述单变量模糊控制器，也是多变量模糊控制器的基础。

下面简述一下图4-2中各部分的功能。

1. 模糊化

人工操作者在控制一个被控对象时是通过感官从检测仪表观察被控对象的输出信息，在客观上是精确量，但是反映到人的大脑中这一精确量则转化为带有模糊性的模糊量，因为人的大脑中的控制经验是由类似 if - then 条件语句构成的知识库。计算机仿照人的思维进行模糊控制，其输入通道得到的采样值是精确量，而推理机制进行的模糊推理是运用输入量的模糊值和输入/输出间的模糊关系进行模糊推理，把控制系统输入量由精确量转化为模糊子集的过程称为模糊化过程。常用的模糊化方法有以下两种。

1）把论域中某一精确点模糊化为一个模糊单点（Fuzzy Singleton），或称为单点模糊化。设模糊集合用 A 表示，则模糊单点的隶属度可表示为

$$\mu_A = \begin{cases} 1 & x = x_0 \\ 0 & x \neq x_0 \end{cases} \tag{4-4}$$

即在 x_0 处的隶属度为1，而论域中其余所有点的隶属度为0，这是一种特殊的模糊集合，这种方法由于它的自然性和处理上的简单性常被用于在模糊控制器的应用中。

2）把论域中的某一精确点模糊化为在论域上占据一定宽度的模糊子集，或者说在一个物理量的论域上分为几个用模糊集合表示的语言变量，如第3章中定义的模糊集合都属于这种类型。当被控对象受到噪声干扰时，应考虑这种模糊化方法，以提高控制系统的鲁棒性。

2. 知识库

知识库主要包含数据库和规则库。所有输入、输出变量所对应的论域以及这些论域上定义的规则库中使用的全部模糊子集的定义都存放在数据库中。在模糊控制器推理过程中，数据库向推理机提供必要的数据。在模糊化接口和清晰化接口进行模糊化和反模糊化时，数据库也向它们提供相关论域的必要数据。

规则库存放模糊控制规则。模糊控制库是由一系列 if - then 形式的模糊条件句构成的。条件句的前件为系统的输入或状态，后件为控制量。模糊控制规则基于操作人员长期积累的控制经验和领域专家的有关知识经过归纳整理所形成，它是对被控对象进行控制的一个知识模型，这个模型建立得是否准确完备，即是否准确和全面地总结了操作人员的成功经验和领域专家的知识，将影响模糊控制系统性能，规则库一般可以通过以下途径建立。

1）总结操作人员、领域专家、控制工程师的经验和知识。

2）基于过程的模糊模型。

3）基于学习和优化的方法。

3. 模糊推理

模糊推理是指采用某种推理方法，由采样时刻的输入和模糊控制规则导出模糊控制器的控制量输出。模糊推理算法和很多因素有关，如模糊蕴含规则、推理合成规则、模糊条件语句前件部分的连接词“而且”（and）和语句之间的连接词“否则”（also）的不同定义等。因为这些因素有多种不同定义，可以组合出相当多的推理算法，因此这个问题也变得十分庞杂，同时也为模糊控制器的设计带来了许多的自由度。常用的推理算法如下。

1）Mamdani 模糊推理算法。

2）Larsen 模糊推理算法。

3）Takagi – Sugeno 模糊推理算法。

4）Tsukamoto 模糊推理算法。

5）简单模糊推理算法。

对于多输入多输出（MIMO）模糊控制器，其规则库具有如下形式：

$$R=\{R_{\mathrm{MIMO}}^{1},R_{\mathrm{MIMO}}^{2},\cdots,R_{\mathrm{MIMO}}^{n}\}$$

其中，R_{MIMO}^{i}的前提条件为

R_{MIMO}^{i}：如果（x 是 A_j and…and y 是 B_j）则（z_1 是 C_i，…，z_q 是 D_i）

R_{MIMO}^{i}的前提条件构成了在直积空间 $X\times\cdots\times Y$ 上的模糊集合，后件是 q 个控制作用的并集，它们之间是互相独立的。因此，R_{MIMO}^{i}可以看成是 q 个独立的 MISO 规则，即

$$R_{\mathrm{MIMO}}^{i}=\{R_{\mathrm{MIMO}}^{i1},R_{\mathrm{MIMO}}^{i2},\cdots,R_{\mathrm{MIMO}}^{iq}\}$$

其中，R_{MIMO}^{ij}的前提条件为

R_{MIMO}^{ij}：如果（x 是 A_i and…and y 是 B_i）则（z_1 是 C_{ij}）

因此只需考虑 MISO 子系统的模糊推理问题。

不失一般性，考虑两个输入一个输出的模糊控制器。设已建立的模糊控制规则库为

R_1：如果 x 是 A_1 and y 是 B_1 则 z 是 C_1

R_2：如果 x 是 A_2 and y 是 B_2 则 z 是 C_2

⋮

R_n：如果 x 是 A_n and y 是 B_n 则 z 是 C_n

设已知模糊控制器的输入模糊量为：x 是 A' and y 是 B'，则根据模糊控制规则进行近似推理。可以得出输出模糊量 z（用模糊集合 C'表示）为

$$C'=(A'\ \text{and}\ B')\circ R$$

$$R=\bigcup_{i=1}^{n}R_i$$

$$R_i=(A_i\ \text{and}\ B_i)\rightarrow C_i$$

其中包括了三种主要的模糊逻辑运算：and 运算、合成运算“∘”、蕴含运算“→”。and 运算通常采用求交（取小）或求积（代数积）的方法；合成运算“∘”通常采用最大 – 最小或最大 – 积（代数积）的方法；蕴含运算“→”通常采用求交（R_{C}）或求积（R_{P}）的方法。

4. 清晰化

与模糊化相反，模糊推理机得到的仍是模糊集合的形式，而对于实际的控制则必须为清晰量，因此需要将模糊量转换成清晰量，这就是清晰化或称为反模糊化计算所要完成的任务。反模糊化计算通常有以下几种方法。

（1）最大隶属度法

在模糊控制器的推理输出结果中，取其隶属度最大的元素作为精确值，去执行控制的方法称为最大隶属度法。

若输出量模糊集合 C'的隶属度函数只有一个峰值，则取隶属度函数的最大值为清晰值，即

$$\mu_{C'}(z_0)\geqslant\mu_{C'}(z),\ z\in\mathbf{Z} \tag{4-5}$$

其中，z_0 表示清晰值。若输出量的隶属度函数有多个极值，则取这些极值的平均值为清晰值。

这种反模糊化的方法在计算机上应用有良好的实时性，并且它所涉及的信息量少，因为这种方法根本不考虑隶属度小的其他元素，也不考虑模糊推理输出结果的隶属度函数的形状宽窄

和分布情况。

当隶属度最大的元素 z_0 有多个，即有

$$\mu(z_0^1)=\mu(z_0^2)=\cdots=\mu(z_0^p) \tag{4-6}$$

其中，$z_0^1<z_0^2<\cdots<z_0^p$

这时，一般取这些元素的平均中心值为模糊化后的精确值，即取

$$z_0=\frac{1}{p}\sum_{i=1}^{p}z_0^i \quad 或 \quad z_0=\frac{z_0^1+z_0^p}{2} \tag{4-7}$$

【例4-1】 设有模糊控制器的推理输出 C，其隶属度表示为

$$C=0.1/1+0.8/2+0.5/3+0.8/4+0.8/5+0.3/6$$

由于有 $\mu_C(2)=\mu_C(4)=\mu_C(5)=0.8$，$\mu_C(1)=0.1$，$\mu_C(3)=0.5$，$\mu_C(6)=0.3$，很明显，存在3个最大隶属度。因此，用它们对应元素来求平均中心值作为反模糊化的结果 z_0，即

$$z_0=\frac{1}{3}(2+4+5)=3.6$$

或者，取最大隶属度的最大、最小元素求平均值，则有

$$z_0=\frac{(2+5)}{2}=3.5$$

在最大隶属度法中，有时还采用一些特殊的法则，有时采用所谓左边最大隶属度法或者右边最大隶属度法。

所谓左边最大隶属度法，实质就是把几个最大隶属度中的最小元素作为反模糊化后的精确值。而所谓右边最大隶属度法，实质就是把几个最大隶属度中的最大元素作为反模糊化后的精确值。

（2）中位数法

最大隶属度法的特点是简单易行，也十分直观，但是由于它仅仅考虑模糊推理输出的最主要信息，而放弃了其他全部次要信息；所以，这种反模糊化方法是不够全面的。因为，在模糊推理的输出结果中，次要的信息也是模糊量的组成部分，在控制中也起到其应有的贡献。

中位数法是全面考虑模糊量各部分信息作用的一种方法，就是把隶属度函数与横坐标所围成的面积分成两部分，在两部分相等的条件下，两部分分界点所对应的横坐标值为反模糊化后的精确值。

设模糊推理的输出为模糊量 C，如果存在 z_0，并且使

$$\sum_{z_{\min}}^{z_0}\mu_C(z)=\sum_{z_0}^{z_{\max}}\mu_C(z) \tag{4-8}$$

【例4-2】 模糊推理后产生的模糊量 C 有如下形式

$$C=0.2/-4+0.5/-3+0.7/-2+0.7/-1+1/0+0.8/1+0.6/2+0.4/3$$

则 C 的隶属度函数的形状是不规则，为了求取中位数，需要进行下列计算。

1）求取所有元素的隶属度总和 S

$$S=\sum_{i=-4}^{3}\mu_C(i)=4.9$$

2）求中位数的位置区间。首先，求所有元素隶属度总和 S 的一半值，即有

$$S/2=2.45$$

由于 $S_1=\mu_C(-4)+\mu_C(-3)+\mu_C(-2)+\mu_C(-1)=2.1$ 和 $S_2=S_1+\mu_C(0)=3.1$ 而存在：$S_1<S/2<S_2$

所以，中位数处于元素 -1 和 0 之间，即处于区间 [-1，0] 之内。

3）求取中位数。为了求中位数，把所有元素的隶属度顺序累加求和，并以曲线表示，如图 4-3 所示，从图中可知，只要求出 Δz，即可知道具体的中位数 z_0。按图中的图形，得到 $\Delta z=0.35$。

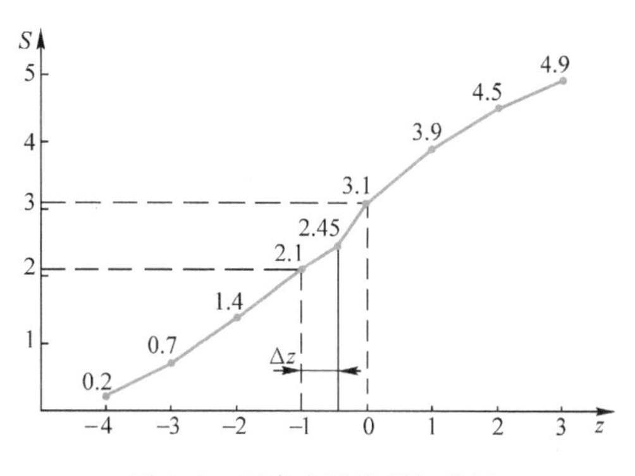

图 4-3　元素隶属度累加曲线

很明显，中位数处于元素 -1 的右侧，并且离元素 -1 的距离为 0.35，因此有

$$z_0 = -1 + 0.35 = -0.65$$

从上可知，中位数法虽然考虑了所有信息的作用，但是，计算过程较为麻烦，这是这种方法的不足之处。另外，中位数法没有突出需要信息的作用，因此，中位数法虽然是较全面的反模糊化方法，但是在实际应用中并不普遍。

（3）重心法

重心法也称力矩法，它是对模糊推理的结果 C 的所有元素求取重心元素的方法。重心法把模糊量的重心元素作为反模糊化之后得到的精确值 z_0。重心元素的求取公式为

$$z_0 = \frac{\sum_{i=1}^{n} \mu_C(z_i) \times z_i}{\sum_{i=1}^{n} \mu_C(z_i)} \tag{4-9}$$

【例 4-3】　设有推理后的模糊量 C，它的隶属度函数为

$$C = 0.2/2 + 0.6/3 + 0.8/4 + 1/5 + 0.6/6$$

则可求出它的重心元素，即精确值 z_0。

$$z_0 = \frac{\sum_{i=2}^{6} \mu(i) \times i}{\sum_{i=2}^{6} \mu(i)} = \frac{0.2 \times 2 + 0.6 \times 3 + 0.8 \times 4 + 1 \times 5 + 0.6 \times 6}{0.2 + 0.6 + 0.8 + 1 + 0.6} = 4.375$$

从本质上讲，重心法是通常所讲的加权平均法。只是在式（4-9）中，加权系数为 $\mu_C(z_i)$ 而已。一般而言，加权平均法的公式为

$$z_0 = \frac{\sum_{i=1}^{n} k_i u_i}{\sum_{i=1}^{n} k_i} \tag{4-10}$$

式中，k_i 是加权系数。

采用重心法来确定模糊量中能反映出整个模糊量信息的精确值，这个过程类同于概率化的求数学期望过程。加权系数不同，则所得的精确值就会不同，这样显然会影响系统的响应特性。在重心法中，选取 $\mu(z_i)$ 为加权系数是恰当的。如果为了加强隶属度大的元素的作用，则可以取加权系数 $k_i = [\mu(z_i)]^2$，这时有

$$z_0 = \frac{\sum_i^n [\mu(z_i)]^2 \times u_i}{\sum_i^n [\mu(z_i)]^2} \tag{4-11}$$

【例4-4】 同例4-3，采用式（4-11）进行反模糊化处理，则有

$$z_0 = \frac{(0.2)^2 \times 2 + (0.6)^2 \times 3 + (0.8)^2 \times 4 + 1^2 \times 5 + (0.6)^2 \times 6}{(0.2)^2 + (0.6)^2 + (0.8)^2 + 1^2 + (0.6)^2} = 4.533$$

在前面曾用式（4-9）对 C 求反模糊化的精确量 z_0，并有 $z_0 = 4.375$。

相比式（4-9）和式（4-11）两式反模糊化所得的结果，显然式（4-11）加强了隶属度较大的元素的作用。在以上各种反模糊化方法中，加权平均法应用最为普遍。

在求得清晰值 z_0 后，还需经尺度变换为实际的控制量。变换的方法可以是线性的，也可以是非线性的。若 z_0 的变化范围为 $[z_{\min}, z_{\max}]$，实际控制量的变化范围为 $[u_{\min}, u_{\max}]$，采用线性变换，则

$$x_0 = \frac{x_{\min} + x_{\max}}{2} + k\left(x_0^* - \frac{x_{\max}^* + x_{\min}^*}{2}\right)$$

$$k = \frac{x_{\max} - x_{\min}}{x_{\max}^* - x_{\min}^*}$$

式中，k 称为比例因子。

4.3 模糊控制系统的两种基本类型

由于模糊控制器的知识库中规则的形式和推理机的推理方法不同，模糊控制系统的类型是多种多样的。通过对各种类型模糊控制器的分析，现有的模糊控制系统可以归纳为两种基本类型：Mamdani 型和 Takagi－Sugeno（T－S）型，其他的类型都可视为这两种类型的改进或变形。Mamdani 型和 T－S 型模糊控制器也并不是截然区分的，如规则后件采用单点模糊数的模糊控制器既可认为是一种 Mamdani 型模糊控制器又可以认为是零阶 T－S 型模糊控制器。而且 Mamdani 型和 T－S 型模糊控制器在一定条件下可以相互转化。下面分别介绍这两种模糊控制器的工作原理，从中可以看出两者的本质区别。

4.3.1 Mamdani 型模糊控制系统的工作原理

Mamdani 模糊控制器是英国的 Mamdani 教授于 1974 年提出的，他第一次把模糊集合和模糊推理应用于控制系统，是模糊控制技术发展初期普遍采用的模糊控制器模型，因而也常常被称为传统的模糊控制器。

多输入单输出（MISO）Mamdani 模糊控制器的模糊控制规则形式为

R_1：if z_1 is A_1^1，and z_2 is A_2^1，and…，and z_p is A_p^1 then u is B^1

R_2：if z_1 is A_1^2，and z_2 is A_2^2，and…，and z_p is A_p^2 then u is B^2

⋮

R_m：if z_1 is A_1^m，and z_2 is A_2^m，and…，and z_p is A_p^m then u is B^m

其中，z_1，z_2，…，z_p 为前件（输入）变量，其论域分别为 Z_1，Z_2，…，Z_p；$A_i^j \in F(Z_i)$ 为前件变量 z_i 的模糊集合，$i=1, 2, \cdots, p$，$j=1, 2, \cdots, m$；u 为输出控制变量，论域为 U；$B^j \in F(U)$ 为输出变量的模糊集合。

每条规则为直积空间 $Z_1 \times Z_2 \times \cdots \times Z_p \times U$ 上的一个模糊关系 $(A_1^j \times A_2^j \times \cdots \times A_p^j) \to B^j$

$$R_j = A_1^j \times A_2^j \times \cdots \times A_p^j \times B^j \tag{4-12}$$

m 条规则全体构成的模糊关系为

$$R = \bigcup_{j=1}^{m} R_j \tag{4-13}$$

对于某一组输入（z_1 is A'_1，z_2 is A'_2，…，z_p is A'_p），模糊推理的结论为

$$B' = (A'_1 \times A'_2 \times \cdots \times A'_p) \circ R \tag{4-14}$$

其中，∘为合成算子。对于模糊关系，Zadeh、Mamdani 等学者给出了不同的定义，其中在模糊控制中常用的是 Mamdani 提出的取小“∧”运算和 Larsen 提出的乘积运算。

对于合成算子∘，也有多种选择，如“∧－∨”（Max－Min）、“∨－∘”（Max－Product）、“⊕－∧”（Sum－Min）、“⊕－·”（Sum－Product）等。其中有界和的定义为

$$x \oplus y = \min(1,\ x+y)。$$

对于 Mamdani 型的模糊控制器，如果选择不同的模糊关系定义合成算子以及模糊化和反模糊化方法，则控制器的算法和控制系统的性能也将不同。在实际应用中，比较常见的 Mamdani 型模糊控制器选择模糊关系运算为取小“∧”、合成算子为“∨－∧”、单点模糊化和重心法反模糊化。所有规则综合后总的模糊关系为

$$R = \bigcup_{j=1}^{m} R_j = \bigcup_{j=1}^{m} \int_{Z_1 \times Z_2 \times \cdots \times Z_p \times U} A_1^j(z_1) \wedge A_2^j(z_2) \wedge \cdots \wedge A_p^j(z_p) \wedge B(u) / (z_1, z_2, \cdots, z_p, u) \tag{4-15}$$

对于某一模糊输入（z_1 is A'_1，z_2 is A'_2，…，z_p is A'_p），模糊推理的结论为

$$B'(u) = (A'_1 \times A'_2 \times \cdots \times A'_p) \circ R = \bigvee_{j=1}^{m} \left\{ \bigwedge_{i=1}^{p} \left[\bigvee_{z_i \in Z_i} (A'_i(z_i) \wedge A_i^j(z_i) \wedge B^j(u)) \right] \right\} \tag{4-16}$$

对于模糊控制器的一组精确输入（z_1，z_2，…，z_p）$\in Z_1 \times Z_2 \times \cdots \times Z_p$，先将其单点模糊化，然后由上式可得到推理结果为

$$B'(u) = \bigvee_{j=1}^{m} \left\{ \bigwedge_{i=1}^{p} \left[A_i^j(z_i) \wedge B^j(u) \right] \right\} = \bigvee_{j=1}^{m} \left\{ \left[A_1^j(z_1) \wedge A_2^j(z_2) \wedge \cdots \wedge A_p^j(z_p) \right] \wedge B^j(u) \right\} \tag{4-17}$$

其中，$B'(u)$ 为模糊集合，采用重心法反模糊化后得到的控制器输出为

$$u' = \frac{\int_{u \in U} u B'(u)\,\mathrm{d}u}{\int_{u \in U} B'(u)\,\mathrm{d}u} \tag{4-18}$$

4.3.2　T－S 型模糊控制系统的工作原理

T－S 模糊模型是日本学者 Takagi 和 Sugeno 于 1985 年首先提出来的，它采用系统状态变化量或输入变量的函数作为 if－then 模糊规则的后件，不仅可以用来描述模糊控制器，也可以描述被控对象的动态模型。T－S 模糊模型可描述为

R_1：if z_1 is A_1^1，and z_2 is A_2^1，and…，and z_p is A_p^1　then $u = f_1(z_1, z_2, \cdots, z_p)$

R_2：if z_1 is A_1^2，and z_2 is A_2^2，and…，and z_p is A_p^2　then $u = f_2(z_1, z_2, \cdots, z_p)$

⋮

R_m：if z_1 is A_1^m，and z_2 is A_2^m，and…，and z_p is A_p^m　then $u = f_m(z_1, z_2, \cdots, z_p)$

其中，z_1，z_2，…，z_p 为前件（输入）变量，其论域分别为 Z_1，Z_2，…，Z_p；$A_i^j \in F(Z_i)$ 为前件变量 z_i 的模糊集合，$i=1, 2, \cdots, p$，$j=1, 2, \cdots, m$；u 为输出控制变量，论

域为 U；$f_j(z_i)$ 是模糊后件关于前件变量 z_i 的线性或非线性函数。

对于T－S型模糊控制器，如果选择不同的模糊推理方法以及模糊化和反模糊化方法，则控制器的算法和控制系统的性能也将不同。对于一组输入（z_1，z_2，…，z_p）$\in Z_1 \times Z_2 \times \cdots \times Z_p$，经过模糊推理并采用重心法反模糊化后得到的控制器输出为

$$u' = \frac{\sum_{j=1}^{m} w_j f_j(z_1, z_2, \cdots, z_p)}{\sum_{j=1}^{m} w_j} \tag{4-19}$$

其中，w_j 为输入变量对第 j 条规则的激活度（或匹配度），若采用"∨－∧"（Max－Min）推理方法，则有

$$w_j = A_1^j(z_1) \wedge A_2^j(z_2) \wedge \cdots \wedge A_p^j(z_p) \tag{4-20}$$

若采用"⊕－·"（Sum－Product）推理方法，则有

$$w_j = A_1^j(z_1) \cdot A_2^j(z_2) \cdot \cdots \cdot A_p^j(z_p) \tag{4-21}$$

在实际应用中，T－S模糊规则后件的函数 f_j（z_i）可采用多项式或状态方程的形式，为了使推理算法更加简便明了，多数系统采用Sum－Product推理方法。

4.4 模糊控制器的设计过程

模糊控制器的设计主要包括以下三部分。

1）控制器输入/输出规范化的比例因子设计，实现精确量的模糊化，把语言变量的语言值化为适当论域上的模糊子集。

2）模糊控制算法的设计，通过一组模糊条件语句构成模糊控制规则，计算出模糊控制规则确定的模糊关系，并通过模糊推理，给出模糊控制器的输出模糊集合。

3）控制器输出模糊集合的模糊判决，并通过由第一部分确定的输出比例因子确定精确的控制量。

4.4.1 输入量的模糊化

图4-4所示的模糊控制系统中，典型的模糊控制器的输入为系统的偏差 $e \hat{=} r - y$ 和偏差的变化率 $\Delta e \hat{=} e_k - e_{k-1}$。在控制系统中，$e$ 和 Δe 的实际变化范围称为误差及其变化率语言变量的基本论域，分别记为 $[-e, e]$ 及 $[-\Delta e, \Delta e]$。以误差的基本论域 $[-e, e]$ 为例，其所对应的模糊论域一般取为 $X = \{-n, -n+1, \cdots, -1, 0, 1, \cdots, n-1, n\}$，$n$ 为将在0～e 范围内连续变化的误差离散化后分成的量化等级，它构成论域 X 的元素，一般常取 $n=6$。在实际控制系统中，误差的变化一般不是论域 X 中的元素，需要通过量化因子进行论域变换，在图4-4中，误差量化因子 K_e、误差变化率量化因子 $K_{\Delta e}$ 以及控制量量化因子 K_u 分别定义为

$$K_e \hat{=} \frac{n}{e}, \quad K_{\Delta e} \hat{=} \frac{n}{\Delta e}, \quad K_u \hat{=} \frac{n}{u} \tag{4-22}$$

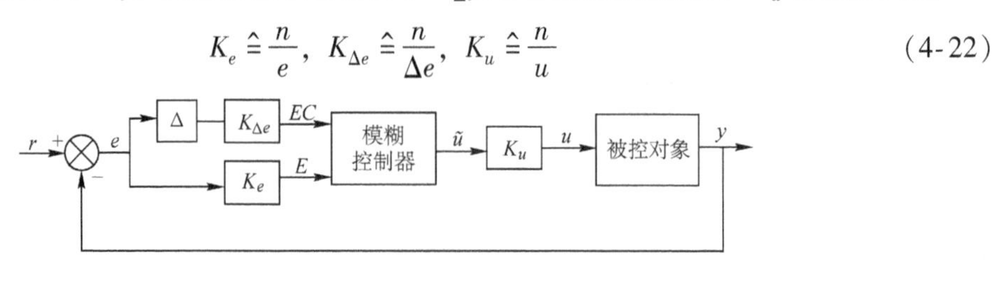

图4-4 模糊控制系统

模糊控制器经反模糊化后得到的量化等级 n 与控制量的量化因子 K_u 的乘积即为实际的控制量。需要注意的是，K_u 若取得过大，则会造成被控过程阻尼程度的下降，相反，若取得过小，则将导致被控过程的响应特性迟缓，应根据实际情况适当选取。

另外，在实际工作中，精确输入量的变化范围一般不会在 $[-n, n]$ 之间成对称分布，如果其范围是在 $[a, b]$ 之间的话，可以通过变换（以 $n=6$ 为例）

$$y=\frac{12}{b-a}\left[x-\frac{a+b}{2}\right] \tag{4-23}$$

将在 $[a, b]$ 之间变化的变量 x 转换为在 $[-6, 6]$ 之间变化的变量 y。

在定义了量化因子的基础上，再把 $[-6, 6]$ 之间变化的连续量根据需要分成若干个等级，每个等级用一个模糊语言变量来表示，每个语言变量对应一个模糊集合，用模糊隶属度来表示，习惯上用下述语言变量表示：

正大（PL）：取在 +6 附近　　负零（NZ）：比零稍小一点

正中（PM）：取在 +4 附近　　负小（NS）：取在 −2 附近

正小（PS）：取在 +2 附近　　负中（NM）：取在 −4 附近

正零（PZ）：比零稍大一点　　负大（NL）：取在 −6 附近

模糊隶属度一般情况下定义为三角形式，每个语言变量的隶属度函数如图 4-5 所示。

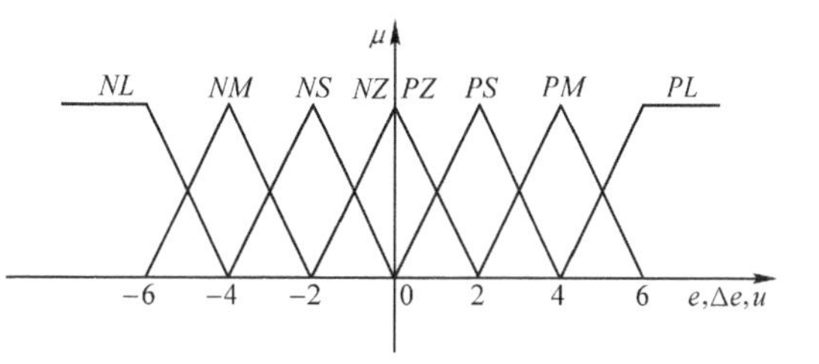

图 4-5　控制系统语言变量的隶属度函数

4.4.2　模糊规则与模糊推理

如前所述，模糊规则的形成是根据有经验的操作者或专家的控制知识和经验制定出若干模糊控制规则，为了能够进行实时控制，还必须对它们进行形式化数学处理，以便于计算机进行推理和运算。以上述典型的根据系统偏差和偏差变化率进行模糊控制的情况为例，其模糊控制的规则形式为：

$$R_i: \text{if } E \text{ is } A, \text{ and } EC \text{ is } B, \text{ then } U \text{ is } C$$

上述集合均为模糊集合。根据被控对象偏差变化与控制作用之间的一般变化规律，一个典型的模糊控制规则见表 4-1，供读者参考。当然根据对象的不同，其控制规则是变化的。

表 4-1　典型的模糊控制规则

U		*E*						
		NL	*NM*	*NS*	*ZE*	*PS*	*PM*	*PL*
EC	*NL*	*NL*	*NL*	*NL*	*NL*	*NM*	*NS*	*ZE*
	NM	*NL*	*NL*	*NL*	*NM*	*NS*	*ZE*	*PS*
	NS	*NL*	*NL*	*NM*	*NS*	*ZE*	*PS*	*PM*
	ZE	*NL*	*NM*	*NS*	*ZE*	*PS*	*PM*	*PL*
	PS	*NM*	*NS*	*ZE*	*PS*	*PM*	*PL*	*PL*
	PM	*NS*	*ZE*	*PS*	*PM*	*PL*	*PL*	*PL*
	PL	*ZE*	*PS*	*PM*	*PL*	*PL*	*PL*	*PL*

根据4.3节给出的Mamdani控制器的推理形式，输出控制量集合为

$$U=(E\times EC)\circ R$$

如果采用“∨－∧”推理方法，则有

$$\mu_u(x,y)=\vee\mu_R(x,y,z)\wedge\mu_E(x)\wedge\mu_{EC}(y)$$

由此，如果已知输入E、EC和U之间的关系，就可以求出它们之间的模糊关系R，反之，如果已知模糊关系R，就可以根据当前已知的E和EC求出输出控制量。下面以一个例子说明。

【例4-5】 若已知输入为$E=0.5/e_1+1.0/e_2$，$EC=0.1/\Delta e_1+1.0/\Delta e_2+0.6/\Delta e_3$时，其输出为$U=0.4/u_1+1.0/u_2$，试求出与这条规则相对应的模糊关系$R$。

先求出$D=E\times EC$，其中$\mu_{E\times EC}(x,y)=\min[\mu_E(x),\mu_{EC}(y)]$

$$\boldsymbol{D}=\begin{bmatrix}0.5\wedge0.1 & 0.5\wedge1.0 & 0.5\wedge0.6\\ 1.0\wedge0.1 & 1.0\wedge1.0 & 1.0\wedge0.6\end{bmatrix}=\begin{bmatrix}0.1 & 0.5 & 0.5\\ 0.1 & 1.0 & 0.6\end{bmatrix}$$

将$\boldsymbol{D}$写成如下形式：

$$\boldsymbol{D}^{\mathrm{T}}=\begin{bmatrix}0.1\\0.5\\0.5\\0.1\\1.0\\0.6\end{bmatrix}$$

$\boldsymbol{D}^{\mathrm{T}}$是$\boldsymbol{D}$的“拉直”运算，即其中的元素是先将第一行元素按列的次序写下后，再将第二行的元素依次写下，由此

$$\boldsymbol{R}=\boldsymbol{D}^{\mathrm{T}}\times\boldsymbol{U}=\begin{bmatrix}0.4\wedge0.1 & 1.0\wedge0.1\\ 0.4\wedge0.5 & 1.0\wedge0.5\\ 0.4\wedge0.5 & 1.0\wedge0.5\\ 0.4\wedge0.1 & 1.0\wedge0.1\\ 0.4\wedge1.0 & 1.0\wedge1.0\\ 0.4\wedge0.6 & 1.0\wedge0.6\end{bmatrix}=\begin{bmatrix}0.1 & 0.1\\ 0.4 & 0.5\\ 0.4 & 0.5\\ 0.1 & 0.1\\ 0.4 & 1.0\\ 0.4 & 0.6\end{bmatrix}$$

有了模糊关系$\boldsymbol{R}$，现在如果已知输入$\boldsymbol{E}'$和$\boldsymbol{EC}'$，就可以求出推理的结果$\boldsymbol{U}'$。先求出$\boldsymbol{D}'=\boldsymbol{E}'\times\boldsymbol{EC}'$，再求出$\boldsymbol{U}'=\boldsymbol{D}'^{\mathrm{T}}\circ\boldsymbol{R}$。

如已知$E=1.0/e_1+0.5/e_2$，$EC=0.1/\Delta e_1+0.5/\Delta e_2+1.0/\Delta e_3$，则

$$\boldsymbol{D}'=\boldsymbol{E}'\times\boldsymbol{EC}'=\begin{bmatrix}0.1 & 0.5 & 1.0\\ 0.1 & 0.5 & 0.5\end{bmatrix}$$

$$\boldsymbol{D}'^{\mathrm{T}}=\begin{bmatrix}0.1\\0.5\\1.0\\0.1\\0.5\\0.5\end{bmatrix}$$

由此得到

$$U' = D'^{\mathrm{T}} \circ R = \begin{bmatrix} 0.1 \\ 0.5 \\ 1.0 \\ 0.1 \\ 0.5 \\ 0.5 \end{bmatrix} \circ \begin{bmatrix} 0.1 & 0.1 \\ 0.4 & 0.5 \\ 0.4 & 0.5 \\ 0.1 & 0.1 \\ 0.4 & 1.0 \\ 0.4 & 0.6 \end{bmatrix} = [0.4,\ 0.5]$$

即模糊控制器的输出为 $U' = 0.4/u_1 + 0.5/u_2$。

由于一个控制系统的规则库是由若干条规则所组成的，对于每一条推理规则都可以得到一个相应的模糊关系，N 条规则就有 N 个模糊关系，对于整个系统总的控制规则所对应的模糊关系 R 可对 N 个模糊关系取“并集”得到

$$R = R_1 \vee R_2 \vee \cdots \vee R_N = \bigvee_{i=1}^{N} R_i$$

而对于图 4-5 所定义的三角隶属度函数，由于其语言变量是两两交叉的，则对于 k 时刻给定的 $(e_n,\ \Delta e_n)$，最多只有以下 4 条控制规则决定 k 时刻的控制器的输出：

R_1: if e_n is A_l, and Δe_n is B_m, then u_n is $C_{l,m}$

R_2: if e_n is A_{l+1}, and Δe_n is B_m, then u_n is $C_{l+1,m}$

R_3: if e_n is A_l, and Δe_n is B_{m+1}, then u_n is $C_{l,m+1}$

R_4: if e_n is A_{l+1}, and Δe_n is B_{m+1}, then u_n is $C_{l+1,m+1}$

其中，A_l、A_{l+1} 为 e_n 所对应的相邻的语言变量；B_m、B_{m+1} 为 Δe_n 所对应的相邻的语言变量，对于任意的 $(e_n,\ \Delta e_n)$，隶属度函数均满足

$$\mu_{A_l}(e_n) + \mu_{A_{l+1}}(e_n) = 1 \quad 和 \quad \mu_{B_m}(\Delta e_n) + \mu_{B_{m+1}}(\Delta e_n) = 1$$

则总的控制器输出为

$$u_n = \sum_{i=1}^{4} \mu_i u_i$$

其中，u_i 为对应 4 条后件的控制量输出，而每条规则前件部分的隶属度分别为

$$\mu_1 = \mu_{A_l}(e_n) \wedge \mu_{B_m}(\Delta e_n)$$
$$\mu_2 = \mu_{A_{l+1}}(e_n) \wedge \mu_{B_m}(\Delta e_n)$$
$$\mu_3 = \mu_{A_l}(e_n) \wedge \mu_{B_{m+1}}(\Delta e_n)$$
$$\mu_4 = \mu_{A_{l+1}}(e_n) \wedge \mu_{B_{m+1}}(\Delta e_n)$$

4.4.3　模糊判决

如上所述，经过模糊推理得到的控制输出仍是一个模糊集合，它反映了控制语言的模糊性，这是一种不同取值的组合，然而对一个实际的被控对象，只能在某一个时刻有一个确定的控制量，这就必须从模糊输出的隶属度函数中找出一个最能代表这个模糊集合及模糊控制作用可能性分布的精确量，这就是模糊判决，可以利用 4.2 节给出的反模糊化方法进行，这里不再赘述。

需要说明的是，由于在形成模糊控制规则表和进行模糊控制系统设计时，对于系统输入和输出均做了规范化转换，即通过式（4-22）统一到论域 $[-n,\ n]$ 上，最后实际的控制量应为模糊判决的结果乘以 K_u。

4.5 模糊控制系统的分析与设计

4.5.1 模糊模型

凡采用模糊控制器的系统就称为模糊控制系统，对于模糊控制器，它不是如常规的控制器那样，采用微分方程、传递函数或状态方程等精确的数学描述，而是通过定义模糊变量、模糊集合及相应的隶属度函数，采用一组模糊条件句来描述输入与输出之间的映射关系。这种用模糊条件句来表示的输入输出关系称为模糊模型，也称语言模型。在模糊控制系统中，若控制对象也用模糊模型表示，则称系统为纯粹的模糊系统；若控制对象采用常规的数学模型来表示，则称系统为混合的模糊系统。

模糊模型反映了模糊系统输入和输出关系，根据不同的研究对象和应用领域，就有不同的模糊模型，其中常用的有以下几种。

1. 基于模糊关系方程的模糊模型

存在一种范围很广的所谓病态系统，为了对其不精确的信息进行操作，就用模糊关系方程来表达它们的行为特征

$$Y = X \circ R$$

式中，X 和 Y 为定义在论域 X 和 Y 中模糊集合；$\circ$ 为复合算子；R 为模糊关系。如前所述，常用的复合算子为最大-最小和最大-乘积。X 还可以进一步写成

$$X = (X_1,\ X_2,\ \cdots,\ X_k)$$

式中，k 为 X 的维数。这种模糊模型常用于医疗诊断、模糊控制系统诊断和决策中。

2. 一阶 T-S 模糊模型

这种模型是由 Takagi 和 Sugeno 提出来的，其一般表述为

如果 x_1 是 A_1 和 x_2 是 A_2……和 x_k 是 A_k，则

$$y = f(x) \tag{4-24}$$

式中，结果部分是精确函数，通常是输入变量多项式。当 $f(x)$ 为常数时，式（4-24）称为零阶 T-S 模糊模型；当 $f(x)$ 是 x_i 线性多项式时，即 $y = p_0 + p_1x_1 + \cdots + p_kx_k$，一般称此为一阶 T-S 模糊模型。由于这种模型的结果是精确函数，不用进行去模糊化运算，因此这种模糊模型获得广泛应用。

3. 拟非线性模糊模型

如果 $f(x)$ 是一个非线性连续函数，式（4-24）称为拟非线性模糊模型。由于它在结论部分利用了系统输入变量的高阶信息，使每个模糊子区域内的系统局部模型合成为适当的非线性模型。因此，它比一阶 T-S 模糊模型更适合于表示复杂非线性系统。但构成拟非线性模型的最大困难在于确定 $f(x)$ 的形式（如指数、对数或 S 型函数等），它在很大程度上取决于专家的经验，为了辨识上的简单，一般取多项式。当输入变量为 2 时，$f(x)$ 定义为

$$f(x_1, x_2) = \sum_{k_1=0}^{r_1} \sum_{k_2=0}^{r_2} C(k_1, k_2) x_1^{k_1} x_2^{k_2}$$

式中，$C(k_1,\ k_2)$ 和 r_1、r_2 为结论参数。显然，当 r_1、$r_2 > 2$ 且输入变量数目大于 2 时，这种模型结构变得太复杂，缺乏工程实用价值。

4.5.2 模糊模型的辨识

模糊模型的辨识方法可以分为两种，一种是基于模糊关系模型的辨识方法，另外一种是基

于语言规则 T－S 模型的辨识方法。

基于模糊关系方程的辨识方法是通过对模糊系统的输入输出数据进行辨识之后，给出模糊系统的输入输出关系矩阵，这个关系矩阵就是反映了系统输入与输出之间关系的模糊模型。

基于语言控制规则的辨识方法是通过对模糊系统的输入输出进行辨识之后，给出模糊系统输入输出控制规则基。这个控制规则基也就是系统的模糊模型。

1. 模糊关系模型辨识的基本方法

对于一个模糊系统，如果求出它的模糊关系矩阵，也就是求出了这个系统的模糊模型。

用模糊关系方程所表述的系统，一般有

$$\boldsymbol{Y}=\boldsymbol{U}\circ\boldsymbol{R}$$

其中，$\boldsymbol{U}$ 是输入控制量；$\boldsymbol{Y}$ 是输出量；$\boldsymbol{R}$ 是模糊关系矩阵。

很明显，只要模糊关系矩阵 $\boldsymbol{R}$ 已确定，则一个模糊系统就已经确定，所以，从本质上讲 $\boldsymbol{R}$ 就是模糊系统的模型。因此，对模糊系统模型的辨识，实质上就是求取系统的模糊关系 $\boldsymbol{R}$。

一个模糊系统可以用图 4-6 所示的框图表示。从图中可以知道：模糊系统可以看作一种变换，它把输入信息 $\boldsymbol{U}$，通过 $\boldsymbol{R}$ 之后，变换成输出信息 $\boldsymbol{Y}$。

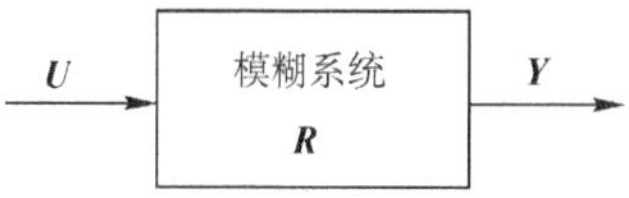

U → [模糊系统 R] → Y

图 4-6　模糊系统框图

模糊关系模型的辨识步骤如下。

（1）通过对系统的检测和观察，采集模糊系统的输入/输出数据

数据可以有下列两种表示方式。

1）用测量仪器测得的数字量，即

$$U=\{u_1,\ u_2,\ \cdots,\ u_n\}\qquad Y=\{y_1,\ y_2,\ \cdots,\ y_n\}$$

2）观察者观测到的模糊量，即

$U=\{$“大”，“偏大”，“…”，“小”$\}$　　$Y=\{$“高”，“较高”，“…”，“低”$\}$

（2）确定输入空间和输出空间（即论域），并对采集到的数据进行分类，求出参考模糊集

分类采用模糊 ISODATA 聚类分析法（在这里不详细描述）。分类时的 C－划分视具体应用而选取不同的 c 值，但 c 值必须符合 $2\leqslant c\leqslant n$。分类结果产生的聚类中心 $\{v_1,\ v_2,\ \cdots,\ v_c\}$ 就是所需的参考模糊集。

对于输入控制量 U，其参考模糊集为

$$v_u=\{v_{u1},\ v_{u2},\ \cdots,\ v_{uc}\}=\{A_1,\ A_2,\ \cdots,\ A_c\}$$

对于输出量 Y，其参考模糊集为

$$v_y=\{v_{y1},\ v_{y2},\ \cdots,\ v_{yc}\}=\{B_1,\ B_2,\ \cdots,\ B_c\}$$

（3）用参考模糊集表述每一个采集到的数据

每个数据是用该数据对参考模糊集的可能性测度来表述的。对于数据 $U_i\in U$，其对应的表述为 P_{ui}

$$P_{ui}=\{P_{i1},\ P_{i2},\ \cdots,\ P_{ic}\}\qquad i=1,\ 2,\ \cdots,\ n$$

其中

$$P_{ij}=\mathrm{POSS}(U_i|A_j)=\sup_{u\in U}=(A_j(u)\wedge U_i(u))\quad j=1,2,\cdots,c$$

或者

$$P_{ij}=\mathrm{POSS}(U_i|A_j)=A_j(u')\quad U_i(u)=\begin{cases}1, & u=u'\\0, & u\neq u'\end{cases}\quad j=1,2,\cdots,c$$

从而采集到的数据 $Y_k\in Y$，也有其对应的参考模糊集的可能性测度表述 P_{yk}：

$$P_{yk}=\{P_{k1},P_{k2},\cdots,P_{kc}\}\quad k=1,2,\cdots,n$$

其中

$$P_{kj}=\mathrm{POSS}(Y_k|B_j)=\mathop{\mathrm{Sup}}_{y\in Y}(B_j(y)\wedge Y_k(y))\quad j=1,2,\cdots,c$$

或者

$$P_{kj}=\mathrm{POSS}(Y_k|B_j)=B_j(y')\quad Y_k(y)=\begin{cases}1, & y=y'\\0, & y\neq y'\end{cases}\quad j=1,2,\cdots,c$$

（4）求模糊关系 R

$$R_1=P_{u1}\times P_{v1}\quad R_2=P_{u2}\times P_{v2}\quad\cdots$$

故有

$$R=\bigcup_{l=1}^{n}R_l$$

很明显，上式给出的不是输入输出数据的直接模糊关系，而是输入数据对参考模糊集的可能性测度与输出数据对参考模糊集可能性测度的模糊关系。

（5）对模糊关系 R 进行优化

优化的目标函数采用下式

$$Q=\sum_{j=1}^{n}\|U^*\circ R,\ Y^*\|$$

其中，Y^* 是输出测量数据 Y 对参考模糊集的可能性测度；U^* 是输入测量数据 U 对参考模糊集的可能性测度；$\|\cdot\|$ 是欧氏距离。

模糊关系 R 的优化可以用改变参考模糊集 A_i、B_i（$i=1,2,\cdots,c$）的隶属度函数形状来实现。

（6）模糊模型的使用

模糊关系 R 也是系统的模糊模型。设有输入信号 U，它对参考模糊集 A_i（$i=1,2,\cdots,c$）的可能性测度是 U^*，则有

$$Y^*=U^*\circ R$$

很明显，求出的结果 Y^* 是输出信息 Y 对参考模糊集 B_i（$i=1,2,\cdots,c$）的可能性测度。即有

$$Y^*\{\mathrm{POSS}(Y|B_1),\mathrm{POSS}(Y|B_2),\cdots,\mathrm{POSS}(Y|B_c)\}$$

则输出信息 Y 由下式求出：

$$Y=\max_{1\leqslant i\leqslant c}[\min(B_i,\mathrm{POSS}(Y|B_i))]$$

在上式中，由于可能性测度 $\mathrm{POSS}(Y|B_i)$ 是一个值，故实际上是用可能性测度 $\mathrm{POSS}(Y|B_i)$ 去求 B_i 的截集。而 Y 则是这些截集的并集。上式可写成

$$Y=\bigcup_{i=1}^{c}\min[B_i,\ \mathrm{POSS}(Y|B_i)]$$

【例 4-6】 考虑一个参考模糊集 $\{B_1,B_2,B_3,B_4,B_5\}$，并且有求出的输出结果 Y^*，并且有

$$Y^*=\{0.1,0.3,0.8,0.3,0.1\}$$

有

$$\begin{aligned}\mathrm{POSS}(Y|B_1)&=0.1=P_1\\\mathrm{POSS}(Y|B_2)&=0.3=P_2\\\mathrm{POSS}(Y|B_3)&=0.8=P_3\\\mathrm{POSS}(Y|B_4)&=0.3=P_4\\\mathrm{POSS}(Y|B_5)&=0.1=P_5\end{aligned}$$

则
$$\begin{aligned}Y &= (B_1 \wedge P_1) \cup (B_2 \wedge P_2) \cup (B_3 \wedge P_3) \cup (B_4 \wedge P_4) \cup (B_5 \wedge P_5) \\ &= (B_1 \wedge 0.1) \cup (B_2 \wedge 0.3) \cup (B_3 \wedge 0.8) \cup (B_4 \wedge 0.3) \cup (B_5 \wedge 0.1)\end{aligned}$$

从上式可以看出：Y 由参考模糊集 B_i 的 P_i 截集组成。其结果如图 4-7 所示。在图中，阴影部分就是所得的结果，即输出量 Y。

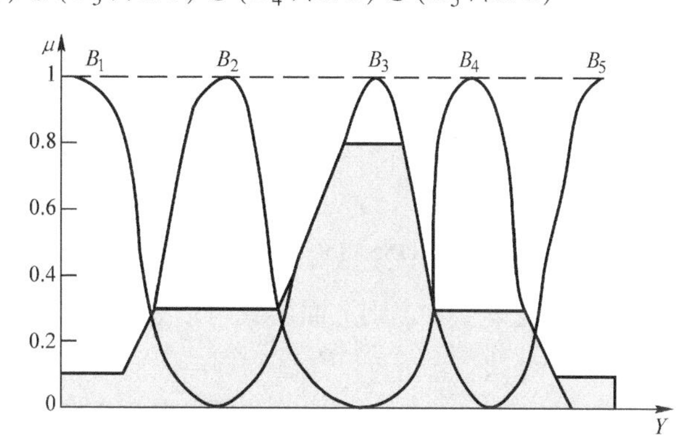

图 4-7　输出量 Y 的图形

2. 模糊关系模型辨识的改进方法

对于一个模糊系统，它的模糊模型是有关变量表征的，故可认为模糊模型由下面两点描述。

1）模型的结构是有关变量论域上的分类数和隶属度函数。

2）模糊模型的参数是模糊关系 R。

基于参考模糊基的模糊模型辨识在本质上就是确定分类数以及参考模糊集的隶属度函数和模糊关系 R。

在前面模糊模型辨识的基本方法中，分类数 C 是人为主观确定的，而参考模糊集的隶属度函数是由聚类分析得出的。这种分类数和隶属度函数不一定是最优的。因此，需要对基本方法进行改进。

对模糊模型辨识的改进方法说明如下：

考虑一个 MISO 的模糊系统

$$Y(t) = X_1(t) \circ X_2(t) \circ \cdots \circ X_n(t) \circ R$$

对应输入量 $X_1(t)$，$X_2(t)$，…，$X_n(t)$ 分别有参考模糊集

$$\begin{matrix} A_{11} & A_{12} & \cdots & A_{1c_1} \\ A_{21} & A_{22} & \cdots & A_{2c_2} \\ \vdots & \vdots & & \vdots \\ A_{n1} & A_{n2} & \cdots & A_{nc_n} \end{matrix}$$

对应于输出量 $Y(t)$，有参考模糊集

$$B_1,\ B_2,\ \cdots,\ B_c$$

在上面参考模糊集中，c_1，c_2，…，c_n 是输入量 X_1，X_2，…，X_n 对应的分类数，c 是输出量 Y 对应的分类数。

在这里分类数不是人为确定的，而是通过寻优产生的。在模糊模型辨识过程中，从预定的较少分类数开始，逐次增加类数，然后观察目标函数的变化情况，在目标函数值随类数的增加而变化不明显时，则该时的分类数为最优的分类数。

对于参考模糊集，不像基本方法那样依赖聚类分析中心，而是把参考模糊集的隶属度函数定义为等腰三角形，如图 4-8 所示，隶属度函数表达式为

$$\mu(x) = \begin{cases} \dfrac{2(x-a)}{b-a} & a \leqslant x < \dfrac{a+b}{2} \\ \dfrac{2(b-x)}{b-a} & \dfrac{a+b}{2} \leqslant x \leqslant b \\ 0 & \text{其他} \end{cases}$$

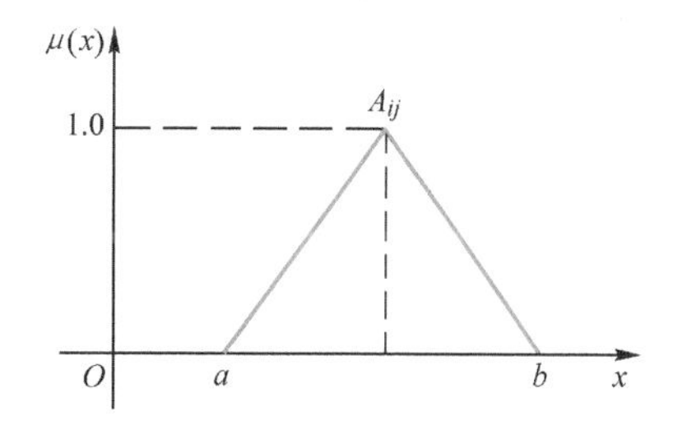

图 4-8　参考模糊集的隶属度函数

很明显，用两个实数 a、b 可以描述一个隶属度函数。若分类数为 c，则在边界条件 $a_1 = x_{\min}$，$b_c = x_{\max}$的条件下，再用2（$c-1$）个实数就足以描述一组参考模糊集的隶属度函数。图4-8所示的隶属度函数形状是满足完备性的正规凸集，它完全可以较好地表示参考模糊集。

对于任何论域上的模糊集合，都可以用参考模糊集的可能性测度来表示，故有

$$P_{ij} = \mathrm{POSS}(X_i(x_i), A_{ij}(x_i)) = \underset{X_i}{\mathrm{SUP}}\min(X_i(x_i), A_{ij}(x_i)) \quad i=1,2,\cdots,n; j=1,2,\cdots,ci$$

并且有

$$P_i = \mathrm{POSS}(Y(y), B_i(y)) = \underset{y}{\mathrm{SUP}}\min(Y(y), B_i(y)) \quad i=1,2,\cdots,c$$

如果 x_i 和 y 是单点时，则上面两式可以表示为

$$P_{ij} = A_{ij}(x_i) \quad i=1,2,\cdots,n; j=1,2,\cdots,ci \tag{4-25}$$

$$P_i = B_i(y) \quad i=1,2,\cdots,c \tag{4-26}$$

对模糊系统实测出 t 时刻的数据 $x_i(t)$、$y(t)$（$i=1$，2，…，n；$t=1$，2，…，m）。则有 t 时刻的可能性测度对 $x_i(t)$ 有 $P_i(t)$，对 $y(t)$ 有 $P(t)$

$$P_i(t) = (P_{i1}(t), P_{i2}(t), \cdots, P_{ic}(t))$$

且

$$P(t) = (P_1(t), P_2(t), \cdots, P_c(t))$$

则可以得到 t 时刻的模糊关系 R_t

$$R_t = P_1(t) \times P_2(t) \times \cdots \times P_n(t) \times P(t) \tag{4-27}$$

对于 m 个时刻的数据，可以得到模糊系统的总模糊关系 R

$$R = \bigcup_{i=1}^{m} R_t \tag{4-28}$$

为了求出优化的模糊模型，对模型采用性能指标 Q

$$Q = \frac{1}{m}\sum_{t=1}^{m}(y(t) - y'(t))^2 \tag{4-29}$$

式中，$y(t)$ 为系统的实测输出；$y'(t)$ 为系统模型求得的输出，$y'(t)$ 由下式求得

$$y'(t) = x_1(t) \circ x_2(t) \circ \cdots \circ x_n(t) \circ R \tag{4-30}$$

从式（4-30）看出，这样一个多输入单输出系统所需辨识的分类数及隶属度函数有 n 组，则辨识过程十分麻烦和复杂，为了解决这个问题，可采用每组单独寻优，一组一组轮换进行的方法。即每次只对其中一个变量采用单输入单输出系统的寻优方法，而其余变量则固定不变；这样，就可以依次找出每组的最优分类数及隶属度函数。因此，在实际算法中，只需考虑单输入单输出（SISO）系统的情况。

对于 SISO 系统，改进的辨识算法如下。

1）设变量 x 的论域 X 上类数的初值为 $C^{(k)}$，k 是迭代次数，初值时有 $k=0$。

2）用均分方法求得隶属度函数的初值 $a_i^{(l)}$、$b_i^{(l)}$（$i=1$，2，…，c；l 是迭代次数），初值时 $k=0$。

3）根据式（4-25）、式（4-26）把实测数据转换或参考模糊基的可能性测度。

4）根据式（4-27）、式（4-28）求系统的模糊关系 R。

5）根据式（4-29）求出性能指标 Q。

6）按照下式判断其是否小于给定的阈值 ε：

$$\left|\frac{Q^{(l)} - Q^{(l-1)}}{Q^{(l-1)}}\right| < \varepsilon$$

如果成立，则转向步骤8)；否则继续向下执行。

7) 令 $l=l+1$，并用单纯形法求取一组新的值 $a_i^{(l)}$、$b_i^{(l)}$；接着转向步骤3)。

8) 比较 $Q^{(k)}$ 和 $Q^{(k-1)}$，若变化显著，则置 $k=k+1$，$c^{(k)}=c^{(k-1)}+1$，并且转向步骤2)；否则继续向下执行。

9) 输出辨识结果 $c^{(k-1)}$、$a_i^{(k-1)}$、$b_i^{(k-1)}$、$R^{(k-1)}$ 和 $Q^{(k-1)}$，并结束辨识。

3. 简化的改进方法

在上面给出的模糊模型辨识的改进方法中，需要辨识的是分类数和隶属度函数，并根据最优化的辨识结果给出模糊关系。

实际中，对一个论域的分类一般只取步骤5)~9)，就可以取得相当满意的效果。因此，可以人为把分类数确定下来，那么，对模糊模型的辨识就成了只确定参数模糊模型集得隶属度函数和模糊关系 R 的问题。显然，辨识过程就会简化。

这样，用简化的改进方法进行模糊模型辨识的步骤如下。

1) 用均分方法求取隶属度函数的初值 $a_i^{(l)}$、$b_i^{(l)}$（$i=1, 2, \cdots, c$；l 是迭代次数)。

2) 根据式(4-25)、式(4-26)把实测数据转换或参考模糊基的可能性测度。

3) 根据式(4-27)、式(4-28)求系统的模糊关系 R。

4) 根据式(4-29)求出性能指标 Q。

5) 按照下式判断其是否小于给定的阈值 ε：

$$\left|\frac{Q^{(l)}-Q^{(l-1)}}{Q^{(l-1)}}\right|<\varepsilon$$

如果成立，则转向步骤7)；否则继续。

6) 令 $l=l+1$，并用单纯形法求取一组新的值 $a_i^{(l)}$、$b_i^{(l)}$；并返回步骤2)。

7) 输出辨识结果 $a_i^{(l)}$、$b_i^{(l)}$、$R^{(l)}$，并结束辨识。

4.5.3 基于 Takagi－Sugeno 模糊模型的辨识

前面关于模糊控制系统的辨识与建模的讨论均是基于通常的模糊模型表示，即该模糊模型是用一组模糊蕴含条件句（也称模糊语言规则）来描述。典型的如“若 x 是 A 则 y 是 B”，这些蕴含条件句的后件是用语言值表示的模糊集合。T. Takagi 和 M. Sugeno 提出了另外一种模糊模型的表示方式（以下简称 T－S 模型)，其模糊蕴含条件句形如“若 x 是 A 则 $y=f(x)$”，其中 $f(x)$ 是 x 的线性函数。

1. T－S 模糊模型结构

不失一般性，MIMO 系统可以看成是多个 MISO 系统，具有 p 个输入、单个输出的 MISO 系统离散时间模型可以由 n 条模糊规则组成的集合来表示，其中第 i 条模糊规则的形式为

$$\begin{aligned}
&R^i: \text{if } y(k-1) \text{ is } A_1^i, y(k-2) \text{ is } A_2^i, \cdots, y(k-n_y) \text{ is } A_{n_y}^i,\\
&\quad u_1(k-\tau_1) \text{ is } A_{n_y+1}^i, \cdots, u_1(k-\tau_1-n_1) \text{ is } A_{n_y+n_1+1}^i, \cdots,\\
&\quad u_p(k-\tau_p) \text{ is } A_{n_y+n_1+\cdots+n_{p-1}+p}^i, \cdots, u_p(k-\tau_p-n_p) \text{ is } A_{n_y+n_1+\cdots+n_p+p}^i\\
&\text{then } y^i(k)=p_0^i+p_1^i y(k-1)+p_2^i y(k-2)+\cdots+p_{n_y}^i y(k-n_y)\\
&\qquad +p_{n_y+n_1+1}^i u_1(k-\tau_1-n_1)+\cdots+p_{n_y+n_1+\cdots+n_{p-1}+p}^i u_p(k-\tau_p)+\cdots\\
&\qquad +p_{n_y+n_1+\cdots+n_p+1}^i u_p(k-\tau_p-n_p)
\end{aligned} \tag{4-31}$$

这里，R^i 表示第 i 条模糊规则；A_j^i 是一个模糊子集，其隶属度函数中的参数称为前提参数；y^i 是第 i 条规则的输出；p_j^i 是一个结论参数；$u_1(\cdot)$，…，$u_p(\cdot)$ 是输入变量；$y(\cdot)$ 是输出变量；τ_1，…，τ_p 是纯滞后时间；n_y，n_1，…，n_p 是有关变量的阶次。有关纯滞后时间和阶次可以采用类似常规的辨识方法来确定。

为方便起见，令

$$\begin{cases} x_1(k)=y(k-1) \\ x_2(k)=y(k-2) \\ \vdots \\ x_{n_y}(k)=y(k-n_y) \\ x_{n_y+1}(k)=u_1(k-\tau_1) \\ \vdots \\ x_m(k)=u_p(k-\tau_p-n_p) \end{cases} \tag{4-32}$$

这里，$m=n_y+\sum_{i=1}^{p}(n_i+1)$。

这样，式（4-32）可以写成如下的形式：

$$\begin{aligned} &R^i\text{: if } x_1 \text{ is } A_1^i,\ x_2 \text{ is } A_2^i,\ \cdots,\ x_m \text{ is } A_m^i \\ &\text{then } y^i=p_0^i+p_1^i x_1+p_2^i x_2+\cdots+p_m^i x_m \end{aligned} \tag{4-33}$$

假设给定一个广义输入向量（x_{10}，x_{20}，…，x_{m0}），那么由诸规则的输出 $y^i(i=1,2,\cdots,n)$ 的加权平均即可求得系统总的输出 $\hat{y}$ 为

$$\hat{y}=\frac{\sum_{i=1}^{n}\mu^i y^i}{\sum_{i=1}^{n}\mu^i} \tag{4-34}$$

式中，n 是模糊规则的数量；y^i 由第 i 条规则的结论方程式求取；μ^i 代表对应此广义输入向量的第 i 条规则的适应度（隶属度），由下式确定：

$$\mu^i=\prod_{j=1}^{m}A_j^i(x_{j0}) \tag{4-35}$$

式中，$\prod$是模糊算子，通常采用取小运算或乘积运算。

2. T－S 模糊模型辨识的基本方法

上面讨论了 T－S 模糊模型的结构，在复杂非线性系统的建模中，显示出了比以往建模方法的优越性，因而得到了广泛应用。然而在实际中建立系统的 T－S 模糊模型并不是一种简单的事情，主要表现如下。

（1）输入变量的隶属度函数难以确定

通常采用的有三角形或梯形隶属度函数，对应一个模糊集合的隶属度至少要有三个参数需要确定，通常是通过非线性规划方法计算，工作量大。

（2）结论参数是一个多参数的复杂优化问题

如果有 m 个输入变量，由 n 条规则表示，则需要辨识 $n\times(m+1)$ 个结论参数，计算量大。

以往建立 T－S 模型，需要前提部分结构、参数和结论部分的参数联合辨识，先给出初始的前提结构和参数，然后辨识结论参数，再计算性能指标，如不满足要求，再一次修改模糊集

合的划分，其流程图如图4-9所示。

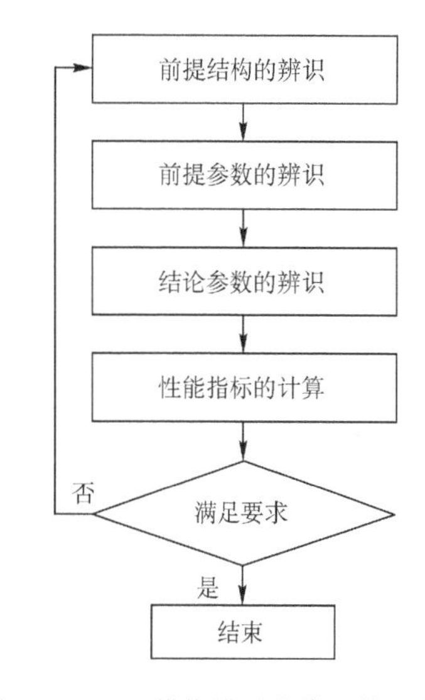

图4-9 T-S模糊模型的辨识结论步骤

在这种辨识方法中，前提部分的划分和参数与结论参数直接耦合，前提条件中模糊集合划分的改变直接影响到结论参数的辨识，建立的模型对特定的数据有较高的精度，但工况的改变又会影响到模糊集合的划分，因而，如何简化T-S模型的辨识步骤，提高模型的泛化能力，是这种模糊模型需要解决的问题。

3. T-S模糊模型辨识的改进方法

为改进T-S模糊模型辨识提出了T-S模糊模型前提部分和结论部分分开辨识。其基本思想是，根据系统的特征或某种指标，对输入变量先进行模糊聚类，确定前提部分输入变量的隶属度函数分布，在这种划分下，再辨识结论部分的参数。

（1）前提部分的模糊离散化

模糊离散化（Fuzzy Discretization）在以往辨识模糊关系中是常用的方法，首先将输入变量在论域上分为 c 个模糊集合 A_1，A_2，…，A_c，称为参考模糊集合，满足完备性条件

$$\forall x \in \Omega \quad \exists 2 \leqslant i \leqslant c \qquad \text{s.t.} \quad A_i(x) > 0 \tag{4-36}$$

即在论域 Ω 中任一元素至少属于某一个模糊集合 A_i，则在论域 Ω 中的任一模糊集合 A 可用隶属度［a_1，a_2，…，a_c］表示，这样，系统输入变量的非线性数据，可用它们的隶属度表示成模糊信息，即为模糊离散化。

设在论域 Ω 中有 c 个参考模糊集合，则任一模糊集合可以用 c 个参考模糊集合的隶属度表示，即

$$\mu_A(k)(A_1,A_2,\cdots,A_c) = [\mu_{11}(k),\mu_{21}(k),\cdots,\mu_{c1}(k)]^{\mathrm{T}} \quad k=1,2,\cdots,N \tag{4-37}$$

式中，N 为输入变量数据个数；c 为参考模糊集合的个数，则在T-S模糊模型中有 $n=c$ 条规则。

按照三角形隶属度函数，关键是确定 c 个模糊集合的中心值 c_i，为此，采用模糊聚类的方法确定 c_i。

（2）模糊聚类算法

给定一组数据向量 x_k，$1 \leqslant k \leqslant N$，将这一组数据划分为 c 个模糊类，第 k 个数据属于第 i 个模糊类的隶属度函数用 μ_{ik} 表示，假设

$$\sum_{i=1}^{c} \mu_{ik} = 1 \qquad \text{对所有 } k \tag{4-38}$$

并且定义 $\mu_{ik}(i=1, 2, \cdots, c, k=1, 2, \cdots, N)$ 矩阵为 $\boldsymbol{U}$。

模糊聚类算法如下。

1）给出初始划分 $c=2$，初始隶属度矩阵 $\boldsymbol{U}^{(1)}$，初始步数 $m=1$。

2）计算 $i=1$，2，…，c 个模糊类的中心值

$$c_i = \frac{\sum_{k=1}^{N} \mu_{ik} x_k}{\sum_{k=1}^{N} \mu_{ik}} \qquad 2 \leqslant i \leqslant c \tag{4-39}$$

并定义第 k 个数据与第 i 个模糊类的距离为

$$d_{ik} = \| x_k - c_i \| \tag{4-40}$$

3）$m = m+1$，计算新的隶属度矩阵 $\boldsymbol{U}^{(m+1)}$：

定义 $I \hat{=} \{2,\ \cdots,\ c\}$

$I_k \hat{=} \{i \mid 2 \leqslant i \leqslant c;\ d_{ik} = \| x_k - c_i \| = 0\}$ 中心值点集合

$\bar{I}_k \hat{=} = I - I_k$ 非中心值点集合 (4-41)

则

$$\mu_{ik}^{(m+1)} = \begin{cases} \dfrac{1}{\sum\limits_{j=1}^{c} \dfrac{d_{ik}}{d_{jk}}} & I_k = \varnothing \\ \left.\begin{matrix} 0 & \forall i \in \bar{I}_k \\ a_{ik} & \forall i \in I_k \end{matrix}\right\} & I_k \neq \varnothing \end{cases} \tag{4-42}$$

其中，$a_{ik}: \sum\limits_{i \in I_k} a_{ik} = 1; \forall i \in I_k \neq \varnothing$

4）给定目标 ε，如果 $\| \boldsymbol{U}^{(m+1)} - \boldsymbol{U}^{(m)} \| \leqslant \varepsilon$，则 c_i 即为聚类中心值点，否则增加模糊类数，返回步骤2）。

（3）结论参数的辨识

根据式（4-19）和式（4-20），定义

$$\beta_i \hat{=} \frac{\mu_i}{\sum\limits_{i=1}^{n} \mu_i} \tag{4-43}$$

则可以写成

$$y_k = \sum_{i=1}^{n} \beta_i y_i = \sum_{i=1}^{n} \beta_i (p_{i0} + p_{i1} x_1 + \cdots + p_{im} x_m) \tag{4-44}$$

写成向量形式，有

$$\boldsymbol{y}_k = \boldsymbol{\phi}_k^{\mathrm{T}} \boldsymbol{\theta} \tag{4-45}$$

其中

$$\begin{aligned} \boldsymbol{\theta} &= [p_{10},\ \cdots,\ p_{n0},\ p_{11},\ \cdots,\ p_{n1},\ \cdots,\ p_{1m},\ \cdots,\ p_{nm}]^{\mathrm{T}} \in R^{(m+1)\times n} \\ \boldsymbol{\phi}_k^{\mathrm{T}} &= [\beta_1^k,\ \cdots,\ \beta_n^k,\ \beta_1^k x_1^k,\ \cdots,\ \beta_n^k x_1^k,\ \cdots,\ \beta_1^k x_m^k,\ \cdots,\ \beta_n^k x_m^k] \\ \boldsymbol{y} &= [y_1,\ y_2,\ \cdots,\ y_N]^{\mathrm{T}} \end{aligned} \tag{4-46}$$

则根据最小二乘法，有

$$\boldsymbol{\theta} = (\boldsymbol{\phi}^{\mathrm{T}} \boldsymbol{\phi})^{-1} \boldsymbol{\phi}^{\mathrm{T}} \boldsymbol{y} \tag{4-47}$$

显然，$(m+1) \times n$ 个参数一起用最小二乘法辨识，其计算量大，不宜直接使用，采用正交参数辨识是一种有效的方法。

将式（4-46）简记为

$$\begin{aligned} \boldsymbol{\theta} &\hat{=} [\theta_1,\ \theta_2,\ \cdots,\ \theta_r] \\ \boldsymbol{\phi}_k^{\mathrm{T}} &\hat{=} [f_{1k},\ f_{2k},\ \cdots,\ f_{rk}] \qquad r = (m+1) \times n \end{aligned} \tag{4-48}$$

式（4-44）可写成

$$y_k = \sum_{i=1}^{r} f_{ik} \theta_i, i = 1, 2, \cdots, r; k = 1, 2, \cdots, N \tag{4-49}$$

式中，r 是被辨识式参数的个数，N 为样本个数。

因此，将式（4-49）转化为

$$y_k = \sum_{i=1}^{r} w_{ik}\theta_i \tag{4-50}$$

式中，w_{ik}是一组正交基，可按下述公式计算：

$$\begin{cases} w_{1k} = f_{1k} \\ w_{hk} = f_{hk} - \sum_{i=1}^{h-1} \alpha_{ih} w_{ik} \quad h = 2,3,\cdots,r \end{cases} \tag{4-51}$$

$$\alpha_{ih} = \frac{\sum_{k=1}^{N} w_{ik} f_{hk}}{\sum_{k=1}^{N} w_{ik}} \quad i < h, h = 2,3,\cdots,r \tag{4-52}$$

被辨识参数 g_i 由下式给出：

$$\hat{g}_i = \frac{\sum_{k=1}^{N} w_{ik} y_k}{\sum_{k=1}^{N} w_{ik}} \quad i = 1,2,\cdots,r \tag{4-53}$$

则原来被辨识参数 θ_i 由下式给出：

$$\begin{cases} \hat{\theta}_r = \hat{g}_r \\ \hat{\theta}_i = \hat{g}_i - \sum_{j=j+1}^{r} \alpha_{ij}\hat{\theta}_j \end{cases} \quad i = r-1, r-2,\cdots,1 \tag{4-54}$$

因此，T－S 模糊模型前件的模糊划分和结论参数就全部确定了。改进的辨识算法主要思想是将前件划分和结论参数分开辨识，首先确定前件的模糊区间划分和隶属度，然后利用一些现有的线性系统辨识方法辨识结论部分线性关系中的系数，大大简化了辨识过程。

4. 基于 T－S 模糊模型的控制

基于 T－S 模糊模型的控制器设计，现有研究结果中更多地采用 PDC（Parallel Distributed Compensation）的设计方法，如图 4-10 所示的结构，对每一规则对应的线性子系统采用状态反馈控制律，然后通过模糊加权得到全局系统的控制器，并对全局系统的稳定性进行了分析，得到了系统全局稳定的充分性条件。

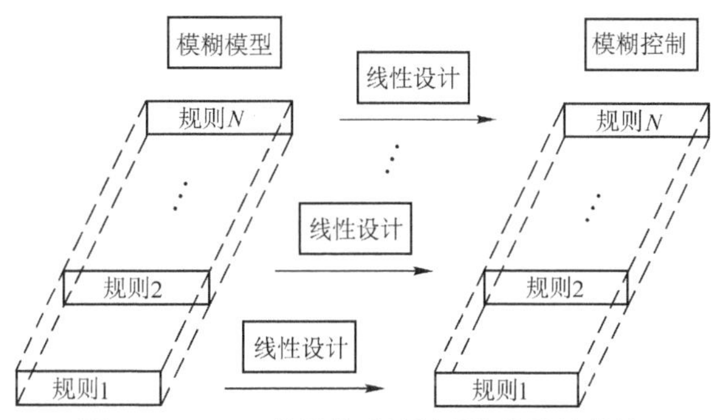

图 4-10　T－S 模糊模型控制系统的设计结构

（1）模糊系统及其状态反馈控制

考虑由模糊 T－S 模型所描述的不确定非线性系统

R_p^i：如果 $x_1(t)$ 是 $M_1(t)$，且 $x_n(t)$ 是 M_{in}

则

$$\begin{cases}\dot{X}(t)=A_iX(t)+B_iu(t)\\Y(t)=C_iX(t)\end{cases}\tag{4-55}$$

式（4-55）称为局部线性模型，其中，$i=1, 2, \cdots, r$；R_p^i 表示控制对象的第 i 条模糊推理规则；M_{ij}是模糊集合。$X(t)\in R^n$，$u(t)\in R^m$，$Y(t)\in R^r$，$A_i\in R^{n\times n}$，$B_i\in R^{n\times m}$，$C_i\in R^{r\times n}$，$C_i=C_j$。应用单点模糊化、乘积推理、中心加权反模糊化模糊推理方法可得到模糊系统模型

$$\dot{X}(t)=\frac{\sum_{i=1}^{r}w_i(t)[A_iX(t)+B_iu(t)]}{\sum_{i=1}^{r}w_i(t)}=\sum_{i=1}^{r}\mu_i(t)[A_iX(t)+B_iu(t)]\tag{4-56}$$

$$Y(t)=C_iX(t)\tag{4-57}$$

式中，$w_i(t)=\prod_{j=1}^{n}M_{ij}(x_j(t))$；$\sum_{i=1}^{n}w_i(t)\geqslant 0$；$w_i(t)\geqslant 0$；$\mu_i(t)=\dfrac{w_i(t)}{\sum_{i=1}^{n}w_i(t)}$；$\sum_{i=1}^{n}w_i(t)=1$。

设局部模糊线性模型起主导作用的是第 j 个子系统，由于 $\mu_j(t)=1-\sum_{\substack{i=1\\i\neq j}}^{n}\mu_i(t)$，所以式（4-57）可写成

$$\begin{cases}\dot{X}(t)=A_jX(t)+B_ju(t)+\Delta A(\mu^j(t))X(t)+\Delta B(\mu^j(t))u(t)\\Y(t)=C_jX(t)\end{cases}\tag{4-58}$$

其中 $\Delta A(\mu^j(t))=\sum_{\substack{i=1\\i\neq j}}^{r}\mu_i(t)A_i$，$\Delta B(\mu^j(t))=\sum_{\substack{i=1\\i\neq j}}^{r}\mu_i(t)B_i$

$$\mu^j(t)=[\mu_1(t)\wedge\mu_{j-1}(t)\wedge\mu_{j+1}(t)\wedge\mu_r(t)]$$

若令 $f(X,t)=\Delta A(\mu^j(t))X(t)$，$g(X,t)=\Delta B(\mu^j(t))$，则式（4-58）可写成

$$\begin{cases}\dot{X}(t)=A_jX(t)+B_ju(t)+f(X,t)+g(X,t)u\\Y(t)=C_jX(t)\end{cases}\tag{4-59}$$

假设1 假设存在矩阵函数 $\boldsymbol{g}_1(X, u, t)$，常数 α_f、β_x 及 β_u，使得

$$\boldsymbol{g}(\boldsymbol{X},t)\boldsymbol{u}=\boldsymbol{B}_j\boldsymbol{g}_1(\boldsymbol{X},\boldsymbol{u},t),\ \|f(X,t)\|\leqslant\alpha_f\|\boldsymbol{X}\|,\ \|\boldsymbol{g}_1(\boldsymbol{X},u,t)\|\leqslant\beta_x\|\boldsymbol{X}\|+\beta_u\|\boldsymbol{u}\|$$

假设2 假设对于给定的半正定矩阵 $\boldsymbol{Q}$，存在正定矩阵 $\boldsymbol{P}$，满足李亚普诺夫方程

$$(\boldsymbol{A}_j-\boldsymbol{B}_j\boldsymbol{K})^{\mathrm{T}}\boldsymbol{P}+\boldsymbol{P}(\boldsymbol{A}_j-\boldsymbol{B}_j\boldsymbol{K})=-\boldsymbol{Q}$$

$$\alpha_f<\frac{\lambda_{\min}(\boldsymbol{Q})}{\lambda_{\max}(\boldsymbol{P})},\beta_u<1$$

设模糊反馈控制为

$$u=u_1+u_2\tag{4-60}$$

式中，$u_1=-\boldsymbol{KX}$；$u_2=-\gamma\boldsymbol{B}_j^{\mathrm{T}}\boldsymbol{PX}$；$\gamma>\dfrac{\beta_x^2}{4[\lambda_{\min}(\boldsymbol{Q})-\alpha_f\lambda_{\max}(\boldsymbol{P})](1-\beta_u)}$

定理1 对于满足假设1、2的由式（4-59）表示的模糊系统，在式（4-60）表示的模糊反馈控制的作用下，可使式（4-59）和式（4-60）组成的闭环模糊系统稳定。

证明　取李亚普诺夫函数为

$$V(t)=\boldsymbol{X}^{\mathrm{T}}(t)\boldsymbol{P}\boldsymbol{X}(t)$$

对式（4-59）和式（4-60）求 $V(t)$ 对时间的导数

$$\begin{aligned}\dot{V}(t)&=2\boldsymbol{X}^{\mathrm{T}}\boldsymbol{P}\dot{\boldsymbol{X}}=-2\boldsymbol{X}^{\mathrm{T}}\boldsymbol{Q}\boldsymbol{X}-2\gamma\boldsymbol{X}^{\mathrm{T}}\boldsymbol{P}\boldsymbol{B}_j\boldsymbol{B}_j^{\mathrm{T}}\boldsymbol{X}+2\boldsymbol{X}^{\mathrm{T}}\boldsymbol{P}\boldsymbol{f}+2\boldsymbol{X}^{\mathrm{T}}\boldsymbol{P}\boldsymbol{B}_j\boldsymbol{g}_1\\&\leqslant-\lambda_{\min}(\boldsymbol{Q})\|\boldsymbol{X}\|^2-2\gamma\|\boldsymbol{X}^{\mathrm{T}}\boldsymbol{P}\boldsymbol{B}_j\|^2+2\alpha_j\lambda_{\max}(\boldsymbol{P})\|\boldsymbol{X}\|^2+\\&\quad 2\|\boldsymbol{X}^{\mathrm{T}}\boldsymbol{P}\boldsymbol{B}_j\|^2[\beta_x\|\boldsymbol{X}\|+\gamma\beta_u\|\boldsymbol{X}^{\mathrm{T}}\boldsymbol{P}\boldsymbol{B}_j\|]\\&=-2[\|\boldsymbol{X}\|\ \ \|\boldsymbol{X}^{\mathrm{T}}\boldsymbol{P}\boldsymbol{B}_j\|]\begin{bmatrix}\lambda_{\min}(\boldsymbol{Q})-\alpha_f\lambda_{\max} & -\beta_x/2\\ -\beta_x/2 & \gamma(1-\beta_u)\end{bmatrix}\begin{bmatrix}\|\boldsymbol{X}\|\\ \|\boldsymbol{X}^{\mathrm{T}}\boldsymbol{P}\boldsymbol{B}_j\|\end{bmatrix}\end{aligned}\tag{4-61}$$

由假设2及 γ 的限制可知上式中的二阶矩阵式正定，所以 $\dot{V}<0$，因此，定理1成立。

（2）模糊系统及动态输出反馈控制

一般来说，控制系统的状态并不都是直接可以观测的，如果式（4-56）表示的模糊系统的状态不可观测，则设计观测器为

$$\begin{cases}\dot{\hat{X}}(t)=A_i\hat{X}(t)+B_iu(t)+L_i[Y(t)-\hat{Y}(t)]\\ \hat{Y}(t)=C_i\hat{X}(t)\end{cases}\tag{4-62}$$

输出动态反馈控制为

$$u(t)=\sum_{i=1}^{m}\eta_iu_i(t)\qquad u_i(t)=K_i\hat{X}(t)\tag{4-63}$$

定义观测器的误差 $e(t)=X(t)-\hat{X}(t)$，则由上式得到状态和误差方程

$$\dot{X}(t)=[A_i-B_iK_i]X(t)+\Delta(A_i-B_iK_i)X(t)+B_iK_ie(t)+\Delta B_iK_iX(t)\tag{4-64}$$

$$\dot{e}(t)=[A_i-L_iC_i]e(t)+(\Delta A_i-L_i\Delta C_i-\Delta B_iK_i)X(t)+B_iK_ie(t)+\Delta B_iK_ie(t)\tag{4-65}$$

定义分段光滑的李亚普诺夫函数

$$V(t)=\boldsymbol{X}^{\mathrm{T}}\boldsymbol{P}_c\boldsymbol{X}+\boldsymbol{e}^{\mathrm{T}}\boldsymbol{P}_0\boldsymbol{e}=\sum_{i=1}^{m}\eta_i\boldsymbol{X}^{\mathrm{T}}\boldsymbol{P}_{ic}\boldsymbol{X}+\sum_{i=1}^{m}\eta_i\boldsymbol{e}^{\mathrm{T}}\boldsymbol{P}_{i0}\boldsymbol{e}\tag{4-66}$$

$$\boldsymbol{P}_c=\eta_1\boldsymbol{P}_{c1}+\eta_2\boldsymbol{P}_{c2}+\cdots+\eta_m\boldsymbol{P}_{cm};\ \boldsymbol{P}_0=\eta_1\boldsymbol{P}_{01}+\eta_2\boldsymbol{P}_{02}+\cdots+\eta_m\boldsymbol{P}_{0m}$$

李亚普诺夫函数沿式（4-65）、式（4-66）所示闭环系统的导数为

$$\frac{\mathrm{d}V}{\mathrm{d}t}=L(X(t),e(t),t)\tag{4-67}$$

定义1　式（4-65）、式（4-66）所示的模糊闭环系统称为二次可稳定的，如果存在式（4-64）所示的分段连续的输出反馈控制，两组正定的矩阵（$\boldsymbol{P}_{c1}$，…，$\boldsymbol{P}_{cm}$），（$\boldsymbol{P}_{01}$，…，$\boldsymbol{P}_{0m}$）和常数 $\alpha>0$，使得

$$L(X(t),e(t),t)\leqslant-\alpha[\|\boldsymbol{X}\|^2+\|\boldsymbol{e}\|^2]$$

假设3　设 $[\Delta A_j(\mu),\Delta B_i(\mu)]=\boldsymbol{D}_i\boldsymbol{F}_i(t)[\boldsymbol{E}_{i1},\boldsymbol{E}_{i2}],\Delta C_i(\mu)=\boldsymbol{H}_i\boldsymbol{F}_i(t)\boldsymbol{E}_{i3}$，其中 $\boldsymbol{D}_i$、$\boldsymbol{E}_{i1}$、$\boldsymbol{E}_{i2}$、$\boldsymbol{E}_{i3}$、$\boldsymbol{H}_1$ 是适当维数的已知常数矩阵，$\boldsymbol{F}_i$（t）是满足下述不等式约束的未知的函数矩阵

$$\boldsymbol{F}_i^{\mathrm{T}}(t)\boldsymbol{F}_i(t)\leqslant I$$

关于式（4-65）、式（4-66）所示闭环系统的二次稳定性问题，有下面的定理2。

定理2　设式（4-56）所示模糊系统满足假设3，如果存在两组正定的矩阵（$\boldsymbol{P}_{c1}$，…，$\boldsymbol{P}_{cm}$）和（$\boldsymbol{P}_{01}$，…，$\boldsymbol{P}_{0m}$）使得式（4-68）所示的矩阵不等式成立，则式（4-65）、式（4-66）所示模糊系统是二次可稳定的。

$$S_{1i}=(A_i-B_iK_i)^{\mathrm{T}}P_{ci}+P_{ci}(A_i-B_iK_i)+P_{ci}(2D_{1i}D_{1i}^{\mathrm{T}}+B_iB_i^{\mathrm{T}})P_{ci}+$$
$$2(E_{1i}-E_{2i}K_i)^{\mathrm{T}}(E_{1i}-E_{2i}K_i)+E_{3i}E_{3i}^{\mathrm{T}}<0 \tag{4-68}$$

$$S_{2i}=(A_i-L_iC_i)^{\mathrm{T}}P_{0i}+P_{0i}(A_i-L_iC_i)+2P_{ci}(DD^{\mathrm{T}}P_{ci}+2K_1^{\mathrm{T}}E_{2i}^{\mathrm{T}}E_{2i}K_i+P_{0i}L_iH_iH_i^{\mathrm{T}}L_i^{\mathrm{T}}P_{0i})<0$$

证明 取李亚普诺夫函数为

$$V(t)=V_1(t)+V_2(t)=\sum_{i=1}^{m}\eta_iX^{\mathrm{T}}(t)P_{ci}X(t)+\sum_{i=1}^{m}\eta_ie^{\mathrm{T}}(t)P_{0i}e(t) \tag{4-69}$$

$V_1(t)$ 沿式（4-65）对时间的导数为

$$\begin{aligned}V_1(t)=&\sum_{i=1}^{m}\eta_iX^{\mathrm{T}}(t)[(A_i-B_iK_i)^{\mathrm{T}}P_{ci}+P_{ci}(A_i-B_iK_i)]X(t)+\\&\sum_{i=1}^{m}\eta_i2X^{\mathrm{T}}(t)P_{ci}B_iK_ie(t)+\sum_{i=1}^{m}\eta_i2X^{\mathrm{T}}(t)P_{ci}\Delta B_iK_iX(t)+\\&\sum_{i=1}^{m}\eta_i2X^{\mathrm{T}}(t)P_{ci}\Delta(A_i-B_iK_i)X(t)\end{aligned} \tag{4-70}$$

利用不等式

$$2XY^{\mathrm{T}}\leqslant\varepsilon X^{\mathrm{T}}QX+\frac{1}{\varepsilon}Y^{\mathrm{T}}Q^{-1}Y\triangleright\qquad(Q>0,\ \varepsilon>0)$$

则

$$2X^{\mathrm{T}}(t)P_{ci}B_iK_ie(t)\leqslant X^{\mathrm{T}}(t)P_{ci}B_iB_i^{\mathrm{T}}P_{ci}X(t)+e^{\mathrm{T}}(t)K_i^{\mathrm{T}}K_ie(t) \tag{4-71}$$

$$\begin{aligned}2X^{\mathrm{T}}(t)P_{ci}\Delta B_iK_ie(t)&=2X^{\mathrm{T}}(t)P_{ci}D_iF_i(t)E_{2i}K_ie(t)\\&\leqslant X^{\mathrm{T}}(t)P_{ci}D_iD_i^{\mathrm{T}}P_{ci}X(t)+e^{\mathrm{T}}(t)K_i^{\mathrm{T}}E_{2i}^{\mathrm{T}}F_i^{\mathrm{T}}F_i(t)E_{2i}K_ie(t)\\&\leqslant X^{\mathrm{T}}(t)P_{ci}D_iD_i^{\mathrm{T}}P_{ci}X(t)+e^{\mathrm{T}}(t)K_i^{\mathrm{T}}E_{2i}^{\mathrm{T}}E_{2i}K_ie(t)\end{aligned} \tag{4-72}$$

$$\begin{aligned}&2X^{\mathrm{T}}(t)P_{ci}(\Delta A_i-\Delta B_iK_i)X(t)=2X^{\mathrm{T}}(t)P_{ci}D_iF_i(t)[E_{1i}-E_{2i}K_i]X(t)\\&\leqslant X^{\mathrm{T}}(t)P_{ci}D_iD_i^{\mathrm{T}}P_{ci}X(t)+X^{\mathrm{T}}(t)[E_{1i}-E_{2i}K_i]^{\mathrm{T}}F_i^{\mathrm{T}}(t)F_i(t)[E_{1i}-E_{2i}K_i]X(t)\\&\leqslant X^{\mathrm{T}}(t)P_{ci}D_iD_i^{\mathrm{T}}P_{ci}X(t)+X^{\mathrm{T}}(t)[E_{1i}-E_{2i}K_i]^{\mathrm{T}}[E_{1i}-E_{2i}K_i]X(t)\end{aligned} \tag{4-73}$$

将式（4-56）、式（4-57）和式（4-58）代入式（4-55）得

$$\begin{aligned}\dot{V}_1(t)\leqslant&\sum_{i=1}^{m}\eta_iX^{\mathrm{T}}(t)\{(A_i-B_iK_i)^{\mathrm{T}}P_{ci}+P_{ci}(A_i-B_iK_i)+P_{ci}B_iB_i^{\mathrm{T}}P_{ci}+\\&2P_{ci}D_iD_i^{\mathrm{T}}P_{ci}+[E_{1i}-E_{2i}K_i]^{\mathrm{T}}[E_{1i}-E_{2i}K_i]\}X(t)+\\&\sum_{i=1}^{m}\eta_ie^{\mathrm{T}}(t)[K_i^{\mathrm{T}}K_i+K_i^{\mathrm{T}}E_{2i}^{\mathrm{T}}E_{2i}K_i]e(t)\end{aligned} \tag{4-74}$$

$V_2(t)$ 沿式（4-50）对时间的导数为

$$\begin{aligned}V_2(t)=&\sum_{i=1}^{m}\eta_ie^{\mathrm{T}}(t)[(A_i-L_iC_i)^{\mathrm{T}}P_{0i}+P_{0i}(A_i-L_iC_i)]e(t)+\\&\sum_{i=1}^{m}\eta_i2e^{\mathrm{T}}(t)P_{0i}(\Delta A_i-\Delta B_iK_i-L_i\Delta C_i)X(t)^{\mathrm{T}}+\sum_{i=1}^{m}\eta_i2e^{\mathrm{T}}(t)P_{0i}\Delta B_iK_ie(t)\end{aligned} \tag{4-75}$$

同理，我们有下面的不等式

$$\begin{aligned}2e^{\mathrm{T}}(t)P_{0i}(\Delta A_i-\Delta B_iK_i)X(t)\leqslant&e^{\mathrm{T}}(t)P_{ci}D_iD_i^{\mathrm{T}}P_{ci}e(t)+\\&X(t)[E_{1i}-E_{2i}K_i]^{\mathrm{T}}[E_{1i}-E_{2i}K_i]X(t)\end{aligned} \tag{4-76}$$

$$2e^{\mathrm{T}}(t)P_{ci}\Delta B_iK_ie(t)\leqslant e^{\mathrm{T}}(t)P_{ci}D_iD_i^{\mathrm{T}}P_{ci}e(t)+e^{\mathrm{T}}(t)P_{ci}D_iD_i^{\mathrm{T}}P_{ci}e(t) \tag{4-77}$$

$$2e^{\mathrm{T}}(t)P_{0i}L_i\Delta C_iX(t)\leqslant e^{\mathrm{T}}(t)P_{0i}L_iH_iH_i^{\mathrm{T}}L_i^{\mathrm{T}}P_{0i}e(t)+X^{\mathrm{T}}(t)P_{ci}E_{3i}E_{3i}^{\mathrm{T}}X(t) \tag{4-78}$$

把式（4-61）~式(4-63）代入式（4-60）得

$$\begin{aligned}\dot{V}_2(t) \leqslant & \sum_{i=1}^{m} \eta_i \boldsymbol{e}^{\mathrm{T}}(t)[(\boldsymbol{A}_i-\boldsymbol{L}_i\boldsymbol{C}_i)^{\mathrm{T}}\boldsymbol{P}_{0i}+\boldsymbol{P}_{0i}(\boldsymbol{A}_i-\boldsymbol{L}_i\boldsymbol{C}_i)+\boldsymbol{P}_{0i}\boldsymbol{D}_i\boldsymbol{D}_i^{\mathrm{T}}\boldsymbol{P}_{0i}+\\ & \boldsymbol{K}_i^{\mathrm{T}}\boldsymbol{E}_{2i}^{\mathrm{T}}\boldsymbol{E}_{2i}\boldsymbol{K}_i+\boldsymbol{P}_{0i}\boldsymbol{L}_i\boldsymbol{H}_i\boldsymbol{H}_i^{\mathrm{T}}\boldsymbol{L}_i^{\mathrm{T}}\boldsymbol{P}_{0i}]\boldsymbol{e}(t)+\\ & \sum_{i=1}^{m}\eta_i\boldsymbol{X}^{\mathrm{T}}(t)\{[\boldsymbol{E}_{1i}-\boldsymbol{E}_{2i}\boldsymbol{K}_i]^{\mathrm{T}}[\boldsymbol{E}_{1i}-\boldsymbol{E}_{2i}\boldsymbol{K}_i]+\boldsymbol{E}_{3i}^{\mathrm{T}}\boldsymbol{E}_{3i}\}\boldsymbol{X}(t)\end{aligned} \tag{4-79}$$

结合式（4-74）和式（4-79）得

$$\begin{aligned}\dot{V}(t) &\leqslant \sum_{i=1}^{m}\eta_i\boldsymbol{X}^{\mathrm{T}}(t)S_{1i}\boldsymbol{X}(t)+\sum_{i=1}^{m}\eta_i\boldsymbol{e}^{\mathrm{T}}(t)S_{2i}\boldsymbol{e}(t)\\ &=\sum_{i=1}^{m}\eta_i[\boldsymbol{X}^{\mathrm{T}}(t)\boldsymbol{e}^{\mathrm{T}}(t)]\begin{bmatrix}S_{1i} & 0\\ 0 & S_{2i}\end{bmatrix}\begin{bmatrix}\boldsymbol{X}(t)\\ \boldsymbol{e}(t)\end{bmatrix}\leqslant-\lambda_{\min}(S)\left|\begin{bmatrix}\boldsymbol{X}(t)\\ \boldsymbol{e}(t)\end{bmatrix}\right|^2\end{aligned} \tag{4-80}$$

因此式（4-65）所示模糊系统是二次可稳定的。

【例 4-7】 由在导轨上左右移动的小车和末端通过铰链连在上面的一根刚体杆组成的倒立摆系统，是一个非线性的开环不稳定的对象。控制的目的是通过给小车施加恰当的力 $\boldsymbol{F}$，让小车左右移动而使刚体杆直立，保持平衡，初始条件为刚体杆与垂直线的夹角，杆和小车静止，这是很多文献研究非线性控制器的仿真实例，这里用 T－S 模糊模型设计多个控制器，通过模糊判决综合得到系统总的控制动作。

数学模型可表示为

$$\begin{cases}\dot{x}_1=x_2\\ \dot{x}_2=\dfrac{g\sin(x_1)-amLx_2^2\cos(x_1)\sin(x_1)-au\cos(x_1)}{L\left[\dfrac{4}{3}-am\cos^2(x_1)\right]}\end{cases}$$

倒立摆的特性可用 T－S 的两条规则表示

R^1：if x_1 在 0°附近

then $\dot{x}=\boldsymbol{A}_1x+\boldsymbol{B}_1u$

R^2：if x_1 在 $\pm\dfrac{\pi}{2}$附近

then $\dot{x}=\boldsymbol{A}_2x+\boldsymbol{B}_2u$

其中：

$$\boldsymbol{A}_1=\begin{bmatrix}0 & 1\\ \dfrac{g}{\dfrac{4L}{3}-amL} & 0\end{bmatrix}\qquad \boldsymbol{B}_1=\begin{bmatrix}0\\ -\dfrac{a}{\dfrac{4L}{3}-amL}\end{bmatrix}$$

$$\boldsymbol{A}_2=\begin{bmatrix}0 & 1\\ \dfrac{2g}{\pi\left(\dfrac{4L}{3}-amL\beta^2\right)} & 0\end{bmatrix}\qquad \boldsymbol{B}_2=\begin{bmatrix}0\\ -\dfrac{a\beta}{\dfrac{4L}{3}-amL\beta^2}\end{bmatrix}$$

$\beta=\cos(88°)$

其隶属度函数如图 4-11 所示。

在本例中，给出倒立摆的初始位置为 60°，系统的控制结果如图 4-12 所示。

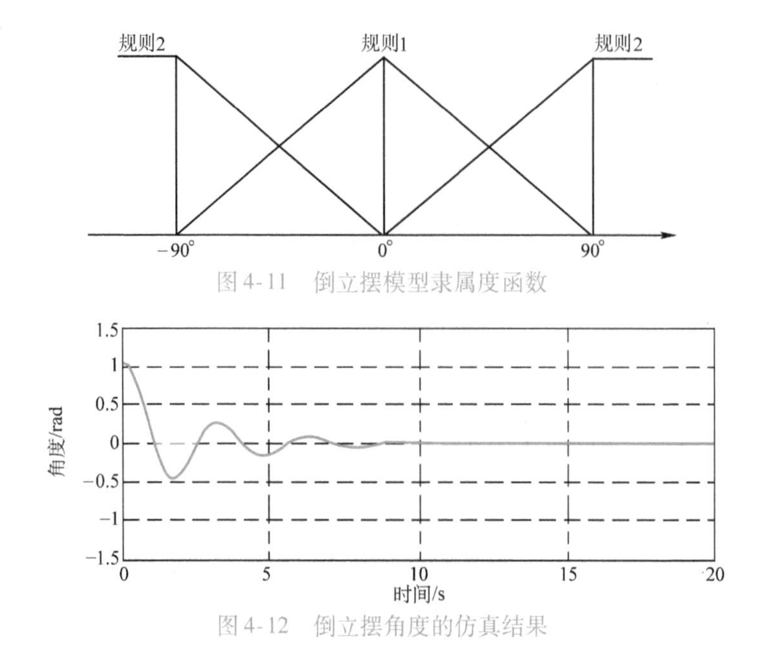

图 4-11 倒立摆模型隶属度函数

图 4-12 倒立摆角度的仿真结果

4.5.4 模糊控制系统的稳定性分析

对于模糊控制系统的稳定性分析，常用的方法有相平面分析法、Lyapunov 判据分析法、Popov 判据分析法。

相平面分析法是一种精确方法，它直观且可用来进行系统优化。它的主要缺点是局限于二阶系统。Lyapunov 判据分析法可以对任何系统提出精确的稳定性特性描述，然而使用起来非常复杂。Popov 判据分析法相比之下较为简单，但只适用于一些具体的稳定性分析问题。

1. 相平面分析法

相平面分析法是分析非线性二阶系统的一种直观的图解方法。该方法也可以推广到模糊系统。虽然这种方法只适用于二阶系统，但很大一类系统均可采用二阶系统来近似。

设单输入单输出二阶系统的模糊模型用如下的模糊条件句来描述：

R_i：如果 y 是 A_0^i and $\dot{y}$是 A_1^i and u 是 B^i 则$\ddot{y}$是 C^i　$i=1, 2, \cdots, N$

它也可表示为

$$\ddot{y}=(y\times\dot{y}\times u)\circ R_{\mathrm{P}}$$

模糊相平面法是通过图形的方法在相平面上显示每一条件句的影响来说明整个系统的动态特性。例如考虑其中的一个条件句为上面所给出的 R_i，对于条件句的每一个模糊集合均定义了相应的隶属度函数，即$\mu_{A_0^i}(y)$、$\mu_{A_1^i}(\dot{y})$、$\mu_{B^i}(u)$ 及$\mu_{C^i}(\ddot{y})$ 均为已知。定义该模糊条件句在相平面上的作用中心区域（y_0，$\dot{y}_0$）为

$$\left(y_0:\ \underset{y}{\forall}\mu_{A_0^i}(y)=1,\dot{y}_0:\ \underset{\dot{y}}{\forall}\mu_{A_1^i}(\dot{y})=1\right)$$

该模糊条件句的总的影响区域为

$$\left(y:\ \underset{y}{\forall}\mu_{A_0^i}(y)>1,\dot{y}_0:\ \underset{\dot{y}}{\forall}\mu_{A_1^i}(\dot{y})>0\right)$$

一般情况下，在点（y，$\dot{y}$）处的相点运动方向角为

$$\tan(\alpha)=\lim_{\Delta y\to 0}\frac{\Delta\dot{y}}{\Delta y}=\lim_{\Delta t\to 0}\left(\frac{\Delta\dot{y}}{\Delta t}\Big/\frac{\Delta y}{\Delta t}\right)=\frac{\ddot{y}}{\dot{y}}$$

对于模糊系统，在模糊条件句的作用中心区域的相点运动方向角可以通过清晰化方法求得

$$\tan(\alpha)=\frac{\mathrm{d}f(C^i)}{\mathrm{d}f(A_1^i)}$$

【例 4-8】 考虑如下一个模糊条件句：

R_1：如果 y 是 NS and $\dot{y}$是 PM 则$\ddot{y}$是 PS。其中各模糊语言值的隶属度函数如图 4-13 所示。画出对应该模糊条件句的相点运动方向。

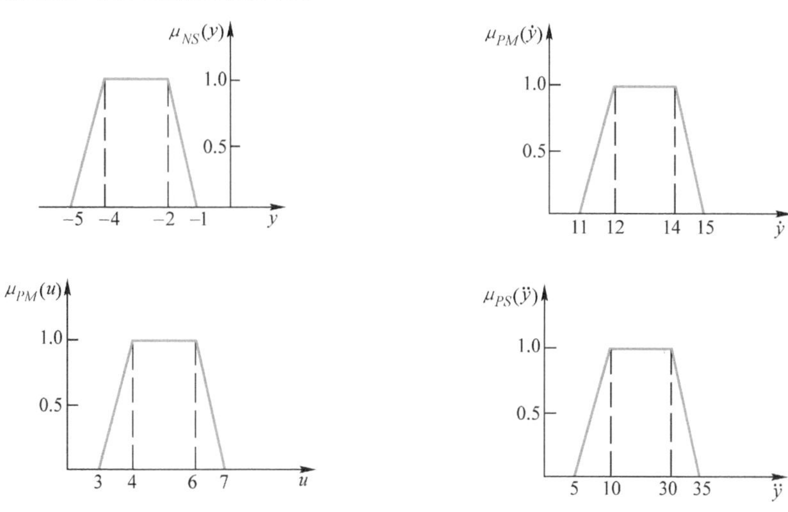

图 4-13　模糊语言值的隶属度函数

根据上面的讨论，可以求得

$$\tan(\alpha)=\frac{\mathrm{d}f[\mu_{PS}(\ddot{y})]}{\mathrm{d}f[\mu_{PM}(\dot{y})]}=\frac{20}{13}=1.54,\alpha=57^{\circ}$$

由此并根据所给已知条件可画出该模糊条件句的作用中心区域、总的影响区域以及相点的运动方向如图 4-14 所示。

上面的例子只画出了一条模糊规则的相平面图。按照同样的方法可画出当 u 为常数（在上例中 $u=PM$）时的所有模糊规则的相平面图，如图 4-14 所示，利用该相平面图，可以大致画出对于给定的初始条件的相轨迹。

图 4-15 所示为当 u 固定为某一常数值时的相平面图，当 u 取不同值时可以画出不同的相轨迹图，将这些相平面图重叠在一起可以获得三维相平面图组。

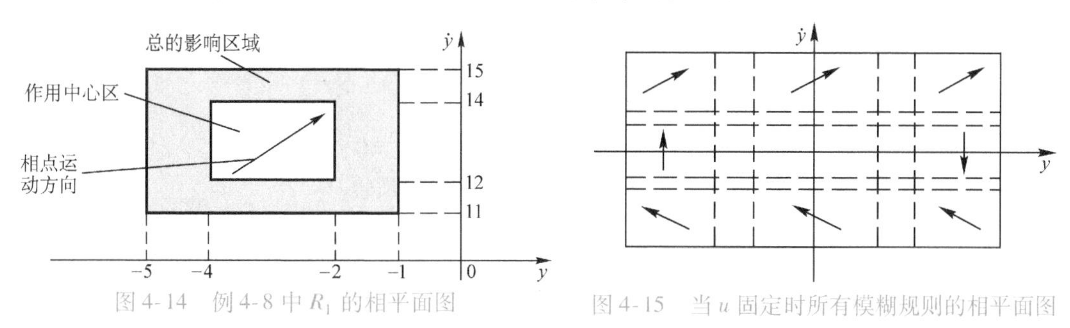

图 4-14　例 4-8 中 R_1 的相平面图

图 4-15　当 u 固定时所有模糊规则的相平面图

模糊系统的相平面图主要有以下一些用途。

1）检验模糊建模的正确性。根据模糊模型可以画出模糊相平面图，根据实测数据可以画出实际的相轨迹图，两者的符合程度可用来检验模糊建模的正确性。

2）检验模糊规则的一致性、完备性以及互相影响。模糊规则一致性要求在相平面图上同一区域或非常靠近的区域不存在相点运动方向的不一致；完备性要求在相平面的每个区域至少属于一条规则的影响区域，互相影响是指每条规则的影响区域与邻近规则的影响区域具有一定程度的互相覆盖。

3）帮助设计控制规则。三维图可用来确定在不同的状态时应采用怎样的控制才能获得满意的相轨迹。从而可从图形上直观地确定出模糊控制规则。

4）检验系统的稳定性和分析系统的性能。利用相平面图可以大致画出对于给定初始条件的相轨迹，根据该相轨迹可以判断系统的稳定性。若相轨迹终止在一点，说明系统是稳定的；若相轨迹最终形成极限环，说明系统产生自持振荡。若系统稳定，可根据相轨迹确定系统的动态响应性能（过渡过程时间和超调量等）。

5）若期望的闭环特性是用语言模型来描述的，则可以通过画出它的相平面图来校核所给闭环特性的正确性。

2. Lyapunov 判据分析法

Lyapunov 判据理论是判定非线性系统稳定的精确方法。该理论的基本出发点是，由系统静止状态的稳定性判断系统的稳定性，而不需要求解系统的微分方程。

在 Lyapunov 理论中假设动态系统的能量是其状态变量的函数，该函数随着时间 t 的增加趋于零，系统的运动也将趋于静止状态。在所考虑的状态空间里，其轨迹趋于渐近稳定的静止状态。用这种方法就可根据能量函数的特性判断系统的稳定性特性，而不去求解系统的状态微分方程。

然而给出能量函数的一般公式是非常困难的。另外，即使能量函数存在，其相对时间变化的判断也是相当困难的。

Lyapunov 分析建立在渐近稳定性判据之上。若一个动态系统由下列方程组定义：

$$\dot{x}_1 = f_i(x_1, x_2, \cdots, x_n) \quad i = 1, 2, \cdots, n$$

该系统具有静止点 $x=0$。在该静止点存在一标量函数

$$v(x_1, x_2, \cdots, x_n) = v(x) \tag{4-81}$$

有如下特性：

1）该标量函数在一定范围内正定。

2）该标量函数的导数

$$\dot{v} = \sum_{i=1}^{n} \frac{\partial v}{\partial x_i}\dot{x}_i = \sum_{i=1}^{n} \frac{\partial v}{\partial x_i} f_i$$

对于模糊控制系统，设被控过程的传递函数为

$$L(s) = \frac{1}{s^p} \cdot \frac{b_0 + b_1 s + \cdots + b_m s^m}{a_1 + a_2 s + \cdots + a_n s^n}, (n + p > m) \tag{4-82}$$

其中，系数 a_1，a_2，$\cdots$，a_n，b_0，$\cdots$，b_m 为实数，$a_n \neq 0$，$p = 0, 1, \cdots$。

该系统是稳定系统，如果存在一正定矩阵 $\boldsymbol{P}$，使得标量函数

$$\boldsymbol{v}(\boldsymbol{x}) = \boldsymbol{x}^{\mathrm{T}} \boldsymbol{P} \boldsymbol{x} \tag{4-83}$$

也是正定函数。其中 $\boldsymbol{x}$ 是系统的状态矢量。同时该标量函数的导数在静止点附近是负定的。

该标量函数是 Lyapunov 函数，用来确定模糊控制系统静止状态的稳定特性。对于具体实际问题，该函数的构造及定义是非常困难的，因此大部分情况下人们使用 Popov 方法。

3. Popov 判据分析法

Popov 判据分析法，也被称为 Popov 稳定性判据分析法，是用于判断非线性系统的稳定性的一种方法。它基于 Popov 函数的性质，通过分析系统的 Popov 函数来确定系统的稳定性。Popov 判据分析法的基本思想是，对于一个非线性系统，如果能够找到一个 Popov 函数，满足

一些特定的条件，那么系统就是稳定的。Popov 函数是一个关于系统状态的函数，具有一定的性质，例如在系统稳定时，Popov 函数的导数是负定的。使用 Popov 判据分析法可以对非线性系统进行稳定性分析，并提供了一种方法来设计控制器以确保系统的稳定性。它在控制系统的设计和分析中具有重要的应用价值。

4.6 模糊控制系统的应用

世界上第一个模糊控制器是英国学者 Mamdani 研制的，并将它成功用于传统控制方式难以控制的蒸汽发动机和锅炉的控制，取得了满意的控制效果。从此以后，许多国家开展了模糊控制器的理论研究和实际应用方面的工作。众所周知，水泥工业的生产过程十分复杂，利用古典控制理论和现代控制理论都难以奏效，丹麦 F. L. SMIDTH 公司研制的水泥窑模糊逻辑计算机协调控制系统已投入工业运行，并作为商品投放市场，这是模糊控制在工业过程中成功应用的范例。

4.6.1 蒸汽发动机的模糊控制系统

英国学者 Mamdani 和 Assilian 研究了小型实验室用汽轮机的模糊控制，下面简要介绍一下这方面的情况。

被控对象是蒸汽发动机和锅炉。蒸汽发动机是通过调整发动机气缸的风门控制的速度，而锅炉是以热量作为输入量，控制锅炉的气压。图 4-16 为蒸汽发动机（蒸汽机）和锅炉的模糊控制系统的示意图。

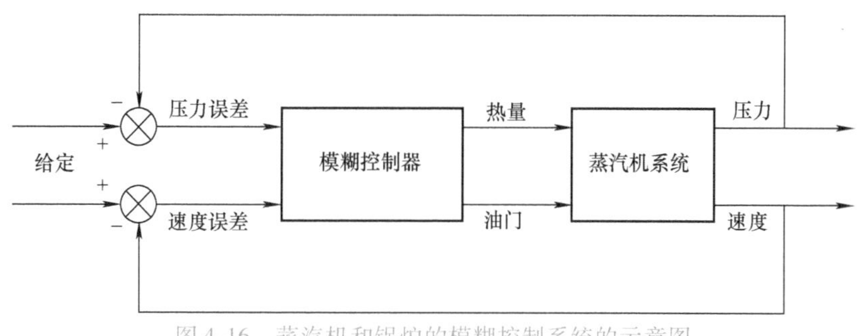

图 4-16　蒸汽机和锅炉的模糊控制系统的示意图

不难看出，这是一个两输入两输出控制系统。操作变量分别为锅炉的加热量与蒸汽机油门量。

采用人工控制上述过程比较困难，原因在于这个过程存在非线性、噪声以及两个控制回路间的强耦合。

1. 模糊控制器的结构

模糊控制器采用如下 6 个模糊变量：

1）PE（Pressure Error）：压力误差。

2）SE（Speed Error）：速度误差。

3）CPE（Change in Pressure Error）：压力误差的变化。

4）CSE（Change in Speed Error）：速度误差的变化。

5）HC（Heat Change）：热量变化。

6）TC（Throttle Change）：油门变化。

其中，PE、SE、CPE 及 CSE 为输入模糊变量，而 HC 及 TC 为输出模糊变量。

模糊控制器由 PDP－11 计算机应用 FORTRAN 语言实现控制算法，采样间隔为 10s。模糊控制器是采取独立控制压力和速度的方式，因此，对于控制压力而言，它的输入变量为压力误差及压力误差的变化；而对于控制速度而言，它的输入变量为速度误差及速度误差的变化。

2. 模糊变量的论域及其隶属度函数

把误差（PE，SE）论域量化为 14 档，即

$$\{-6,\ -5,\ \cdots,\ -1,\ -0,\ +0,\ +1,\ +2,\ \cdots,\ +6\}$$

误差变量的模糊子集选取为

$$\{PB\quad PM\quad PS\quad PO\quad NO\quad NS\quad NM\quad NB\}$$

误差模糊变量的赋值见表 4-2。

误差模糊变量的赋值是根据表 4-3 中给出的模糊变量隶属度函数相应的表达式确定的。

表 4-2 误差模糊变量的赋值

元素 / 隶属度 / 模糊集合	−6	−5	−4	−3	−2	−1	−0	+0	+1	+2	+3	+4	+5	+6
PB	0.0	0.0	0.0	0.0	0.0	0.0	0.0	0.0	0.0	0.0	0.1	0.4	0.8	1.0
PM	0.0	0.0	0.0	0.0	0.0	0.0	0.0	0.0	0.0	0.2	0.7	1.0	0.7	0.2
PS	0.0	0.0	0.0	0.0	0.0	0.0	0.0	0.3	0.8	1.0	0.5	0.1	0.0	0.0
PO	0.0	0.0	0.0	0.0	0.0	0.0	0.0	1.0	0.6	0.1	0.0	0.0	0.0	0.0
NO	0.0	0.0	0.0	0.0	0.1	0.6	1.0	0.0	0.0	0.0	0.0	0.0	0.0	0.0
NS	0.0	0.0	0.1	0.5	1.0	0.8	0.3	0.0	0.0	0.0	0.0	0.0	0.0	0.0
NM	0.2	0.7	1.0	0.7	0.2	0.0	0.0	0.0	0.0	0.0	0.0	0.0	0.0	0.0
NB	1.0	0.8	0.4	0.1	0.0	0.0	0.0	0.0	0.0	0.0	0.0	0.0	0.0	0.0

表 4-3 误差模糊变量的隶属度函数表达式

模糊集合	表 达 式
PB x	$1-\exp\left[-\left(\frac{0.5}{\lvert 1-x\rvert}\right)^{2.5}\right]$
PM x	$1-\exp\left[-\left(\frac{0.25}{\lvert 0.7-x\rvert}\right)^{2.5}\right]$
PS x	$1-\exp\left[-\left(\frac{0.25}{\lvert 0.4-x\rvert}\right)^{2.5}\right]$
PO x	$\exp[-5\lvert x-0.05\rvert]$
NO x	$\exp[-5\lvert x+0.05\rvert]$
NS x	$1-\exp\left[-\left(\frac{0.25}{\lvert -0.4-x\rvert}\right)^{2.5}\right]$
NM x	$1-\exp\left[-\left(\frac{0.25}{\lvert -0.7-x\rvert}\right)^{2.5}\right]$
NB x	$1-\exp\left[-\left(\frac{0.5}{\lvert -1-x\rvert}\right)^{2.5}\right]$

将误差变化（CPE，CSE）论域量化为 13 档，即

$$\{-6,\ -5,\ \cdots,\ -1,\ 0,\ +1,\ +2,\ \cdots,\ +6\}$$

误差变化的模糊集合选取为

$$\{PB\quad PM\quad PS\quad 0\quad NS\quad NM\quad NB\}$$

误差变化的模糊变量赋值见表 4-4。

表 4-4 误差变化的模糊变量赋值

元素 隶属度 模糊集合	-6	-5	-4	-3	-2	-1	0	+1	+2	+3	+4	+5	+6
PB	0.0	0.0	0.0	0.0	0.0	0.0	0.0	0.0	0.0	0.1	0.4	0.8	1.0
PM	0.0	0.0	0.0	0.0	0.0	0.0	0.0	0.0	0.2	0.7	1.0	0.7	0.2
PS	0.0	0.0	0.0	0.0	0.0	0.0	0.0	0.9	1.0	0.7	0.2	0.0	0.0
0	0.0	0.0	0.0	0.0	0.0	0.5	1.0	0.5	0.0	0.0	0.0	0.0	0.0
NS	0.0	0.0	0.2	0.7	1.0	0.9	0.0	0.0	0.0	0.0	0.0	0.0	0.0
NM	0.2	0.7	1.0	0.7	0.2	0.0	0.0	0.0	0.0	0.0	0.0	0.0	0.0
NB	1.0	0.8	0.4	0.1	0.0	0.0	0.0	0.0	0.0	0.0	0.0	0.0	0.0

将热量变化（HC）的论域量化为 15 档，即

$$\{-7,\ -6,\ \cdots,\ -1,\ 0,\ +1,\ +2,\ \cdots,\ +7\}$$

热量变化的模糊集合同误差变化的模糊集合选择相同，热量变化的模糊变量赋值见表 4-5。

表 4-5 热量变化的模糊变量赋值

元素 隶属度 模糊集合	-7	-6	-5	-4	-3	-2	-1	0	+1	+2	+3	+4	+5	+6	+7
PB	0.0	0.0	0.0	0.0	0.0	0.0	0.0	0.0	0.0	0.0	0.0	0.1	0.4	0.8	1.0
PM	0.0	0.0	0.0	0.0	0.0	0.0	0.0	0.0	0.0	0.2	0.4	1.0	0.7	0.2	0.0
PS	0.0	0.0	0.0	0.0	0.0	0.0	0.0	0.4	1.0	0.8	0.4	0.1	0.0	0.0	0.0
0	0.0	0.0	0.0	0.0	0.0	0.0	0.2	1.0	0.2	0.0	0.0	0.0	0.0	0.0	0.0
NS	0.0	0.0	0.0	0.1	0.4	0.8	1.0	0.4	0.0	0.0	0.0	0.0	0.0	0.0	0.0
NM	0.0	0.2	0.7	1.0	0.7	0.2	0.0	0.0	0.0	0.0	0.0	0.0	0.0	0.0	0.0
NB	1.0	0.8	0.4	0.1	0.0	0.0	0.0	0.0	0.0	0.0	0.0	0.0	0.0	0.0	0.0

将油门变化（TC）的论域量化为 5 档，即

$$\{-2,\ -1,\ 0,\ +1,\ +2\}$$

油门变化的模糊集合选取为

$$\{PB,\ PS,\ 0,\ NS,\ NB\}$$

油门变化的模糊变量赋值见表 4-6。

表4-6 油门变化的模糊变量赋值

模糊集合 \ 隶属度 \ 元素	-2	-1	0	+1	+2
PB	0.0	0.0	0.0	0.5	1.0
PS	0.0	0.0	0.5	1.0	0.5
0	0.0	0.5	1.0	0.5	0.0
NS	0.5	1.0	0.5	0.0	0.0
NB	1.0	0.5	0.0	0.0	0.0

3. 控制规则

两个反馈环分别制定两套模糊控制规则，具体如下。

（1）压力控制规则

if PE = NB then if CPE = not（NB or NM）then HC = PB

or

if PE =（NB or NM）then if CPE = NS then NC = PM

or

if PE = NS then if CPE =（PS or NO）then HC = PM

or

if PE = NO then if CPE =（PB or PM）then HC = PM

or

if PE = NO then if CPE =（NB or NM）then HC = NM

or

if PE =（PO or NO）then if CPE = NO then HC = NO

or

if PE = PO then if CPE =（PB or PM）then HC = NM

or

if PE = PS then if CPE =（PS or NO）then HC = NM

or

if PE =（PB or PM）then if CPE = NS then HC = NM

or

if PE = PB then if CPE = not（NB or NM）then HC = NB

or

if PE = NO then if CPE = PS then HC = PS

or

if PE = NO then if CPE = NS then HC = NS

or

if PE = PO then if CPE = NS then HC = PS

or

if PE = PO then if CPE = PS then HC = NS

（2）速度控制规则

if SE = NB then if CSE = not（NB or NM）then TC = PB

or

if SE = NM then if CSE = （PB or PM or PS） then TC = PS

or

if SE = NS then if CSE = （PB or PM） then TC = PS

or

if SE = NO then if CSE = PB then TC = PS

or

if SE = （PO or NO） then if CSE = （PS or NS or NO） then TC = NO

or

if SE = PO then if CSE = PB then TC = PS

or

if SE = PS then if CSE = （PB or PM） then TC = NS

or

if SE = PM then if CSE = （PB or PM or PS） then TC = NS

or

if SE = PB then if CSE = not （NB or NM） then TC = NB

4. 模糊控制的结果

Mamdani 比较了锅炉出口压力的模糊控制结果与 DDC 控制的结果，两种控制系统都是调整到最佳状态。图 4-17 所示为两种控制结果的阶跃响应曲线。

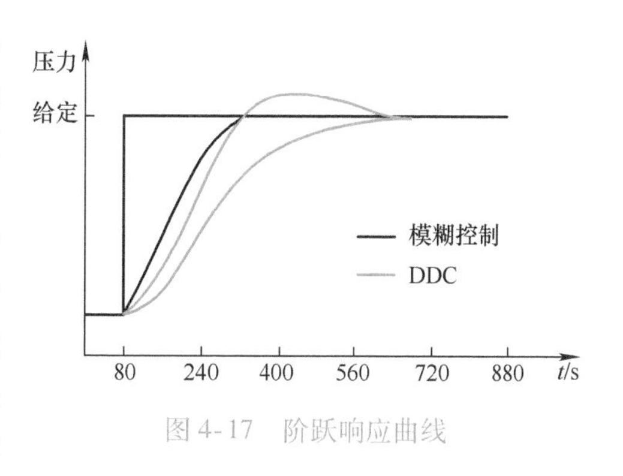

图 4-17 阶跃响应曲线

当工作条件在大范围变动时，实验表明传统的控制系统难以调整，而且由于动力过程的改变，传统的 DDC 控制方式无法在同一主参数下得到满意的控制特性。与此相反，模糊控制系统由于对过程参数的变化很不灵敏，所以它在所有的工作点都能收到很好的控制效果。

由于蒸汽机具有非线性特性，它的特性随时间而变化，因而 DDC 控制应该经常进行参数的再调整，模糊控制器却没有这种必要，原因是模糊控制器具有较强的适应力，能够快速响应，有抑制噪声的能力。

4.6.2 聚丙烯反应釜的模糊控制系统

在石化企业中聚丙烯生产的聚合反应过程是一种常见的生产过程，采用本体法生产聚丙烯的间歇反应装置在我国就有几十家。在此生产过程中，搅拌是否均匀、活化剂的活性如何以及丙烯的含硫量和含水量等因素对聚合反应效果均有影响。对已进行的反应，这些皆为不可控因素。而影响聚合反应的最主要的可控因素是聚合釜中的反应温度。但目前聚合反应的全过程温度自动控制一直是较难解决的问题。许多现行的控制方案的控制效果均不理想。主要原因是，影响本体法聚丙烯间歇生产过程的因素较多、较复杂，控制对象具有严重的非线性。对于这样严重非线性的过程，常规控制方案很难满足控制要求。而采用模糊控制方案能较好地实现聚合反应过程的全自动控制。

1. 聚合反应过程分析

本体法聚丙烯生产装置工艺流程如图4-18所示。此聚合反应过程可分为4个阶段。

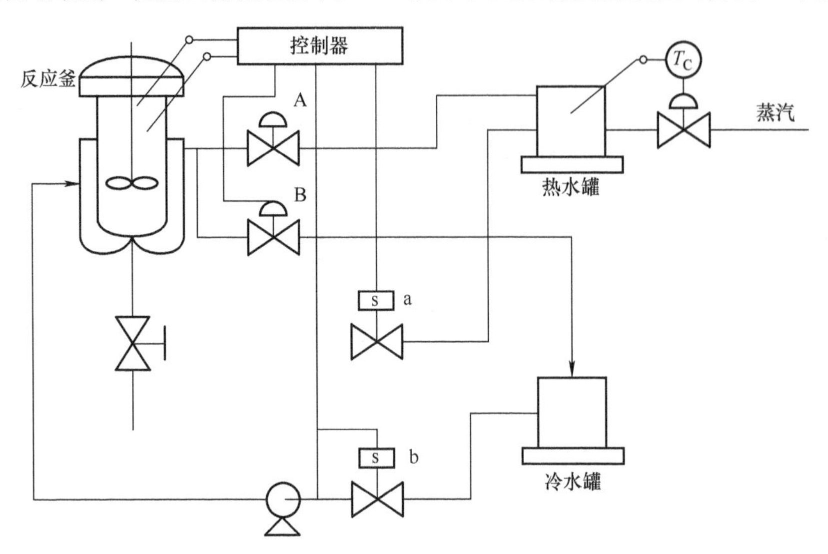

图4-18 本体法聚丙烯生产装置工艺流程图

(1) 升温阶段

聚合釜投装物料后，打开热水阀，将循环热水打入反应釜夹套中进行加热升温诱导反应。当聚合釜温度升至60℃时停止加热。

(2) 过夜阶段

当釜温升至60℃时，关闭热水阀。此时聚合反应开始，进入放热过程，该阶段的反应极为敏感，许多干扰极有可能造成超温或过度冷却而转型的工况：①活化剂质量不稳定，使反应初期的放热量极不稳定；②热水温度较高、升温速率过快，使热水停止循环后釜温仍快速上升；③冷却水过早切入，导致冷却过度。这一阶段是整个聚合反应能否获得高质量产品的关键，应尽快完成升温过程恒定釜温，以便顺利进入正常反应阶段。

(3) 恒温阶段

将温度控制在(74±2)℃，釜压为(3.4±0.1)MPa，开始恒温控制。经过5~6h反应结束。

(4) 反应结束阶段

进入此阶段，釜压开始明显下降，反应终止，进行回收。目前大部分聚合反应釜都是容量较大的密封反应釜，往往在聚合反应过程中，聚合物分布不均匀，温度梯度较大，易造成温度测量的虚假现象，且采用温度控制系统具有较大的滞后，所以控制效果不理想。通过实践证明，聚合釜在反应阶段釜内丙烯总是处于饱和状态，所以聚合釜压力P与温度T是一一对应的关系，而压力较温度具有超前性，且容易检测。因此本方案采用压力为主控参数，温度作为辅助参数。在控制过程中，最关键的是升温过程中的60~74℃这一阶段，当釜温升至60℃左右即开始放热反应，如果不及时地切断热水，将会使放热量迅速增加，温度急剧上升，从而使釜温超出控制范围；如果此时过早地切入冷水或加入过量的冷水将会使反应激落，导致工程上俗称的“感冒”现象发生，使反应效果大大下降，明显影响产品质量。在此阶段系统具有严重的非线性特性，对于这种严重的非线性过程，常规PID控制很难满足控制要求，而具有丰富经验的操作人员却能应付自如，操作人员的这些经验正是模糊语言能够描述的过程。

2. 控制方案的提出

根据以上分析可以采用图 4-18 所示的控制方案。控制器为一台工控机，其输出控制热水调节阀 A 和冷水调节阀 B。即采用分程控制方案。而对应的电磁阀 a、b 与冷、热水调节阀 A、B 同步工作。其分程动作与电磁阀开关动作如图 4-19 所示。

由于 A、B 阀采用气动薄膜直通双座调节阀，当两阀都为关状态时其泄漏量是不可忽视的因素，泄漏量将直接影响控制效果。流经夹套的流体由电磁阀 a、b 的开关状态而定。对升温过程的过渡段 60 ~ 70℃，此时过程中有少量的放热反应进行，按照人工操作经验应该关闭反应釜出口处热水阀使夹套内为不流动的热水，利用放热反应进行升温，然后根据经验试验性地人工加入少量冷水至恒温点后切入自动控制。由图 4-20 可看出，由于调节阀泄漏量的存在，不能保证夹套内热水不流动，因此操作人员根据经验间歇地交换泵入口处的电磁阀 a、b，使流经夹套的冷热水泄漏量均衡，将升温过程维持下去。这个过程是由操作人员的经验进行控制的，把这些经验用模糊语言描述得到模糊控制算法。当反应过程进入恒温段温度后，过程为较平稳的放热反应。由于 PID 算法简单，鲁棒性较好，因此采用常规的 PID 控制算法。两个算法

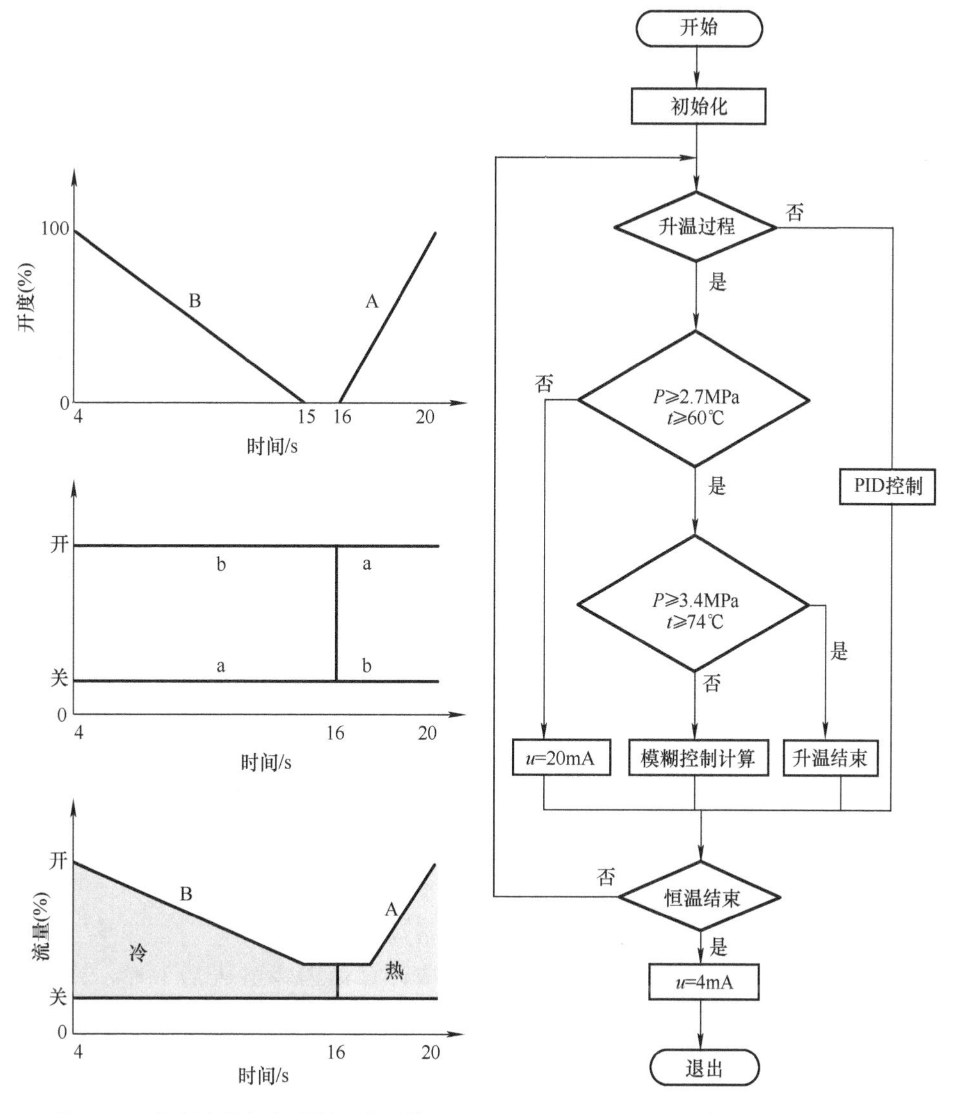

图 4-19　分程动作与电磁阀开关动作

图 4-20　逻辑控制流程图

在转换过程中为了保证系统的无扰动切换，本系统采用控制输出值跟踪，由模糊控制向 PID 控制转换时前者的输出值为后者的初始值，系统只切换一次。反应结束后用全流量冷水冷却。

3. 控制方案的设计

依据操作工人的经验，升温过程的快慢取决于热水温度、流量和物料的质量，升温的快慢又给操作人员提供了何时切断热水、何时加入冷水、加入多少的依据，同时根据釜压的大小和变化速度来修改操作量，而这些正适合用模糊语言来描述。因此取加热开始时热水的温度 T_W 的基本论域为［80℃，98℃］，反应釜温度为25℃时开始计时，为60℃时计时结束，经过的时间 t 的论域为［15min，25min］，将上述两个论域量化为 7 个语言值：负大（NB）、负中（NM）、负小（NS）、零（0）、正小（PS）、正中（PM）和正大（PB），由这两个语言值可得到描述反应釜升温快慢的语言值 SK、SK 的模糊值。

操作人员依据 SK 描述的情况，再根据釜压和釜压变化率控制冷热水阀的动作，釜压 P 和釜压变化率 DP 量化为7个语言值，控制量 u 的论域为［10mA，14mA］，量化为 8 个语言值：冷水大（NB）、冷水中（NM）、冷水小（NS）、冷水漏（-0）、热水漏（+0）、热水小（PS）、热水中（PM）、热水大（PB），给出当 SK=0 时的模糊控制规则表。其中，+0 表示两个调节阀都为关状态，泵入口处热水电磁阀为开状态，这时流经反应釜的水为热水泄漏量；同理，-0 表示流经反应釜的水为冷水泄漏量。用 T-S 模糊模型得到 343 条模糊条件语句。

4. 模糊控制器的设计

控制方案经实验室调试后投入现场运行，并且在运行中不断完善模糊规则表，运行状态良好。控制系统的升温过程稳定平滑，特别是过渡段 60~74℃，中间平稳，两端转换没有波动，恒温过程温度控制在 ±2℃ 以内，达到了预期效果。热水罐温度为 95℃、反应物料为 $8\mathrm{m}^3$ 时的控制曲线如图 4-21 所示。

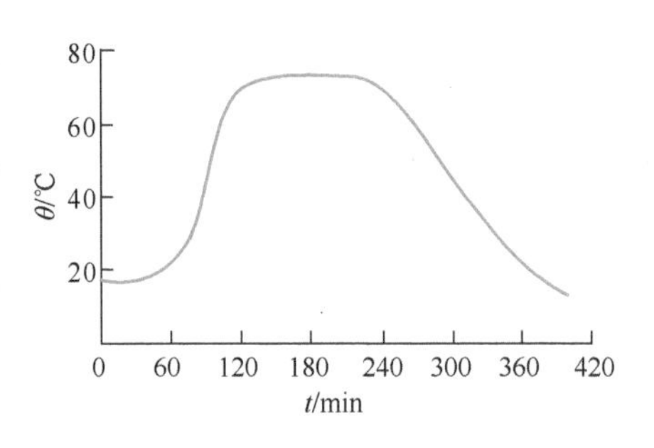

图 4-21 控制曲线

理论与实践证明：本模糊控制系统设计思想合理，控制效果很好。投入运行可降低操作工人的劳动强度，提高产品的质量和产量，取得较好的经济效益。

4.7 习题

1. 设有一模糊控制器的输出结果为模糊集合 C，其隶属度为

$$C=\left(\frac{0.5}{-3},\ \frac{0.7}{-2},\ \frac{0.3}{2},\ \frac{0.5}{3},\ \frac{0.7}{4},\ \frac{1}{5},\ \frac{0.7}{6},\ \frac{0.2}{7}\right)$$

试用重心法计算模糊判决的结果。

2. 典型控制系统的模糊控制规则见表 4-1，所对应的模糊隶属度和论域如图 4-5 所示，简单的模糊控制器可以采用下式进行设计：

$$U=[\alpha E+(1-\alpha)EC]$$

其中，α 为修正因子，且 $0\leqslant\alpha\leqslant1$，$U$ 的输出可按计算值四舍五入后取整。试在 $\alpha=0.2$、$\alpha=0.5$ 和 $\alpha=0.8$ 时计算控制规则表。

3. 分别对下述三个系统设计模糊控制器并进行仿真。

$$G_1(s)=\frac{\mathrm{e}^{-0.5s}}{(s+1)^2},G_2(s)=\frac{4.228}{(s+0.5)(s^2+1.64s+8.456)},G_3(s)=\frac{27}{(s+1)(s+3)^2}$$

4. 一个房间的温度由其空调系统来进行控制，假设房间的温度是均匀并可实时测量的，试设计一个能够使房间保持舒适温度的基于模糊推理的控制系统。

5. 设有一个电热炉系统，其手动控制的基本论域和控制动作见表4-7，其中偏差 e 定义为温度设定值 r 与实际温度输出值 y 之差，即 $e \hat{=} r-y$，控制量变化 u 为输入电流的调节值。试按照模糊控制器的设计步骤为该系统设计一模糊控制器。

表4-7 电热炉系统手动控制的基本论域和控制动作

偏差 e/℃	控制量变化 u/A	偏差 e/℃	控制量变化 u/A
$e \leqslant -30$	$u \leqslant 45$	$0.5 < e \leqslant 2$	$53 < u \leqslant 54$
$-30 < e \leqslant -25$	$45 < u \leqslant 46$	$2 < e \leqslant 5$	$54 < u \leqslant 55$
$-25 < e \leqslant -20$	$46 < u \leqslant 47$	$5 < e \leqslant 10$	$55 < u \leqslant 56$
$-20 < e \leqslant -15$	$47 < u \leqslant 48$	$10 < e \leqslant 15$	$56 < u \leqslant 57$
$-15 < e \leqslant -10$	$48 < u \leqslant 49$	$15 < e \leqslant 20$	$57 < u \leqslant 58$
$-10 < e \leqslant -5$	$49 < u \leqslant 50$	$20 < e \leqslant 25$	$58 < u \leqslant 59$
$-5 < e \leqslant -2$	$50 < u \leqslant 51$	$25 < e \leqslant 30$	$59 < u \leqslant 60$
$-2 < e \leqslant -0.5$	$51 < u \leqslant 52$	$30 < e$	$60 < u$
$-0.5 < e \leqslant 0.5$	$52 < u \leqslant 53$		

6. 一个被控系统的模糊模型具有以下形式

$$R_{M1}: \text{if } x(k) \text{ is } A_1, \text{then } x_1(k+1) = 2.178x(k) - 0.588x(k-1) + 0.603u(k)$$

$$R_{M2}: \text{if } x(k) \text{ is } A_2, \text{then } x_2(k+1) = 2.256x(k) - 0.361x(k-1) + 1.120u(k)$$

根据模糊模型设计的模糊控制器为

$$R_{C1}: \text{if } x(k) \text{ is } A_1, \text{then } u_1(k) = -2.109x(k) + 0.475x(k-1)$$

$$R_{C2}: \text{if } x(k) \text{ is } A_2, \text{then } u_2(k) = -1.205x(k) + 0.053x(k-1)$$

试推导闭环系统的表达式并判断全局系统的稳定性。

第5章　基于经典机器学习方法的智能控制

本章对一些经典机器学习方法的基本内容进行介绍，主要包括决策树、支持向量机与主成分分析方法的基本原理与求解过程。将机器学习与控制问题相结合，是近年来智能控制领域重要的发展方向之一。本章给出了基于经典机器学习方法的智能控制应用案例，围绕流程工业生产控制过程，探讨经典机器学习方法在流程工业生产控制中的设计与实现问题。

5.1　机器学习的基本概念

机器学习（Machine Learning，ML）是一门基于数据科学的学科，能够应用统计方法，在从数据中学习到的已知属性的基础上进行预测、提升性能。机器学习方法不仅具有人类思考和学习时的特性，而且在应对重复性任务的熟练程度、处理和生成大规模复杂数据的能力和速度等方面均远超人类表现。

如图5-1所示，根据学习方式的不同，机器学习算法可以被划分为不同的算法类别，包括有监督学习（Supervised Learning）、无监督学习（Unsupervised Learning）和强化学习（Reinforcement Learning，RL）。

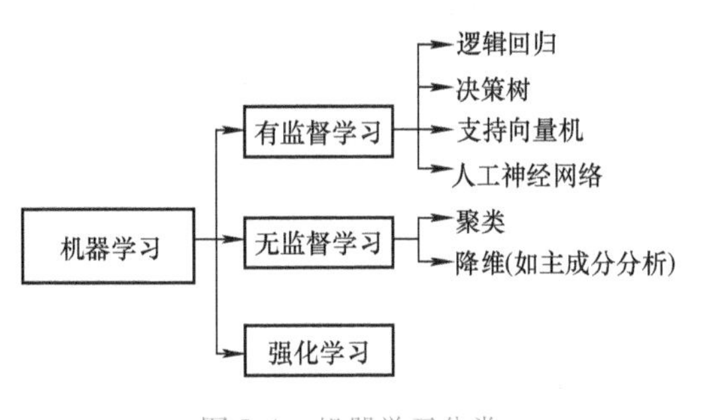

图5-1　机器学习分类

有监督学习是指在人类观察和已知结果反馈的指导下进行的学习。在有监督信号的学习环境中，人类需要向机器提供关于数据样本必要的标签信息。以电子邮件分类任务为例，机器不仅能够获取大量的电子邮件作为可供处理的数据，同时还需知道每一封电子邮件所对应的类型。常见的监督学习算法包括线性回归（Linear Regression）、逻辑回归（Logistic Regression）、决策树（Decision Tree）、人工神经网络（Artificial Neural Network，ANN）、随机森林（Random Forest）、支持向量机（Support Vector Machine，SVM）等，其中，在人工神经网络基础上发展起来的深度学习算法（Deep Learning）近年来成为人工智能领域的研究热点，关于神经网络的结构原理及其在系统建模与控制问题中的应用，后续将在第6章和第7章中进行介绍。

在无监督学习环境中，则没有这样的反馈信号或数据标签的使用，机器学习算法必须在没有外部反馈的情况下，自发地对数据进行分析处理、挖掘出数据中存在的结构信息，因此能够在数据中发现人类没有意识到的模式。常见的无监督学习方法包括聚类（Clustering）和降维

(Dimensionality Reduction）两大类型。与给定了类型标签的分类算法不同，聚类算法根据聚合出的数据类别创建标签，对具有相似特征的数据点进行分组，计算不同组别数据之间的距离，再根据这些距离自主地调整分组方式。降维算法是另一种常见的无监督算法，旨在高效地将数据从难以处理的高维度降低到较低维度，缓解机器学习算法维度灾难问题、提高学习效率。

近年来，机器学习方法在数据分析（Data Analysis)、图像处理（Image Processing)、自然语言处理（Natural Language Processing，NLP）等多种领域都得到了广泛的应用，也越来越多地应用于控制工程领域，利用传统控制方法与经典机器学习方法的结合，实现了许多复杂且具有挑战性的控制问题的自主操作和智能决策。基于经典机器学习的控制方法多采用监督学习方式，如决策树、支持向量机、随机森林等。支持向量机方法为学习高维问题的分类和回归模型提供了强大的工具，常用于电力控制系统以及机器人运动控制系统，利用支持向量机对传感器的高维反馈信号进行分类，向控制系统提供分类后的输入信号，以此来减少控制器的计算量。决策树方法同样被用于机器人运动控制，借助决策树对不同类型的地形进行分类，解决不同环境条件下的自适应步行控制问题。同时，无监督学习也常被用作系统分析建模的辅助工具，如利用聚类方法进行参数化模型辨识，以及基于主成分分析方法进行特征选择来降低系统模型和控制器涉及的复杂度。

本章主要讨论基于经典机器学习方法的智能控制，对上述提及的几类常见机器学习方法的原理和求解过程进行介绍，包括监督学习范畴的决策树和支持向量机方法，以及属于无监督学习范畴的主成分分析方法，并以流程工业控制为例，给出这些经典机器学习算法在智能控制领域的应用实例。

5.2 决策树

决策树是一种简单有效的分类方法。顾名思义，决策树基于树形结构进行分类，代表了一种将实例分配给特定类别的阶梯式的决策过程。这种分类方法最重要的特征在于，它能够将复杂的决策过程分解为一系列更加简单的步骤，从而给出更加直观、解释性更强的解决方案。

决策树由节点（Node）和分支（Branch）组成，其中节点有三种类型：根节点（Root Node)，又称为决策节点（Decision Node)；内部节点（Internal Node)，表示树形结构中实例的某种特征或属性，向上连接父节点（Parent Node)，向下连接它的子节点（Child Node)；叶节点（Leaf Node)，表示一系列决策过程的最终结果，给出实例最终被判定所属的类别。从根节点开始，经由内部节点最终到达叶节点的每一条路径都表示一个分类决策规则，也可以表示为“if - then”规则，即如果（if）条件 1、条件 2……条件 k 发生，那么（then）某个结果就会发生。图 5-2 所示为一棵简单的决策树模型，根节点、内部节点与叶节点分别由椭圆、长方形与三角形框表示。

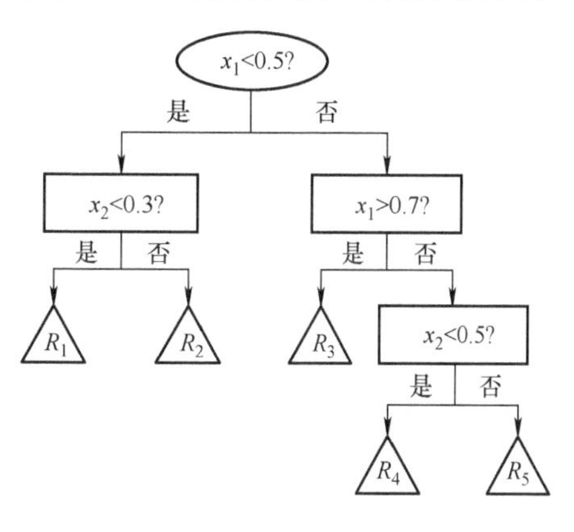

图 5-2 决策树模型示意图

学习一棵完整的决策树，包括特征选择、决策树生成以及剪枝三个关键步骤。特征选择确定了对特征空间的划分标准，而后根据划分标准不断对数据进行拆分，直至达到终止标准，剪枝则是在完成决策树的生成后对树的结构进行精简，提升决策树对于未知测试数据的泛化能力。本节将依次介绍这三个关键步骤。

5.2.1 决策树生成

决策树生成是一个递归的过程。给定训练数据集

$$T = \{(\boldsymbol{x}_1, y_1), (\boldsymbol{x}_2, y_2), \cdots, (\boldsymbol{x}_N, y_N)\}$$

以及用作分割标准的特征的集合

$$A = \{a_1, a_2, \cdots, a_M\}$$

其中，N 为样本大小；M 为特征数目；$\boldsymbol{x}_i = \{x_i^1, x_i^2, \cdots, x_i^n\}$ 为输入的特征向量，特征个数为 n；$y_i \in \{1, 2, \cdots, K\}$ 为输入数据 $\boldsymbol{x}_i$ 所属的类别标签。

首先从根节点出发，在特征集合 $\boldsymbol{A}$ 中选择一个最优特征 a^*，根据该特征对数据集进行分割，并归入不同的内部节点。如果当前节点内包含的数据样本均属于同一个类别，则该节点的数据无须再进一步分割，该节点为叶节点；若当前节点内包含的数据样本没有被正确分类，则为这些数据重新选择一个最优特征，再在这个最优特征的基础上继续分割，构建出新的内部节点。将上述过程递归进行，直至满足以下几种情况之一，递归过程结束：

1）当前节点内的数据样本均属于同一个类别，无须再作进一步分割。

2）能够作为划分标准的特征已全部使用，即 $\boldsymbol{A} = \varnothing$，无法选出新的划分特征。

3）当前节点内的数据样本在所有特征上具有相同的值。

4）当前节点内的数据样本集为空，无法再做划分。

图 5-3 中以伪代码的形式，对上述决策树生成过程进行了总结：

```
Input: 训练集T = {(x1, y1), (x2, y2), ... , (xN, yN)}
       特征集A = {a1, a2, ... , aM}
Output: 完整的决策树
Function GenerateDecisionTree(T, A)
    生成节点node，将T中数据放入node
    if node中的数据均属于同一类别b then
        node为叶节点，类别为b；return
    else if A = ∅ or T中数据在A的所有特征上值相同 then
        node为节节点，类别为T中对应数据最多的类；return
    end if
    从A中选取最优特征a*，V* = {v1*, v2*, ... , vK*}为a*的值的集合
    for vi* in V* do
        生成node的分支节点，放入T中在a*上取值为vi*的数据，数据集合记为Ti
        if Ti = ∅ then
            node为叶节点，类别为T中对应数据最多的类；return
        else
            GenerateDecisionTree(Ti, A\{a*})
        end if
    end for
```

图 5-3 决策树生成过程

5.2.2 特征选择

生成决策树的过程中，需要不断选取特征来对数据进行划分。如果某个特征对分类的结果

没有影响或是产生的影响很小，那么就可以认为当前的特征不具有分类能力。而根据不同的划分标准会生成不同的决策树，这自然而然引出了一个问题：怎样选取划分特征才是最优的？

特征选择最常用的标准是信息增益（Information Gain）。在定义信息增益之前，首先对一些必要的信息论知识进行介绍。

假设事件 x 发生的概率 $P(x)=p$。在信息论中，一般认为发生的概率越低的事件包含的信息量越大。香农给出了定量计算信息量的公式：

$$\text{事件 } x \text{ 包含的信息量} = \log\frac{1}{p} = -\log p$$

熵（Entropy）表示系统中所有变量包含的信息量的期望，用来衡量一个系统的稳定程度。系统越不稳定，事件发生的不确定性越高，熵就越高。设 X、Y 为离散随机变量，能够取的值的数目分别为 n、m，X 的概率分布为

$$P(X=x_i)=p_i, i=1,2,\cdots,n$$

根据熵的含义，随机变量 X 的熵定义为

$$H(X)=\mathbb{E}(-\log p_i)=-\sum_{i=1}^{n}p_i\log p_i$$

条件熵 $H(Y|X)$ 定义为在 X 的条件下随机变量 Y 的条件概率分布的熵对 X 的期望：

$$H(Y|X)=\mathbb{E}(H(Y|X=x_i))=\sum_{i=1}^{n}p_iH(Y|X=x_i)$$

定义 5-1　训练样本集 T 在划分特征 A 条件下的信息增益 $G(T|A)$ 定义为 T 的信息熵与 T 在 A 条件下的条件熵之差，即

$$G(T|A)=H(T)-H(T|A)$$

信息增益，又称互信息（Mutual Information），表示在知道随机变量 X 后，随机变量 Y 的不确定性减少的程度。对于决策树的生成问题，A 对 T 的信息增益即表示采用某种划分标准时，对数据集 T 的分类的不确定性减少的程度，信息增益越大，意味着这种分类的不确定性越小，当前分类标准越好。

假设当前样本集合 T 中共有 K 个类，不同类的数据构成的集合记为 C_k（$k=1,2,\cdots,K$），则第 k 类样本在集合 T 中所占的比例为 $\frac{|C_k|}{|T|}$（$|C_k|$ 表示集合 C_k 的样本容量，满足 $\sum_{k=1}^{K}|C_k|=|T|$），因此可以写出样本集合 T 的信息熵：

$$H(T)=-\sum_{k=1}^{K}\frac{|C_k|}{|T|}\log\frac{|C_k|}{|T|}$$

设划分特征 $A=\{a_1,a_2,\cdots,a_M\}$ 能够将样本集合 T 划分成 M 个子集，记为 $T_m(m=1,2,\cdots,M)$，则第 m 个子集中的样本在集合 T 中所占的比例为 $\frac{|T_m|}{|T|}$，由条件熵的定义，集合 T 在特征 A 条件下的条件熵为

$$H(T|A)=\sum_{m=1}^{M}\frac{|T_m|}{|T|}H(T|A=a_m)=\sum_{m=1}^{M}\frac{|T_m|}{|T|}H(T_m)$$

因此，根据信息增益的定义，可以写出采取特征 A 对训练样本集 T 进行划分时的信息增益为

$$G(T|A) = -\sum_{k=1}^{K}\frac{|C_k|}{|T|}\log\frac{|C_k|}{|T|} - \sum_{m=1}^{M}\frac{|T_m|}{|T|}H(T_m)$$

在决策树生成过程中，每当需要从特征集合 $\boldsymbol{A}$ 中选取划分特征时，根据上式计算出各个特征对于数据集的信息增益，选取具有最大信息增益的特征作为新的划分标准，即 $a^* = \mathrm{argmax}_{a\in A}G(T|a)$。

5.2.3 决策树的剪枝

基于递归方式生成的决策树往往能够很好地对训练数据进行分类，但有可能出现过拟合现象，即为了准确分类训练数据而构建出过于复杂的决策过程，导致在没有见过的新测试数据上的泛化能力较差。

决策树的剪枝正是为了应对这一情况，通过剪除部分不必要的分支，对正在构造的或是已经生成的决策树进行简化，降低过拟合的风险。

剪枝方法包括两种：预剪枝（Pre - Pruning）和后剪枝（Post - Pruning）。

预剪枝，指在决策树构造过程中进行修剪。一种常见的做法是，在训练数据集中随机抽出一部分数据构成验证集，对数据样本进行划分时，先在验证集上分别计算划分前与划分后的分类精度。若划分后分类精度有提升，则认为当前节点的划分能够改善决策树在没有见过的数据上的泛化能力，可以执行当前划分操作。若划分后分类精度反而下降，则不执行划分操作，修改当前节点为叶节点。这种做法很好地避免了决策树构造过程中一些不必要或是使泛化能力变差的分支的展开，一方面能够提升生成的决策树的泛化能力，另一方面也节约了训练时间。

后剪枝则是指在生成了一棵完整的决策树后，再对分支进行删减。从决策树的叶节点开始递归地向上回溯，将某个叶节点的父节点修改为叶节点，即在这个节点处不进行数据样本的划分，考查在验证集上分类精度的变化。若修改为叶节点后分类精度上升，则意味着当前的分支造成了决策树泛化能力的下降，应当被剪除。不断重复上述过程，直至所有冗余的分支都被剪除。

5.3 支持向量机

支持向量机是一种常见的二分类算法。对于分类问题，其基本思想是在样本空间中找到一个能够将不同类别的样本区分开的超平面。如图 5-4 所示，符合这样的要求的超平面可能有很多条，可以想见，如果划分超平面与某一类别中的样本过于接近，其对于噪声的容忍度将变差。由于训练集与测试集的数据分布情况不完全相同，将基于训练集得到的分割超平面应用于测试集数据的分类时，测试集中的数据很可能比训练集数据更加靠近分类边界，这就导致部分测试数据会被错误地分类到另一类别中。而处在两类数据的中间、距离两类样本最远的划分超平面容错率更高，针对没有见过的样例将具有更强的鲁棒性和泛化能力。

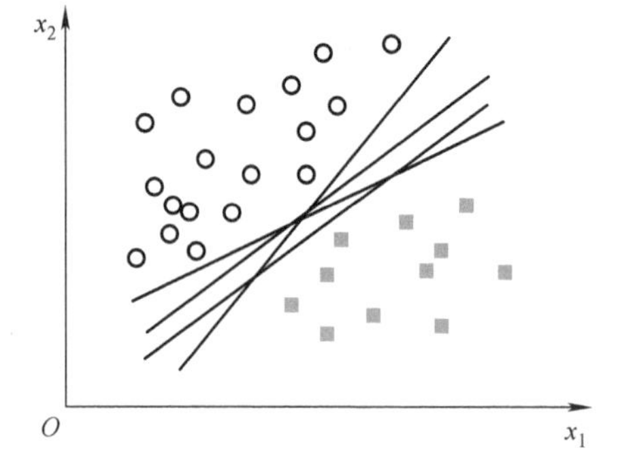

图 5-4 二分类问题的多个划分超平面

支持向量机采取的正是与后者类似的、基于间隔最大化的分类思想。支持向量机算法是逻辑回归算法的高级发展，虽然本质上仍然是逻辑回归算法，但具有更严格的划分条件。根据数据集的不同特点，支持向量机又可分为硬间隔支持向量机（Hard - Margin Support Vector Machine)、软间隔支持向量机（Soft - Margin Support Vector Machine）与非线性支持向量机（Non - Linear Support Vector Machine)。倘若训练数据本身是线性可分的，则存在一个能够将不同类别的数据样本完全划分开的超平面，可通过硬间隔最大化（Hard - Margin Maximization）来学习一个硬间隔支持向量机；如果训练数据大体上线性可分，但存在少量的错误点，此时无法将数据样本完全划分开，需要引入软间隔（Soft Margin)，允许支持向量机在少量样本点上分类错误。如果训练数据线性不可分，则可以在软间隔支持向量机中引入核技巧(Kernel Trick)，将数据从低维度映射到高维度，在高维特征空间中隐式地学习一个线性分类平面，此时称为非线性支持向量机。

本节将针对上述三种情况，依次对硬间隔支持向量机、软间隔支持向量机与非线性支持向量机进行介绍。

5.3.1 线性可分问题与硬间隔支持向量机

考虑给定的线性可分的训练样本集：

$$T=\{(\boldsymbol{x}_1,y_1),(\boldsymbol{x}_2,y_2),\cdots,(\boldsymbol{x}_N,y_N)\}$$

其中，$(\boldsymbol{x}_i,y_i)$ 为训练样本，y_i为特征$\boldsymbol{x}_i$的类别，本小节仅讨论二分类问题，因此有$y_i\in\{+1,-1\}$。

分类问题的学习目标为，在特征空间上找到一个能够将训练样本划分成两部分的超平面，一部分为正类，另一部分则为负类。这样的划分超平面可表示为

$$\boldsymbol{\omega}^{\mathrm{T}}\boldsymbol{x}+b=0$$

其中，$\boldsymbol{\omega}$ 为法向量，b 为截距，划分超平面可由法向量和截距确定表示，记为 $(\boldsymbol{\omega},b)$。

考虑如图 5-5 所示的二分类问题，空心圆表示正样本，实心方块表示负样本。对于线性可分的数据集来说，能够找到无穷多的划分超平面。但支持向量机方法不仅要求超平面正确地划分数据集的类别，同时还要能够使超平面与数据样本之间的几何间隔最大，而满足这样的要求的超平面是唯一的（如图 5-5 中黑色实线所示)。

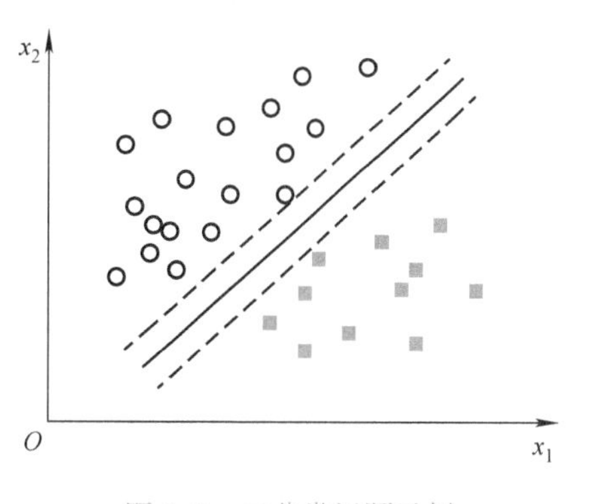

图 5-5 二分类问题示例

设超平面 $(\boldsymbol{\omega},b)$ 的法向量指向的一侧对应正类别 $(y=+1)$，另一侧对应负类别 $(y=-1)$，若这个超平面能够将数据样本正确地分类，则有

$$\begin{cases}\boldsymbol{\omega}^{\mathrm{T}}\boldsymbol{x}_i+b>0 & y_i=+1\\ \boldsymbol{\omega}^{\mathrm{T}}\boldsymbol{x}_i+b<0 & y_i=-1\end{cases}$$

可以看到，若对样本点 $\boldsymbol{x}_i$ 分类正确，则 y_i 与 $\boldsymbol{\omega}^{\mathrm{T}}\boldsymbol{x}_i+b$ 的符号一致。在样本空间中，点 $\boldsymbol{x}$ 到超平面 $(\boldsymbol{\omega},b)$ 的距离为$\dfrac{\boldsymbol{\omega}^{\mathrm{T}}\boldsymbol{x}+b}{\|\boldsymbol{\omega}\|}$，而样本点到超平面的距离越远，意味着对这个点的分类越可靠。因此，$y_i\left(\dfrac{\boldsymbol{\omega}^{\mathrm{T}}\boldsymbol{x}+b}{\|\boldsymbol{\omega}\|}\right)$不仅能够根据符号的正负表示分类正确与否，其值的大小还能够用来衡量这个分类的可靠程度。

下面给出几何间隔的具体定义。

定义 5-2 给定训练样本集 T 与超平面 $(\boldsymbol{\omega},b)$，T 中训练样本 $(\boldsymbol{x}_i,y_i)$ 到超平面 $(\boldsymbol{\omega},b)$ 的几何间隔定义为

$$d_i = y_i \frac{\boldsymbol{\omega}^{\mathrm{T}} \boldsymbol{x}_i + b}{\|\boldsymbol{\omega}\|}$$

超平面（$\boldsymbol{\omega},b$）与整个训练样本集 T 之间的几何间隔定义为 T 中训练样本到超平面（$\boldsymbol{\omega},b$）的几何间隔的最小值：

$$d = \min_{i=1,2,\cdots,N} d_i$$

因此，学习一个几何间隔最大化（又称为硬间隔最大化）的分割超平面的问题可以具体表示为如下优化问题：

$$\max_{\boldsymbol{\omega},b} \min_{i=1,2,\cdots,N} y_i \frac{\boldsymbol{\omega}^{\mathrm{T}} \boldsymbol{x}_i + b}{\|\boldsymbol{\omega}\|}$$

将其转化成带约束的优化问题形式为

$$\max_{\boldsymbol{\omega},b} d$$

$$\text{s. t. } y_i \left(\frac{\boldsymbol{\omega}^{\mathrm{T}} \boldsymbol{x}_i + b}{\|\boldsymbol{\omega}\|} \right) \geqslant d, i = 1,2,\cdots,N$$

上式可改写为

$$\max_{\boldsymbol{\omega},b} \frac{d'}{\|\boldsymbol{\omega}\|}$$

$$\text{s. t. } y_i(\boldsymbol{\omega}^{\mathrm{T}} \boldsymbol{x}_i + b) \geqslant d', i = 1,2,\cdots,N$$

可以发现，优化问题的求解结果与d'的取值无关，不妨取$d' = 1$，此时的优化目标变成$\max_{\boldsymbol{\omega},b} \frac{2}{\|\boldsymbol{\omega}\|}$，而最大化$\frac{2}{\|\boldsymbol{\omega}\|}$等价于最小化$\|\boldsymbol{\omega}\|^2$，至此，完整的硬间隔支持向量机优化问题可表述为

$$\min_{\boldsymbol{\omega},b} \frac{1}{2} \|\boldsymbol{\omega}\|^2$$

$$\text{s. t. } y_i(\boldsymbol{\omega}^{\mathrm{T}} \boldsymbol{x}_i + b) \geqslant 1, i = 1,2,\cdots,N$$

值得注意的是，在数据样本中有一部分数据刚好处在间隔边界上（如图 5-6 所示的虚线上的样例），即使得 $\boldsymbol{\omega}^{\mathrm{T}} \boldsymbol{x}_i + b = +1$ 或$\boldsymbol{\omega}^{\mathrm{T}} \boldsymbol{x}_i + b = -1$，这类数据被称为“支持向量”（Support Vector），这也正是支持向量机方法名字的由来。

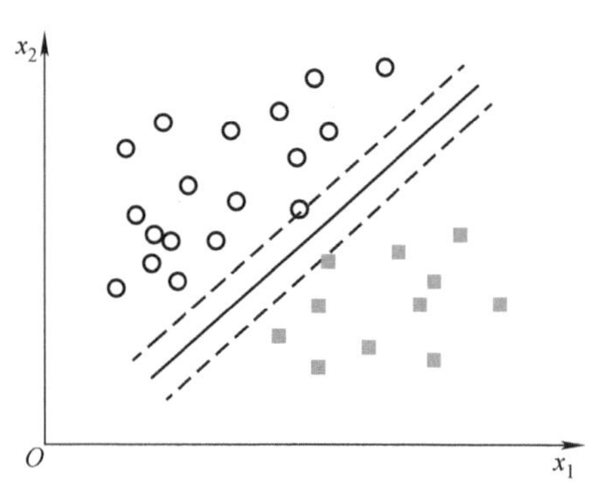

图 5-6 支持向量机示意图

5.3.2 对偶问题

如 5.3.1 节中所述，支持向量机方法通过求解如下优化问题来得到划分超平面$f(x) = \boldsymbol{\omega}^{\mathrm{T}} x + b$ 的模型参数：

$$\min_{\boldsymbol{\omega},b} \frac{1}{2} \|\boldsymbol{\omega}\|^2$$

$$\text{s. t. } y_i(\boldsymbol{\omega}^{\mathrm{T}} \boldsymbol{x}_i + b) \geqslant 1, i = 1,2,\cdots,N$$

这一问题具有凸二次规划的形式，除了能够借助优化求解器进行计算，还可以通过求解对偶问题来得到原始问题的解。

首先，构建原始问题的拉格朗日函数（Lagrange function）：

$$L(\boldsymbol{\omega},b,\alpha) = \frac{1}{2} \|\boldsymbol{\omega}\|^2 + \sum_{i=1}^{N} \alpha_i [1 - y_i(\boldsymbol{\omega}^{\mathrm{T}} \boldsymbol{x}_i + b)]$$

其中，α_i为拉格朗日乘子，满足$\alpha_i \geqslant 0$，$i=1,2,\cdots,N$。

原问题和对偶问题满足强对偶关系的充要条件为其满足 KKT 条件，即

$$\begin{cases}\nabla_{\omega} L(\boldsymbol{\omega}, b, \alpha) = \boldsymbol{\omega} - \sum_{i=1}^{N} \alpha_i y_i \boldsymbol{x}_i = 0 \\ \nabla_b L(\boldsymbol{\omega}, b, \alpha) = -\sum_{i=1}^{N} \alpha_i y_i = 0 \\ \alpha_i(1 - y_i(\boldsymbol{\omega}^{\mathrm{T}} \boldsymbol{x}_i + b)) = 0, i = 1,2,\cdots,N \\ y_i(\boldsymbol{\omega}^{\mathrm{T}} \boldsymbol{x}_i + b) \geqslant 1, i = 1,2,\cdots,N \\ \alpha_i \geqslant 0, i = 1,2,\cdots,N \end{cases}$$

令拉格朗日函数对 $\boldsymbol{\omega}$ 和 b 的偏导数为 0，求得 $\boldsymbol{\omega} = \sum_{i=1}^{N} \alpha_i y_i \boldsymbol{x}_i$，$\sum_{i=1}^{N} \alpha_i y_i = 0$。代入拉格朗日函数中可得

$$L(\boldsymbol{\omega}, b, \alpha) = -\frac{1}{2}\sum_{i=1}^{N}\sum_{j=1}^{N} \alpha_i \alpha_j y_i y_j \boldsymbol{x}_i{}^{\mathrm{T}} \boldsymbol{x}_j + \sum_{i=1}^{N} \alpha_i$$

因此，原优化问题的对偶问题写作

$$\max_{\alpha} -\frac{1}{2}\sum_{i=1}^{N}\sum_{j=1}^{N} \alpha_i \alpha_j y_i y_j \boldsymbol{x}_i{}^{\mathrm{T}} \boldsymbol{x}_j + \sum_{i=1}^{N} \alpha_i$$

$$\text{s. t.} \sum_{i=1}^{N} \alpha_i y_i = 0$$

其中，$\alpha_i \geqslant 0$；$i=1, 2, \cdots, N$。

根据 KKT 条件中$\alpha_i(1-y_i(\boldsymbol{\omega}^{\mathrm{T}}\boldsymbol{x}_i+b))=0$ 以及 $\boldsymbol{\omega} = \sum_{i=1}^{N} \alpha_i y_i \boldsymbol{x}_i$，可以推得 $b = y_i - \sum_{i=1}^{N} \alpha_i y_i \boldsymbol{x}_i{}^{\mathrm{T}} \boldsymbol{x}_j$。至此，求解原优化问题转变成为求解对偶问题的最优解α^*。再将求得的α^*代入到 $\boldsymbol{\omega}$ 和 b 的求解公式中，即可得到原问题的最优解：

$$\boldsymbol{\omega}^* = \sum_{i=1}^{N} \alpha_i{}^* y_i \boldsymbol{x}_i$$

$$b^* = y_i - \sum_{i=1}^{N} \alpha_i{}^* y_i \boldsymbol{x}_i{}^{\mathrm{T}} \boldsymbol{x}_j$$

5.3.3　线性问题与软间隔支持向量机

通常情况下，训练数据并非完全可分，即数据集中存在一些特殊的点不满足硬间隔支持向量机优化问题中$y_i(\boldsymbol{\omega}^{\mathrm{T}}\boldsymbol{x}_i+b)\geqslant 1$ 的约束，而在去除这些特殊点之后，余下的数据集是线性可分的。

对此，软间隔支持向量机的基本思想是在损失函数中加入一定的容错率，被划分超平面 $(\boldsymbol{\omega}, b)$ 错误分类的样本的个数为

$$n = \sum_{i=1}^{N} \mathbb{I}\{y_i(\boldsymbol{\omega}^{\mathrm{T}} \boldsymbol{x}_i + b) - 1\}$$

其中，$\mathbb{I}\{x\} = \begin{cases} 1 & x < 0 \\ 0 & x \geqslant 0 \end{cases}$。

软间隔支持向量机同样以超平面与训练数据之间的几何间隔最大化为求解目标，但允许一部分数据样本不满足约束，但是不满足约束的样本数目应尽量少。由此，可以得到新的优化目标：

$$\min_{\boldsymbol{\omega},b}\frac{1}{2}\|\boldsymbol{\omega}\|^2+C\sum_{i=1}^{N}\mathrm{II}\{y_i(\boldsymbol{\omega}^{\mathrm{T}}\boldsymbol{x}_i+b)-1\}$$

常数 C 用来调节算法的容错率，当 C 为无穷大时，显然这样的优化目标会迫使所有样本满足 $y_i(\boldsymbol{\omega}^{\mathrm{T}}\boldsymbol{x}_i+b)\geqslant 1$ 的约束，此时的优化问题等价于硬约束支持向量机的优化问题；当常数 C 取有限值时，允许少部分样本不满足约束，C 值越大，允许不满足约束的样本数越少，反之则越多。

依据 $\mathrm{II}\{x\}$ 定义的目标函数存在不连续、非凸的问题，可将其近似替代为其他更便于求解的函数。常见的几类替代函数如下。

1）Hinge 函数：$f(x)=\max(0,1-x)$。

2）Logistic 函数：$f(x)=\log(1+\mathrm{e}^{-x})$。

3）指数函数：$f(x)=\mathrm{e}^{-x}$。

以 Hinge 函数为例，将其代入软间隔支持向量机的优化目标，得到

$$\min_{\boldsymbol{\omega},b}\frac{1}{2}\|\boldsymbol{\omega}\|^2+C\sum_{i=1}^{N}\max(0,1-y_i(\boldsymbol{\omega}^{\mathrm{T}}\boldsymbol{x}_i+b))$$

取松弛变量ξ_i，满足$\xi_i\geqslant 0$，可对上一步中的优化问题进行进一步的化简，消除 max( ) 函数：

$$\min_{\boldsymbol{\omega},b}\frac{1}{2}\|\boldsymbol{\omega}\|^2+C\sum_{i=1}^{N}\xi_i$$

$$\text{s.t. } y_i(\boldsymbol{\omega}^{\mathrm{T}}\boldsymbol{x}_i+b)\geqslant 1-\xi_i,$$

其中，$\xi_i\geqslant 0$；$i=1,2,\cdots,N$。

上式即为常用的软间隔支持向量机的优化问题。参考5.3.2节，可以类似地写出上式的拉格朗日函数：

$$L(\boldsymbol{\omega},b,\xi,\alpha,\lambda)=\frac{1}{2}\|\boldsymbol{\omega}\|^2+\sum_{i=1}^{N}\alpha_i[1-\xi_i-y_i(\boldsymbol{\omega}^{\mathrm{T}}\boldsymbol{x}_i+b)]+C\sum_{i=1}^{N}\xi_i-\sum_{i=1}^{N}\lambda_i\xi_i$$

原问题的对偶问题为

$$\max_{\alpha}-\frac{1}{2}\sum_{i=1}^{N}\sum_{j=1}^{N}\alpha_i\alpha_j y_i y_j \boldsymbol{x}_i^{\mathrm{T}}\boldsymbol{x}_j+\sum_{i=1}^{N}\alpha_i$$

$$\text{s.t. }\sum_{i=1}^{N}\alpha_i y_i=0$$

$$C-\alpha_i-\lambda_i=0$$

其中，$\alpha_i\geqslant 0$；$\lambda_i\geqslant 0$；$i=1,2,\cdots,N$。

5.3.4 非线性可分问题与核方法

前两小节中，均考虑数据为线性可分或近似线性可分的情况，但在很多现实的任务场景当中，无法在特征空间上找到一个能够正确划分数据类型的超平面。如图5-7所示，在二维平面上对数据进行二分类，正例与负例之间无法用一条直线（即线性模型）区分开，只能由椭圆或是其他不规则形状（即非线性模型）进行划分。

对于这类线性不可分问题，可以引入一个特征转换函数，又称核函数，将数据从低维空间映射到高维空间，使得原本线性不可分的数据往往能够在新空间上变得线性可分。而后再按照常规的支持向量机求解方法进行求解即可。例如，将图5-7中原本不可分的数据集映射到如图5-8所示的三维空间后，便能够找到一个超平面将数据集划分成两类。

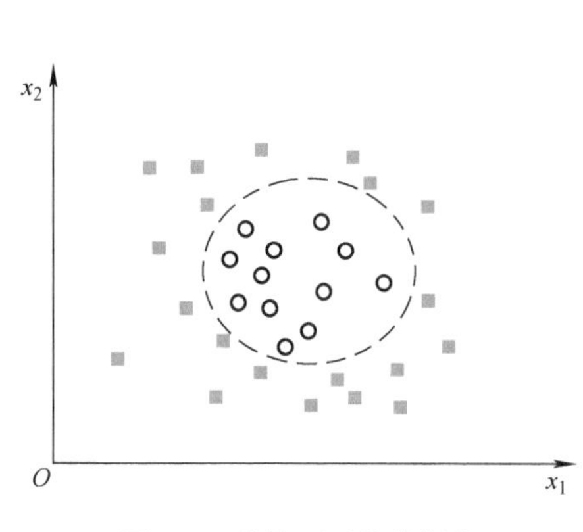

图 5-7　线性不可分数据集

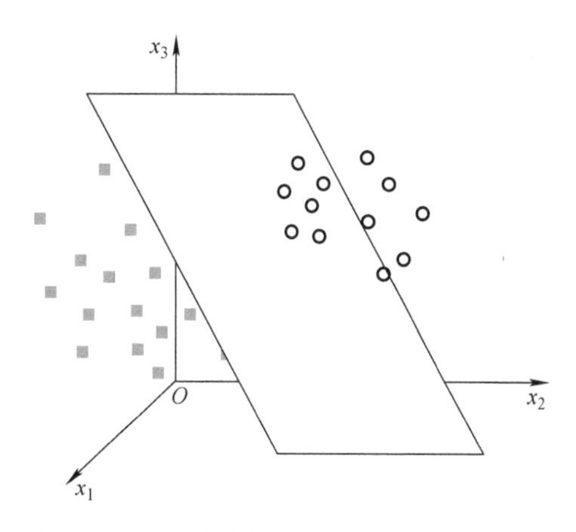

图 5-8　经过非线性变换后可分离的数据集

设映射函数为 ϕ，则输入 $\boldsymbol{x}$ 经过映射后得到的特征向量为 $\phi(\boldsymbol{x})$，新的特征空间中的超平面的表达式为 $f(\boldsymbol{x})=\boldsymbol{\omega}^{\mathrm{T}}\phi(\boldsymbol{x})+b$。以硬间隔最大化为例，经过映射后，原问题的对偶问题为

$$\max_{\alpha}\ -\frac{1}{2}\sum_{i=1}^{N}\sum_{j=1}^{N}\alpha_i\alpha_j y_i y_j \phi(\boldsymbol{x}_i)^{\mathrm{T}}\phi(\boldsymbol{x}_j)+\sum_{i=1}^{N}\alpha_i$$

$$\text{s. t.}\ \sum_{i=1}^{N}\alpha_i y_i=0$$

其中，$\alpha_i\geqslant 0$；$i=1, 2, \cdots, N$。

考虑到映射函数 $\phi(\boldsymbol{x})$ 将特征变量从低维度映射到高维度，虽然能够解决训练数据线性不可分的问题，但也导致计算的复杂度大大提升，例如在求解上述对偶问题时，将涉及 $\phi(\boldsymbol{x})$ 内积 $\phi(\boldsymbol{x}_i)^{\mathrm{T}}\phi(\boldsymbol{x}_j)$ 的计算。倘若存在一个这样的函数 K，满足其输出 $K(\boldsymbol{x}_i, \boldsymbol{x}_j)$ 等价于$\boldsymbol{x}_i$和$\boldsymbol{x}_j$映射到新特征空间上的内积，即 $K(\boldsymbol{x}_i,\boldsymbol{x}_j)=\phi(\boldsymbol{x}_i)^{\mathrm{T}}\phi(\boldsymbol{x}_j)$，如此便可避免高维空间中的内积计算。这便是核函数的由来。

常见的核函数如下。

1）线性核函数：$K(\boldsymbol{x}_i,\boldsymbol{x}_j)=\boldsymbol{x}_i^{\mathrm{T}}\boldsymbol{x}_j$。

2）多项式核函数：$K(\boldsymbol{x}_i,\boldsymbol{x}_j)=(\gamma\boldsymbol{x}_i^{\mathrm{T}}\boldsymbol{x}_j+b)^p$，其中 γ、b、p 均为可调整的参数。

3）高斯核函数：$K(\boldsymbol{x}_i,\boldsymbol{x}_j)=\mathrm{e}^{-\frac{\|x_i-x_j\|^2}{2\sigma^2}}$，为使用频率最高的核函数。

4）Sigmoid 核函数：$K(\boldsymbol{x}_i,\boldsymbol{x}_j)=\tanh(\gamma\boldsymbol{x}_i^{\mathrm{T}}\boldsymbol{x}_j+b)$。

借助以上这些核函数，对偶问题又可改写为

$$\max_{\alpha}\ -\frac{1}{2}\sum_{i=1}^{N}\sum_{j=1}^{N}\alpha_i\alpha_j y_i y_j K(\boldsymbol{x}_i,\boldsymbol{x}_j)+\sum_{i=1}^{N}\alpha_i$$

$$\text{s. t.}\ \sum_{i=1}^{N}\alpha_i y_i=0$$

其中，$\alpha_i\geqslant 0$；$i=1, 2, \cdots, N$。

求解该问题，即可得到超平面的表达式

$$f(x)=\boldsymbol{\omega}^{\mathrm{T}}\phi(\boldsymbol{x})+b=\sum_{i=1}^{N}\alpha_i y_i K(\boldsymbol{x},\boldsymbol{x}_j)+b$$

5.4 主成分分析

5.4.1 基本思想

在实际应用场景中，收集到的数据样本往往具有较高的维度，这会给机器学习方法带来严重的“维度灾难”问题。首先，在样本数目相同的情况下，高维特征空间中的样本数据更加稀疏，且在这些高维特征中，可能只有部分特征与学习任务强相关，其余特征为次要的甚至是冗余的。此外，高维数据还会给学习过程中常见的梯度计算、距离计算等操作带来极高的计算成本。

降维是一种常见的通过压缩数据来缓解维度灾难、提高机器学习算法效率的做法，旨在通过某种数学变换，将数据特征由原本的高维空间投射到低维空间。这类算法中的一个流行算法是主成分分析，通常用在机器学习和图像处理过程中来降低高维数据的维度，同时提取并保留初始数据的主要特征。其基本思想是将原本处在高维空间中的数据投影到一个低维子空间中，可以想象，若存在这样的低维子空间，其应当具有以下特点。

1）数据样本在子空间尽可能分散。

2）经过维度压缩后，从数据样本中损失的信息最少。

5.4.2 理论推导

首先根据数据样本在子空间尽可能分散的要求，基于矩阵理论相关的知识对主成分分析方法进行推导。

$\{\boldsymbol{x}_1,\boldsymbol{x}_2,\cdots,\boldsymbol{x}_m\}$为输入的数据样本，其特征维数为 n，假设这些数据样本已经过中心化处理，即满足条件 $\sum_i x_i = 1$。$\{\boldsymbol{p}_1,\boldsymbol{p}_2,\cdots,\boldsymbol{p}_k\}$ 为将数据样本经过投射后变换到的维度为 k 的新空间，$\boldsymbol{p}_i$为标准正交基，满足基向量的基本特性（具有单位模长且两两正交），即$\|\boldsymbol{p}_i\|_2=1$，$\boldsymbol{p}_i\boldsymbol{p}_j^{\mathrm{T}}=0$（$i\neq j$）。

$$\begin{bmatrix}\boldsymbol{p}_1\\\boldsymbol{p}_2\\\vdots\\\boldsymbol{p}_k\end{bmatrix}_{k\times n}\begin{bmatrix}\boldsymbol{x}_1 & \boldsymbol{x}_2 & \cdots & \boldsymbol{x}_m\end{bmatrix}_{n\times m}=\begin{bmatrix}\boldsymbol{p}_1\boldsymbol{x}_1 & \boldsymbol{p}_1\boldsymbol{x}_2 & \cdots & \boldsymbol{p}_1\boldsymbol{x}_m\\\boldsymbol{p}_2\boldsymbol{x}_1 & \boldsymbol{p}_2\boldsymbol{x}_2 & \cdots & \boldsymbol{p}_2\boldsymbol{x}_m\\\vdots & \vdots & & \vdots\\\boldsymbol{p}_k\boldsymbol{x}_1 & \boldsymbol{p}_k\boldsymbol{x}_2 & \cdots & \boldsymbol{p}_k\boldsymbol{x}_m\end{bmatrix}_{k\times m} \tag{5-1}$$

通过基矩阵与原始数据组成的矩阵相乘，可以将每一个数据样本$\boldsymbol{x}_i$投射到以$\boldsymbol{p}_i$为基的特征空间当中，此时，基矩阵承担了线性变换的作用。主成分分析方法的思想是把原本维度为 n 的特征变量投射到 k 维空间上，若能使新空间的维度 k 小于原特征空间的维度 n，便实现了数据的降维。

此时，问题转变成如何以一种最优的方式选择这 k 个基向量。在降维问题中，通常希望仅保留数据最主要、最本质的特征，剔除掉次要的部分和噪声，并削弱各特征彼此之间的相关性。方差通常被用来表达一维数据彼此的分散程度，协方差则能够表征两个高维度变量之间的相关性。因此，如何将 n 维变量降到 k 维这一问题的优化目标可以表达为：选择 k 个相互正交的单位向量$\boldsymbol{p}_i$作为基，使得原始数据矩阵$[\boldsymbol{x}_1 \quad \boldsymbol{x}_2 \quad \cdots \quad \boldsymbol{x}_m]_{n\times m}$与基矩阵相乘后投射得到的新变量符合两两之间协方差为0的要求，且使变量的方差最大化。

记单位正交基$\boldsymbol{p}_i$组成的矩阵为$\boldsymbol{P}$，需要降维的原始数据为$\boldsymbol{X}$，样本点在新空间上的投影为

$\boldsymbol{Y}$，有 $\boldsymbol{Y}=\boldsymbol{P}\boldsymbol{X}$。设 $\boldsymbol{X}$ 的协方差矩阵为

$$\boldsymbol{D}_X=\frac{1}{m}\boldsymbol{X}\boldsymbol{X}^{\mathrm{T}} \tag{5-2}$$

则数据样本经过投影后的协方差矩阵为

$$\begin{aligned}\boldsymbol{D}_Y&=\frac{1}{m}\boldsymbol{Y}\boldsymbol{Y}^{\mathrm{T}}\\&=\frac{1}{m}(\boldsymbol{P}\boldsymbol{X})(\boldsymbol{P}\boldsymbol{X})^{\mathrm{T}}\\&=\frac{1}{m}\boldsymbol{P}\boldsymbol{X}\boldsymbol{X}^{\mathrm{T}}\boldsymbol{P}^{\mathrm{T}}\\&=\boldsymbol{P}\boldsymbol{D}_X\boldsymbol{P}^{\mathrm{T}}\end{aligned} \tag{5-3}$$

由此，根据投影后得到的新变量的方差最大化的要求，可将优化问题描述为

$$\max_{\boldsymbol{P}}\ \mathrm{tr}(\boldsymbol{P}\boldsymbol{X}\boldsymbol{X}^{\mathrm{T}}\boldsymbol{P}^{\mathrm{T}})$$
$$\text{s. t. } \boldsymbol{P}\boldsymbol{P}^{\mathrm{T}}=\boldsymbol{I}$$

从经过维度压缩后损失的信息最少出发，同样可以推导出与上式相同的优化目标。样本点 $\boldsymbol{x}_i$ 在新坐标系下的投影为

$$\boldsymbol{y}_i=\begin{bmatrix}y_{i1}\\y_{i2}\\\vdots\\y_{ik}\end{bmatrix}=\begin{bmatrix}\boldsymbol{p}_1\boldsymbol{x}_i\\\boldsymbol{p}_2\boldsymbol{x}_i\\\vdots\\\boldsymbol{p}_k\boldsymbol{x}_i\end{bmatrix}$$

若以 $\boldsymbol{y}_i$ 来重构原样本点，可得 $\hat{\boldsymbol{x}}_i=\sum_{j=1}^{k}\boldsymbol{p}_j^{\mathrm{T}}y_{ij}$。重构后的数据样本与原数据样本之间的距离为

$$\sum_{i=1}^{m}\left\|\sum_{j=1}^{k}\boldsymbol{p}_j^{\mathrm{T}}y_{ij}-\boldsymbol{x}_i\right\|_2^2\propto-\mathrm{tr}\left(\boldsymbol{P}\left(\sum_{i=1}^{m}\boldsymbol{x}_i\boldsymbol{x}_i^{\mathrm{T}}\right)\boldsymbol{P}^{\mathrm{T}}\right)$$

而 $\sum_{i=1}^{m}\boldsymbol{x}_i\boldsymbol{x}_i^{\mathrm{T}}$ 即为原始输入数据 $\boldsymbol{X}$ 的协方差矩阵，带入上式。因此，主成分分析的优化问题又可写成

$$\min_{\boldsymbol{P}}\ -\mathrm{tr}(\boldsymbol{P}\boldsymbol{X}\boldsymbol{X}^{\mathrm{T}}\boldsymbol{P}^{\mathrm{T}})$$
$$\text{s. t. } \boldsymbol{P}\boldsymbol{P}^{\mathrm{T}}=\boldsymbol{I}$$

这与此前根据数据样本在子空间尽可能分散的要求推导出的主成分分析优化目标是等价的。

5.4.3　主成分分析方法求解

由于协方差矩阵 $\boldsymbol{D}_X$ 为 $n\times n$ 的实对称矩阵，根据实对称矩阵自身的特点可知，该矩阵一定有 n 个正交的单位特征向量使得它们组成的矩阵 $\boldsymbol{Q}$ 满足

$$\boldsymbol{Q}^{\mathrm{T}}\boldsymbol{D}_X\boldsymbol{Q}=\boldsymbol{\Lambda}=\begin{bmatrix}\lambda_1&&&\\&\lambda_2&&\\&&\ddots&\\&&&\lambda_n\end{bmatrix}_{n\times n}$$

将上式和式（5-3）进行比对，可以发现，当取目标基矩阵 $\boldsymbol{P}=\boldsymbol{Q}^{\mathrm{T}}$时，转换到新空间上的数据样本的协方差矩阵 $\boldsymbol{D}_Y=\boldsymbol{P}\boldsymbol{D}_X\boldsymbol{P}^{\mathrm{T}}=\boldsymbol{Q}^{\mathrm{T}}\boldsymbol{D}_X\boldsymbol{Q}$ 除主对角线以外的元素均为0，即满足与基矩阵相乘后投射得到的新变量两两之间协方差为0的要求。同时，基于变量方差最大化的要求，只要对协方差矩阵 $\boldsymbol{D}_X$进行特征值分解，求出其特征值λ_1，λ_2，…，λ_n，并按照大小顺序对特征值进行排序，取前 k 个特征值对应的特征向量作为目标基矩阵 $\boldsymbol{P}$，即可得到主成分分析方法的解。

对上述主成分分析方法的具体求解步骤进行总结，设原始数据的维度为 n，共有 m 条数据，目标为将数据降至 k 维，算法实现步骤如下。

1）为便于后续计算，将 m 个 n 维初始数据整合成 $n\times m$ 维的矩阵 $\boldsymbol{X}$ 并做标准化处理。

2）计算矩阵 $\boldsymbol{X}$ 的协方差矩阵。

3）解得该协方差矩阵的特征值λ_1，λ_2，…，λ_n以及对应的特征矢量 $\boldsymbol{p}_1$，$\boldsymbol{p}_2$，…，$\boldsymbol{p}_n$。

4）对上一步求得的特征值按大小进行排序，选取最大的前 k 个，将它们对应的特征向量从上到下进行排列，组成基矩阵 $\boldsymbol{P}$。

5）计算 $\boldsymbol{Y}=\boldsymbol{P}\boldsymbol{X}$。$\boldsymbol{Y}$ 即为目标所求经过降维操作后得到的 k 维数据。

主成分分析仅需通过简单的矩阵特征值分解方法即可实现将数据由较高的维度为 n 降低到维度为 k 的空间中，且该维度 k 可由使用者指定。从上述求解过程中可以看到，经过排序后，靠后的 $n-k$ 个特征值对应的特征向量被舍弃，这会导致一部分原始信息的丢失，但这样的操作是必要的。首先，尽管舍弃了少部分信息，但维度的降低能够使数据样本在特征空间中的样本密度增大，缓解“维度灾难”问题，提高机器学习算法效率。其次，这些被舍弃的特征向量对应的特征值数值较小，往往与数据中存在的噪声或相关性较弱的特征有关，舍弃这些特征向量能够削减噪声对数据的影响。

5.5 经典机器学习在控制领域的应用

5.5.1 流程工业生产控制

在经济全球化的大背景下，国内外制造业的竞争日益激烈，这就对制造业的生产成本、产品质量以及产业可持续发展能力等方面提出了越来越多的要求。流程工业是制造业的重要组成部分，主要包括石油、钢铁、化工、建材等原材料行业，常见的有炼油过程、高炉炼铁过程、磨矿过程等。作为我国国民经济和社会发展的支柱产业，流程工业历经数十年的发展，其自动化水平已得到了显著提升，产业规模迅速增长，这使得我国整体实力和国际影响力大幅提高，目前已成为全球规模最庞大、门类最齐全的流程工业大国。然而，在当前能源、资源、环保和安全的多重约束下，我国流程工业面临着结构性产能过剩、环境和安全风险突出、自主创新能力不足的严峻挑战。因此，流程工业是制造业供给侧结构性改革和绿色发展的主要领域，亟须采用现代化信息技术推动生产、管理和营销模式的变革，重塑产业链、供应链和价值链，加速信息化和工业化的融合，实现流程工业的高质量发展。

随着信息技术的发展与应用，现代流程制造企业大多采用企业计划调度（Enterprise Resource Planning，ERP）系统、制造执行系统（Manufacturing Execution System，MES）和过程控制系统（Process Control System，PCS）三层架构来实现生产过程的运行、控制和全流程管理，如图5-9所示。企业计划调度系统根据市场需求和企业生产情况，对企业的人力、财力和物料资源进行有计划的管理，并给出最优的生产计划、财务管理、物流管理等资源配置，使得企业能够最大限度地发挥这些资源的作用。制造执行系统提供车间级的生产计划、质量管理、生产指标监控、能源管理、设备管理等，实现生产过程的可视化和可控化，并将生产指标数据存储在实验室信息管理系统（Laboratory Information Management System，LIMS）数据库中。过程控制系统实现面向装置、设备、单元的过程控制和生产过程监控，并将传感器采集到的运行指标数据存储在实时数据库中。如图 5-9 中的 PCS 层所示，流程工业的生产过程指被加工对象连续地通过生产设备，利用一系列的装置使原料进行物理或化学变化，发生固相、液相、气相之间的转变，最终得到产品。和离散制造业不同，流程工业的动态特性复杂，生产过程存在多个物质流、能量流、信息流的相互耦合，需要多个生产单元之间的协调优化，终端生产指标（End Production Index，EPI）受到原料、制造工艺、工况、操作条件等的影响。流程工业的运行指标和操作条件（如温度、压力、液位、流量等过程变量），一般可由传感器实时测量得到，而终端生产指标（如轻质油收率、浓度、元素含量等质量变量），一般由人工化验或分析仪分析得到。人工化验需要专业技术人员在实验室进行耗时的化学分析，分析仪价格昂贵，在条件恶劣的生产环境中难以安装和维护。因此，人工化验或分析仪得到的终端生产指标存在时滞和成本高等问题，难以对操作条件进行实时优化，给实时的质量控制带来困难。因此，建立终端生产指标预测模型对于生产过程的操作条件优化、实现全流程的实时监控和优化具有重要意义。

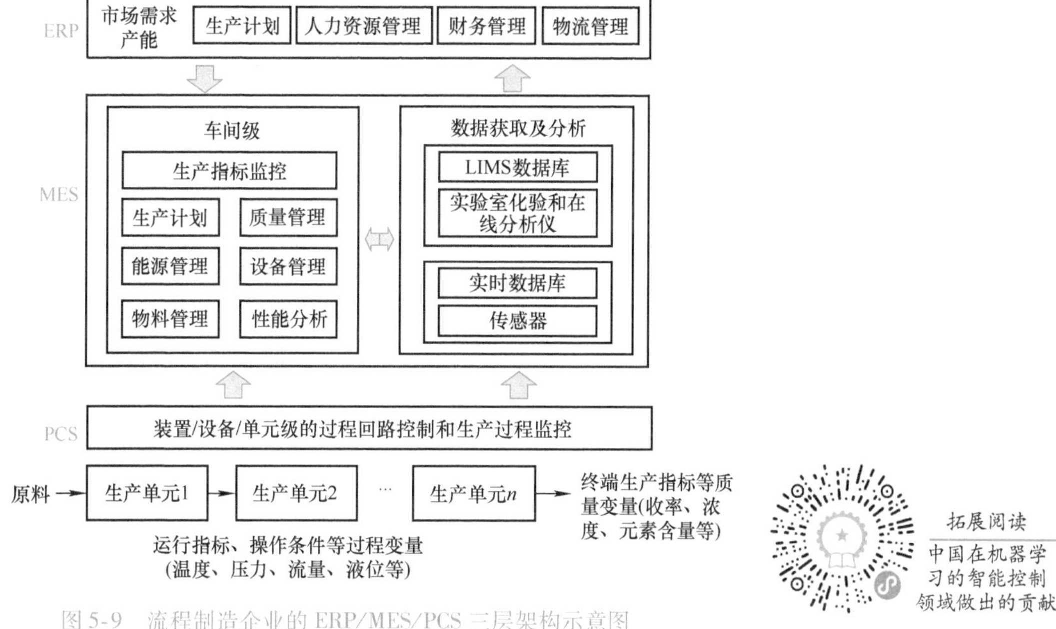

图 5-9　流程制造企业的 ERP/MES/PCS 三层架构示意图

终端生产指标预测模型一般可分为过程机理模型和数据驱动模型。过程机理模型是建立在大量假设条件下的简化模型，建模过程中需要热量、能量及物料平衡等物理化学背景知识，这导致建模成本高、难度大，难以保证模型的可靠性和准确性，模型易出现精度低和失配的问题。过程机理模型一般针对特定装置进行机理建模，模型的通用性较差，且由于原料波动，模型的初始条件不稳定。随着先进传感器、通信、数据库技术的发展和集散控制系统（Distributed Control System，DCS）的应用，涉及生产设备、运行特点、产品质量和能源消耗数据的大量获取变得越来越容易，为建立数据驱动模型提供了有利的条件。数据驱动模型不需要复杂的物理化学背景知识，依赖于生产过程中收集到的客观的过程数据，因此能够反映真实的生产过程，可进行迁移学习，具有良好的通用性，近年来得到了越来越广泛的关注。

在工业化和信息化加速融合的背景下，利用数据驱动方法及人工智能技术，充分利用工业现场的海量数据进行终端生产指标预测，对于生产过程的操作条件优化、提高流程制造企业的智能化程度和实现全流程的整体优化具有重要的理论意义和应用价值。

5.5.2 流程工业生产控制系统的分析

流程工业生产过程中，由于其具有工艺流程长、物理化学性质多变、噪声干扰大等生产特性，采集到的生产过程数据也呈现出独特的数据特征。了解、分析这些流程工业数据的特征，对于生产控制方案的设计具有重要的意义。

1. 时滞特征和时空相关性

在流程工业系统中，由于工艺流程长、范围广、工艺动态性强，时滞现象普遍存在。具体来看，时滞的产生主要受以下因素影响。

1）由工业对象本身的特点引起的时滞。例如在长工艺流程中，物料在管道或容器中的传输需要占用一定的时间。在化工生产过程中，化学反应和能量交换需要一段时间。由于加工对象不间断地通过设备，设备的磨损率随着运行时间的增加而增加，系统的灵敏度降低，需要更多的时间来完成控制动作。

2）化验过程和在线分析仪引起的时滞。为了对产品质量进行有效控制，通常利用人工化验或在线分析仪获得关键生产指标，而化验和分析过程需要耗费一定时间，获得的终端生产指标是滞后的，无法保证实时性。时滞现象会导致过程监控和故障预警的延迟风险，因此建立终端生产指标的时滞模型，对终端生产指标预报具有重要意义。同时，流程工业生产过程中被加工对象连续通过生产设备，其过程变量的物理意义是不同空间位置传感器测量的物理量，不同过程变量在空间上具有相关性，同一变量在不同时刻还存在时序相关性。如何处理变量在时间和空间上的相关性，是提升终端生产指标预测模型泛化性能的关键。

针对过程变量在时间上的相关性，通常采用的做法是建立时序模型。常见的线性时序模型有自回归滑动平均模型（Auto Regressive Moving Average，ARMA）、自回归积分滑动平均模型（Auto Regressive Integrated Moving Average，ARIMA）等。自回归滑动平均模型适用于平稳的时间序列，而自回归积分滑动平均模型适用于非平稳的时间序列。常见的非线性时序模型有隐马尔可夫模型（Hidden Markov Model，HMM）、循环神经网络（Recurrent Neural Network，RNN）等。这些时序模型在终端生产指标预测中得到了广泛的应用，但是在应用场景复杂、数据量大、数据维度高的情况下，模型的预测效果将变差。

在数据预处理和特征提取的过程中也需要考虑变量的时间相关性。原始输入数据在不同维度上的数量级差异很大，如果直接将这些数据输入到模型中进行训练，会导致网络训练过程的收敛缓慢，需要对原始数据进行规范化处理，常见的操作有 Max - Min 规范化（MMN）。此外，高维的原始输入数据相关性强，冗余度高，可通过主成分分析、降噪自编码器（Denoising Auto Encoder，DAE）等降维方法提取出有意义的特征、减少模型的输入维数。5.4 节中对主成分分析方法的数学原理以及求解过程进行了详细介绍。降噪自编码器能够提取非线性和鲁棒的特征表示，降低数据维度。

2. 标签样本有限性

流程工业的运行指标（如温度、压力、液位和流量等过程变量），由传感器实时测量得到，采样频率较高；而终端生产指标（如浓度、收率等质量变量）的获取需要进行耗时而复杂的化学分析，采样频率较低。因此，流程工业中存在大量的过程变量数据，却只有少量与之对应的输出标签，标签样本是有限的。传统的基于监督算法的终端生产指标预测方法，仅仅利用有标签的过程数据建立终端生产指标预测模型，无标签的过程数据被忽略，这使得终端生产指标预测模型容易过拟合，降低了模型的泛化能力。

半监督学习算法能够很好地利用无标签样本的信息，解决了带标签样本数量有限带来的问题。常见的做法有基于分歧的半监督、基于流形学习的半监督、基于自训练的半监督以及基于图的半监督等。这些算法多借助统计学模型，如K-近邻（K-Nearest Neighbor，KNN）回归器、最小二乘回归（Least Squares Regression）模型、支持向量机模型等，与半监督回归学习算法结合进行协同训练，以解决面向流程工业的终端生产指标预测。基于分歧的半监督学习受模型假设、损失函数非凸性和数据规模的影响较小，学习方法较为简单，理论基础坚实，因此得到了广泛的应用。流形假设是指将高维数据嵌入到低维流形中，当两个样本位于低维流形中的一个小局部邻域内时，认为它们具有相似的类标签，将流形正则化引入预测模型的损失函数中，能够在训练模型的同时利用有标签和无标签数据。自训练方法通过模型高置信度的标签预测值对有标签数据集进行扩展，不断重复这个过程，直到符合某个终止条件。自训练方法对较差的标签预测值很敏感，容易导致误差的累积。基于图的半监督学习方法旨在构建一个连接相似观测值的图，通过最小化能量配置，将标签信息通过图结构从有标签节点传播到无标签节点。基于图的方法易受到图结构的影响，需要对图的拉普拉斯特征向量和特征值进行分析。

3. 工况波动下的数据分布时变

在流程工业的在线生产环境中，由于工艺输入原料的波动、工艺积垢、机械部件的磨损、催化剂失活、外部环境的变化等原因，流程工业过程的物理化学特性会不断发生变化，这导致其运行工况也经常发生变化。过程数据的分布（均值和方差）随工况波动发生概念漂移（Concept Drift），呈现时变特征，使得由历史数据建立的离线模型无法准确描述工况改变后的实时模型。

为了解决过程数据分布具有时变性所带来的问题，可采取多种自适应策略，例如即时学习（Just In Time Learning，JITL）、滑动窗（Moving Window，MW）等。即时学习策略使用与新数据样本高度相关的历史样本重建空间局部模型，滑动窗策略则使用最近一段时间窗口内采集的新数据样本来重建时间局部模型。

上述自适应策略可以应用于基于统计学习的终端生产指标预测模型中，例如基于最小二乘-支持向量机回归（Least Square Support Vector Regression，LSSVR）方法建立即时学习模型，用来进行聚乙烯生产过程熔融指数的在线预测。然而，基于神经网络的终端生产指标预测模型需要多次迭代优化，训练过程耗时很长，这导致其在数据分布时变的情况下并不能直接采用上述自适应策略。即时学习和滑动窗策略需要频繁的模型重构，因此不能避免神经网络的耗时再训练过程，导致很高的计算代价。同时，由即时学习和滑动窗策略构建的局部模型只能代表有限的、局部的空间或时间知识，不能够代表整个生产全流程的过程知识。另一种可能的解决方法是增量学习（Incremental Learning）方法，又被称为递归学习（Recursive Learning）、持续学习（Continual Learning）或终身学习（Life-Long Learning）。增量学习利用新的数据样本更新历史模型的部分参数，既可以存储历史过程知识，又避免了局部模型的频繁重构。

4. 噪声和质量数据小样本过程的不确定性

流程工业的在线生产过程中，在数据采集、传输与存储等环节均会受到不确定的噪声干扰。同时，和体量巨大的历史数据库相比，在线数据的样本数量过少，预测模型无法学习到足够的知识，导致预测模型存在认知不确定性。大部分数据驱动模型对不确定性非常敏感，往往会导致模型过拟合、鲁棒性差。

针对过程数据的不确定性，通常可采取两类鲁棒方法：数据预处理和鲁棒建模。

第一类方法是对模型输入的数据进行预处理，将复杂的噪声分布转化成简单的高斯分布，进而保证整体的输入数据呈高斯分布，降低噪声对建模的负面影响，然后利用现有的数据驱动方法建模。在检测噪声数据时，常采用监督学习方法对检测到的异常值进行分析和分类，通过删除异常值，将回归误差的重尾概率分布转换为近似高斯分布。然而，这类方法需要频繁地检测并删除异常值，一方面会带来建模信息的损失，另一方面，任何数据预处理方法都有可能存在误差，不能保证数据噪声完全被去除，导致模型的有偏性。

第二类方法是直接构造出对噪声或离群点具有鲁棒性的模型，来降低数据不确定性对建模的不利影响。研究者们提出了多种基于统计学习模型的鲁棒建模方法，例如鲁棒概率主成分分析（Robust Probability Principle Component Analysis，RPCA）、鲁棒偏最小二乘（Robust Partial Least Square，RPLS）、鲁棒支持向量机（Robust Support Vector Machine，RSVM）等。传统的概率主成分分析的输入和输出噪声均假设为高斯分布，鲁棒概率主成分分析则利用带有污染高斯分布的混合噪声模型进行概率建模。鲁棒偏最小二乘和鲁棒支持向量机方法以半监督形式有效地利用无标签和有标签数据，建立一个新的目标函数使建模误差的均值和方差最小化，在高斯或非高斯噪声条件下均具有更好的泛化性能。

5.5.3 基于统计学习的终端生产指标预测模型

数据驱动方法不需要复杂的物理化学背景知识，基于历史数据建立变量的相关关系模型来实现预测任务，因其具有较好的通用性，成为建立生产指标预测模型的一种有效方法。通常，数据驱动的终端生产指标预测模型的建立包括以下步骤。

1）数据预处理。删除离群点，并对输入和输出数据做归一化处理，使其数值范围在0～1之间。

2）输入变量选择。根据过程机理，选择和输出变量机理相关性较强的过程变量作为输入变量；或直接计算全部过程变量和输出变量的相关性系数，将相关性系数高的过程变量作为输入变量。在实际应用中，通常将相关性系数和过程机理两种选择方式相结合，共同确定输入变量。

3）特征提取。特征提取操作将原始输入变量空间投影到低维度的特征空间上，在尽可能准确、完整地保留原始输入变量的信息的情况下，去除冗余的、次要的特征，使输入变量集中到新特征上。

4）建立预测模型。根据提取出的特征和输出变量建立预测模型，模型的输入维数为特征的维数，输出维数为输出变量的维数。构造和预测误差相关的代价函数，通过最小化模型代价求得一组最优的模型参数。

数据驱动的终端生产指标预测模型的建立步骤如图5-10所示。

图5-10 数据驱动的终端生产指标预测模型的建立步骤

流程工业内部机理复杂，是典型的复杂非线性过程，因此模型需要具有一定的提取高水平非线性特征的能力。针对流程工业的终端生产指标预测，常见的统计学习方法有主成分分析、独立成分分析（Independent Component Analysis，ICA）、偏最小二乘（Partial Least Square，PLS）、核主成分分析（Kernel Principle Component Analysis，KPCA）、核偏最小二乘（Kernel Partial Least Square，KPLS）、支持向量回归（Support Vector Regression，SVR）等。

5.5.4　基于支持向量机的高炉炉缸热状态控制方法

高炉是一种高耗能的工业反应装置，广泛应用于生铁冶炼，在运行过程中同时存在多相物质以及多种复杂的化学反应。为保证高炉的平稳、正常运行，延长使用寿命，高炉炼铁过程中需要严格检测和控制高炉炉缸的热状态的变化。此外，高炉的热状态还会影响铁水的出产率、燃料消耗率以及加工质量。在实际使用的过程中，由于高炉内高温高压的环境条件，无法直接测量高炉的热状态，通常采取其他能够侧面反映热状态的指标来进行评价，例如炉膛顶部的气温、气体流量分布以及炉膛高度上的压降等。在这些指标当中，铁水中的含硅量是最常使用的一种热状态评价指标，与高炉炉缸的温度近似成线性关系，炉缸温度越高，则铁水含硅量越高。

因此，高炉炉缸热状态的预测问题可以转化成铁水中含硅量变化的预测问题，继而简化为一个二元分类问题，可通过支持向量机方法进行求解。支持向量机在预测硅含量变化趋势方面表现出良好的性能，具有较高的准确率和较低的时间成本。

1. 输入变量选择

在高炉炉缸热状态的预测问题中，输出标签为 -1，1，分别表示含硅量减少和含硅量增加。在输入变量的选择上，与生产原料、燃料相关的变量鼓风压力、进料速度以及与出料成分密切相关的变量（如硫含量）均被包括在内，输入变量列表见表 5-1。

表 5-1　高炉炉缸热状态的预测问题输入变量列表

符号	变量名	单位
$[Si]_{n-1}$	最新硅含量	wt%
S	硫含量	wt%
BV	鼓风量	m^3/min
BT	鼓风温度	℃
BP	鼓风压力	kPa
FTP	炉膛顶部压力	kPa
FS	送料速度	mm/h
GP	透气性	$m^3/(min \cdot kPa)$
PC	煤粉喷吹	t
OE	富氧率	wt%
FTT	炉膛顶部温度	℃
SB	炉渣碱度	wt%
CO	炉顶煤气一氧化碳含量	wt%
CO_2	炉顶煤气二氧化碳含量	wt%
H_2	炉顶煤气氢气含量	wt%
BI	成分碱度	wt%
CLI	配料焦炭量	wt%
SI	冶炼强度	$t/(m^3 \cdot d)$
CR	焦比	kg/t
UC	利用系数	$t/(m^3 \cdot d)$

由于任务目标为预测含硅量的变化趋势，在输入变量的选择时还需考虑采用原始数据，（Original Data，表中记作 OD）还是微分数据（Differentiated Data，表中记作 DD），两类数据与

输出的相关系数结果见表5-2。

表5-2 两类数据与含硅量变化趋势之间的关系

数据类型	$[Si]_{n-1}$	S	BV	BT	BP	FTP	FS	GP	PC	OE
DD	-0.24	-0.45	-0.20	-0.07	-0.08	-0.09	-0.15	0.06	-0.01	-0.13
OD	-0.33	-0.23	-0.08	-0.05	-0.01	-0.01	-0.12	0.02	-0.03	-0.03
数据类型	FTT	SB	CO	CO_2	H_2	BI	CLI	SI	CR	UC
DD	0.06	0.02	-0.13	-0.10	-0.05	0.40	-0.04	-0.15	0.02	-0.06
OD	0.02	-0.01	-0.07	-0.07	0.02	0.14	-0.03	-0.14	0.02	-0.10

可以看出，除变量 $[Si]_{n-1}$、PC 和 UC 以外的候选变量，其微分值与含硅量变化趋势之间都呈现出更强相关性，因此，对于这三个变量使用其原始值，其余变量则采用微分数据作为输入。

表5-1中共有20个候选变量，输入参数过多会增加模型的复杂度，输入参数过少又会影响模型的准确性，因此，还需要通过一定方法从以上候选变量中筛选出较为重要的作为最终的输入变量。

F-score 是数据挖掘中特征选择的一种有效工具，它可以通过评价两个具有实数值的集合的鉴别能力来给出特征排序

$$F_s(i)=\left(\frac{1}{N_+-1}\sum_{j=1}^{N_+}(x_{j,+}^{(i)}-\bar{x}_+^{(i)})^2+\frac{1}{N_+-1}\sum_{j=1}^{N_-}(x_{j,-}^{(i)}-\bar{x}_-^{(i)})^2\right)^{-1}-$$
$$((\bar{x}_+^{(i)}-\bar{x}^{(i)})^2+(\bar{x}_-^{(i)}-\bar{x}^{(i)})^2),i=1,\cdots,20$$

其中，$\bar{x}^{(i)}$、$\bar{x}_+^{(i)}$、$\bar{x}_-^{(i)}$分别表示第 i 个变量在整个数据集、所有正例、所有负例上的平均值；$x_{j,+}^{(i)}$、$x_{j,-}^{(i)}$分别表示第 i 个变量的第 j 个正例、负例。

表5-3中给出了根据上述公式计算出的20个候选变量的 F-score。

表5-3 模型输入候选变量的 F-score

变量	F-score	变量	F-score
ΔS	0.2755	ΔFTP	0.0071
ΔBI	0.2172	ΔBP	0.0051
$[Si]_{n-1}$	0.1263	ΔBT	0.0039
ΔBV	0.0413	ΔGP	0.0027
ΔSI	0.0226	ΔH_2	0.0026
ΔOE	0.0183	ΔFTT	0.0024
ΔFS	0.0181	ΔSB	0.0007
ΔCO	0.0154	ΔCLI	0.0006
UC	0.0122	ΔCR	0.0004
ΔCO_2	0.0104	PC	0.0001

根据表5-3，即可通过设定 F-score 阈值等方法确定最终的输入变量，例如，可将阈值设置为所有候选变量 F-score 值的平均值 $\bar{V}$，若变量的 F-score > $\bar{V}$，则该变量保留。

2. 支持向量机模型求解

由于不同变量之间数值大小差异很大，在确定输入变量后，需要在模型训练之前对数据进

行预处理，根据以下公式对变量进行归一化操作：

$$\tilde{x}_{ij}=\frac{x_{ij}-\mu_j}{\sigma_j}, i=1,\cdots,N, j=1,\cdots,J$$

其中，μ 和 σ 分别表示输入变量的平均值与标准差。

代入支持向量机模型中进行优化求解：

$$\max_{\alpha}\ -\frac{1}{2}\sum_{i=1}^{N}\sum_{j=1}^{N}\alpha_i\alpha_j y_i y_j K(\boldsymbol{x}_i,\boldsymbol{x}_j)+\sum_{i=1}^{N}\alpha_i$$

$$\text{s. t.}\ \sum_{i=1}^{N}\alpha_i y_i=0$$

其中，$\alpha_i\geqslant 0$；$i=1,2,\cdots,N$；$K(\boldsymbol{x}_i,\boldsymbol{x}_j)=\phi(\boldsymbol{x}_i)^{\mathrm{T}}\phi(\boldsymbol{x}_j)$ 为核函数。关于支持向量机方法的原理以及求解过程，已在 5.3 节进行了具体的阐述。

5.5.5　基于主成分分析的丙烯醛转化软测量建模方法

主成分分析方法是一种常见的降维方法，能够有效地提取输入特征中有意义的部分，降低特征的维度，常作为一种辅助手段与其他算法框架进行结合，提升模型的学习性能。本节简要介绍主成分分析法在丙烯醛转化软测量建模过程中的应用。

丙烯酸生产工艺中，丙烯氧化工艺是最重要的环节之一。工业上大多采用两步氧化法来生产丙烯酸，主要原材料是丙烯和空气。丙烯在催化剂的催化作用下，首先和氧气反应生成丙烯醛，而后再进行第二步氧化反应，最终生成丙烯酸。相较于一步氧化法，两步氧化法生产丙烯酸能够极大改善丙烯酸的回收率，减少原材料的消耗。

测量关键的工艺变量，即经过第一步氧化反应后丙烯醛的转化率，对于提高丙烯酸最终生成率有重要意义，但是由于技术的限制，很难实时获得丙烯醛的转化率。一种做法是建立以丙烯醛转化率为输出的隐马尔可夫模型，可准确地对丙烯醛转化率进行在线估计。隐马尔可夫模型是基于带隐含状态的马尔可夫过程设计的统计模型，近年来被广泛应用于软测量建模。

丙烯醛转化为丙烯酸的反应发生在第二步氧化过程的第二个反应器（R－102）中，图 5-11 中展示了丙烯第二步氧化工艺流程。丙烯经过第一步氧化制得丙烯醛后，需补充进一步氧化所需要的空气，丙烯醛和循环废气、空气在进料混合器（M－103）中混合，进入二段氧化反应器（R－102），在催化剂的作用下转化为丙烯酸。

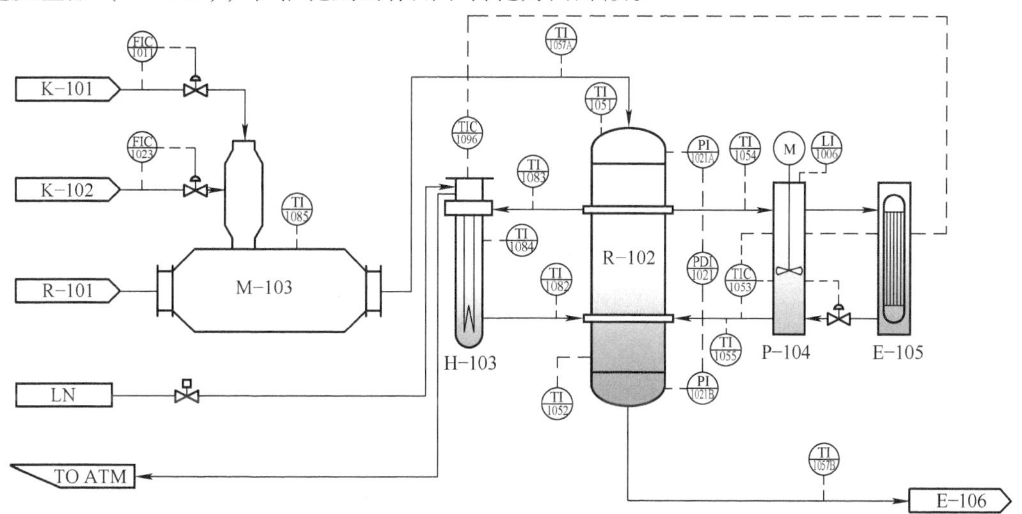

图 5-11　丙烯第二步氧化工艺流程图

在上述工艺流程中，共有14个可能与丙烯醛转化率有关的观测变量，其标签号与变量描述见表5-4。

表5-4 丙烯第二步氧化工艺流程变量描述

编号	标签号	变量描述
1	FIC1011	空气到M-103控制流量
2	FIC1023	K-102出口流量
3	TI1085	M-103内部温度
4	TI1057A	M-103出口温度
5	TI1057B	E-106进口温度
6	TI1051	R-102最高温度
7	TI1082	H-103入口温度
8	TI1083	H-103出口温度
9	TI1084	H-103入口温度
10	TI1052	R-102底部温度
11	TI1054	P-104出口温度
12	PI1021A	R-102顶部压力
13	PI1021B	R-102底部压力
14	TIC1053	E-105控制温度

过多的过程变量会增加隐马尔可夫模型的输入维度，使模型的训练过程复杂化，因此采用主成分分析方法对模型的输入变量进行降维，将主成分作为丙烯醛转化过程软测量建模输入。基于主成分分析的隐马尔可夫过程软测量步骤如下。

1）输入历史数据 $X=[x_1,x_2,\cdots,x_N]\in R^{N\times J}$，其中 J 是过程变量的数量，N 是样本数量，根据下列公式对输入数据进行标准化处理：

$$\tilde{x}_{ij}=\frac{x_{ij}-\mu_j}{\sigma_j},i=1,\cdots,N,j=1,\cdots,J$$

其中，μ 和 σ 分别表示过程变量的平均值与标准差。

2）利用主成分分析方法进行降维，得到各变量的特征值λ_j以及对应的单位正交特征向量 $\boldsymbol{p}_j$（$j=1$，…，J）。标准化输入数据在新空间上的投影为

$$q_j=\boldsymbol{p}_j\tilde{x},j=1,\cdots,J$$

3）对隐马尔可夫模型进行训练。

4）输入现场数据，同样对数据进行标准化处理，根据下式计算主成分的累计方差贡献率，并据此选择应保留的主成分的数量：

$$\eta_k=\frac{\sum_{j=1}^{k}\lambda_j}{\sum_{j=1}^{J}\lambda_j}$$

各主成分的特征值及方差所占百分比见表5-5。若按照$\eta_k>90\%$的标准选择主成分，则由表中的数据可知，应当保留主成分1~7。即选择前7个输入特征在新空间上的投影q_1，…，q_7作为每个隐马尔可夫模型的输入向量。

表 5-5　主成分累计方差贡献率

主成分编号	特征值	方差百分比（%）	累计方差百分比（%）
1	5.1379	36.70	36.70
2	2.6626	19.02	55.72
3	1.9345	13.82	69.54
4	1.1059	7.90	77.44
5	0.7700	5.50	82.94
6	0.5870	4.20	87.14
7	0.4682	3.34	90.48
8	0.4588	3.28	93.76
9	0.3041	2.17	95.93
10	0.2434	1.74	97.67
11	0.1352	0.97	98.64
12	0.1017	0.72	99.36
13	0.0652	0.47	99.83
14	0.0256	0.17	100.00

5）对隐马尔可夫模型的输出进行处理，得到最终软测量结果。

5.6 习题

1. 简述监督学习和无监督学习的主要区别。

2. 基于表5-6中的训练数据集，根据信息增益选择最优特征，构建决策树。

表 5-6　贷款申请信息记录表

序号	年龄	性别	婚姻状况	是否有房	信贷记录	是否批准
1	26	男	否	是	良好	是
2	22	女	否	否	优秀	是
3	45	女	是	否	一般	否
4	62	女	是	是	良好	是
5	49	男	否	否	一般	否
6	37	女	是	是	良好	是
7	55	男	是	否	优秀	是
8	52	男	是	是	良好	是
9	28	女	否	是	一般	否
10	33	男	是	否	一般	否

3. 试证明最大间隔分离超平面的存在唯一性。

4. 试给出利用支持向量机解决多分类问题的方案。

5. $\boldsymbol{\omega}^{\mathrm{T}}\boldsymbol{x}+b=0$ 为样本空间中的一个划分超平面，$\boldsymbol{\omega}^{\mathrm{T}}=(-1,3,2)$，$b=1$，判断下列向量是否为支持向量，并求出最大间隔。

（1）$\boldsymbol{x}_1=(3,\ 1,\ 2)$

（2）$\boldsymbol{x}_2=(-1, 1, -1)$

（3）$\boldsymbol{x}_3=(1, 1, -2)$

6. 思考主成分分析方法的几何意义。

7. 简述流程工业生产控制的数据特征。

8. 思考不同机器学习方法适用的控制任务场景。

9. 除了对被控对象的建模和预测，你认为机器学习方法在控制领域还有什么具体的应用方式？

第6章 神经元与神经网络

本章介绍神经元和神经网络的基本内容，主要包括前馈神经网络、反馈神经网络和模糊神经网络的基本原理和结构。神经网络一般可以看成任一非线性系统的输入/输出映射器，本章还将介绍神经网络的学习算法。本章内容是学习后续章节神经网络控制的基础。

6.1 神经网络的基本概念

神经网络的研究已有30多年的历史。20世纪40年代初，心理学家Mcculloch和数学家Pitts提出了形式神经元的数学模型，并研究了基于神经元模型的几个基本元件互相连接的潜在功能。1949年，Hebb和其他学者研究神经系统中的自适应定律，并提出改变神经元连接强度的Hebb规则。1958年，Rosenblatt首先引入了感知器（Perceptron）概念，并提出了构造感知器的结构，这对以后的研究起到很大作用。1962年，Widrow提出了线性自适应元件（Adline），它是连续取值的线性网络，主要用于自适应系统，与当时占主导地位的以顺序离散符号推理为基本特征的AI方法完全不同。之后，Minsky和Papert（1969年）对以感知器为代表的网络做了严格的数学分析，证明了许多性质，指出了几个模型的局限性。由于结论不太理想，此后神经网络的研究在相当长时间内发展缓慢。Grossberg在20世纪70年代，对神经网络的研究又有了突破性的进展。根据生物学和生理学的证明，他提出具有新特征的几种非线性动态系统的结构。1982年，Hopfield在网络研究中引入"能量函数"概念，把特殊的非线性动态结构用于解决诸如优化之类的技术问题，引起了工程界的巨大兴趣。Hopfield网至今仍是控制领域中应用最多的网络之一。1985年，Hinton和Sejnowshi借用了统计物理学的概念和方法，提出了Boltzman机模型，在学习过程中采用了模拟退火技术，保证系统能全局最优。1986年，以Rumelthard和Mcclelland为首的PDP（Paralld Distributed Processing）小组发表了一系列的研究结果和应用，神经网络的研究进入全盛时期。以后，Kosko提出了双向联想存储器和自适应双向联想存储器，为具体噪声环境中的学习提供了有效的方法。

神经网络作为一种新技术引起人们巨大的兴趣，并越来越多地用于控制领域，这是因为与传统的控制技术相比，它具有以下重要的特征和性质。

1）非线性：神经网络在解决非线性控制问题方面很有希望。这来源于神经网络在理论上可以趋近任何非线性函数，人工神经网络比其他方法建模更经济。

2）平行分布处理：神经网络具有高度平行的结构，这使它本身可平行实现。由于分布和平行实现，因而比常规方法有更大程度的容错能力。神经网络的基本单元结构简单，并行连接的处理速度很快。

3）硬件实现：这与分布平行处理的特征密切相关。也就是说，它不仅可以平行实现，而且许多制造厂家已经用专用的 VLSL 硬件来制作神经网络。这样，速度进一步提高，而且网络能实现的规模也明显增大。

4）学习和自适应性：利用系统过去的数据记录，可对网络进行训练。受适当训练的网络有能力泛化，即当输入出现训练中未提供的数据时，网络也有能力进行辨识。神经网络也可以在线训练。

5）数据融合：网络可以同时对定性和定量的数据进行操作。在这方面，网络正好是传统工程系统（定量数据）和人工智能领域（符号数据）信息处理技术之间的桥梁。

6）多变量系统：神经网络自然地处理多输入信号，并具有许多输出，它们非常适合于多变量系统。

很明显，复杂系统的建模问题，具有上述所需的特征。因此，用神经网络对复杂系统建模是很有前途的。

6.1.1 神经网络的基本原理和结构

图 6-1 所示为在中央神经系统中典型神经细胞的主要元件。

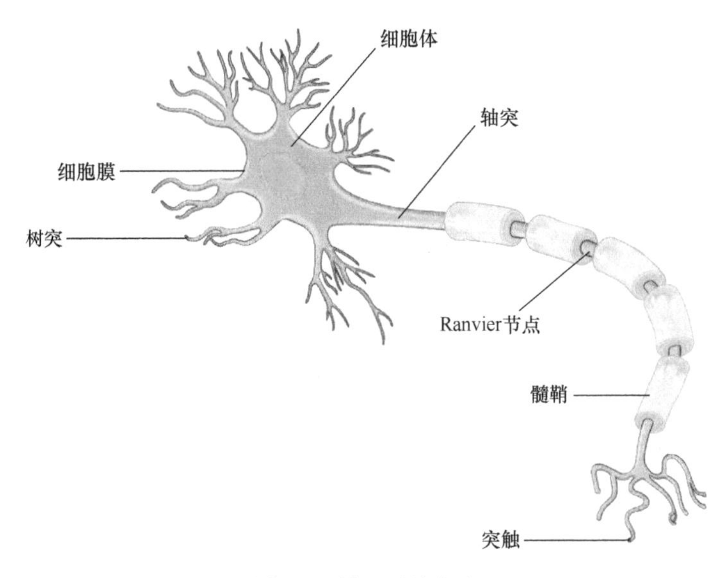

图 6-1 神经元的构造

1）细胞体：由细胞核、细胞质和细胞膜等组成。

2）轴突：细胞体向外伸出的最长的一条分支，称为轴突，即神经纤维。轴突相当于细胞的传输电缆，其端部的许多神经末梢为信号的输出端，用以送出神经激励。

3）树突：细胞体向外伸出的其他许多较短的分支，称为树突。它相当于神经细胞的输入端，用于接收来自其他神经细胞的输入激励。

4）突触：细胞与细胞之间（即神经元之间）通过轴突（输出）与树突（输入）相互连接，其接口称为突触，即神经末梢与树突相接触的交界面，每个细胞约有10^3 ~ 10^4 个突触。突触有两种模型，即兴奋型与抑制型。

5）膜电位：细胞膜内外之间有电势差，为 70 ~ 100MV，膜内为负，膜外为正。值得注意的是，在动物神经系统中，细胞之间的连接不是固定的，它可以随时按外界环境改变信号的传递方式和路径，因而连接是柔性的和可塑的。

6.1.2 神经网络的模型

组成网络的神经元模型如图6-2所示，根据6.1.1节关于动物神经细胞的构造，该模型表示具有多输入 $x_i(i=1, 2, \cdots, n)$ 和单输出 y，模型的内部状态由输入信号的加权和给出。神经单元的输出可表达成

$$y(t) = f\left(\sum_{i=1}^{n}\omega_i x_i(t) - \theta\right) \tag{6-1}$$

其中，θ 为神经元的阈值；n 是输入的数目；t 是时间；权系数 ω_i 代表了连接的强度，说明突触的负载。激励取正值，禁止激励取负值。输出函数 $y(t)$ 通常取1和0的双值函数或连续、非线性的 Sigmoid 函数。

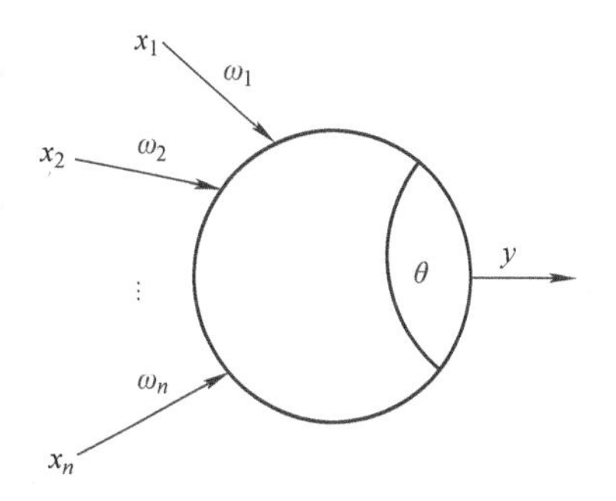

图6-2 神经元模型

从控制工程角度来看，为了采用控制领域中相同的符号和描述方法，可以把神经网络改为图6-3所示形式。

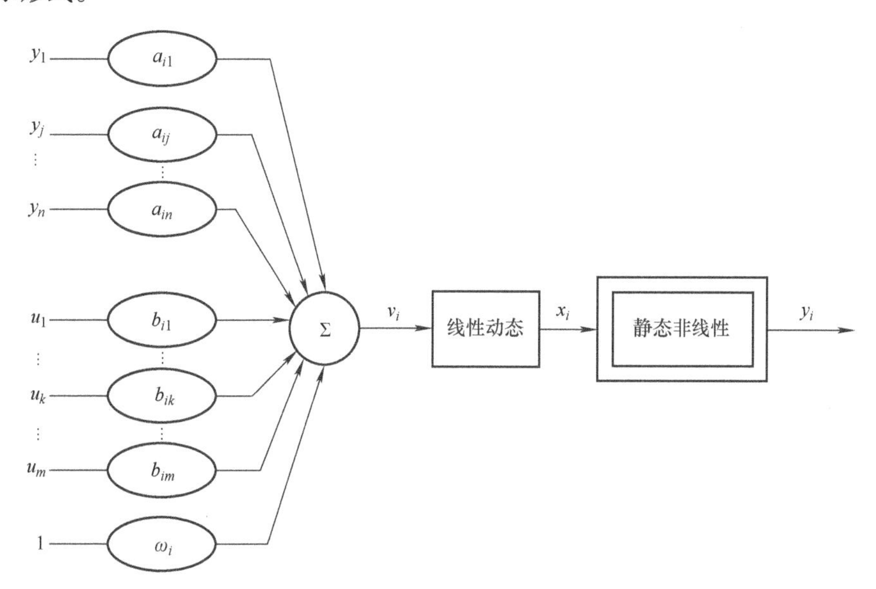

图6-3 神经元模型框图

很多神经网络结构都可以归属于这个模型，该模型由三部分组成。

1）（一个）加权的加法器。

2）线性动态单输入单输出（SISO）系统。

3）静态非线性函数。

加权加法器可表示为

$$v_i(t) = \sum_{j=1}^{n} a_{ij}y_i(t) + \sum_{k=1}^{m} b_{ik}u_k(t) + \omega_i \tag{6-2}$$

式中，y_i 是所有单元的输出；u_k 为外部输入；a_{ij} 和 b_{ik} 为相应的权系数；ω_i 为常数；$i, j=1, 2, \cdots, n$；$k=1, 2, \cdots, m$。n 个加权的加法器单元可以方便地表示成向量-矩阵形式：

$$\boldsymbol{v}(t)=\boldsymbol{A}\boldsymbol{y}(t)+\boldsymbol{B}\boldsymbol{u}(t)+\boldsymbol{w} \tag{6-3}$$

其中，$\boldsymbol{v}$为 N 维列向量；$\boldsymbol{y}$ 为 N 维向量；$\boldsymbol{u}$ 为 M 维向量；$\boldsymbol{A}$ 为 $N\times N$ 矩阵；$\boldsymbol{B}$ 为 $N\times N$ 矩阵；$\boldsymbol{w}$ 为 N 维常向量，它可以与 $\boldsymbol{u}$ 合在一起，但分开列出有好处。

线性动态系统是 SISO 线性系统，输入为$\boldsymbol{v}_i$，输出为 x_i，按传递函数形式描述为

$$\overline{x}_i(s)=H(s)\overline{\boldsymbol{v}}_i(s) \tag{6-4}$$

式（6-4）表示拉普拉斯变换形式。在时域，式（6-4）变成

$$x_i=\int_{-\infty}^{t}h(t-t')\,\boldsymbol{v}_i(t')\mathrm{d}t' \tag{6-5}$$

其中，$H(s)$ 和 $h(t)$ 组成了拉普拉斯变换对。

$$\begin{aligned}
&H(s)=1 && h(t)=\delta(t)\\
&H(s)=\frac{1}{s} && h(t)=\begin{cases}0 & t<0\\ 1 & t\geqslant 0\end{cases}\\
&H(s)=1 && h(t)=\delta(t)\\
&H(s)=\frac{1}{1+sT} && h(t)=\frac{1}{T}\mathrm{e}^{-t/T}\\
&H(s)=\frac{1}{a_0s+a_1} && h(t)=\frac{1}{a_0}\mathrm{e}^{-(a_1/a_0)t}\\
&H(s)=\mathrm{e}^{-sT} && h(t)=\delta(t-T)
\end{aligned} \tag{6-6}$$

上面的表达式中，δ 是狄拉克函数。在时域中，相应的输入/输出关系为

$$\begin{aligned}
x_i(t)&=\boldsymbol{v}_i(t)\\
\dot{x}_i(t)&=\boldsymbol{v}_i(t)\\
T\dot{x}_i(t)+x_i(t)&=\boldsymbol{v}_i(t)\\
a_0\dot{x}_i(t)+a_1x_i(t)&=\boldsymbol{v}_i(t)\\
x_i(t)&=\boldsymbol{v}_i(t-T)
\end{aligned} \tag{6-7}$$

第1、2和3种的形式就是第4种形式的特殊情况。

也有用离散时间表示的动态系统，例如

$$a_0x_i(t)+a_1x_i(t)=\boldsymbol{v}_i(t)$$

这里 t 是整时间指数。

静态非线性函数 $g(\cdot)$ 可从线性动态系统输出 x_i 给出模型的输出

$$y_i=g(x_i)$$

常用的非线性函数的数学表示及其图形见表6-1。

表6-1 非线性函数的数学表示及其图形

名称	特征	公式	图形
阶跃函数	不可微，类阶跃，正函数	$g(x)=\begin{cases}1 & x>0\\ 0 & x\leqslant 0\end{cases}$	g(x) 0

（续）

名　称	特　征	公　式	图　形
符号函数	不可微，类阶跃，零均函数	$g(x)=\begin{cases}1 & x>0\\ -1 & x\leqslant 0\end{cases}$	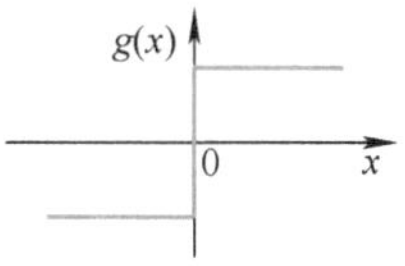
Sigmoid	可微，类阶跃，正函数	$g(x)=\dfrac{1}{1+\mathrm{e}^{-x}}$	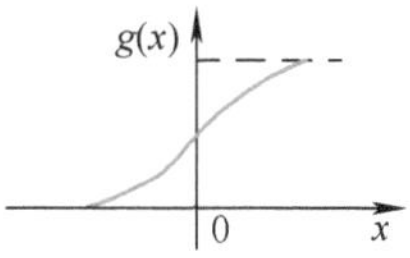
双曲正切	可微，类阶跃，零均函数	$g(x)=\tanh(x)$	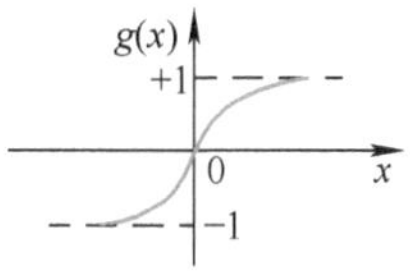
高斯	可微，类脉冲	$g(x)=\mathrm{e}^{-(x^2/\sigma^2)}$	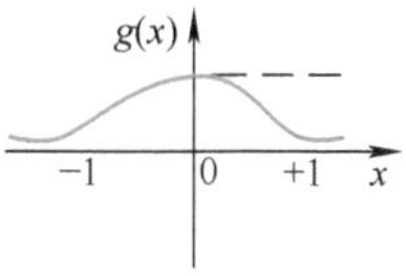

对于这些非线性函数，有几种分类方式：

1）可微和不可微。

2）类脉冲和类阶跃。

3）正函数和零均函数。

第一种分类是区别平滑函数还是陡函数。某些自适应算法，如反传网络需要平滑函数，而对给出二进制数的网络则需要不连续函数。

第二种分类是区分当输入在零附近时的数是大约输出值还是有很大的改变。

第三种分类是关于类阶跃函数和正函数由 $-\infty$ 处为零变到在 $+\infty$ 处为 1；零均函数从 $-\infty$ 处为 -1 变到 $+\infty$ 处为 $+1$。

表 6-1 中所列的非线性函数相互之间存在密切的关系。可以看到，Sigmoid 函数和双曲正切函数是相似的，前者范围为 0 ~ 1；而后者范围从 $-1\sim+1$。阈值函数也可看成 Sigmoid 和双曲正切函数高增益的极限。类脉冲函数可以从可微的类阶跃函数中产生，反之亦然。

大家都知道，处在不同部位上的神经元往往有不同的特性，例如眼睛运动系统具有 Sigmoid 特性；而在视觉区具有高斯特性。应按照不同的情况，建立不同的合适模型。还有一些非线性函数，如对数、指数，也很有用，但还没有建立它们生物学方面的基础。

6.1.3　神经元的连接方式

神经元本身从计算和表示来看并没有很强大的功能，但是按多种不同方式连接之后，可以在变量之间建立不同关系，给出多种强大的信息处理能力。人们已经知道神经元的三个基本元件可以按不同的方式连接起来。如果神经元都是静态的 $[H(s)=1]$，那么神经元的结合可以按一组代数方程来描述。将式（6-3）、式（6-4）、式（6-5）联合起来，可得

$$\boldsymbol{v}(t)=\boldsymbol{A}\boldsymbol{y}(t)+\boldsymbol{B}\boldsymbol{u}(t)+\boldsymbol{w}$$

$$y(t)=g(x(t)) \tag{6-8}$$

其中，$\boldsymbol{x}$ 为 N 维列向量；$g(\boldsymbol{x})$ 是非线性函数。如果 $g(\boldsymbol{x})$ 取如下形式的阈值函数：

$$g(\boldsymbol{x})=\begin{cases}1 & \boldsymbol{x}>\boldsymbol{O} \\ -1 & \boldsymbol{x}\leqslant \boldsymbol{O}\end{cases} \quad (\boldsymbol{B}=\boldsymbol{O}) \tag{6-9}$$

则式（6-8）就表示了 Adline（自适应线性）网络，这是一个单层的静态网络。

神经网络可以连接成多层，有可能在输入和输出之间给出更为复杂的非线性映射，这种网络是典型的也是非动态的。这时，连接矩阵 $\boldsymbol{A}$ 使输出被划分为多个层次，在一个层次中的神经元只接收前一层次中神经元发来的输入（在第一层，接收网络的输入）。网络中没有反馈。例如，在一个三层网络中，每层含有 N 个神经元，可将式（6-8）中网络向量 $\boldsymbol{x}$、$\boldsymbol{y}$、$\boldsymbol{u}$ 和 $\boldsymbol{w}$ 划分，即

$$\begin{bmatrix}\boldsymbol{x}^1(t)\\ \boldsymbol{x}^2(t)\\ \boldsymbol{x}^3(t)\end{bmatrix}=\boldsymbol{A}\begin{bmatrix}\boldsymbol{y}^1(t)\\ \boldsymbol{y}^2(t)\\ \boldsymbol{y}^3(t)\end{bmatrix}+\boldsymbol{B}\begin{bmatrix}\boldsymbol{u}^1(t)\\ \boldsymbol{u}^2(t)\\ \boldsymbol{u}^3(t)\end{bmatrix}+\begin{bmatrix}\boldsymbol{w}^1\\ \boldsymbol{w}^2\\ \boldsymbol{w}^3\end{bmatrix} \tag{6-10}$$

其中，上标表示网络中相应的层次，矩阵 $\boldsymbol{A}$ 和 $\boldsymbol{B}$ 的结构如下：

$$\boldsymbol{A}=\begin{bmatrix}\boldsymbol{O}_{N\times N} & \boldsymbol{O}_{N\times N} & \boldsymbol{O}_{N\times N}\\ \boldsymbol{A}^2 & \boldsymbol{O}_{N\times N} & \boldsymbol{O}_{N\times N}\\ \boldsymbol{O}_{N\times N} & \boldsymbol{A}^3 & \boldsymbol{O}_{N\times N}\end{bmatrix} \qquad \boldsymbol{B}=\begin{bmatrix}\boldsymbol{B}^1 & \boldsymbol{O}_{N\times M} & \boldsymbol{O}_{N\times M}\\ \boldsymbol{O}_{N\times M} & \boldsymbol{O}_{N\times M} & \boldsymbol{O}_{N\times M}\\ \boldsymbol{O}_{N\times M} & \boldsymbol{O}_{N\times M} & \boldsymbol{O}_{N\times N}\end{bmatrix} \tag{6-11}$$

其中，$\boldsymbol{O}_{N\times N}$是 $N\times N$ 的零矩阵；$\boldsymbol{O}_{N\times M}$是 $N\times M$ 的零矩阵；$\boldsymbol{A}^2$ 和 $\boldsymbol{A}^3$ 是 $N\times N$ 的矩阵；而 $\boldsymbol{B}^1$ 是 $N\times M$ 的权矩阵。对第一层有

$$\begin{aligned}\boldsymbol{x}^1(t)&=\boldsymbol{B}^1\boldsymbol{u}^1(t)+\boldsymbol{w}^1\\ \boldsymbol{y}^1(t)&=g(\boldsymbol{x}^1(t))\end{aligned} \tag{6-12}$$

对第二层和第三层，有

$$\begin{aligned}\boldsymbol{x}^l(t)&=\boldsymbol{A}^l\boldsymbol{y}^{i-1}(t)+\boldsymbol{w}^1\\ \boldsymbol{y}^l(t)&=g(\boldsymbol{x}^l(t))\end{aligned} \tag{6-13}$$

其中，$l=2$，3。

可以从表 6-1 选取不同的 $g(x)$。如果选择 Sigmoid 函数，这就是 Rumelhart 提出的反传（BP）网络。

在网络中引入反馈，就产生动态网络，其一般的动态方程可以表示为

$$\boldsymbol{x}(t)=F(\boldsymbol{x}(t),\boldsymbol{u}(t),\boldsymbol{\theta})$$
$$\boldsymbol{y}(t)=G(\boldsymbol{x}(t),\boldsymbol{\theta})$$

其中，$\boldsymbol{x}$ 代表状态；$\boldsymbol{u}$ 是外部输入；$\boldsymbol{\theta}$ 代表网络参数；F 是代表网络结构的函数；G 是代表状态变量和输出之间关系的函数。Hopfield 网络就是一种具有反馈的动态网络。

起初，反馈（回归）网络引入到联想和内容编址存储器（CAM），用作模式识别。未受扰动的模态作用稳定在平衡点，而它的噪声变体应处在吸引域。这样，建立了与一组模式有关的动态系统。如果整个工作空间正确地由 CAM 划分，那么任何初始状态条件（相应于一个样板）应该有一个对应于未受扰动模态的稳态解，这种分类器的动态过程实际上是一个滤波器。

6.2 前馈神经网络

在这一节里，首先介绍最简单的只具有单层计算单元的神经网络——感知器（Perceptron），然后讨论 BP 网络的基本特性和功能，随后对更复杂、非线性逼近能力更强的 GMDH 网

络和 RBF 网络的基本原理进行介绍。

6.2.1　感知器

感知器是美国心理学家于 1958 年提出的，它是最基本的但具有学习功能的层状结构（Layered Network）。最初的感知器由三层即 S（Sensory）层、A（Association）层和 R（Response）层组成，如图 6-4 所示。

S 层和 A 层之间的耦合是固定的，当 A 层和 R 层（即输出层）只有一个输出节点时，它相当于单个神经元，简化为如图 6-5 所示。当输入的加权和大于或等于阈值时，感知器的输出为 1，否则为 0 或 -1，因此它可用于两类模式的分类。当两类模式可用一超平面分开（即线性可分）时，权值 ω 在学习中一定收敛，反之，则不收敛。Minsky 和 Papert 曾对感知器的分类能力做了严格的评价，并指出了它的局限性，例如它连最常用的异或（XOR）逻辑运算都无法实现。

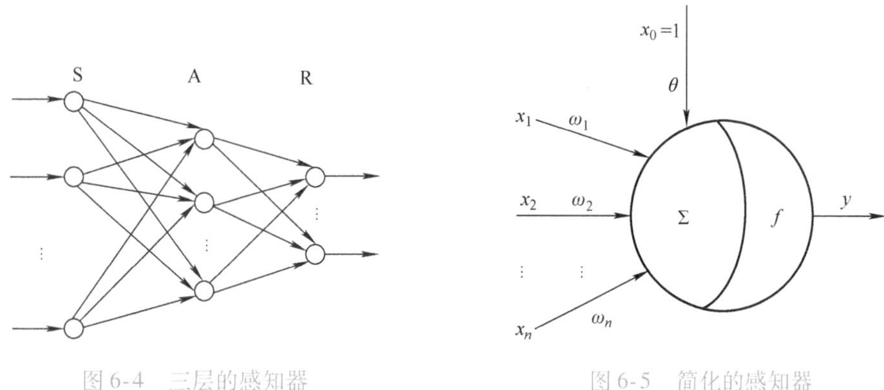

图 6-4　三层的感知器　　图 6-5　简化的感知器

现在看看感知器为什么不能实现 XOR 逻辑运算。如果找不到合理的权值 ω_1、ω_2 和阈值 θ 满足下列不等式：

$$\left.\begin{array}{r}\omega_1+\omega_2<\theta\\ \omega_1-\omega_2\geqslant\theta\\ -\omega_1-\omega_2<\theta\\ -\omega_1+\omega_2\geqslant\theta\end{array}\right\}\Rightarrow\begin{cases}\theta>0\\ \theta\leqslant 0\end{cases}$$

则证明：显然不存在一组（ω_1，ω_2，θ）满足上面的不等式。

感知器权值的学习是通过给定的导前信号（即希望输出）按下式进行的：

$$\omega_i(k+1)=\omega_i(k)+\eta[y_{\mathrm{d}}(k)-y(k)]x_i$$
$$i=0,1,\cdots,n \tag{6-14}$$

其中，$\omega_i(k)$ 为当前的权值；$y_{\mathrm{d}}(k)$ 为导前信号；η 为控制权值修正速度的常数（$0<\eta\leqslant 1$）；$y(k)$ 为感知器的输出值，即 $y(k)=f\left(\sum_{i=0}^{n}\omega_i(k)x_i\right)$。权值的初始值一般取较小的随机非零值。

如果在感知器的 A 层和 R 层加上一层或多层隐单元，则构成的多层感知器具有很强的处理功能，事实上有以下的结论。

定理 6-1　假定隐层的节点可以根据需要自由设置，那么三层（不包括 S 层）的阈值网络可以实现任意的二值逻辑函数。

值得注意的是，感知器学习方法在函数不是线性可分时，得不出任何结果，另外也不能推广到一般的前向网络中去。其主要原因是传递函数为阈值函数，为此人们用可微函数（如 Sigmoid 曲线）来代替阈值函数，然后采用梯度算法来修正权值。BP 网络就是这种算法的典型网络。

6.2.2 BP 网络

BP 网络（Back Propagation NN）是一种单向传播的多层前向网络，其结构如图 6-6所示。网络除输入输出节点外，有一层或多层的隐层节点，同层节点中没有任何耦合。输入信号从输入层节点，依次传过各隐层节点，然后传到输出节点，每一层节点的输出只影响下一层节点的输出。每个节点都具有图 6-5 所示的神经元结构，其单元特性（传递函数）通常为 Sigmoid 型，但在输出层中，节点的单元特性有时为线性。

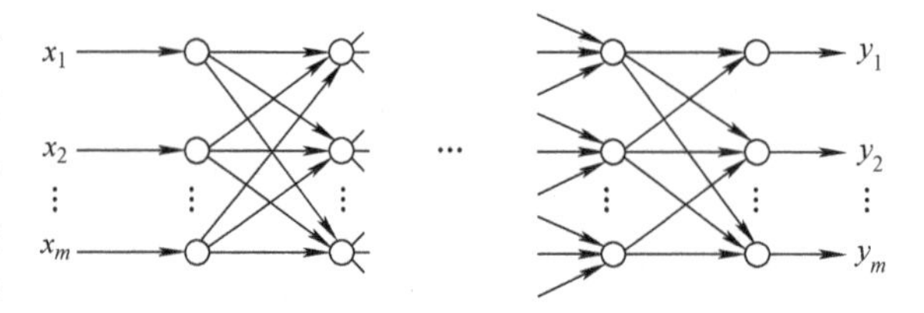

图 6-6 BP 网络结构

BP 网络可看成一个从输入到输出的高度非线性映射，即 F：$\mathbf{R}^n \to \mathbf{R}^m$，$f(X)=Y$。对于样本集合，输入 $x_i \in \mathbf{R}^n$ 和输出 $y_i \in \mathbf{R}^m$，可认为存在某一映射 g，使得

$$g(x_i)=y_i \qquad i=1,2,\cdots,n$$

现要求求出一映射 f，使得某种意义下（通常是最小二乘意义下），f 是 g 的最佳逼近。神经网络通过对简单的非线性函数进行数次复合，可近似复杂的函数。

首先介绍 Kolmogorov 定理，亦称映射网络存在定理。

定理 6-2 Kolmogorov 定理 给定任一连续函数 f：$U^n \to \mathbf{R}^m$，$f(X)=Y$，这里 U 是闭单位区间［0,1］，f 可以精确地用一个三层前向网络实现，此网络的第一层（即输入层）有 n 个处理单元，中间层有 $2n+1$ 个处理单元，第三层（即输出层）有 m 个处理单元。

此定理的证明可参见 Hecht - Nielsen（1987 年）。

尽管 Kolmogorov 定理保证任一连续函数可由一个三层前向网络来实现，但它没有提供任何构造这一网络的可行方法。为此神经网络的研究工作者，如 Lapedes 和 Farber（1988 年）、Hecht - Nielsen（1989 年）、Iric 和 Miyake（1988 年）等，对 BP 网络进行了研究，发现 BP 网络可在任意希望的精度上实现任意的连续函数。

在给出 BP 定理前，先介绍一个概念，即傅里叶（Fourier）级数理论，对给定的任意平方可积函数 $g:[0,1]^n \to \mathbf{R}$（即 $\int_{[0,1]^n} |g(X)|^2 \mathrm{d}X$ 存在），有以下等式：

$$\hat{g}(X,N)=\sum_{k_1=-N}^{N}\sum_{k_2=-N}^{N}\cdots\sum_{k_n=-N}^{N} C_{k_1k_2\cdots k_n}\exp\left(2\pi i\sum_{i=1}^{n}k_ix_i\right)$$

其中，

$$C_{k_1k_2\cdots k_n}=\int_{[0,1]^n} g(X)\exp\left(-2\pi i\sum_{i=1}^{n}k_ix_i\right)\mathrm{d}X$$

在下列意义下收敛到 g

$$\lim_{N\to\infty}\int_{[0,1]^n}\left|g(X)-\hat{g}(X,N)\right|^2\mathrm{d}X=0$$

定理 6-3 BP 定理 给定任意 $\varepsilon>0$ 和任意 L_2 函数 $f:[0,1]^n \to \mathbf{R}^m$，存在一个三层 BP 网络，它可在任意 ε 平方误差精度内逼近 f。

只要证明各个 f 成分的傅里叶级数中的 sin 项可由一个三层 BP 网络的部分隐层节点和输出

节点以希望的任意精度来逼近，即可完成 BP 定理的证明，详见 Hecht - Nielsen（1989 年）。

虽然 BP 定理告诉我们，只要用三层 BP 网络就可实现 L_2 函数，但实际上还有必要使用更多层的 BP 网络，其原因是用三层 BP 网络来实现 L_2 函数，往往需要大量的隐层节点，而使用多层网络可以减少隐层节点数。但如何选取网络的隐层数和节点数，还没有确切的方法和理论，通常是凭对学习样本和测试样本的误差交叉评价的试错法选取。

6.2.3 GMDH 网络

GMDH（Group Method of Data Handling）模型是由 Ivakhnenko（1971 年）为预报海洋河流中的鱼群而提出的模型。它成功地应用于非线性系统的建模和控制中，如超音速飞机的控制系统、电力系统的负荷预测等。因为 GMDH 模型具有前向网络的结构，因此人们把它作为前向网络的一种，称之为多项式网络。

图 6-7 所示的是一典型的 GMDH 网络，它由 4 个输入和 1 个输出构成。输入层节点只是传递输入信号到中间的隐层节点，每一隐层节点和输出节点正好有两个输入，因此单输出节点的前一层肯定只有两个隐层节点。除输入层外，每个处理单元具有如图 6-8 所示的形式，其输入输出关系为

$$z_{k,l} = a_{k,l}(z_{k-1,i})^2 + b_{k,j}z_{k-1,i}z_{k-1,j} + c_{k,l}(z_{k-1,j})^2 + d_{k,l}z_{k-1,i} + e_{k,i}z_{k-1,j} + f_{k,j} \tag{6-15}$$

其中，$z_{k,l}$表示第 k 层的第 l 个处理单元，且 $z_{0,l} = x_i$。由上式可见，GMDH 网络中的处理单元的输出是两个输入量的 2 次多项式，因此网络的每一层将使多项式的次数增大 2 阶，其结果是网络的输出 $\hat{y}$ 可以表示成输入的高阶（$2k$ 阶）多项式，其中 k 是网络的层数（不含输入层）。这样的多项式亦称为 Ivakhnenko 多项式。

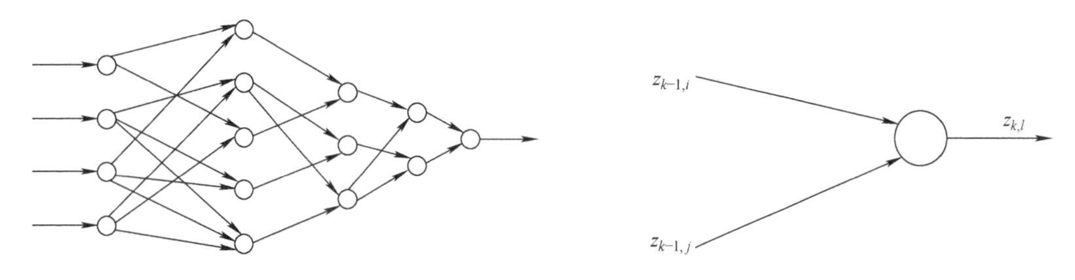

图 6-7 GMDH 的典型网络结构

图 6-8 GMDH 网络的处理单元

下面将讨论如何决定 GMDH 网络的每一隐层及其处理单元。首先在输入层后加上一层中间层，决定其处理单元的数目和每一处理单元的多项表达式。同样在中间层后，加上一层中间层做相应的处理，一直到输出层。每一层的处理内容和方法都相同，处理过程详述如下。

假设第 $k-1$ 层有 M_{k-1}个处理单元，那么，在决定第 k 层时，首先将由 $C_{M_{k-1}}^2$组合的处理单元（即第 $k-1$ 层的每两个输出的组合）构成第 k 层处理单元的输入。对于给定的学习样本 (X_1,y_1)，(X_2,y_2)，…，(X_p,y_p)，先计算出第 $k-1$ 层的输出 z_{k-1}，然后，利用最小二乘法，估计出式（6-15）内的多项式系数（$a_{k,l},b_{k,l},c_{k,l},\cdots,f_{k,l}$）。这样的学习方法使得每一层的输出都尽可能地接近于所希望的输出。必须注意的是，用于每一层处理单元学习的样本必须和前面用过的学习样本不同。

当同层的每个处理单元的多项式系数都确定后，用新的样本来评价每个处理单元的输出性能。最简单的方法是计算在新样本下每个处理单元的输出误差均方差的处理单元。均方差的大小虽各不相同，但可根据其和最好处理单元的均方差的比值来决定阈值，然后删除那些高于阈

值的处理单元。通过删除一些性能较差的处理单元，可保证每层处理单元的数目不会因前层输出的组合而急剧增多。

决定最佳层数的准则如图6-9所示。起始增大层数时，每层最好的处理单元的均方差 F 会逐渐变小。当 F 达到最小值后，再增加层数时，F 反而会增大。因此对应 F 最小值 $F_{\min}$ 的层数是最佳的，取此层的最好的处理单元作为输出节点，并删除同层的其他处理单元和前层中与输出节点不相关的所有处理单元。这样就得到了结构简单的、但性能较好的GMDH网络。GMDH网络提供了拟合一组样本的最佳多项式，但它需要大量的计算。

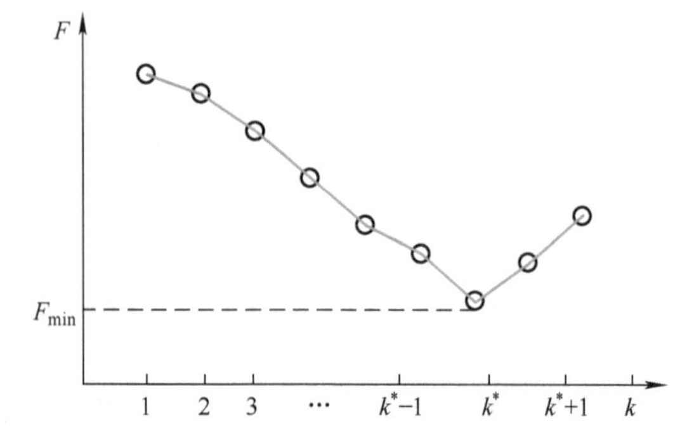

图6-9 GMDH网络中间层的层数和最好单元的均方差的关系

6.2.4 RBF网络

RBF（Radial Basis Function）网络由三层组成，其结构如图6-10所示。输入层节点只是传递输入信号到隐层，隐层节点（亦称RBF节点）由像高斯核函数那样的辐射状作用函数构成，而输出层节点通常是简单的线性函数。

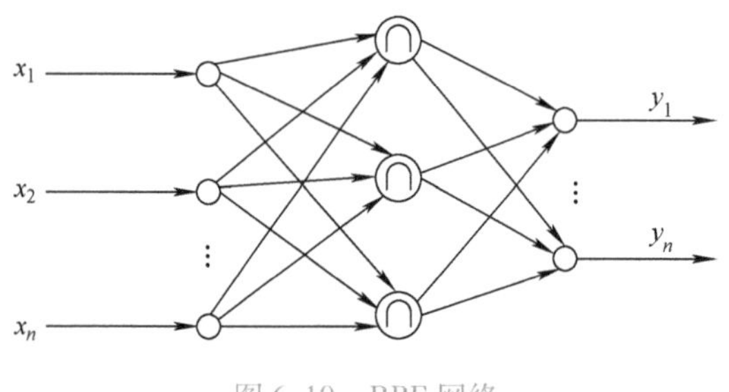

图6-10 RBF网络

隐层节点中的作用函数（核函数）将在局部对输入信号产生响应，也就是说，当输入信号靠近核函数的中央范围时，隐层节点将产生较大的输出，为此RBF网络有时也称为局部感知场网络。

虽然有各种各样的核函数，但最常用的是高斯核函数（Gaussian Kernel Function），即

$$u_j=\exp\left[-\frac{(\boldsymbol{X}-C_j)^{\mathrm{T}}(\boldsymbol{X}-C_j)}{2\sigma_j^2}\right]\quad j=1,2,\cdots,N_{\mathrm{h}}\tag{6-16}$$

其中，u_j 是第 j 个隐层节点的输出；$\boldsymbol{X}=(x_1,x_2,\cdots,x_n)^{\mathrm{T}}$ 是输入样本；C_j 是高斯函数的中心值；σ_j 是标准化常数；N_{h} 是隐层节点数。由式（6-16）可知，节点的输出范围为0~1，且输入样本越靠近节点的中心，输出值越大。

RBF网络的输出为隐层节点输出的线性组合，即

$$y_i=\sum_{j=1}^{N_{\mathrm{h}}}\omega_i u_j-\theta=\boldsymbol{W}_i^{\mathrm{T}}\boldsymbol{U}\quad i=1,2,\cdots,m\tag{6-17}$$

其中，$\boldsymbol{W}_i=(\omega_{i1}\quad\omega_{i2}\quad\cdots\quad\omega_{iN_{\mathrm{h}}}\quad-\theta)^{\mathrm{T}}$；$\boldsymbol{U}=(u_1\quad u_2\quad\cdots\quad u_{N_{\mathrm{h}}}\quad 1)^{\mathrm{T}}$。

RBF网络的学习过程分为两个阶段。第一阶段，根据所有的输入样本决定隐层节点的高斯核函数的中心值 C_j 和标准化常数 σ_j。第二阶段，在决定好隐层的参数后，根据样本，利用最小二乘原则，求出输出层的权值 $\boldsymbol{W}_i$。有时在完成第二阶段的学习后，再根据样本信号，同时校正隐层和输出层的参数，以进一步提高网络的精度。

有很多聚类方法（Clustering Algorithm）可用来求高斯核函数的参数，其中最简单而有效的方法是k－means法。

假设用k－means法已将输入样本聚类，则有

$$C_j = \frac{1}{M_j \sum_{x \in \theta_j} \boldsymbol{X}}$$

$$\sigma_j^2 = \frac{1}{M_j} \sum_{x \in \theta_j} (\boldsymbol{X} - C_j)^{\mathrm{T}} (\boldsymbol{X} - C_j) \tag{6-18}$$

其中，M_j 是 j 组的样本数；θ_j 代表是第 j 组的所有样本。

为减少隐层的节点数，有时用 Mahalanobis 距离来代替式（6-16），即

$$u_j = \exp\left[-(\boldsymbol{X} - C_j)^{\mathrm{T}} \boldsymbol{\Sigma}_j^{-1} (\boldsymbol{X} - C_j) \right] \quad j = 1, 2, \cdots, N_{\mathrm{h}} \tag{6-19}$$

其中，$\boldsymbol{\Sigma}_j$ 是 j 组样本的协方差矩阵。

从理论上而言，RBF 网络和 BP 网络一样可近似任何的连续非线性函数。两者的主要差别在于使用不同的作用函数，BP 网络中的隐层节点使用的是 Sigmoid 函数，其函数值在输入空间中无限大的范围内为非零值，而 RBF 网络中的作用函数是局部的。

6.3 反馈神经网络

在反馈神经网络中，输入信号决定反馈系统的初始状态，然后系统经过一系列状态转移后，逐渐收敛于平衡状态。这样的平衡状态就是反馈神经网络经计算后的输出结果，由此可见，稳定性是反馈神经网络中最重要的问题之一。如果能找到网络的 Lyapunov 函数，则能保证网络从任意的初始状态都能收敛到局部最小点。Hopfield 神经网络是反馈神经网络中最简单且应用最广的模型，它具有联想记忆的功能。如果可把 Lyapunov 函数定义为寻优函数的话，Hopfield 网络还可用于解决快速寻优的问题。在本节中，首先讨论由 M. A. Cohen 和 S. Grossberg 提出的一类更广泛的 CG 网络，以及盒中脑（BSB）网络、Hopfield 网络，然后再剖析回归 BP 网络和 Boltzmann 机模型。

6.3.1 CG 网络

Cohen 和 Grossberg 提出的反馈网络模型可用下述一组非线性微分方程描述：

$$\frac{\mathrm{d}x_i}{\mathrm{d}t} = a_i(x_i)\left[b_i(x_i) - \sum_{j=1}^{m} c_{ij} d_j(x_j) \right] \quad i = 1, 2, \cdots, n \tag{6-20}$$

其中，由 c_{ij} 构成的连接矩阵 $\boldsymbol{C}$ 是对称矩阵，即 $c_{ij} = c_{ji}$；$a_i(\cdot)$ 为正定函数，即 $a_i(x_i) \geqslant 0$；$d_j(\cdot)$ 为单调递增函数，即 $d_j'(x_i) \geqslant 0$。

在式（6-20）中描述的 CG 网络模型中，x_i 代表第 i 个神经元的内部状态，$d_j(x_j)$ 是第 j 个神经元的输出，c_{ij} 是代表神经单元 i 和 j 间耦合程度的权值，$\sum_{j=1}^{n} c_{ij} d_j(x_j)$ 代表神经元 i 的输入。

关于 CG 网络模型的稳定性，有以下的结果。

定理 6-4　对于式（6-20），若 $a_i(x_i) \geqslant 0$，$d_j(x_i)$ 为单调递增，$c_{ij} = c_{ji}$，则该网络是稳定的。

定理 6-4 的证明可通过下述 Lyapunov 函数来完成：

$$E = -\sum_{i=1}^{n} \int^{x_i} b_i(x_i) d_i'(x_i) \mathrm{d}x_i + \frac{1}{2} \sum_{j=1}^{n} \sum_{k=1}^{n} c_{jk} d_j(x_j) d_k(x_k) \tag{6-21}$$

函数 E 的导数由下式求得：

$$\begin{aligned}\frac{\mathrm{d}E}{\mathrm{d}t} &= \sum_{i=1}^{n}\frac{\partial E}{\partial x_i}\cdot\frac{\mathrm{d}x_i}{\mathrm{d}t}\\ &= \sum_{i=1}^{n}\left(-d_i'(x_i)\left[b_i(x_i)-\sum_{j=1}^{n}c_{ij}d_j(x_j)\right]\right)\frac{\mathrm{d}x_i}{\mathrm{d}t}\\ &= -\sum_{i=1}^{n}-a_i(x_i)d_i'\left[b_i(x_i)-\sum_{j=1}^{n}c_{ij}d_j(x_j)\right]^2\\ &\leqslant 0\end{aligned}$$

根据稳定性的 Lyapunov 直接法，式（6-20）是渐进稳定的，且当 $\mathrm{d}E/\mathrm{d}t=0$ 时，系统进入平衡状态。

6.3.2 盒中脑（BSB）网络

BSB（Brain-State-in-a-Box）网络由下列离散方程描述：

$$x_i(k+1) = S(x_i(k)) + a\sum_{j=1}^{n}t_{ij}x_j(k) \quad i=1,2,\cdots,n \tag{6-22}$$

其中，$t_{ij}=t_{ji}$。非线性函数 $S(\cdot)$ 定义见下（见图6-11）；

$$S(x)=\begin{cases}-F & x<-F\\ x & -F\leqslant x\leqslant F\\ F & x>F\end{cases}$$

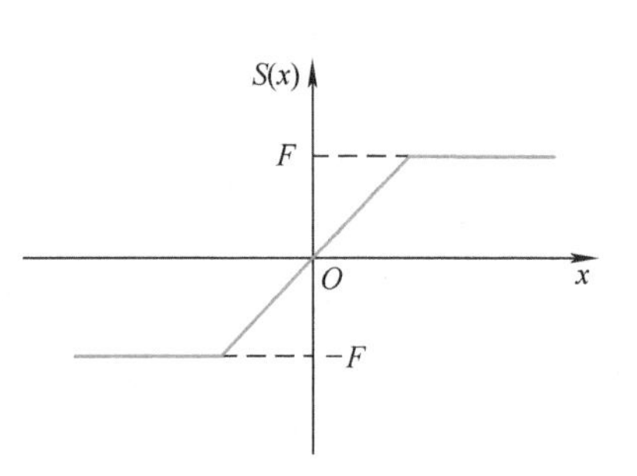

图6-11 非线性函数 $S(x)$

当系统随时间发生变化时，每个状态 x_i 逐渐趋近于 $\pm F$。事实上，当系统达到一平衡状态时，（x_1，x_2，…，x_n）进入由（$\pm F$，$\pm F$，…，$\pm F$）构成的箱子某一角。

对应式（6-22）的连续时间模型为

$$\frac{\mathrm{d}x_i}{\mathrm{d}t} = -x_i + S\left(\sum_{j=1}^{n}\omega_{ij}S(x_j)\right) \tag{6-23}$$

其中，$\omega_{ij}=\delta_{ij}+at_{ij}$，$\delta_{ij}$为 Kronecker 函数，即

$$\delta_{ij}=\begin{cases}1 & i=j\\ 0 & i\neq j\end{cases}$$

若定义

$$y_i = \sum_{j=1}^{n}\omega_{ij}x_j$$

将之代入式（6-23），可得

$$\frac{\mathrm{d}y_i}{\mathrm{d}t} = -y_i + \sum_{j=1}^{n}\omega_{ij}S(y_j)$$

由此可见，BSB 模型可看成是式（6-20）所示模型的一个特例，唯一不同的是 $S(\cdot)$ 不是处处可微的函数。因此 BSB 模型的动态特性不能用式（6-21）的 Lyapunov 函数来分析，因为 Lyapunov 函数的分析需要 $S(\cdot)$ 的导数。

6.3.3 Hopfield 网络

Hopfield 提出的网络模型可用下列非线性微分方程描述：

$$\begin{cases}C_i\dfrac{\mathrm{d}x_i}{\mathrm{d}t} = -\dfrac{\boldsymbol{x}_i}{R}+\boldsymbol{I}_i+\displaystyle\sum_{j=1}^{n}t_{ij}\boldsymbol{y}_j\\ \boldsymbol{y}_j = g_j(x_j)\end{cases} \tag{6-24}$$

上述模型还可用电路来表示（见图 6-12）。其中，电阻 R_i 和电容 C_i 并联，用来模拟生物神经元输出的时间常数；跨导 t_{ij} 模拟神经元之间互连的突触特性；运算放大器用来模拟神经元的非线性特性。

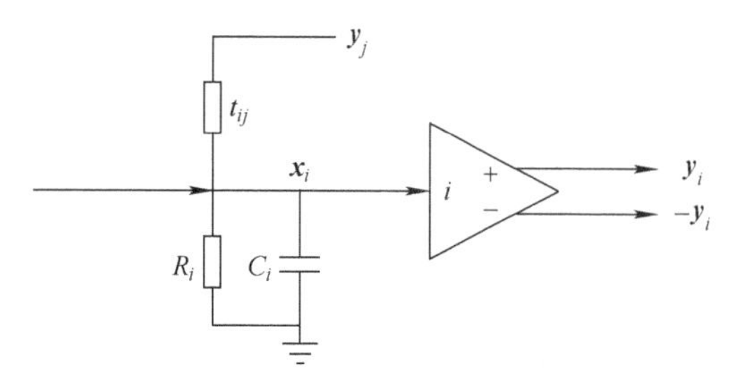

图 6-12　Hopfield 电路

Hopfield 模型可以从 CG 网络模型导出，在式（6-20）中，设 $a_i(\cdot)$ 为一常数，即 $a_i(x_i) = 1/C_i$，$b_i(\cdot)$ 为一线性函数，即

$$b_i(x_i) = -\frac{1}{R_i}\boldsymbol{x}_i + \boldsymbol{I}_i$$

且 $c_{ij} = -t_{ij}, d_j(x_j) = g_j(x_j)$，则 CG 网络模型就变成式（6-24）所示的 Hopfield 模型。

定义 Hopfield 网络的能量函数为

$$E = \sum_{i=1}^{n} \frac{1}{R_i} \int^{y_i} g_i^{-1}(y)\,\mathrm{d}y - \sum_{i=1}^{n} \boldsymbol{I}_i \boldsymbol{y}_i - \frac{1}{2}\sum_{j=1}^{n}\sum_{k=1}^{n} t_{jk}\boldsymbol{y}_j\boldsymbol{y}_k \tag{6-25}$$

其中，$g_i(\cdot)$ 是 Sigmoid 函数，不难证明式（6-25）的能量函数在简单的假设下是一个 Lyapunov函数，因此有如下定理。

定理 6-5　对于式（6-24），若 $c_i > 0$，$t_{ij} = t_{ji}$，则网络的解轨道在状态空间中总是朝着能量较小的方向运动，且网络的稳定平衡点就是 E 的极小点。

对于理想放大器，式（6-25）可简化为

$$E = \sum_{i=1}^{n} \boldsymbol{I}_i \boldsymbol{y}_i - \frac{1}{2}\sum_{j=1}^{n}\sum_{k=1}^{n} t_{jk}\boldsymbol{y}_j\boldsymbol{y}_k \tag{6-26}$$

由定理6-5 得知，对于给定的一组权值 t_{ij}，式（6-24）中的系统从某一初始状态收敛于稳定点。如果把系统的每个稳定点看成一个记忆的话，那么从初态朝对应稳定点流动的过程就是寻找记忆的过程。初态是给定该记忆的部分信息或带有噪声的信息，寻找记忆的过程就是从部分信息找出全部信息或从噪声中恢复原来信息的过程。联想存储器就是基于这个原理。

当 Hopfield 网络用于联想记忆时，存储的信息就分布在网络的权系上。即式（6-24）在 $\boldsymbol{I}_{i=0}$ 时，权系由记忆状态 $\boldsymbol{Y}_k(k=1, 2, \cdots, m)$ 构成，称为 Hopfield 网络，即

$$t_{ij} = \sum_{k=1}^{m} \boldsymbol{y}_{ik}\boldsymbol{y}_{ik} \quad \text{或} \quad \boldsymbol{T} = \sum_{k=1}^{m} \boldsymbol{Y}_k \boldsymbol{Y}_k^{\mathrm{T}} \tag{6-27}$$

虽然在早期已有若干网络研究者，如 Anderson（1972 年）、Kohonen（1972 年）、Nakano（1972 年）等，用上述外积规则来构成网络的权矩阵 $\boldsymbol{T}$，但 Hopfield（1984 年）证明了由式（6-27）构成的权矩阵保证存储的记忆状态对应于式（6-26）的最小点。事实上，对于某一状态 y，式（6-26）可写成

$$E = -\frac{1}{2}\sum_{k=1}^{m} C(\boldsymbol{Y}_k, \boldsymbol{Y})^2 \tag{6-28}$$

其中，$\boldsymbol{Y}_k(k=1, 2, \cdots, m)$ 是存储的 m 个正交状态，$C(\boldsymbol{Y}_k, \boldsymbol{Y})$ 的定义为

$$C(\boldsymbol{Y}_k, \boldsymbol{Y}) = \sum_{i=1}^{n} \boldsymbol{y}_{ik}\boldsymbol{y}_i = \boldsymbol{Y}_k^{\mathrm{T}}\boldsymbol{Y} \tag{6-29}$$

如果网络的初始状态 $\boldsymbol{y}$ 是一随机向量，那么每项 $C(\boldsymbol{Y}_k, \boldsymbol{Y})^2$ 趋近于零。但当 $\boldsymbol{Y} = \boldsymbol{Y}_k(1 \leqslant k \leqslant m)$ 时，E 达到最小值，即 $E_{\min} \approx -(1/2)n^2$。

对应式（6-24）的连续时间的 Hopfield 网络模型，离散的 Hopfield 网络模型描述如下：对

于网络的每个节点，

$$x_i(k+1) = \operatorname{sgn}\left(\sum_{j=1}^{n} t_{ij}x_j(k) - \theta_i\right) \qquad i = 1,2,\cdots,n \tag{6-30}$$

其中，

$$\operatorname{sgn}(u) = \begin{cases} +1 & u \geqslant 0 \\ -1 & \text{其他} \end{cases}$$

式（6-30）的基本形式和感知器的输入/输出关系相同。下面将分析的网络和 Hopfield 在其文献中提出的某一网络相似，网络的节点可表示成

$$\begin{cases} g_i(\boldsymbol{X}) = \sum\limits_{j=1}^{n} t_{ij}\boldsymbol{x}_j(k) - \theta_j \\ \boldsymbol{x}_i(k+1) = \begin{cases} +1 & g_i(\boldsymbol{X}) > 0 \\ -1 & \text{其他} \end{cases} \end{cases} \tag{6-31}$$

这里，$\boldsymbol{T}$ 为对角元素为 0 的对称矩阵，即 $t_{ij}=t_{ji}$ 且 $t_{ii}=0$。

式（6-31）的能量函数为

$$E = -\sum_{i=1}^{n}\sum_{j=1}^{n} t_{ij}\boldsymbol{x}_i\boldsymbol{x}_j + 2\sum_{i=1}^{n}\theta_i\boldsymbol{x}_i \tag{6-32}$$

在状态发生变化时，能量函数总是在减少。

设节点 p（$1\leqslant p\leqslant n$）发生状态变化，即从 +1 变为 -1 或从 -1 变为 +1，这时能量的变化为

$$\begin{aligned} \Delta E &= -2x_p(k+1)\sum_{j=1}^{n} t_{pj}\boldsymbol{x}_j(k+1) + 2\theta_p x_p(k+1) + 2x_p(k)\sum_{j=1}^{n} t_{pj}\boldsymbol{x}_j(k) - 2\theta_p x_p(k) \\ &= 2[x_p(k) - x_p(k+1)]\left[\sum_{j=1}^{n} t_{pj}\boldsymbol{x}_j(k) - \theta_p\right] \\ &= 2[x_p(k) - x_p(k+1)]\cdot g_p(\boldsymbol{X}) \end{aligned}$$

上面等式第二步中使用了 $t_{ij}=t_{ji}=0$ 的条件。

当节点 p 的状态从 +1 变为 -1 时，有 $g_p(\boldsymbol{X})<0$ 且 $x_p(k)-x_p(k+1)=2$，因此 $\Delta E<0$。同样当状态从 -1 变为 +1 时，$g_p(\boldsymbol{X})>0$ 且 $x_p(k)-x_p(k+1)=-2<0$，因此 $\Delta E<0$。显然只有 $x_p(k+1)=x_p(k)$ 时，$\Delta E=0$。另外 E 有下限，因此经有限次状态变化后，E 达到最小值，网络也收敛到某一稳定状态。

6.3.4 回归 BP 网络

由于误差反向传播（BP）算法在前向网络的学习中深受欢迎，许多网络研究工作者将 BP 网络中使用的梯度下降法（Gradient Decent Method）应用到回归网络中，因此产生了回归 BP 算法（Recurrent Back - Propagation）。

回归 BP 网络可由下述非线性动态方程描述：

$$\tau\frac{\mathrm{d}z_i}{\mathrm{d}t} = -z_i + S\left(\sum_{j}\omega_{ij}z_j\right) + I_i \tag{6-33}$$

其中，z_i 代表神经元 i 的内部状态；$S(\cdot)$ 为 Sigmoid 函数；I_i 的定义如下：

$$I_i = \begin{cases} x_i & \text{神经元 } i\in A \\ 0 & \text{其他} \end{cases} \tag{6-34}$$

其中，A 为输入节点的集合；x_i 为外加输入。若用 Ω 代表输出层节点的集合，则隐层节点是既不属于 A 也不属于 Ω 的节点，但一个节点可以同时是一输入节点（即 $I_i = x_i$），也可以是一输出节点。

当式（6-33）到达平衡点时，即 $\frac{\mathrm{d}z_i}{\mathrm{d}t}=0$，有

$$z_i^* = S\left(\sum_j \omega_{ij} z_j^*\right) + I_i \tag{6-35}$$

这里假设式（6-33）至少存在一个稳定的吸引子（Stable Attractor），且由式（6-35）给出。

网络的权矩阵 $\boldsymbol{\omega} = [\boldsymbol{\omega}_{ij}]$ 通过使下列误差平方和最小来求得：

$$E = \frac{1}{2}\sum_k E_k^2 \tag{6-36}$$

其中，

$$E_k = \begin{cases} y_k - z_k^* & 神经元\ k \in \Omega \\ 0 & 其他 \end{cases} \tag{6-37}$$

网络的权矩阵可通过一辅助网络来修正，即

$$\Delta \boldsymbol{W}_{pq} = \alpha s'\left(\sum_j \boldsymbol{\omega}_{pj} z_j^*\right) v_p^* z_p^* \tag{6-38}$$

这里 v_p^* 是下列辅助网络的稳定吸引子：

$$\frac{\mathrm{d}v_i}{\mathrm{d}t} = -v_i + \sum_p v_p s'\left(\sum_j \boldsymbol{\omega}_{pj} z_j^*\right)\boldsymbol{\omega}_{pj} + E_i \tag{6-39}$$

因此在权值的修正中，不必求解矩阵的逆。另外，如果式（6-35）的解是式（6-33）的稳定吸引子的话，则

$$v_i^* - \sum_p v_p^* s'\left(\sum_j \boldsymbol{\omega}_{pj} z_j^*\right)\boldsymbol{\omega}_{pj} = E_i$$

的解将是式（6-39）的稳定吸引子。

6.3.5 Boltzmann 网络

G. E. Hinton 和 T. J. Sejnowski 借助统计物理学的方法，对具有对称权矩阵的随机网络引进了一般的学习方法。由于这种随机网络的状态服从于统计学的 Boltzmann 分布，故被称为 Boltzmann 机。网络由可见单元（Visible Unit）和隐单元（Hidden Unit）构成，每个单元只取两种状态：-1 和 +1。当神经元的输入加权和发生变化时，神经元的状态随之更新，各单元之间的状态更新是异步的，可用概率来描述。神经元 i 的输出值取 1 的概率为

$$P(s_i = +1) = \frac{1}{1+\exp\left(-\frac{2}{T}\bar{s}_i\right)} \tag{6-40}$$

其中，

$$\bar{s}_i = \sum_j \boldsymbol{\omega}_{ij} s_j$$

相反，神经元 i 的输出值取 -1 的概率为

$$P(s_i = -1) = 1 - P(s_i = +1) = \frac{1}{1+\exp\left(\frac{2}{T}\bar{s}_i\right)} \tag{6-41}$$

这里 T 是网络的绝对温度。由式（6-39）可知，当输入加权和增大时，状态为 1 的概率将

提高，当温度 T 很高时，状态取 -1 和 1 的机会接近，状态容易发生变化。

网络的学习就是通过给定的一组范例，求出各单元之间连接的权值 $\boldsymbol{\omega}_{ij}$。Boltzmann 机学习的方法是基于统计方法。假设当网络的可见单元取状态 α，隐单元取状态 β 时，神经元 i 的实际输出为 $s_i^{\alpha\beta}$，网络的能量函数可由下式定义：

$$E_{\alpha\beta} = -\sum_i \sum_{i<j} \boldsymbol{\omega}_{ij} s_i^{\alpha\beta} s_j^{\alpha\beta} = -\frac{1}{2}\sum_i \sum_j \boldsymbol{\omega}_{ij} s_i^{\alpha\beta} s_j^{\alpha\beta} \tag{6-42}$$

这时可见单元状态为 α，隐单元状态为 β 的概率 $P'(v_\alpha H_\beta)$ 由 Boltzmann - Gibbs 分布决定，即

$$P'(v_\alpha H_\beta) = \frac{1}{z}\exp\left(-\frac{1}{T}E_{\alpha\beta}\right) \tag{6-43}$$

其中，

$$z = \sum_\alpha \sum_\beta \exp\left(\frac{1}{T}E_{\alpha\beta}\right)$$

设 Boltzmann 机由 n_{v} 个可见单元和 n_{h} 个隐单元构成，则网络共有 $2^{n_{\mathrm{v}}} \times 2^{n_{\mathrm{h}}} = 2^{(n_{\mathrm{v}}+n_{\mathrm{h}})}$ 个状态。当温度很高时，z 接近于网络的状态总数。实际上网络的可见单元状态处于 α 的概率为

$$P'(v_\alpha) = \sum_\beta \frac{1}{z}\exp\left(-\frac{1}{T}E_{\alpha\beta}\right) \tag{6-44}$$

其中，$P(v_\alpha)$ 表示网络可见单元处于 α 时的希望概率。Boltzmann 机的学习就是调整网络的权值，使 $P'(v_\alpha)$ 尽可能地逼近 $P(v_\alpha)$。Ackley 等人和 Hinton 和 Sejnowski 提出了将下列目标函数最小化求解 $\boldsymbol{\omega}_{ij}$ 的方法：

$$G = \sum_\alpha p(v_\alpha)\ln\frac{P(v_\alpha)}{P'(v_\alpha)} \tag{6-45}$$

因此梯度下降法可用来获取 $\partial G/\partial \boldsymbol{\omega}_{ij}$，即

$$\frac{\partial G}{\partial \boldsymbol{\omega}_{ij}} = -\frac{1}{T}(P_{ij} - P'_{ij}) \tag{6-46}$$

其中，

$$P_{ij} = \sum_\alpha P(v_\alpha)\sum_\beta P(H_\beta) s_i^{\alpha\beta} s_j^{\alpha\beta}$$

$$P'_{ij} = \sum_\alpha \sum_\beta P'(v_\alpha H_\beta) s_i^{\alpha\beta} s_j^{\alpha\beta}$$

根据式（6-46），权值的修正方程为

$$\Delta\boldsymbol{\omega}_{ij} = \eta\frac{1}{T}[P_{ij} - P'_{ij}] \tag{6-47}$$

网络的温度 T 对 Boltzmann 机的学习很重要。如果温度太低，那么网络只能达到少数的状态，因此容易陷入局部最小点。相反，如果温度太高，陷入局部极小值的可能性虽会变小，但停止在最小值的机会也随之减小。为此，可从高温开始，然后徐徐退火降低温度，使网络以相当高的概率收敛于最小能量的状态。这就是模拟退火法在 Boltzmann 机中应用的过程。

R. P. Lippmann 曾利用 Boltzmann 机来进行语言处理和辨识，Kohonen 等人评价了 Boltzmann 机在模式识别中的性能，他们发现 Boltzmann 机的效果要比 BP 网络好。

6.4 模糊神经网络

通过前面的讨论可知，神经网络具有并行计算、分布式信息存储、容错能力强与具备自适应学习功能等一系列优点。正是由于这些优点，神经网络的研究受到广泛的关注并引起了许多

研究者的兴趣。但一般来说，神经网络不适于表达基于规则的知识，因此在对神经网络进行训练时，由于不能很好地利用已有的经验知识，常常只能将初始权值取为零或随机数，从而增加了网络的训练时间或者陷入非要求的局部极值。这应该说是神经网络的一个不足。

此外，模糊逻辑也是一种处理不确定性、非线性和其他不适定问题（Ill - Posed - Problem）的有力工具。它比较适合于表达那些模糊或不定性的知识，其推理方式比较类似于人的思维模式。以上这些都是模糊逻辑的显著优点。但是一般来说，模糊系统缺乏自学习和自适应能力。

基于上述讨论可以想象，若能将模糊逻辑与神经网络适当地结合起来，吸取两者的长处，则可组成比单独的神经网络系统或单独的模糊系统性能更好的系统。下面介绍用神经网络来实现模糊系统的两种结构。

6.4.1　基于标准模型的模糊神经网络

在模糊系统中，模糊模型的表示主要有两种：一种为模糊规则的后件是输出量的某一模糊集合，如 *NB*、*PB* 等，这是最常碰到的情况，因而称它为模糊系统的标准模型表示；另一种为模糊规则的后件是输入语言变量的函数，典型的情况是输入变量的线性组合。由于该方法是 Takagi 和 Sugeno 首先提出来的，因此通常称它为模糊系统的 Takagi - Sugeno 模型。下面首先讨论标准模型的模糊神经网络。

1. 模糊系统的标准模型

前面已经介绍过，对于多输入多输出（MIMO）的模糊规则可以分解为多个多输入单输出（MISO）的模糊规则。因此，不失一般性，下面只讨论 MISO 模糊系统。

图 6-13 所示为基于标准模型的 MISO 模糊系统原理结构图。其中，$x \in R^n$，$y \in R$。如果该模糊系统的输出作用于一个控制对象，那么它的作用便是一个模糊逻辑控制器。否则，它可用于模糊逻辑决策系统、模糊逻辑诊断系统等其他方面。

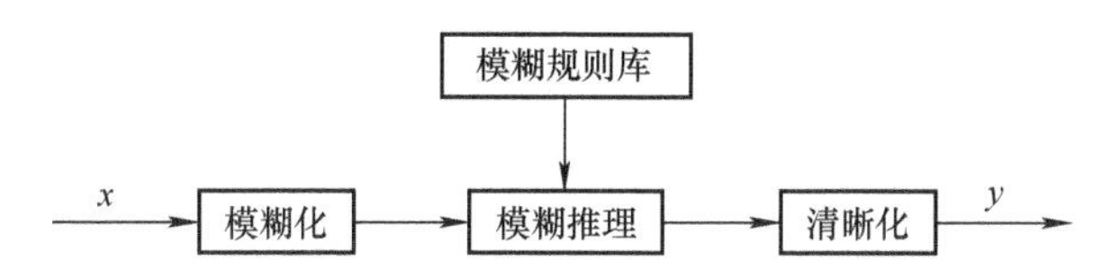

图 6-13　基于标准模型的 MISO 模糊系统原理结构图

设输入向量 $\boldsymbol{x} = [x_1 x_2 \cdots x_n]^{\mathrm{T}}$，每个分量 x_i 均为模糊语言变量，并设

$$T(x_i) = \{A_i^1, A_i^2, \cdots, A_i^{m_i}\} \qquad i = 1, 2, \cdots, n$$

其中，$A_i^j(j = 1, 2, \cdots, m_i)$ 是 x_i 的第 j 个语言变量值，它是定义在论域 U_i 上的一个模糊集合。相应的隶属度函数为 $\mu_{A_i^j}(x_i)(i = 1, 2, \cdots, n;\ j = 1, 2, \cdots, m_i)$。

输出量 y 也为模糊语言变量且 $T(y) = \{B^1, B^2, \cdots, B^{m_y}\}$。其中，$B^j(j = 1, 2, \cdots, m_y)$ 是 y 的第 j 个语言变量值，它是定义在论域 U_y 上的模糊集合。相应的隶属度函数为 $\mu_{B^j}(y)$。

设描述输入输出关系的模糊规则为：

R_i：如果 x_1 是 A_1^i and x_2 是 A_2^i and⋯and x_n 是 A_n^i 则 y 是 B^i。

其中，$i = 1, 2, \cdots, m$，m 表示规则总数，$m \leqslant m_1 m_2 \cdots m_n$。

若输入量采用单点模糊集合的模糊化方法，则对于给定的输入 $\boldsymbol{x}$，可以求得对于每条规则的适用度为

$$\alpha_i = \mu_{A_1^i}(x_1) \wedge \mu_{A_2^i}(x_2) \wedge \cdots \wedge \mu_{A_n^i}(x_n)$$

或

$$\alpha_i = \mu_{A_1^i}(x_1)\mu_{A_2^i}(x_2)\cdots\mu_{A_n^i}(x_n)$$

通过模糊推理可得对于每一条模糊规则的输出量模糊集合 B_i 的隶属度函数为

$$\mu_{B_i}(y) = \alpha_i \wedge \mu_{B^i}(y)$$

或

$$\mu_{B_i}(y) = \alpha_i \mu_{B^i}(y)$$

从而输出量总的模糊集合为

$$B = \bigcup_{i=1}^{m} B_i$$

$$\mu_{B_i}(y) = \bigvee_{i=1}^{m} \mu_{B^i}(y)$$

若采用加权平均的清晰化方法，则可求得输出的清晰化量为

$$y = \frac{\int_{U_y} y\mu_B(y)\,\mathrm{d}y}{\int_{U_y} \mu_B(y)\,\mathrm{d}y}$$

由于计算上式的积分很麻烦，实际计算时通常用下面的近似公式：

$$y = \frac{\sum_{i=1}^{m} y_{c_i}\mu_{B_i}(y_{c_i})}{\sum_{i=1}^{m} \mu_{B_i}(y_{c_i})}$$

其中，y_{c_i}是使 $\mu_{B_i}(y)$ 取最大值的点，它一般也就是隶属度函数的中心点。显然

$$\mu_{B_i}(y_{c_i}) = \max_{y} \mu_{B_i}(y) = \alpha_i$$

从而输出量的表达式可变为

$$y = \sum_{i=1}^{m} y_{c_i}\,\overline{\alpha}_i$$

其中，

$$\overline{\alpha}_i = \frac{\alpha_i}{\sum_{i=1}^{m} \alpha_i}$$

2. 模糊神经网络的结构

根据上面给出的模糊系统的模糊模型，可设计出如图 6-14 所示的基于标准模型的模糊神经网络结构。图 6-14 所示为 MIMO 系统，它是上面讨论的 MISO 情况的简单推广。

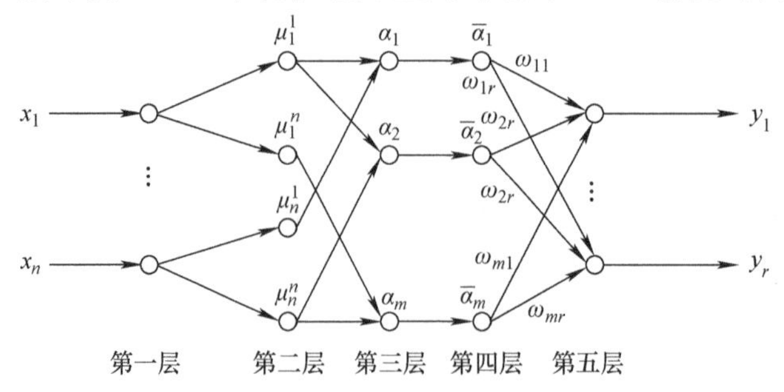

图 6-14 基于标准模型的模糊神经网络结构

图中第一层为输入层。该层的各个节点直接与输入向量的各分量 x_i 连接，它起着将输入值 $\boldsymbol{x}=[x_1x_2\cdots x_n]^{\mathrm{T}}$ 传送到下一层的作用。该层的节点数 $N_1=n$。

第二层每个节点代表一个语言变量值，如 NB、PS 等。它的作用是计算各输入分量属于各语言变量值模糊集合的隶属度函数 μ_i^j，其中

$$\mu_i^j \hat{=} \mu_{A_i^j}(x_i) \quad i=1,2,\cdots,n;j=1,2,\cdots,m_i$$

n 是输入量的维数，m_i 是 x_i 的模糊分割数。例如，若隶属度函数采用高斯函数表示的菱形函数，则

$$\mu_i^j = \mathrm{e}^{-\frac{(x_i-c_{ij})^2}{\sigma_{ij}^2}}$$

其中，c_{ij}和 σ_{ij}分别表示隶属度函数的中心值和宽度。该层的节点总数为

$$N_2 = \sum_{i=1}^{n} m_i$$

第三层的每个节点代表一条模糊规则，它的作用是用来匹配模糊规则的前件，计算出每条规则的适用度，即

$$\alpha_j = \min\{\mu_1^{i_1},\mu_2^{i_2},\cdots,\mu_n^{i_n}\}$$

或

$$\alpha_j = \mu_1^{i_1}\mu_2^{i_2}\cdots\mu_n^{i_n}$$

其中，$i_1 \in (1,2,\cdots,m_1), i_2 \in (1,2,\cdots,m_2),\cdots,i_n \in (1,2,\cdots,m_n); j=1,2,\cdots,m, m=\prod_{i=1}^{n} m_i$。

该层的节点总数 $N_3=m$。对于给定的输入，只有在输入点附近的那些语言变量值才有较大的隶属度值，远离输入点的语言变量值的隶属度或者很小（高斯隶属度函数），或者为 0（三角形隶属度函数）。当隶属度函数很小（例如小于 0.05）时，近似取为 0。因此，在 α_j 中只有少量节点输出非 0，而多数节点的输出为 0。

第四层的节点数与第三层相同，即 $N_4=N_3=m$，它所实现的是归一化计算，即

$$\bar{\alpha}_j = \alpha_j \Big/ \sum_{i=1}^{m} \alpha_i \qquad j=1,2,\cdots,m$$

第五层是输出层，它所实现的是清晰化计算，即

$$y_i = \sum_{j=1}^{m} \omega_{ij}\bar{\alpha}_j \qquad i=1,2,\cdots,r$$

与前面所给出的标准模糊模型的清晰化计算相比较，这里的 ω_{ij}相当于 y_i 的第 j 个语言值隶属度函数的中心值，上式写成向量形式则为

$$\boldsymbol{y} = \boldsymbol{W}\bar{\boldsymbol{\alpha}}$$

其中，

$$\boldsymbol{y} = \begin{bmatrix} y_1 \\ y_2 \\ \vdots \\ y_r \end{bmatrix} \quad \boldsymbol{W} = \begin{bmatrix} w_{11} & w_{12} & \cdots & w_{1m} \\ w_{21} & w_{22} & \cdots & w_{2m} \\ \vdots & \vdots & & \vdots \\ w_{r1} & w_{r2} & \cdots & w_{rm} \end{bmatrix} \quad \bar{\boldsymbol{\alpha}} = \begin{bmatrix} \bar{\boldsymbol{\alpha}}_1 \\ \bar{\boldsymbol{\alpha}}_2 \\ \vdots \\ \bar{\boldsymbol{\alpha}}_m \end{bmatrix}$$

3. 学习算法

假设各输入分量的模糊分割数是预先确定的，那么需要学习的参数是最后一层的连接权 $\omega_{ij}(i=1,2,\cdots,n;\ j=1,2,\cdots,m)$，以及第二层的隶属度函数的中心值 c_{ij}和宽度 $\sigma_{ij}(i=1,2,\cdots,n;\ j=1,2,\cdots,m_i)$。

上面所给出的模糊神经网络本质上也是一种多层前馈网络，所以可以仿照 BP 网络用误差反传的方法来设计调整参数的学习算法。为了导出误差反传的迭代算法，需要对每个神经元的输入输出关系加以形式化的描述。

设图 6-15 所示为模糊神经网络中第 q 层第 j 个节点。其中，节点的纯输入 $=f^{(q)}(x_1^{(q-1)},x_2^{(q-1)},\cdots,x_{n_{q-1}}^{(q-1)};\omega_{j1}^{(q)},\omega_{j2}^{(q)},\cdots,\omega_{jn_{q-1}}^{(q)})$，节点的输出 $=x_j^{(q)}=g^{(q)}(f^{(q)})$。对于一般的神经元的节点，通常有

$$f^{(q)}=\sum_{i=1}^{n_{q-1}}\omega_{ji}^{(q)}x_i^{(q-1)}$$

$$x_j^{(q)}=g^{(q)}(f^{(q)})=\frac{1}{1+\mathrm{e}^{-\mu f^{(q)}}}$$

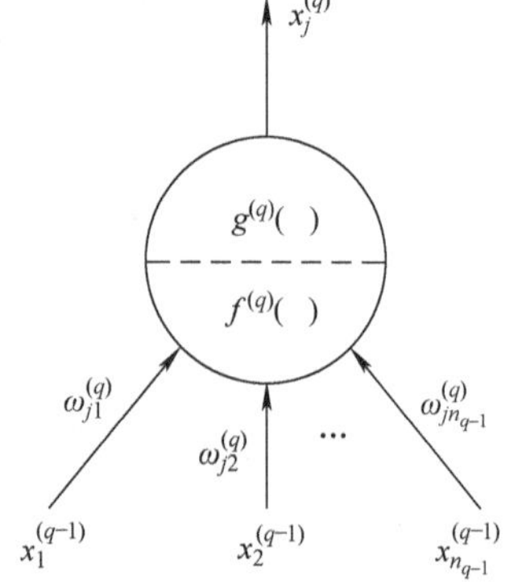

图 6-15 单个神经元节点的基本结构

而对于图 6-14 所示的模糊神经网络，其神经元节点的输入/输出函数则具有较为特殊的形式。

下面具体给出它的每一层的节点函数。

第一层：

$$f_i^{(1)}=x_i^{(0)}=x_i \quad x_i^{(1)}=g_i^{(1)}=f_i^{(1)} \qquad i=1,2,\cdots,n$$

第二层：

$$f_{ij}^{(2)}=-\frac{(x_i^{(1)}-c_{ij})^2}{\sigma_{ij}^2}$$

$$x_{ij}^{(2)}=\mu_i^j=g_{ij}^{(2)}=\mathrm{e}^{f_{ij}^{(2)}}=\mathrm{e}^{-\frac{(x_i-c_{ij})^2}{\sigma_{ij}^2}} \qquad i=1,2,\cdots,n;j=1,2,\cdots,m_i$$

第三层：

$$f_j^{(3)}=\min\{x_{1i_1}^{(2)},x_{2i_2}^{(2)},\cdots,x_{ni_n}^{(2)}\}=\min\{\mu_1^{i_1},\mu_2^{i_2},\cdots,\mu_n^{i_n}\}$$

或者

$$f_j^{(3)}=x_{1i_1}^{(2)}x_{2i_2}^{(2)}\cdots x_{ni_n}^{(2)}=\mu_1^{i_1}\mu_2^{i_2}\cdots\mu_n^{i_n} \quad x_j^{(3)}=\alpha_j=g_j^{(3)}=f_j^{(3)} \quad j=1,2,\cdots,m,m=\prod_{i=1}^{n}m_i$$

第四层：$f_j^{(4)}=x_j^{(3)}\Big/\sum\limits_{i=1}^{m}x_i^{(3)}=\alpha_j\Big/\sum\limits_{i=1}^{m}\alpha_i \qquad x_j^{(4)}=\bar{\alpha}_j=g_j^{(4)}=f_j^{(4)} \qquad j=1,2,\cdots,m$

第五层：$f_i^{(5)}=\sum\limits_{j=1}^{m}\omega_{ij}x_j^{(4)}=\sum\limits_{j=1}^{m}\omega_{ij}\bar{\alpha}_j \qquad x_i^{(5)}=y_i=g_i^{(5)}=f_i^{(5)} \qquad i=1,2,\cdots,r$

设取误差代价函数为

$$E=\frac{1}{2}\sum_{i=1}^{r}(y_{di}-y_i)^2$$

其中，y_{di} 和 y_i 分别表示期望输出和实际输出。下面给出误差反传算法来计算 $\frac{\partial E}{\partial\omega_{ij}}$、$\frac{\partial E}{\partial c_{ij}}$ 和 $\frac{\partial E}{\partial\sigma_{ij}}$，然后用一阶梯度寻优算法来调节 ω_{ij}、c_{ij} 和 σ_{ij}。

首先计算

$$\delta_i^{(5)}\triangleq-\frac{\partial E}{\partial f_i^{(5)}}=-\frac{\partial E}{\partial y_i}=y_{di}-y_i$$

进而求得

$$\frac{\partial E}{\partial\omega_{ij}}=\frac{\partial E}{\partial f_i^{(5)}}\frac{\partial f_i^{(5)}}{\partial\omega_{ij}}=-\delta_i^{(5)}x_j^{(4)}=-(y_{di}-y_i)\bar{\alpha}_j$$

再计算

$$\delta_j^{(4)} \hat{=} -\frac{\partial E}{\partial f_j^{(4)}} = -\sum_{i=1}^{r} \frac{\partial E}{\partial f_i^{(5)}} \frac{\partial f_j^{(4)}}{\partial g_j^{(4)}} \frac{\partial g_j^{(4)}}{\partial f_i^{(4)}} = \sum_{i=1}^{r} \delta_i^{(5)} \omega_{ij}$$

$$\delta_j^{(3)} \hat{=} -\frac{\partial E}{\partial f_j^{(3)}} = -\frac{\partial E}{\partial f_i^{(4)}} \frac{\partial f_j^{(4)}}{\partial g_j^{(3)}} \frac{\partial g_j^{(3)}}{\partial f_i^{(3)}} = \delta_i^{(4)} \sum_{\substack{i=1 \\ i \neq j}}^{m} x_i^{(3)} \Big/ \left(\sum_{i=1}^{m} x_i^{(3)} \right)^2 = \delta_j^{(4)} \sum_{\substack{i=1 \\ i \neq j}}^{m} \alpha_i \Big/ \left(\sum_{i=1}^{m} \alpha_i \right)^2$$

$$\delta_j^{(2)} \hat{=} -\frac{\partial E}{\partial f_j^{(2)}} = -\sum_{k=1}^{m} \frac{\partial E}{\partial f_k^{(3)}} \frac{\partial f_k^{(3)}}{\partial g_{ij}^{(2)}} \frac{\partial g_{ij}^{(2)}}{\partial f_{ij}^{(2)}} = \sum_{k=1}^{m} \delta_k^{(3)} S_{ij} e^{f_{ij}^{(2)}} = \sum_{k=1}^{m} \delta_k^{(3)} S_{ij} e^{-\frac{(x_i - c_{ij})^2}{\sigma_{ij}^2}}$$

当 $f_k^{(3)}$ 采用取小运算时，则当 $g_{ij}^{(2)} = \mu_i^j$ 是第 k 个规则节点输入的最小值时

$$S_{ij} = \frac{\partial f_k^{(3)}}{\partial g_{ij}^{(2)}} = \frac{\partial f_k^{(3)}}{\partial \mu_i^j} = 1$$

否则，

$$S_{ij} = \frac{\partial f_k^{(3)}}{\partial g_{ij}^{(2)}} = \frac{\partial f_k^{(3)}}{\partial \mu_i^j} = 0$$

当 $f_k^{(3)}$ 采用相乘运算时，如果 $g_{ij}^{(2)} = \mu_i^j$ 是第 k 个规则节点的一个输入，则有

$$S_{ij} = \frac{\partial f_k^{(3)}}{\partial g_{ij}^{(2)}} = \frac{\partial f_k^{(3)}}{\partial \mu_i^j} = \prod_{\substack{j=1 \\ j \neq i}}^{n} \mu_j^{i_j}$$

否则，

$$S_{ij} = \frac{\partial f_k^{(3)}}{\partial g_{ij}^{(2)}} = \frac{\partial f_k^{(3)}}{\partial \mu_i^j} = 0$$

从而可得所求一阶梯度为

$$\frac{\partial E}{\partial c_{ij}} = \frac{\partial E}{\partial f_{ij}^{(2)}} \frac{\partial f_{ij}^{(2)}}{\partial c_{ij}} = -\delta_{ij}^{(2)} \frac{2(x_i - c_{ij})}{\sigma_{ij}^2}$$

$$\frac{\partial E}{\partial \sigma_{ij}} = \frac{\partial E}{\partial f_{ij}^{(2)}} \frac{\partial f_{ij}^{(2)}}{\partial \sigma_{ij}} = -\delta_{ij}^{(2)} \frac{2(x_i - c_{ij})^2}{\sigma_{ij}^3}$$

在求得所需的一阶梯度后，可给出参数调整的学习算法为

$$\omega_{ij}(k+1) = \omega_{ij}(k) - \beta \frac{\partial E}{\partial \omega_{ij}} \qquad i = 1, 2, \cdots, r; j = 1, 2, \cdots, m$$

$$c_{ij}(k+1) = c_{ij}(k) - \beta \frac{\partial E}{\partial c_{ij}} \qquad i = 1, 2, \cdots, n; j = 1, 2, \cdots, m_i$$

$$\sigma_{ij}(k+1) = \sigma_{ij}(k) - \beta \frac{\partial E}{\partial \sigma_{ij}} \qquad i = 1, 2, \cdots, n; j = 1, 2, \cdots, m_i$$

其中，$\beta > 0$ 为学习率。

该模糊神经网络也和 BP 网络等一样，本质上是实现从输入到输出的非线性映射。它和 BP 网络一样，结构上是多层前馈网络，学习算法都是通过误差反传的方法。下面通过一个非线性函数映射的例子来说明该网络的性能。

【例 6-1】 设有如下的二维非线性函数

$$f(x_1, x_2) = \sin(\pi x_1)\cos(\pi x_2)$$

其中，$x_1 \in [-1, 1]$，$x_2 \in [-1, 1]$。现用上面给出的模糊神经网络来实现该非线性映射。

设将输入量 x_1 和 x_2 均分为 8 个模糊等级，它们对应于从 NL 到 PL 的 8 个模糊语言名称，

即 $m_1=m_2=8$。取各个模糊等级的隶属度函数，如图6-16所示。这里假设隶属度函数的形状已经预先给定，所要调整的参数只是输出层的连接权值 $\omega_i(i=1,2,\cdots,m)$。

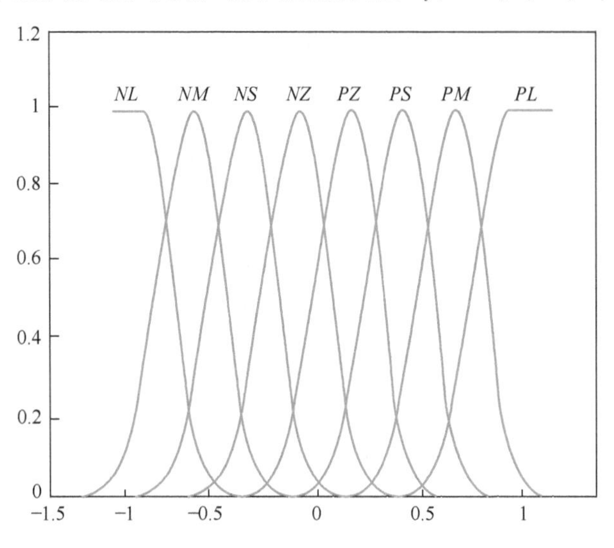

图6-16 输入量 x_1 和 x_2 隶属度函数

为了对模糊神经网络进行训练，需要选取训练样本。这里按 $\Delta x_1=\Delta x_2=0.1$ 的间隔均匀取点，用上面的解析式进行理论计算，得到400组输入输出的样本数据。利用这些样本数据对图6-13所示的模糊神经网络（其中 $n=2$，$m_1=m_2=8$，$m=64$，$r=1$）进行训练，通过调整输出层的连接权 $\omega_i(i=1,2,\cdots,m)$，最后得到误差的学习曲线如图6-17所示，图中显示了学习率 $\beta=0.70$ 和 $\beta=0.25$ 两种情况，显然取较大的 β 收敛也较快。图6-18所示为经20次学习后模糊神经网络所实现的输入/输出映射的三维图形。为了显示网络的泛化能力，计算网络输出时采用了不同于训练时的数据（$\Delta x_1=\Delta x_2=0.12$）。为了比较，图6-18中同时给出了按解析式计算得到的理论结果的三维图形。可以看出，模糊神经网络的逼近效果是很好的。

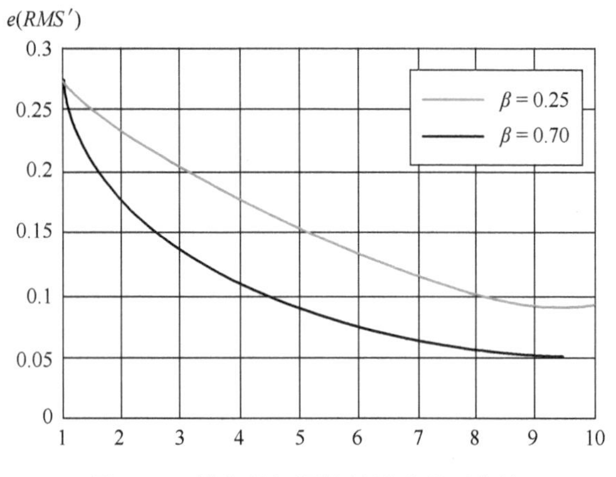

图6-17 模糊神经网络的误差学习曲线

6.4.2 基于Takagi－Sugeno模型的模糊神经网络

1. 模糊系统的Takagi－Sugeno模型

由于MIMO的模糊规则可分解为多个MISO模糊规则，因此下面也只讨论MISO模糊系统的模型。

设输入向量 $\boldsymbol{x}=[x_1x_2\cdots x_n]^{\mathrm{T}}$，每个分量 x_i 均为模糊语言变量。并设

$$\boldsymbol{T}(x_i)=[A_i^1,A_i^2,\cdots,A_i^{m_i}] \qquad i=1,2,\cdots,n$$

其中，A_i^j（$j=1,2,\cdots,m_i$）是 x_i 的第 j 个语言变量值，它是定义在论域 U_i 上的一个模糊集合。

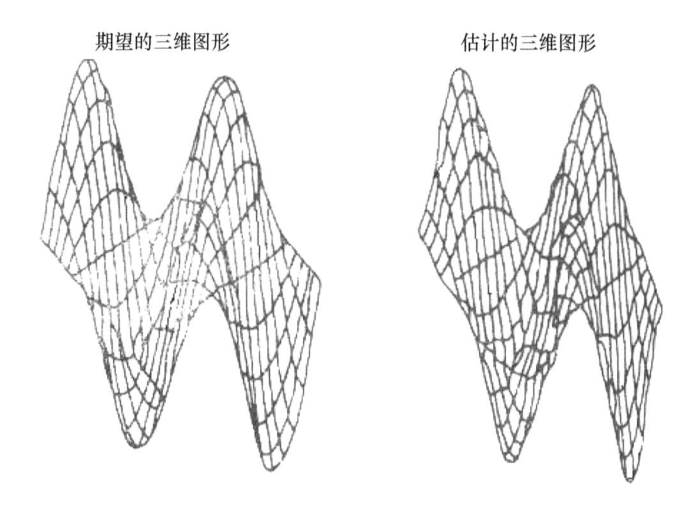

图6-18　模糊神经网络输入/输出的三维图形

相应的隶属度函数为$\mu_{A_i}^j$（$i=1,2,\cdots,n;j=1,2,\cdots,m_i$）。

Takagi 和 Sugeno 所提出的模糊规则后件是输入变量的线性组合，即

R_j：如果 x_1 是 A_1^j andx_2 是 $A_2^j\cdots$and x_n 是 A_n^j，则

$$y_j=p_{j0}+p_{j1}x_1+\cdots+p_{jm}x_n$$

其中，$j=1,2,\cdots,m,m\leqslant\prod_{i=1}^{n}m_i$。

若输入量采用单点模糊集合的模糊化方法，则对于给定的输入 $\boldsymbol{x}$，可以求得对于每条规则的适用度为

$$\alpha_j=\mu_{A_1^j}(x_1)\wedge\mu_{A_2^j}(x_2)\wedge\cdots\wedge\mu_{A_n^j}(x_n)$$

或

$$\alpha_j=\mu_{A_1^j}(x_1)\mu_{A_2^j}(x_2)\cdots\mu_{A_n^j}(x_n)$$

模糊系统的输出量为每条规则的输出量的加权平均，即

$$y=\sum_{j=1}^{m}\alpha_i y_j\Big/\sum_{j=1}^{m}\alpha_j=\sum_{j=1}^{m}\bar{\alpha}_j y_j$$

其中，

$$\bar{\alpha}_j=\alpha_j\Big/\sum_{j=1}^{m}\alpha_j$$

2. 模糊神经网络的结构

根据上面给出的模糊模型，可以设计出如图6-19所示的模糊神经网络结构。图中所示为MIMO系统，它是上面MISO系统的简单推广。

由图6-19可见，该网络由前件网络和后件网络两部分组成，前件网络用来匹配模糊规则的前件，后件网络用来产生模糊规则的后件。

（1）前件网络

前件网络由4层组成。第一层为输入层。它的每个节点直接与输入向量的各分量 x_i 连接，

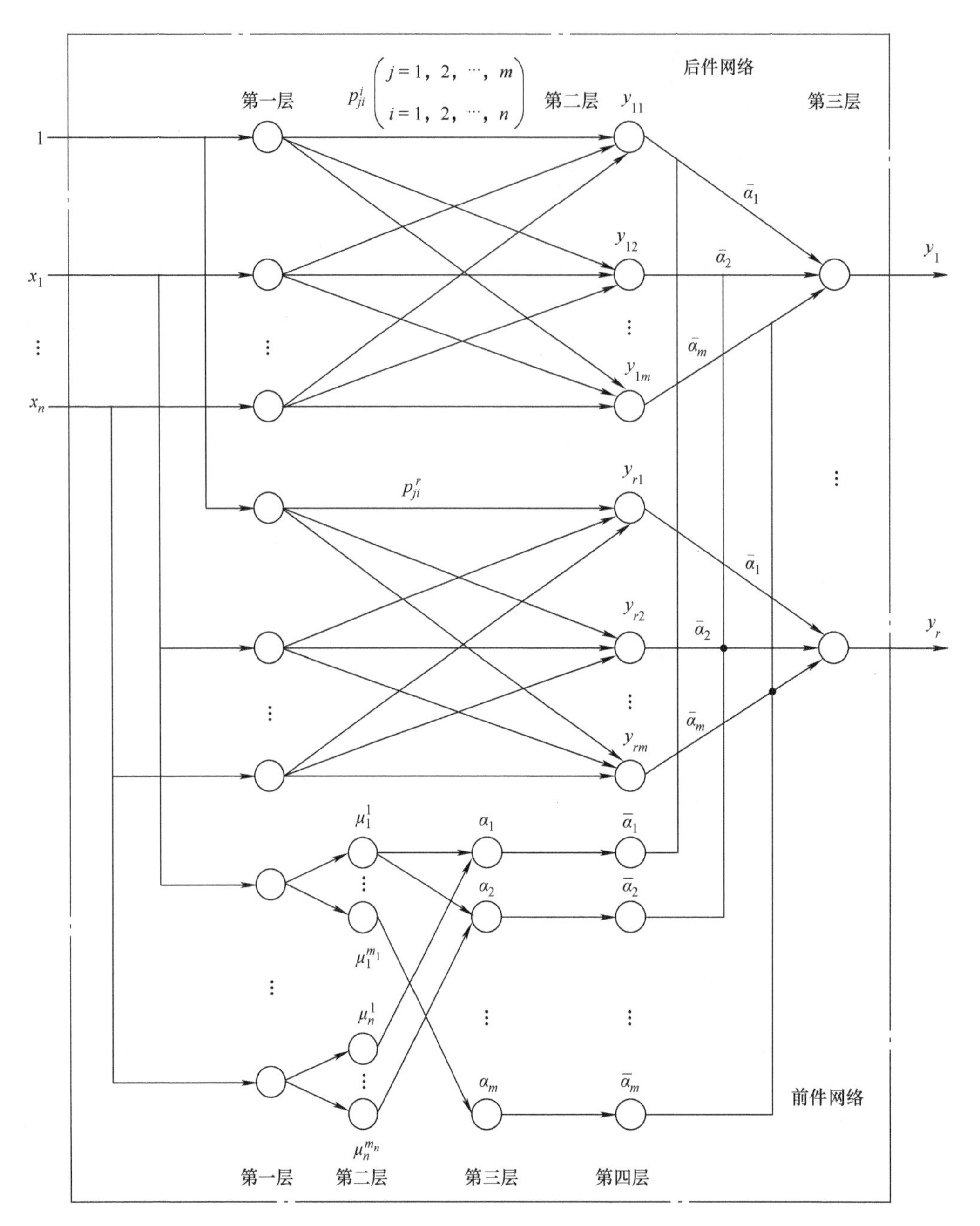

图 6-19 基于 Takagi – Sugeno 模型的模糊神经网络结构

它起着将输入值 $\boldsymbol{x}=[x_1x_2\cdots x_n]^{\mathrm{T}}$ 传送到下一层的作用。该层的节点数 $N_1=n$。

第二层每个节点代表一个语言变量值，如 NM、PS 等。它的作用是计算各输入分量属于各语言变量值模糊集合的隶属度函数 μ_i^j，其中，

$$\mu_i^j \hat{=} \mu_{A_i^j}(x_i) \qquad i=1,2,\cdots,n;\ j=1,2,\cdots,m_i$$

n 是输入量的维数，m_i 是 x_i 的模糊分割数。例如，若隶属度函数采用高斯函数表示的菱形函数，则

$$\mu_i^j = \mathrm{e}^{-\frac{(x_i-c_{ij})^2}{\sigma_{ij}^2}}$$

其中，c_{ij}和α_{ij}分别表示隶属度函数的中心和宽度。该层的节点总数为

$$N_2 = \sum_{i=1}^{n} m_i$$

第三层的每个节点代表一条模糊规则，它的作用是匹配模糊规则的前件，计算出每条规则的适用度，即

$$\alpha_j = \min\{\mu_1^{i_1}, \mu_2^{i_2}, \cdots, \mu_n^{i_n}\}$$

或

$$\alpha_j = \mu_1^{i_1}\mu_2^{i_2}\cdots\mu_n^{i_n}$$

其中，$i_1 \in (1,2,\cdots,m_1)$，$i_2 \in (1,2,\cdots,m_2)$，$\cdots$，$i_n \in (1,2,\cdots,m_n)$；$j = 1,2,\cdots,m$，$m = \prod_{i=1}^{n} m_i$。

该层的节点总数$N_3 = m$。对于给定的输入，只有在输入点附近的那些语言变量值才有较大的隶属度值，远离输入点的语言变量值的隶属度或者很小（高斯隶属度函数），或者为0（三角形隶属度函数）。当隶属度函数很小（如小于0.05）时，近似取为0。因此在α_j中只有少量节点的输出非0，而多数节点的输出为0。

第四层的节点数与第三层相同，即$N_4 = N_3 = m$，它所实现的是归一化计算，即

$$\bar{\alpha}_j = \alpha_j \Big/ \sum_{i=1}^{m} \alpha_i \quad j = 1,2,\cdots,m$$

（2）后件网络

后件网络由r个结构相同的并列子网络所组成，每个子网络产生一个输出量。

子网络的第一层是输入层，它将输入变量传送到第二层。输入层中第0个节点的输入值$x_0 = 1$，它的作用是提供模糊规则后件中的常数项。

子网络的第二层共有m个节点，每个节点代表一条规则，该层的作用是计算每条规则的后件，即

$$y_{ij} = p_{j0}^{i}x_0 + p_{j1}^{i}x_1 + \cdots + p_{jn}^{i}x_n = \sum_{k=0}^{n} p_{jk}^{i}x_k \qquad i = 1,2,\cdots,n;\ j = 1,2,\cdots,m$$

子网络的第三层是计算机系统的输出，即

$$y_i = \sum_{j-1}^{m} \bar{\alpha}_i y_{ij} \qquad i = 1,2,\cdots,n$$

可见，y_j是各规则后件的加权和，加权系数为各模糊规则的经归一化的适用度，也即前件网络的输出用作后件网络第三层的连接权值。

至此，图6-19所示的神经网络完全实现了Takagi－Sugeno的模糊系统模型。

3. 学习算法

假设各输入分量的模糊分割数是预先给定的，那么需要学习的参数主要是后件网络的连接权p_{ji}^{k}（$j = 1,2,\cdots,m$；$i = 0,1,\cdots,n$；$k = 1,2,\cdots,r$）以及前件网络第二层各节点隶属度函数的中心值c_{ij}及宽度σ_{ij}（$i = 1,2,\cdots,m$；$j = 1,2,\cdots,m_i$）。

设取误差代价函数为

$$E = \frac{1}{2}\sum_{i=1}^{r} (y_{di} - y_i)^2$$

其中，y_{di}和y_i分别表示期望输出和实际输出。下面给出参数p_{ji}^{k}的学习算法。

首先计算

$$\frac{\partial E}{\partial p_{ji}^{k}}=\frac{\partial E}{\partial y_{k}}\frac{\partial y_{k}}{\partial y_{kj}}\frac{\partial y_{kj}}{\partial p_{ji}^{k}}=-(y_{dk}-y_{k})\bar{\alpha}_{j}x_{i}$$

$$p_{ji}^{k}(l+1)=p_{ji}^{k}(l)-\beta\frac{\partial E}{\partial p_{ji}^{k}}=p_{ji}^{k}(l)+\beta(y_{dk}-y_{k})\bar{\alpha}_{j}x_{i}$$

其中，$j=1,2,\cdots,m$；$i=0,1,\cdots,n$；$k=1,2,\cdots,r$。

下面讨论c_{ij}及σ_{ij}的学习问题，这时可将参数p_{ji}^{k}固定。从而图6-19可以简化为图6-20。这时每条规则的后件在简化结构中变成了最后一层的连接权。

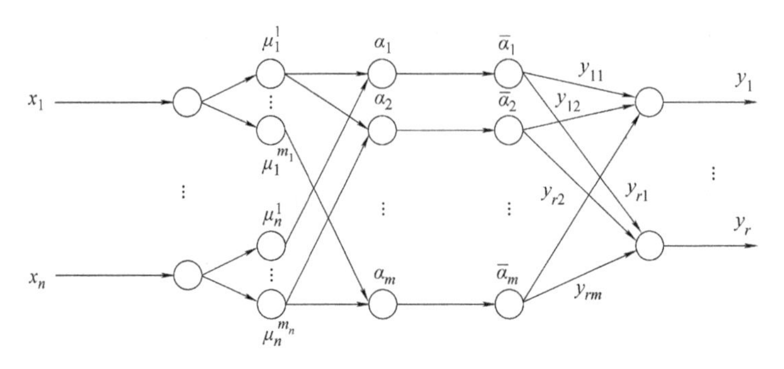

图6-20 基于Takagi－Sugeno模型的模糊神经网络简化结构

比较图6-19与图6-20可以发现，该简化结构与基于标准模型的模糊神经网络具有完全相同的结构，这时只需令最后一层的连接权$y_{ij}=\omega_{ij}$，则完全可以借用前面已得的结果，即

$$\delta_j^{(5)}=y_{di}-y_i\quad i=1,2,\cdots,n$$

$$\delta_j^{(4)}=\sum_{i=1}^{r}\delta_j^{(5)}y_{ij}\quad j=1,2,\cdots,m$$

$$\delta_j^{(3)}=\delta_j^{(4)}\sum_{\substack{i=1\\j\neq 1}}^{m}\alpha_i\Big/\left(\sum_{i=1}^{m}\alpha_i\right)^2\quad j=2,\cdots,m$$

$$\delta_j^{(2)}=\sum_{k=1}^{m}\delta_k^{(3)}S_{ij}\mathrm{e}^{-\frac{(x_i-c_{ij})^2}{\sigma_{ij}^2}}\quad i=1,2,\cdots,n;j=1,2,\cdots,m$$

其中，当and采用取小运算时，则当μ_i^j是第k个规则节点输入的最小值时，有

$$S_{ij}=1$$

否则，

$$S_{ij}=0$$

当and采用相乘运算时，则当μ_i^j是第k个规则节点的一个输入时，有

$$S_{ij}=\prod_{\substack{j=1\\j\neq i}}^{n}\mu_j^{i_j}$$

否则，

$$S_{ij}=0$$

最后求得

$$\frac{\partial E}{\partial c_{ij}}=-\delta_{ij}^{(2)}\frac{2(x_i-c_{ij})}{\sigma_{ij}^2}$$

$$\frac{\partial E}{\partial \sigma_{ij}} = -\delta_{ij}^{(2)} \frac{2(x_i - c_{ij})^2}{\sigma_{ij}^3}$$

$$c_{ij}(k+1) = c_{ij}(k) - \beta \frac{\partial E}{\partial c_{ij}}$$

$$\sigma_{ij}(k+1) = \sigma_{ij}(k) - \beta \frac{\partial E}{\partial \sigma_{ij}}$$

其中，$\beta > 0$ 为学习率；$i = 1, 2, \cdots, n$；$j = 1, 2, \cdots, m_i$。

对于上面介绍的两种模糊神经网络，当给定一个输入时，网络（或前件网络）第三层的 $\boldsymbol{\alpha} = [\alpha_1 \alpha_2 \cdots \alpha_m]^{\mathrm{T}}$ 中只有少量元素非 0，其余大部分元素均为 0。因而，从 $\boldsymbol{x}$ 到 $\boldsymbol{\sigma}$ 的映射与 RBF 神经网络的输入层的非线性映射非常类似。

模糊神经网络虽然也是局部逼近网络，但它是按照模糊系统模型建立的，网络中的各个节点及所有参数均有明显的物理意义，因此这些参数的初值可以根据系统的模糊或定性的知识来加以确定，然后利用上述的学习算法可以很快收敛到要求的输入输出关系，这是模糊神经网络相比前面单纯的神经网络的优点。同时，由于它具有神经网络的结构，因而参数的学习和调整比较容易，这是它相比单纯的模糊逻辑系统的优势所在。

基于 Takagi – Sugeno 模型的模糊神经网络可以从另一角度来认识它的输入输出映射关系。若各输入分量是精确的，即相当于隶属度函数为互相拼接的超矩形函数，则网络的输出相当于原光滑的分段线性近似，即相当于用许多块超平面来拟合一个光滑曲面。网络中的 p_{ij}^k 参数便是这些超平面方程的参数，这样只有当分割越精细时，拟合才能越准确。而实际上这里的模糊分割之间是有重叠的，因此即使模糊分割数不多，也能获得光滑和准确的曲面拟合。基于上面的理解，可以帮助我们选取网络参数的初值。例如，若根据样本数据或根据其他先验知识已知输出曲面的大致形状，则可根据这些形状来进行模糊分割。若某些部分曲面较平稳，则相应部分的模糊分割可粗些；反之，若某些部分曲面变化剧烈，则相应部分的模糊分割需要精细些。在各分量的模糊分割确定后，可根据各分割子区域所对应的曲面形状用一个超平面来近似，这些超平面方程的参数即作为 p_{ij}^k 的初值。由于网络还要根据给定样本数据进行学习和训练。因而初值参数的选择并不要求很精确。但是根据上述的先验知识所做的初步选择却是非常重要的，它可避免陷入不希望的局部极值并大大提高收敛的速度，这一点对于实时控制是尤为重要的。

6.5 深度学习

深度学习源于人工神经网络（ANN）的研究。1943 年，心理学家 Warren McCulloch 和数理逻辑学家 Walter Pitts 在合作的论文中提出并给出了人工神经网络的概念及人工神经元的数学模型，从而开创了人工神经网络研究的时代。1957 年，Frank Rosenblatt 在 New York Times 上发表文章“Electronic ‘Brain’ Teaches Itself”，首次提出了可以模拟人类感知能力的机器，并称之为感知机（Perceptron）。但由于算法的缺陷，感知机的研究陷入瓶颈。1982 年，美国加州理工学院的物理学家 James L. McCelland 研究小组发表了《并行分布处理》，重新激起了人们对 ANN 的研究兴趣，使人们对模仿脑信息处理的智能计算机的研究重新充满了希望。文中对具有非线性连续变换函数的多层感知器的误差反向传播（Error Back Propagation）算法进行了详尽的分析，即反向传播（Back Propagation，BP）算法。结合了 BP 算法的神经网络称为 BP 神经网络，BP 神经网络模型中采用反向传播算法所带来的问题是：基于局部梯度下降对权值进行调整容易出现梯度弥散（Gradient Diffusion）现象，而且随着网络层数的增多，这种情况会越来越严重。这一问题的产生制约了神经网络的发展。

直到2006年，加拿大多伦多大学 Geoffrey Hinton 教授在世界顶级学术期刊 *Science* 上发表的一篇论文提出了深度学习以及深度神经网络模型训练方法的改进，打破了 BP 神经网络发展的瓶颈，揭开了深度学习的序幕，让本来处于低谷期的多层神经网络的研究再次成为热潮。到今天，深度学习的发展也不过仅仅十几年。在这短短的十几年的时间里，深度学习颠覆了许多领域的算法思路，如文本理解、语音识别和图像分类等，逐渐形成了一种从训练数据出发，通过一个端对端（End - to - End）的模型，直接输出得到最终结果的新模式。

6.5.1 深度学习基本概念

深度学习是为了解决表示学习难题而被提出的，下面介绍和深度学习相关的基本概念。

1. 机器学习（Machine Learning）

机器学习是人工智能（Artificial Intelligence）研究发展到一定阶段的必然产物，它可定义为在不直接针对问题进行编程的情况下，赋予计算机学习能力的一个研究领域。另外，也可这样定义机器学习，对于某类任务 T 和性能度量 P，如果计算机程序在 T 上以 P 衡量的性能随着经验 E 而自我完善，那么就称这个计算机程序从经验 E 学习。

机器学习是一门多领域交叉学科，涉及概率论、统计学、逼近论、凸分析、算法复杂度理论等多门学科，专门研究计算机怎样模拟或实现人类的学习行为，以获取新的知识或技能，重新组织已有的知识结构使之不断改善自身的性能。它是人工智能的核心，是使计算机具有智能的根本途径。它的应用已遍及人工智能的各个分支，如专家系统、自动推理、自然语言理解、模式识别、计算机视觉、智能机器人等领域。其中，尤其典型的是专家系统中的知识获取瓶颈问题，人们一直在努力试图采用机器学习的方法加以克服。

机器学习这门学科所关注的问题是：计算机程序如何随着经验积累自动提高性能。它有很多学习方法，比如监督学习（Supervised Learning）、无监督学习（Unsupervised Learning）、半监督学习（Semi - Supervised Learning）、强化学习（Reinforcement Learning）等。

（1）监督学习

监督学习，就是分类，通过已有的训练样本（即已知数据以及其对应的输出）去训练得到一个最优模型（这个模型属于某个函数的集合，最优则表示在某个评价准则下是最佳的），再利用这个模型将所有的输入映射为相应的输出，对输出进行简单的判断从而实现分类的目的，也就具有了对未知数据进行分类的能力。在人对事物的认识中，人们从孩子开始就被大人们教授那是鸟、那是车、那是房子，等等。人们所见到的景物就是输入数据，而大人们对这些景物的判断结果（是房子还是车）就是相应的输出。当人们见识多了以后，大脑子中就慢慢地得到了一些泛化的模型，这就是训练得到的那个（或者那些）函数，从而不需要大人在旁边指点的时候，人们也能分辨得出来哪些是房子，哪些是车。监督学习里典型的例子就是KNN、SVM。

（2）无监督学习

无监督学习（也叫作非监督学习）则是另一种研究得比较多的学习方法，它与监督学习的不同之处在于人们事先没有任何训练样本，而需要直接对数据进行建模。这听起来似乎有点不可思议，但是在人们自身认识世界的过程中很多地方都用到了无监督学习。比如去参观一个画展，人们完全对艺术一无所知，但是欣赏完多幅作品之后，也能把它们分成不同的派别（比如哪些更朦胧一点，哪些更写实一些，即使不知道什么叫作朦胧派，什么叫作写实派，但是至少能把它们分为两个类）。无监督学习里典型的例子就是聚类。聚类的目的在于把相似的东西聚在一起，而并不关心这一类是什么。因此，一个聚类算法通常只需要知道如何计算相似度就可以了。

（3）半监督学习

半监督学习一般针对的问题是数据量超级大但是有标签数据很少或者说标签数据的获取很难很贵的情况，训练的时候有一部分是有标签的，而有一部分是没有标签的。这种学习模型可以用来进行训练，但是模型首先需要学习数据的内在结构以便合理地组织数据来进行训练。

（4）强化学习

强化学习是一种重要的机器学习方法，在人工智能、机器学习和自动控制等领域中得到了广泛的研究和应用，是近年来机器学习和智能控制领域的研究热点之一，并被认为是"设计智能系统的核心技术之一"。

强化学习是试错（Trail - and - error）学习，由于没有直接的指导信息，智能体要不断与环境进行交互，通过试错的方式来获得最佳策略。同时，强化学习有延迟回报性，即强化学习的指导信息很少，而且往往是在事后（最后一个状态）才给出的，这里产生一个问题，即获得正回报或者负回报以后，如何将回报分配给前面的状态。

2. 表示学习（Representation Learning）

机器学习方法的性能在很大程度上取决于数据表示（Representation）或特征（Feature）的选择。因此，部署机器学习算法的实际工作大部分都集中在对可以有效进行机器学习的数据的预处理和数据转换的设计上。这样的特征工程虽然是很重要的，但是却需要耗费大量的劳动力，并且突出了当前的机器学习算法的弱点：无法从数据中提取和识别信息。特征工程是一种利用人类智慧和先验知识来弥补这一弱点的方法。为了扩大机器学习的适用范围和易用性，人们非常希望学习算法对特征工程的依赖程度降低，从而使得新的应用程序可以更快地构建，特别是人工智能的构建。人工智能必须从根本上理解人们周围的世界，被人们所公认的是，这只有在学会识别和解开隐藏在低层次感官数据中所观察到的潜在解释因素的情况下才能实现。

机器学习旨在自动地学到从数据的表示到数据的标记（Label）的映射。随着机器学习算法的日趋成熟，人们发现，在某些领域（如图像、语音、文本等），如何从数据中提取合适的表示成为整个任务的瓶颈所在，而数据表示的好坏直接影响后续学习任务。与其依赖人类专家设计手工特征，表示学习希望能从数据中自动地学到从数据的原始形式到数据的表示之间的映射。

3. 深度学习

表示学习看起来很简单，但实际中人们发现从数据的原始形式直接学得数据表示这件事很难。深度学习是目前最成功的表示学习方法，因此，目前国际表示学习大会（ICLR）的绝大部分论文都是关于深度学习的。深度学习是把表示学习的任务划分成几个小目标，先从数据的原始形式中学习比较低级的表示，再从低级表示学得比较高级的表示。这样，每个小目标比较容易达到，综合起来就可以完成表示学习的任务，这类似于算法设计思想中的分治法（Divide - and - Conquer）。

4. 深度神经网络（Deep Neural Network，DNN）

深度神经网络是深度学习目前几乎唯一行之有效的实现形式。简单地说，深度神经网络就是深层的神经网络，它利用网络中逐层对特征进行加工的特性，逐渐从低级特征提取高级特征。除了深度神经网络之外，有学者在探索其他深度学习的实现形式，比如深度森林。

深度神经网络目前的成功取决于三大推动因素。

1）大数据（Big Data）。当数据量小时，很难从数据中学得合适的表示，而传统算法和特征工程结合往往能取得很好的效果。但是近年来，大数据的发展给了深度学习足够的底气。大数据到底是什么？它是一种规模大到在获取、存储、管理、分析方面远远超出了传统数据库软件工具能力范围的数据集合，具有数据规模海量、数据流转快速、数据类型多样和价值密度低四大特征。所以，大数据能够让深度学习的样本更加丰富，特征更加精确，学习更加有效。

2）计算能力。大的数据和大的网络需要有足够快的计算能力才能使模型的应用成为可能，近年来，得益于CPU、GPU等计算机硬件的迅速发展，计算机的计算能力有了很大的提升。

3）算法创新。理论的实现需要通过算法，而算法的精确性和快速性直接决定了理论实现的效果。目前，很多深度学习的算法设计都在关注如何使网络更好地训练、更快地运行、取得更好的性能，使得算法的发展充满了活力和创新力。

5. 激活函数（Activation Function）

激活函数对于人工神经网络模型去学习、理解非常复杂和非线性的函数来说具有十分重要的作用。它们将非线性特性引入网络中，主要目的是将人工神经网络模型中一个节点的输入信号转换成一个输出信号，该输出信号被用作下一个层的输入。因为神经网络的数学基础是处处可微的，所以选取的激活函数要能保证数据输入与输出也是可微的，运算特征是不断进行循环计算，所以在每代循环过程中，每个神经元的值也是在不断变化的。这里的激活函数，也就是6.1节中的部分静态非线性函数。

激活函数，是指如何把“激活的神经元的特征”通过函数保留并映射出来（保留特征，去除一些数据中的冗余），这是神经网络能解决非线性问题的关键。

激活函数是用来加入非线性因素的，因为线性模型的表达力不够。在神经网络中，对于图像，主要采用了卷积的方式来处理，也就是对每个像素点赋予一个权值，这个操作显然就是线性的。但是对于样本来说，不一定是线性可分的，为了解决这个问题，可以进行线性变化，或者引入非线性因素，解决线性模型所不能解决的问题。

具有代表性的激活函数有许多，如Sigmoid激活函数、tanh激活函数、ReLU激活函数等。

（1）Sigmoid激活函数

$$f(x)=\frac{1}{1+\mathrm{e}^{x}}$$

函数图像如图6-21所示。

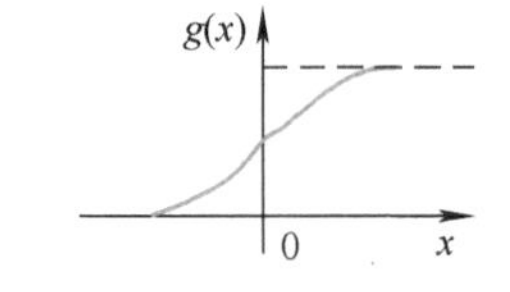

图6-21 Sigmoid激活函数图像

Sigmoid是使用范围最广的一类激活函数，具有指数函数形状，它在物理意义上最为接近生物神经元。此外，(0,1)的输出还可以被表示成概率，或用于输入的归一化，代表性的如Sigmoid交叉熵损失函数。然而，Sigmoid也有其自身的缺陷，最明显的就是饱和性。从图6-21可以看到，其两侧导数逐渐趋近于0，即

$$\lim_{x\to\infty}f'(x)=0$$

具有这种性质的称为软饱和激活函数，具体又可分为左饱和与右饱和。与软饱和对应的是硬饱和，即

$$f'(x)=0 \qquad |x|>c,\ c\text{为常数}$$

Sigmoid的软饱和性，使得深度神经网络在二三十年里一直难以有效训练，是阻碍神经网络发展的重要原因。具体来说，由于在后向传递过程中，Sigmoid向下传导的梯度包含了一个$f'(x)$因子（Sigmoid关于输入的导数），因此一旦输入落入饱和区，$f'(x)$就会变得接近于0，导致了向底层传递的梯度也变得非常小。此时，网络参数很难得到有效训练。这种现象被称为

梯度消失。一般来说，Sigmoid 网络在5层之内就会产生梯度消失现象。

此外，Sigmoid 函数的输出均大于0，使得输出不是0均值，这称为偏移现象，这会导致后一层的神经元将得到上一层输出的非0均值的信号作为输入。

（2）tanh 激活函数

$$f(x)=\tanh(x)=\frac{1-e^{-2x}}{1+e^{-2x}}$$

函数图像如图6-22所示。

tanh 也是一种常见的激活函数。与 Sigmoid 相比，它的输出均值是0，使得其收敛速度要比 Sigmoid 的快，从而减少了迭代次数。然而，从图6-22中可以看出，tanh 一样具有软饱和性，从而造成梯度消失。

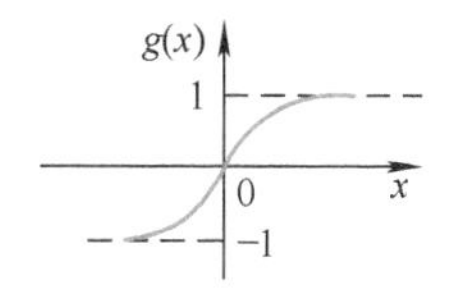

图6-22 tanh 激活函数

（3）ReLU 激活函数

$$f(x)=\max\ (x,0)$$

目前，大部分的卷积神经网络中，基本上都是采用了 ReLU 函数。ReLU 的全称是 Rectified Linear Units，是一种后来才出现的激活函数。可以看到，当 $x<0$ 时，ReLU 硬饱和，而当 $x>0$ 时，则不存在饱和问题。所以，ReLU 能够在 $x>0$ 时保持梯度不衰减，从而缓解梯度消失问题。这让人们能够直接以监督的方式训练深度神经网络，而无须依赖无监督的逐层预训练。

然而，随着训练的推进，部分输入会落入硬饱和区，导致对应权重无法更新。这种现象被称为“神经元死亡”。与 Sigmoid 类似，ReLU 的输出均值也大于0，偏移现象和神经元死亡会共同影响网络的收敛性。

针对在 $x<0$ 时的硬饱和问题，可以对 ReLU 做出相应的改进，使得

$$f(x)=\begin{cases}x & x\geqslant 0\\ ax & x<0\end{cases}$$

这时，激活函数叫作 Leaky－ReLU，一般初始化取 $a=0.25$ 即可。

6. 迁移学习（Transfer Learning）**和多任务学习**（Multi－Task Learning）

深度学习下的迁移学习旨在利用源任务数据辅助目标任务数据下的学习。迁移学习适用于源任务数据比目标任务数据多，并且源任务中学习得到的低层特征可以帮助目标任务的学习的情形。在计算机视觉领域，最常用的源任务数据是 ImageNet。对 ImageNet 预训练模型的利用通常有两种方式：固定特征提取器，即用 ImageNet 预训练模型提取目标任务数据的高层特征；微调（Fine－Tuning），即以 ImageNet 预训练模型作为目标任务模型的初始化权值，之后在目标任务数据上进行微调。

与其针对每个任务训练一个小网络，深度学习下的多任务学习旨在训练一个大网络以同时完成全部任务。这些任务中用于提取低层特征的层是共享的，之后产生分支，各任务拥有各自的若干层用于完成其任务。多任务学习适用于多个任务共享低层特征，并且各个任务的数据很相似的情况。

7. 端到端学习（End－to－End Learning）

经典机器学习方式是依靠人类的先验知识从原始数据中提取特征，然后对特征进行分类。分类的结果取决于特征选取的好坏。后来人们发现，利用人工神经网络，让网络自己学习如何提取特征效果更佳，于是有了表示学习。当网络进一步加深后，多层次概念的表示学习的识别率达到一个新的高度，于是就有了深度学习，实际上就是指多层次的特征提取器与识别器统一训练的网络。

深度学习下的端到端学习旨在通过一个深度神经网络直接学习从数据的原始形式到数据的标记的映射。它的好处就是，通过缩减人工的预处理和后续处理，尽可能地使模型从原始输入到最终输出，给模型更多的可以根据数据自动调节的空间，增加模型的整体契合度。端到端学习并不应该作为人们的一个追求目标，是否要采用端到端学习的一个重要考虑因素是：有没有足够的数据对应端到端的过程，以及有没有一些领域知识能够用于整个系统中的一些模块。

6.5.2 深度学习基本模型

目前较为公认的深度学习的基本模型包括基于受限玻尔兹曼机（Restricted Boltzmann Machine，RBM）的深度置信网络（Deep Belief Network，DBN）、基于自动编码器（AutoEncoder，AE）的堆叠自动编码器（Stacked AutoEncoder，SAE）、卷积神经网络（Convolutional Neural Network，CNN）、递归神经网络（Recurrent Neural Network，RNN）等。

1. 深度置信网络（DBN）

受限玻尔兹曼机是玻尔兹曼机（BM）的一种特殊拓扑结构。受限玻尔兹曼机是一种可通过输入数据集学习概率分布的随机生成神经网络。RBM 最初由发明者保罗·斯莫伦斯基（Paul Smolensky）于1986年命名为簧风琴（Harmonium），但直到杰弗里·辛顿及其合作者发明快速学习算法后，受限玻尔兹曼机才变得知名。

正如名字所提示的那样，受限玻尔兹曼机是一种玻尔兹曼机的变体，但限定模型必须为二分图。模型中包含对应输入参数的输入（可见）单元和对应训练结果的隐单元，二分图中的每条边必须连接一个可见单元和一个隐单元（与此相对，“无限制”玻尔兹曼机包含隐单元间的边，使之成为递归神经网络）。这一限定使得相比一般玻尔兹曼机更高效的训练算法成为可能，特别是基于梯度的对比分歧（Contrastive Divergence）算法。

基于 RBM 的 DBN 由多个 RBM 堆叠而成，其结构如图6-23所示。网络前向计算时，从较低的 RBM 输入网络输入数据，逐层向前运算得到网络输出。与传统的人工神经网络不同的是，网络训练的过程分为两个阶段：预训练（Pre - training）和微调（Fine Tuning）。预训练阶段，从低层开始，每个 RBM 单独训练，以网络能量的最小化为培训目标。在低层的 RBM 训练完成后，隐藏层的输出作为高层 RBM 的输入，继续训练高层 RBM，以此类推，逐层训练，直到所有的 RBM 训练完成。预训练阶段只使用输入数据，没有使用数据的标签，属于无监督学习。在微调阶段，以训练好的 RBM 的权值和偏置值作为深度置信网络的初始权值和偏置，以数据的标签作为监督信号计算网络误差。使用 BP（Back Propagation）算法来计算每一层的误差，使用梯度下降法完成各层权重和偏置的调节。DBN 可用于特征提取和数据分类。

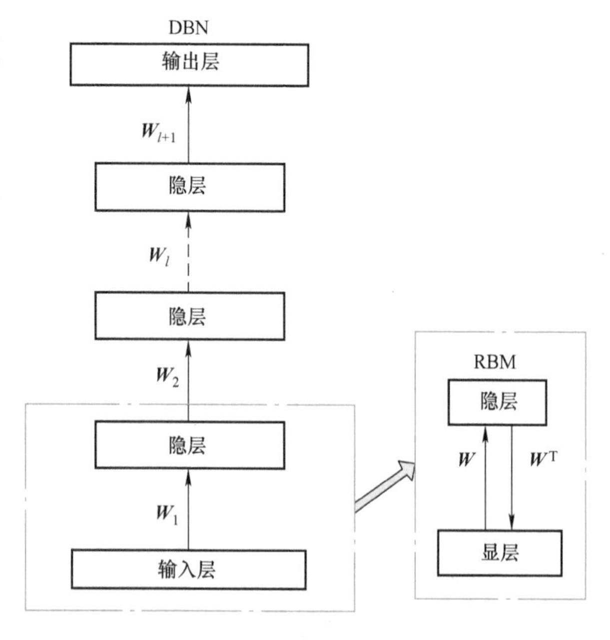

图6-23 DBN 网络结构

2. 堆叠自动编码器（SAE）

类似于DBN，SAE由多个自动编码器（AE）堆叠而成，其结构如图6-24所示。SAE前向计算类似于DBN，其训练过程也分为预训练和全局微调两个阶段。不同于RBM的是，AE之间的连接是不对称的。每个AE可视为一个单隐层的人工神经网络，其输出目标即此AE的输入。在预训练阶段，从低层开始，每个AE单独训练，以最小化其输出与输入之间的误差为目标。低层AE训练完成后，其隐层输出作为高层AE的输入，继续训练高层AE。以此类推，逐层训练，直至将所有AE训练完成。同样，SAE的预训练阶段也只使用了输入数据，属于无监督学习。在微调阶段，以训练好的AE的输入层和隐层之间的权重和偏置作为堆叠自动编码器的初始权重和偏置，以数据的标签作为监督信号计算网络误差，利用BP算法计算各层误差，使用梯度下降法完成各层权重和偏置的调节。

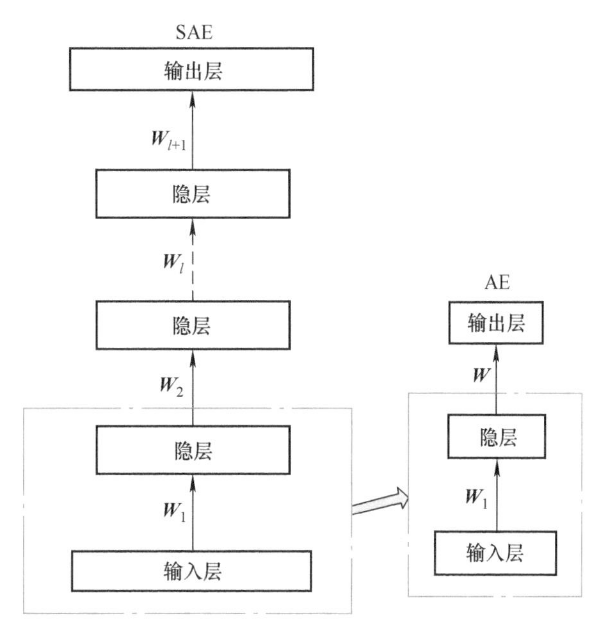

图6-24 SAE网络结构

3. 卷积神经网络（CNN）

在人工的全连接神经网络中，每相邻两层之间的每个神经元之间都是有边相连的。当输入层的特征维度变得很高时，这时全连接网络需要训练的参数就会增大很多，计算速度就会变得很慢，例如一张黑白的28×28的手写数字图片，输入层的神经元是二维的，共有784个，如图6-25所示。若在中间只使用一层隐藏层，参数ω就有784个×15=11760个。

而对于RGB格式的28×28图片，CNN的输入则是一个3×28×28的三维神经元（RGB中的每一个颜色通道都有一个28×28的矩阵），如图6-26所示，此时需要训练的参数ω就更多了。

图6-25 28×28图片的输入层

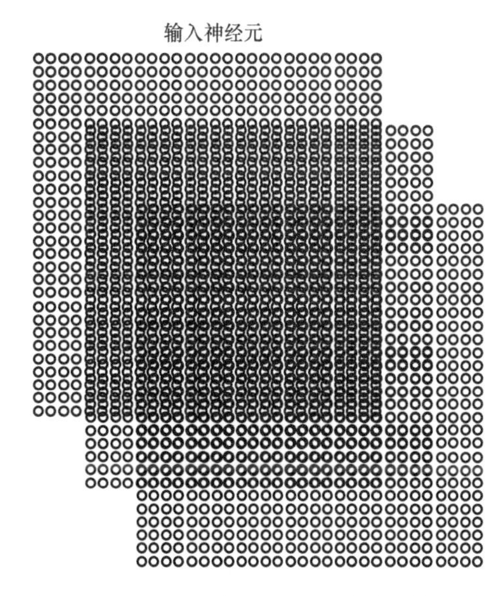

图6-26 RGB格式的28×28图片的输入层

而在卷积神经网络中，卷积层的神经元只与前一层的部分神经元节点相连，即它的神经元间的连接是非全连接的，且同一层中某些神经元之间的连接的权重 ω 和偏移 b 是共享的（即相同的），这样大大地减少了需要训练参数的数量。

详细来讲，CNN 由卷积层和次采样层（也叫 Pooling 层）交叉堆叠而成，其结构如图 6-27 所示。网络前向计算时，在卷积层，可同时有多个卷积核对输入进行卷积运算，生成多个特征图，每个特征图的维度相对于输入的维度有所降低。在次采样层，每个特征图经过池化（Pooling）得到维度进一步降低的对应图。多个卷积层和次采样层交叉堆叠后，经过全连接层到达网络输出。网络的训练类似于传统的人工神经网络训练方法，采用 BP 算法将误差逐层反向传递，使用梯度下降法调整各层之间的参数。CNN 可提取输入数据的局部特征，并逐层组合抽象生成高层特征，可用于图像识别等问题。

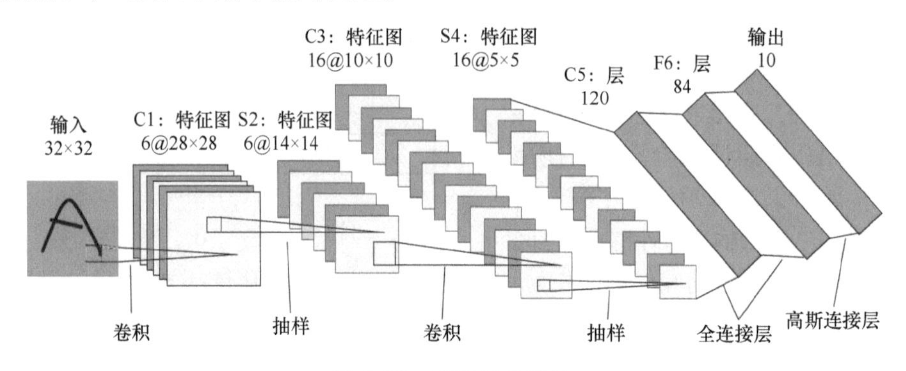

图 6-27 CNN 网络结构

4. 递归神经网络（RNN）

无论是 DBN、SAE 还是 CNN 都没有考虑样本之间的关系，但 RNN 考虑了样本间的相关性。一般而言，单向 RNN 的网络结构如图 6-28 所示，单个神经网络的隐层连接到下一个神经网络的隐层。这个连接考虑了之前的样品对之后的样品的影响。还有一种双向的 RNN 连接方式。单个神经网络的隐层连接了其前后神经网络的隐层。这个连接考虑了前后样本对当前样本的影响。一般认为 RNN 的每个神经网络具有相同的权重和偏置值。当训练 RNN 网络时，RBM 或 AE 可以用来对网络参数进行预训练，然后计算每个样本的输出误差，并通过累积误差对网络参数进行训练。RNN 可以用来处理连续的数据或相关的数据。RNN 也可以和 CNN 结合使用来处理样本之间的相关性问题。

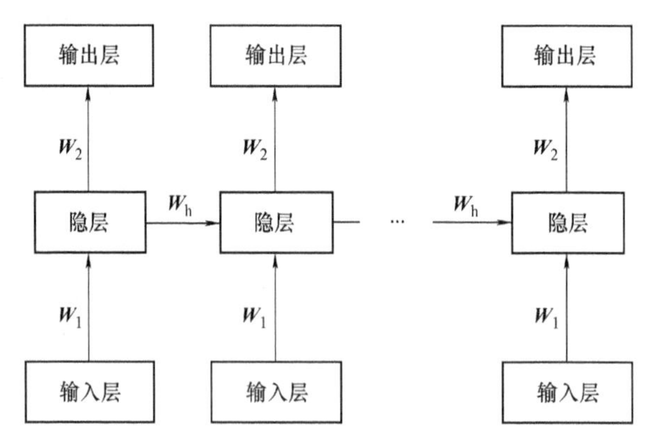

图 6-28 单向 RNN 的网络结构

6.6 习题

1. 试说明 Kolmogorov 定理对研究和应用神经网络的意义。

2. 证明单极性 Sigmoid 函数$f(x)=1/(1+e^{-\lambda x})$对 x 的导数为

$$f'(x)=\mathrm{d}f(x)/\mathrm{d}x=\lambda f(x)[1-f(x)]$$

双极性 Sigmoid 函数$f(x)=[2/(1+e^{-\lambda x})]-1$ 对 x 的导数为

$$f'(x)=\mathrm{d}f(x)/\mathrm{d}x=\frac{\lambda}{2}[1-f^2(x)]$$

3. 简述 BP 网络和 RBF 网络的主要区别。

4. 已知一个非线性函数 $y=\frac{1}{2}(\pi x_1^2)\sin(2\pi x_2)$，试用三层 BP 网络逼近输出 y，画出网络的结构，写出网络各层节点的表达式以及各层节点输出值的范围。

5. 试证明图 6-12 所示的 Hopfield 网络在式（6-25）所定义的能量函数意义下是稳定的。

6. 一个模糊系统是由下述两条规则描述的：

$$R^1: \text{if } x_1 \text{ is } A_1^1, x_2 \text{ is } A_2^1, \quad \text{then } y=f_1=a_0^1+a_1^1x_1+a_2^1x_2$$

$$R^2: \text{if } x_1 \text{ is } A_1^2, x_2 \text{ is } A_2^2, \quad \text{then } y=f_2=a_0^2+a_1^2x_1+a_2^2x_2$$

模糊系统的最终输出可由下式计算：

$$y=\frac{\mu_1 f_1+\mu_2 f_2}{\mu_1+\mu_2}$$

其中，μ_i 为规则 R^i 的激励强度，且 $\mu_j=\mu_{A_1^j}(x_1)\cdot\mu_{A_2^j}(x_2)$，$j=1$，2。

试给出这一系统的模糊神经网络结构和学习过程。

第 7 章　基于神经网络的智能控制

本章介绍利用神经网络在控制系统中充当系统辨识器或控制器的系统建模与控制问题，主要是为了解决复杂的非线性、不确定环境中的系统控制问题，是智能控制的一个重要分支，内容包括神经网络控制系统的设计与实现，神经网络控制的几种结构与设计等。

7.1 神经网络建模

7.1.1　逼近理论与网络控制

作为一种非传统的表达方式，神经网络可用来建立系统的输入/输出模型，它们或者作为被控对象的正向和逆向动力学模型，或者建立控制器的逼近模型，或者用以描述性能评价的估计器。

状态空间表达式可以完全描述线性系统的全部动态行为，也可以给出非线性系统的一部分但却难以分析与设计的表达式。除此以外，对于线性系统，传递函数矩阵提供了定常系统的黑箱式输入/输出模型。在时域中，利用自回归滑动平均（ARMA）模型，通过各种参数估计方法，也可以给出系统的输入输出描述。但对于非线性系统，基于非线性自回归滑动平均（NARMA）模型，却难以找到一个恰当的参数估计方法，传统的非线性控制系统辨识方法，在理论研究和实际应用中都存在极大的困难。

相比之下，神经网络在这方面显示出明显的优越性。由于神经网络具有学习逼近任意非线性映射的能力，将神经网络应用于非线性系统的建模与辨识，可不受非线性模型类的限制，而且便于给出工程上易于实现的学习算法。

在控制问题的研究中，运用最为普遍的神经网络是多层前馈神经网络（MPL），这主要是因为这种网络具有逼近任意非线性映射的能力。

逼近理论是数学中的经典问题。如 Volterra 级数等多项式逼近已被广泛应用于非线性控制系统。一般来说，最佳逼近问题需要首先解决逼近的存在性，即 f 需满足什么样的条件，才能用什么样的 $\hat{f}$ 以任意精度逼近。此外逼近的唯一性以及最佳逼近元的构造等也是急需解决的重要问题。

在讨论神经网络逼近理论之前，首先简单地介绍泛函中的若干基本概念，而且不加证明地引述两个重要的逼近定理。

1. 预备知识

定义 7-1 （线性赋值空间）　假定 $\boldsymbol{X}$ 为一线性空间，$\|\cdot\|$为定义在 $\boldsymbol{X}$ 上的实函数。如果对

$\forall \boldsymbol{x},\ \boldsymbol{y}\in \boldsymbol{X},\ \alpha\in \mathbf{R}$ 有

$\|\boldsymbol{x}\|\geqslant \mathbf{0}$

$\|\boldsymbol{x}\|=\mathbf{0}$ 当且仅当 $\boldsymbol{x}=\mathbf{0}$

$\|\alpha\boldsymbol{x}\|=|\alpha|\|\boldsymbol{x}\|$

$\|\boldsymbol{x}+\boldsymbol{y}\|\leqslant\|\boldsymbol{x}\|+\|\boldsymbol{y}\|$

则称$\|\boldsymbol{x}\|$为 $\boldsymbol{X}$ 上的度量或范数，并将定义了向量范数的线性空间（$\boldsymbol{X}$，$\|\boldsymbol{x}\|$）称为线性赋范空间。

若线性赋范空间中任一收敛向量序列的极限均属于此线性赋范空间，则称此线性赋范空间为完备的线性赋范空间，或称 Banach 空间。可以证明，欧氏空间 $\boldsymbol{R}^n$、$\boldsymbol{C}^n$ 和 $\boldsymbol{L}^p$ 空间（$p=1$，2，…，∞）都是 Banach 空间。

在线性赋范空间里，$\|\boldsymbol{x}-\boldsymbol{y}\|$表示 $\boldsymbol{x}$、$\boldsymbol{y}$ 的距离。对于 n 维欧氏空间 $\boldsymbol{R}^n$，若记 $\boldsymbol{x}=(x_1,x_2,\cdots,x_n)^{\mathrm{T}}$ 为 $\boldsymbol{R}^n$ 中的任一元素，则称

$$\|\boldsymbol{x}\|_1=\sum_{i=1}^{n}|x_i| \qquad \|\boldsymbol{x}\|_2=\sqrt{\sum_{i=1}^{n}x_i^2} \qquad \|\boldsymbol{x}\|_\infty=\max_i|x_i|$$

分别为 $\boldsymbol{R}^n$ 为 1 的范数、欧氏范数（2 范数）和 Chebyshev 范数（∞范数）。

定义 7-2　列紧性　线性赋范空间 $\boldsymbol{X}$ 的子集 $\boldsymbol{D}$ 被称为列紧的，是指 $\boldsymbol{D}$ 中的任意点列在 $\boldsymbol{X}$ 中都有一个收敛子列。若这个子列还收敛到 $\boldsymbol{D}$ 中的点，则称 $\boldsymbol{D}$ 为子列紧的。显然，$\boldsymbol{X}$ 的自列紧子集必是有界闭集。

容易证明，线性赋范空间 $\boldsymbol{X}$ 中的每个有限维有界闭子集 $\boldsymbol{D}$ 都是自列紧的。换句话说，此时 $\boldsymbol{D}$ 中的每个无穷点列都有一个收敛于 $\boldsymbol{D}$ 中某一点的子序列。例如，设 $\boldsymbol{D}$ 为 n 维欧氏空间 $\boldsymbol{R}^n$ 中的一个有界闭集，即

$$\boldsymbol{D}=\{(x_1,x_2,\cdots,x_n)\mid -\infty<\alpha_i\leqslant x_i<b_i<\infty,i=1,2,\cdots,n\}$$

则称 $\boldsymbol{D}$ 为 $\boldsymbol{X}$ 的自列紧子空间。为叙述简洁起见，若不做特别申明，下面的记号 $\boldsymbol{D}$ 均指此定义。

定义 7-3　稠密子集　线性赋范空间 $\boldsymbol{X}$ 的子集 $\boldsymbol{E}$ 被称为在 $\boldsymbol{X}$ 中的稠密子集，是指如果对 $\forall\boldsymbol{x}\in\boldsymbol{X}$，$\forall\varepsilon>0$，$\exists\boldsymbol{y}\in\boldsymbol{E}$，使得$\|\boldsymbol{x}-\boldsymbol{y}\|<\varepsilon$；或者对 $\forall\boldsymbol{x}\in\boldsymbol{X}$，$\exists\{x_n\}\subset\boldsymbol{E}$，使得 $x_n\to\boldsymbol{x}$。

定义 7-4　函数空间　函数空间 $\boldsymbol{C}(\boldsymbol{D})$ 被定义为由 $\boldsymbol{R}^n$ 的列紧子集 $\boldsymbol{D}$ 上所有实值连续函数组成的集合。容易看出，函数空间 $\boldsymbol{C}(\boldsymbol{D})$ 不仅是线性赋范空间，而且在 Chebyshev 范数意义下还是 Banach 空间。进一步地，可以证明，若 $\varphi_1,\varphi_2,\cdots,\varphi_n$ 是线性赋范空间 $\boldsymbol{C}(\boldsymbol{D})$ 的线性无关基函数，则由此扩张成的线性子空间 $\boldsymbol{B}=\mathrm{span}\{\varphi_1,\varphi_2,\cdots,\varphi_n\}$ 也必是自列紧空间，这里的基函数 φ_i 可以是一些简单和容易计算的函数，如多项式、三角函数、有理函数和分段多项式等。

对于动态系统，函数空间 $\boldsymbol{C}[a,b]$ 被定义为有界闭区间 $[a,b]$ 上所有实值连续函数 $f(x(t))$ 组成的集合，相应的 L_1 范数、L_2 范数和∞范数分别定义为

$$\|f\|_1=\int_a^b|f(x)|\mathrm{d}x \qquad \|f\|_2=\left(\int_a^b|f(x)|^2\mathrm{d}x\right)^{1/2} \qquad \|f\|_\infty=\max_{a\leqslant t\leqslant b}|f(x(t))|$$

定义 7-5　最佳逼近　给定线性赋范空间（$\boldsymbol{X}$，$\|\boldsymbol{x}\|$），$\boldsymbol{B}$ 为 $\boldsymbol{X}$ 的一个列紧子集，对于 $\forall f\in\boldsymbol{X}$ 存在 $\varphi\in\boldsymbol{B}\subset\boldsymbol{X}$，使得

$$\|f-\varphi^*\|=\inf_{\varphi\in B}\|f-\varphi\|$$

则称 φ^* 为 $\boldsymbol{B}$ 中对 f 的最佳逼近元。

进一步地，取线性赋范空间 $\boldsymbol{X}=\boldsymbol{C}[a,b]$，线性子空间 $\boldsymbol{B}=\mathrm{span}\{\varphi_1,\varphi_2,\cdots,\varphi_n\}$，范数$\|f\|_\infty=\max\limits_{a\leqslant t\leqslant b}|f(x(t))|$，则函数空间 $\boldsymbol{C}[a,b]$关于$\|\cdot\|_\infty$ 的最佳逼近问题，称为 Chebyshev 意义下的最

佳逼近或称最佳一致逼近。类似，若范数取为 L_2 范数，则称为最小二乘意义下的最佳逼近。

为了讨论最佳逼近的存在性，下面不加证明地给出如下定理。

定理 7-1 Weierstrass 假定 $\boldsymbol{X}$ 是线性赋范空间，$\boldsymbol{D}\subset\boldsymbol{X}$ 为 n 维列紧子空间，$\boldsymbol{C}(\boldsymbol{D})$ 为定义在 $\boldsymbol{D}$ 上的连续函数空间，具有度量 $\|\cdot\|$，设 $\boldsymbol{B}=\mathrm{span}\{\varphi_1,\varphi_2,\cdots,\varphi_n\}$ 为多项式线性子空间，则对于 $\forall f\in\boldsymbol{C}(\boldsymbol{D})$，必存在多项式 $p^*\in\boldsymbol{B}$，使对 $\forall x\in\boldsymbol{D}$，有

$$\|f-p^*\|<\varepsilon$$

即 p^* 为 f 的最佳逼近多项式，这里 $\varepsilon>0$ 为任意给定的常数。这实际指出，由多项式全体组成的集合 $\boldsymbol{B}$ 在函数空间 $\boldsymbol{C}(\boldsymbol{D})$ 中稠密。

Weierstrass 定理保证了多项式最佳逼近的存在性，因此也称为多项式最佳逼近存在定理。为了适合神经网络分析之用，可将其一般化为如下定理。

定理 7-2 Stone – Weierstrass 定理 假定 $\boldsymbol{X}$ 是线性赋范空间，$\boldsymbol{D}\subset\boldsymbol{X}$ 为 n 维列紧子空间，$\boldsymbol{C}(\boldsymbol{D})$ 为定义在 $\boldsymbol{D}$ 上的 Banach 空间，具有度量 $\|\cdot\|$。若 $\boldsymbol{B}$ 为 $\boldsymbol{C}(\boldsymbol{D})$ 的子代数，即满足

1）$\boldsymbol{B}$ 含有恒一函数 $g(x)=1$。

2）$\boldsymbol{B}$ 为可分的，即对 $\boldsymbol{D}$ 中任意两个点 $x_1\neq x_2$，存在 $g(x)\in\boldsymbol{B}$，使得 $g(x_1)=g(x_2)$。

3）$\boldsymbol{B}$ 为代数闭包，即对 $\boldsymbol{B}$ 中任意两个函数 g、h，均有 gh 及 $\alpha g+\beta h$ 也在 $\boldsymbol{B}$ 中，这里 α、β 为实常数，从而 $\boldsymbol{B}$ 在 Banach 空间 $\boldsymbol{C}(\boldsymbol{D})$ 中是稠密的。

对于 $\forall f\in C(D)$，在子代数 $\boldsymbol{B}$ 中必存在一个函数 $g(x)$，使对 $\forall x\in\boldsymbol{D}$，有

$$\|f(x)-g(x)\|<\varepsilon$$

这里 $\varepsilon>0$ 为任意给定的常数。

上述定理可以进一步推广到非线性函数 $f(x)$ 为间断可测实值函数的情形，即对列紧集 $\boldsymbol{D}$ 上几乎处处有界的函数 f，总可以找到一个连续函数序列 g_r，使其几乎处处收敛于 f，即

$$\lim_{r\to\infty}\|f-g_r\|=0$$

由此可知，由基本模块或计算模块组成的无限大的神经网络，总可以一致地逼近 $\boldsymbol{C}(\boldsymbol{D})$ 中的任意函数，而一个有限大的网络，则只能精确地逼近 $\boldsymbol{D}$ 中某个子集的函数。

2. 多层前馈神经网络的逼近能力

从逼近理论的角度来看，多层前馈神经网络（MLP）实际是一个带学习参数的非线性映射 $g(\boldsymbol{\omega},\boldsymbol{x})$ 的集合 $\boldsymbol{B}$，以及相应对权参数向量 $\boldsymbol{\omega}$ 的学习算法所组成的连接主义表达。由前述 Stone – Weierstrass 定理可知，一个连续或间断可测实值函数 $f(x)$，总可以由一个神经网络任意充分地逼近，其条件是当且仅当该逼近网络 $\boldsymbol{B}$ 为 $\boldsymbol{C}(\boldsymbol{D})$ 的子代数。为此必须使 MLP 满足如下三个条件。

1）MLP 应具有产生 $g(\boldsymbol{\omega},\ \boldsymbol{x})=1$ 的能力。这在许多情况下都是存在的。例如，令输出阈值单元相应的连接权为 1，而令其他所有连接权为零，或通过一个单位输出激发函数，并令输入为零等，均可实现这一条件。

2）可分性条件，这在 MLP 中相当于要求逼近网络具有泛化能力，即所谓不同输入产生不同输出［若 $x_1\neq x_2\in\boldsymbol{D}$，则 $g(\boldsymbol{\omega},\ x_1)\neq g(\boldsymbol{\omega},\ x_2)\in\boldsymbol{B}$］，这显然也可保证。

3）代数闭包条件要求 MLP 能产生函数的和与积。相加是显然的，因为这可以通过增加一层输出神经元，将两个网络 $g\in\boldsymbol{B}$、$h\in\boldsymbol{B}$ 的输出简单相加即可，显然增加了一层的 MLP 也属于 $\boldsymbol{B}$，即 $\alpha g+\beta h\in\boldsymbol{B}$。为得到两个函数的积，可以对输出神经元激发函数引入一个变换，例如可通过指数函数、对数函数等将 g、h 表示成一个函数和的形式，这在 MLP 中也是经常使用的。这一条件实际上相当于要求逼近网络 $\boldsymbol{B}$ 在 Banach 空间 $\boldsymbol{C}(\boldsymbol{D})$ 中是稠密的。换句话说，满足上述三个条件的神经网络，必可以任意精度逼近任意非线性连续或分段连续函数。

为了具体说明起见，现在对多层前馈神经网络，引入所谓全局逼近神经网络与局部逼近神经网络的概念。

考虑一非线性输入输出过程，其输入 $\boldsymbol{x} \in \boldsymbol{R}^n$，输出 $\boldsymbol{y} \in \mathbf{R}$，组成相应的输入输出训练集 $\{\boldsymbol{x}, \boldsymbol{y}\}$。神经网络 $g(\boldsymbol{x}, \boldsymbol{\omega})$ 通过学习自适应地完成对映射 f: $\boldsymbol{x} \to \boldsymbol{y}$ 的逼近。由于该映射可被认为是一个超曲面 $T \subset \boldsymbol{R}^n \times \mathbf{R}$，$\{\boldsymbol{x}, \boldsymbol{y}\}$ 为 Γ 上的点。因此网络的逼近实际上是对离散空间点 $\{\boldsymbol{x}, \boldsymbol{y}\}$ 的基于基函数的最佳拟合过程。所谓全局逼近神经网络就是在整个输入空间上的逼近，如 BP 网络、GMDH 等。而局部逼近神经网络则是在输入空间中某条状态轨迹附近的逼近，如 CMAC、RBF 网络等。在结构上，两者的区别在于：后者从输入空间到隐层为固定非线性，从隐层到输出为线性自适应，而前者两层均为非线性自适应。这两类前馈神经网络也可基于定义在权空间 $\boldsymbol{\omega} \in \boldsymbol{R}^p$ 上的误差超曲面 $E \subset \boldsymbol{R}^p \times \mathbf{R}$，进行相应的解释。由于局部逼近网络关于连接权阶 ω_i 为线性的，其误差超曲面将只有唯一的全局极小点，因此学习速度较快。

有关前馈神经网络逼近理论的研究，已给出了若干结果（如 Cybenko，1988 年；Funahashi，1989 年；Hornik，1989 年；Carrol，1989 年）。已经证明，全局逼近网络集合 B_1 与局部逼近网络的 B_2，是否在 Banach 空间 $\boldsymbol{C}(\boldsymbol{D})$ 中稠密且满足 Stone - Weierstrass 定理的其他条件，将取决于相应的激发函数类 ϕ（·）和 Ψ（·）的选择。一般来说，在两种情况下，选择均值非零且 $\boldsymbol{L}^p(\boldsymbol{D})$ 范数（$\|f\|_p = \{\int_D |f|^p\}^{1/p}, 1 \leq p < \infty$）有限的函数，如指数衰减函数、Sigmoid 函数和 Gaussian 基函数等，均可使集合 B_1、B_2 为 $\boldsymbol{C}(\boldsymbol{D})$ 的子代数。然而这并不意味着集合 B_1、B_2 也是最佳逼近。为了提供最佳逼近，需要证明该逼近集也是存在集，而这通常又只需证明它们是列紧集。进一步研究表明，由于局部逼近网络类 B_2 是通过基函数 Ψ(·)的有限线性组合构成的逼近函数，它们显然是闭集和有界集，从而也就是列紧集和存在集。另外，如果赋范线性空间 $\boldsymbol{C}(\boldsymbol{D})$ 是严格凸的，则由逼近理论可知，此最佳逼近同时也是唯一的。但是，全局逼近网络类 B_1 关于连接权 ω_i 为非线性的，因此 B_1 既非存在集，也非唯一逼近，尽管它完全满足 Stone - Weierstrass 定理。

在具体实现时，前馈神经网络的这种逼近能力，实际受到隐层数及隐层单元数的限制。换句话说，对任意非线性函数，到底需要多少隐层及隐层单元，才能以任意精度逼近？例如，可以直观地说，具有两个隐层的网络，肯定比单个隐层的网络具有更高的逼近精度和泛化能力，而且在总体上可以有更少的计算单元。又如，径向基函数（RBF）神经网络将比具有 Sigmoid 函数的 BP 网络，具有更佳的逼近能力。但这些都是以增加计算复杂性作为代价的。事实上，逼近精度往往还与拟逼近的函数类型以及训练集有关。对此复杂问题，目前尚无系统的结果。

利用静态多层前馈神经网络建立系统的输入输出模型，本质上是基于网络的逼近能力，通过学习获知系统差分方程中的未知非线性函数。多层前馈网络的这种逼近能力，除了连接主义的优点外，从理论上说，不会超过其他传统的逼近方法。

7.1.2　利用多层静态网络的系统建模

神经网络作为系统的一种非传统黑箱式表达工具，其内部结构完全可不为人所知。换句话说，利用神经网络对系统进行建模时，最好能做到不先验假定系统的模型。但是，利用目前的静态多层前馈神经网络，人们尚不能做到这一点。对于拟辨识的动力学系统，必须预先给出定阶的差分方程（如 NARMA 模型）。

系统辨识中的一个重要问题是系统的可辨识性，即对于一个给定的模型类，是否能在此模型类内表达所研究的系统。神经网络缺乏这样的具体理论结果。以后我们将假定所选择的神经网络，足够表达相应的系统。

1. 正向模型

所谓正向模型，是指利用多层前馈神经网络，通过训练或学习，使其能够表达系统正向动力学特性的模型。图7-1所示为获得系统正向模型的网络结构示意图。其中，神经网络与待辨识系统并联，两者的输出误差［即预测误差$e(t)$］被用作网络的训练信号。显然，这是一个典型的有人监督学习问题，实际系统作为教师，向神经网络提供学习算法所需的期望输出。对于全局逼近的前馈网络结构，可根据拟辨识系统的不同而选择不同的学习算法。如当系统是被控对象或传统控制器时，一般可选择BP学习算法及其各种变形，代替被控对象的神经网络，可用来提供控制误差的反向传播通道，或直接替代传统控制器，如PID控制器等。而当系统为性能评价器时，则可选择再励学习算法。不过这里的网络结构并不局限于上述选择，也可选择局部逼近的神经网络，如小脑模型关节控制器（CMAC）等。

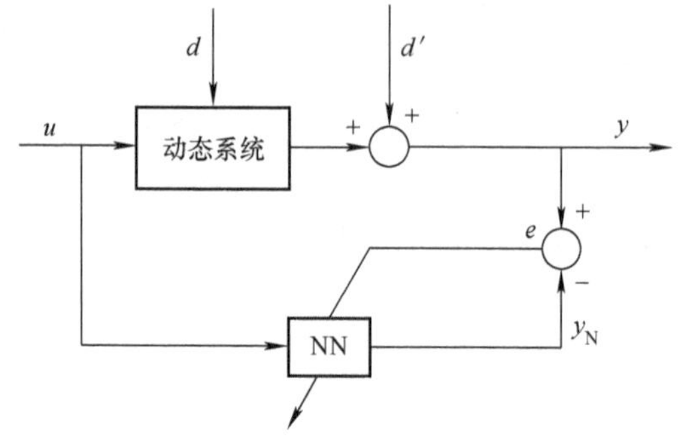

图7-1 获得系统正向模型的网络结构示意图

由于在控制系统中，拟辨识的对象通常是动态系统，因此这里就存在一个如何进行动态建模的问题，一种办法是对网络本身引入动态环节，如7.1.3节将要介绍的动态递归网络，或者在神经元中引入动态特性。另一种办法，也就是目前通常采用的方法，即首先假定拟辨识对象为线性或非线性离散时间系统，或者人为地离散化为这样的系统，利用NARMA模型

$$y(t+1)=f[y(t),\cdots,y(t-n+1);u(t),\cdots,u(t-m+1)]$$

以便在将$u(t)$，…，$u(t-m+1)$；$y(t)$，…，$y(t-n+1)$作为网络的增广输入，$y(t+1)$作为输出时，利用静态前馈网络学习上述差分方程中的未知非线性函数$f(\cdot)$。显然，这时无法表达对象的干扰部分，除非对干扰也建立相应的差分方程模型类。

2. 逆模型

建立动态系统的逆模型，在神经网络控制中起着关键的作用，并且得到了最广泛的应用，本节将进行详细的介绍。

下面首先讨论神经网络逆建模的输入输出结构，然后介绍两类具体的逆建模方法。

假定上述非线性函数f可逆，容易推出

$$u(t)=f^{-1}[y(t),\cdots,y(t-n+1);u(t-1),\cdots,u(t-m+1)]$$

注意上式中出现了$t+1$时刻的输出值$y(t+1)$。由于在t时刻不可能知道$y(t+1)$，因此可用$t+1$时刻的期望输出$y_d(t+1)$来代替$y(t+1)$。对于期望输出而言，其任意时刻的值总可以预先求出。此时，上式成为

$$u(t)=f^{-1}[y(t),\cdots,y(t-n+1),y_d(t+1);u(t-1),\cdots,u(t-m+1)]$$

同样，$u(t-1)$，…，$u(t-m+1)$；$y(t)$，…，$y(t-n+1)$，$y_d(t+1)$可作为网络的增广输入，$u(t)$可作其输出。这样，利用静态前馈神经网络进行逆建模，也就成了学习逼近上述差分过程中的未知非线性函数$f^{-1}(\cdot)$。

（1）直接逆建模

直接逆建模也称广义逆学习（Generalized Inverse Learning），如图7-2所示。从原理上说，这是一种最简单的方法。由图7-2可以看出，拟辨识系统的输出作为网络的输入，网络输出与系统输入比较，相应的输入误差用来进行训练，因而网络将通过学习建立系统的逆模型。不过

所辨识的非线性系统有可能是不可逆的，这时利用上述方法，就将得到一个不正确的逆模型。因此，在建立系统的逆模型时，必须首先假定可逆性。

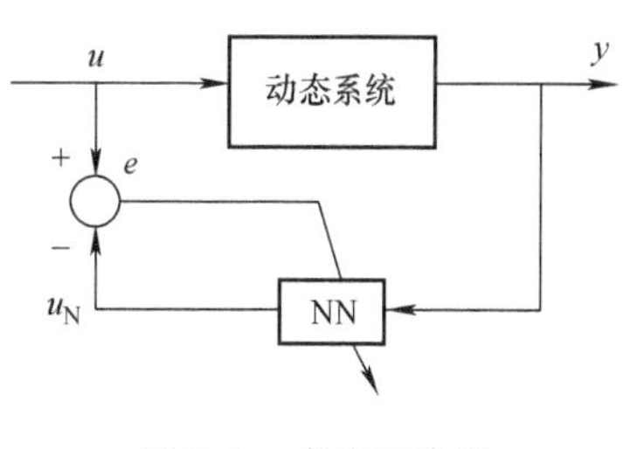

图7-2 直接逆建模

为了获得良好的逆动力学特性，网络学习时所需的样本集一般应妥善选择，使其比未知系统的实际运行范围更大。但实际工作时的输入信号很难先验给定，因为控制目标是使系统的输出具有期望的运动，对于未知被控系统，期望输入不可能给出。此外，在系统辨识中为保证参数估计算法一致收敛，一个持续激励的输入信号必须提供。尽管对传统自适应控制，已经提出了许多确保持续激励的条件，但对神经网络，这一问题仍待进一步研究。由于实际工作范围内的系统输入$u(t)$不可能预先定义，而相应的持续激励信号又难以设计，这就使该法在应用时有可能给出一个不可靠的逆模型，为此可以采用以下建模方法。

（2）正-逆建模

正-逆建模也称狭义逆学习（Specialized Inverse Learning）。如图7-3所示，这时待辨识的网络NN位于系统前面，并与之串联。网络的输入为系统的期望输出$y_d(t)$，训练误差或者为期望输出与系统实际输出$y(t)$之差，或者为与已建模神经网络正向模型输出$y_N(t)$之差，即

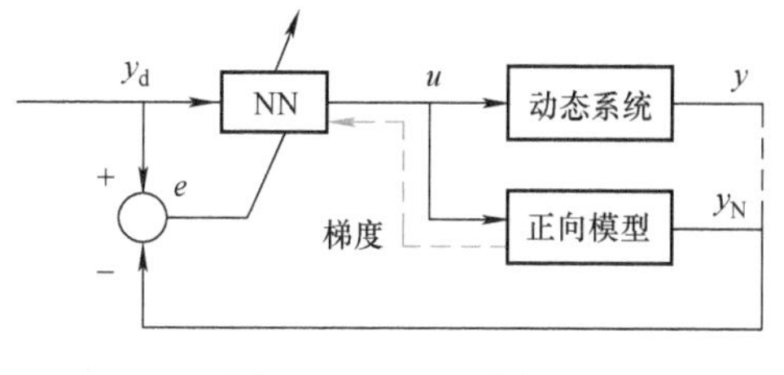

图7-3 正-逆建模

$$e(t)=y_d(t)-y(t)$$

或

$$e(t)=y_d(t)-y_N(t)$$

其中，神经网络正向模型可用前面讨论的方法给出。

该法的特点是，通过使用系统已知的正向动力学模型，或增加使用已建模的神经网络正向模型，以避免再次采用系统输入作为训练误差，使待辨识神经网络仍然沿期望轨迹（输出）附近进行学习。这就从根本上克服了使用系统输入作为训练误差所带来的问题。此外，对于系统不可逆的情况，利用此法也可通过学习得到一个具有期望性能的特殊的逆模型。

这类建模方法有三种不同的实现途径。

1）直接将系统的实际输出与期望输出之差作为网络逆模型的训练误差。但存在的主要问题是，这时必须知道拟辨识系统的正向动力学模型，以便借之反传误差，这显然与系统解析模型未知矛盾。既然系统的解析模型已知，便可由此直接推得系统的逆模型，再去辨识系统的逆模型已无必要。不过当系统的精确模型无法确知，推导其逆模型又显得过于烦琐时，利用神经网络进行辨识仍不失为一种较好的选择。事实上，Jordan 与 Rumelhart 已经证明，即使系统的解析模型不太精确，利用此法也可以得到一个精确的逆模型。

2）已知系统的正向模型毕竟有悖于这里讨论的辨识问题，因此可考虑将此系统用相应的已建模神经网络正向模型代替，即用神经网络正向模型的输出$y_N(t)$代替系统的实际输出$y(t)$，从而由期望输出$y_d(t)$与$y_N(t)$形成训练误差。这里的神经网络正向模型可由前面介绍的方法预先建立，显然可由它提供误差的反向传播通道。相比之下，此法适合于有噪声的系统，在不可能利用实际系统已知模型的情形下，该法显示出其优越性。缺点是$y_N(t)$不可能完全等于实际输出$y(t)$，神经网络正向模型的建模误差必然影响待辨识逆模型的精度。

3）如图7-3所示，可设想仍然利用系统的实际输出构成训练误差，但反向传播通道则由

神经网络正向模型提供。由于正向模型仅起误差梯度信息的反向传播作用，即使有一点误差，也不是至关重要的，它一般只影响逆模型神经网络的收敛速度。显然，这种方法综合了前两种方法的优点，同时还克服了它们的缺点。

7.1.3 利用动态网络的系统建模

如前所述，利用静态多层前馈网络对动态系统进行辨识，实际是将动态时间建模问题变为一个静态空间建模问题，这必然会出现诸多问题。如需要先验假定系统的 NARMA 模型类，需要对结构模型进行定阶，特别是随着系统阶次的增加或阶次未知时，网络结构迅速膨胀，将使学习收敛速度更加缓慢。此外，较多的输入节点也将使相应的辨识系统对外部噪声特别敏感。

相比之下，动态递归网络提供了一种极具潜力的选择，代表了神经网络建模、辨识与控制的发展方向。

在本小节，将介绍一种修改的 Elman 动态递归网络，然后给出 Elman 网络在线性动态系统辨识中的应用。

1. 基本 Elman 动态递归网络

与前馈神经网络分为全局逼近网络与局部逼近网络类似，动态递归神经网络也可分为完全递归网络与部分递归网络。完全递归网络具有任意的前馈与反馈连接，且所有连接权都可进行修正。而在部分递归网络中，主要的网络结构是前馈，其连接权可以修正；反馈连接由一组所谓“结构”（Context）单元构成，其连接权不可以修正。这里的结构单元记忆隐层过去的状态，并且在下一时刻连同网络输入，一起作为隐层单元的输入。这一性质使部分递归网络具有动态记忆的能力。

（1）网络结构

在动态递归网络中，Elman 网络具有最简单的结构，它可采用标准 BP 算法或动态反向传播算法进行学习。一个基本 Elman 网络的结构示意图如图 7-4 所示。

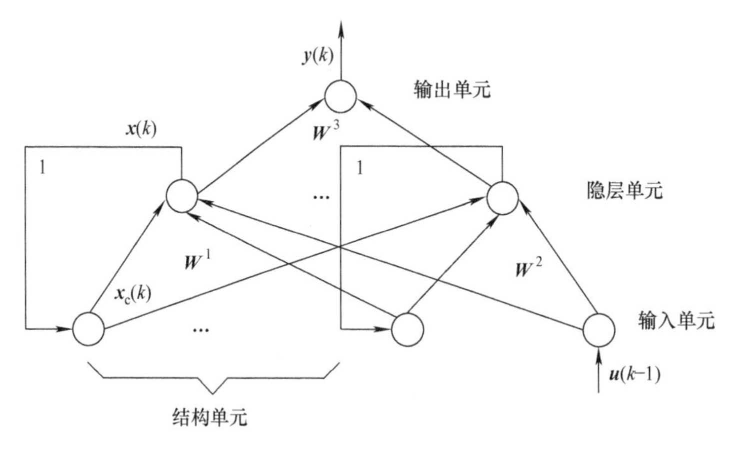

图 7-4 基本 Elman 网络的结构示意图

从图 7-4 中可以看出，Elman 网络除输入层、隐层及输出层单元外，还有一个独特的结构单元。与通常的多层前馈网络相同，输入单元仅起信号传输作用，输出层单元起线性加权和作用，隐层单元有线性和非线性激发函数。而结构单元则用来记忆隐层单元前一时刻的输出值，可认为是一个一步时延算子。因此，这里的前馈连接部分可进行连接权修正，而递归部分则是固定的（即不能进行学习修正），从而此 Elman 网络仅是部分递归的。

具体地说，网络在 k 时刻的输入不仅包括目前的输入值 $\boldsymbol{u}(k-1)$，而且还包括隐层单元前

一时刻的输出值 $\boldsymbol{x}_{\mathrm{c}}(k)$，即 $\boldsymbol{x}(k-1)$。这时，网络仅是一个前馈网络，可由上述输入通过前向传播产生输出，标准的 BP 算法可用来进行连接权修正。在训练结束之后，k 时刻隐层的输出值将通过递归连接部分，反传回结构单元，并保留到下一个训练时刻（$k+1$ 时刻）。在训练开始时，隐层的输出值可取为其最大范围的一半，例如，当隐层单元取为 Sigmoid 函数时，此初始值可取为 0.5，当隐层单元为双曲正切函数时，则可取为 0。

下面对 Elman 网络所表达的数学模型进行分析。

如图 7-4 所示，设网络的外部输入 $\boldsymbol{u}(k-1)\in\boldsymbol{R}^{r}$，输出 $\boldsymbol{y}(k)\in\boldsymbol{R}^{m}$，若记隐层的输出为 $\boldsymbol{x}(k)\in\boldsymbol{R}^{n}$，则有如下非线性状态空间表达式成立：

$$\boldsymbol{x}(k)=\boldsymbol{f}(\boldsymbol{W}^{1}\boldsymbol{x}_{\mathrm{c}}(k)+\boldsymbol{W}^{2}\boldsymbol{u}(k-1))$$
$$\boldsymbol{x}_{\mathrm{c}}(k)=\boldsymbol{x}(k-1)$$
$$\boldsymbol{y}(k)=\boldsymbol{g}(\boldsymbol{W}^{3}\boldsymbol{x}(k))$$

其中，$\boldsymbol{W}^{1}$、$\boldsymbol{W}^{2}$、$\boldsymbol{W}^{3}$ 分别为结构单元到隐层、输入层到隐层以及隐层到输出层的连接权矩阵；$\boldsymbol{f}(\cdot)$ 和 $\boldsymbol{g}(\cdot)$ 分别为输出单元和隐层单元的激发函数所组成的非线性向量函数。特别的是，当隐层单元和输出单元采用线性函数且令隐层及输出层的阈值为 0 时，则可得到如下线性状态空间表达式：

$$\boldsymbol{x}(k)=\boldsymbol{W}^{1}\boldsymbol{x}(k-1)$$
$$\boldsymbol{y}(k)=\boldsymbol{W}^{3}\boldsymbol{x}(k)$$

这里隐层单元的个数就是状态变量的个数，即系统的阶次。

显然，当网络用于单输入单输出系统时，只需一个输入单元和一个输出单元。即使考虑到这时的 n 个结构单元，隐层的输入也仅有 $n+1$ 个。此时的输入与将上述状态方程化为差分方程，并利于静态网络进行辨识时，需要 $2n$ 个输入相比，无疑有较大的减少，特别是当 n 较大时。另外，由于 Elman 网络的动态特性仅由内部的连接提供，因此它无须直接使用状态作为输入或训练信号，这也是 Elman 网络相对于静态前馈网络的优越之处。

Pham 等人发现，上述网络在采用标准 BP 算法时，仅能辨识一阶线性动态系统。原因是标准 BP 算法只有一阶梯度，致使基本 Elman 网络对结构单元连接权的学习稳定性较差，从而当系统阶次增加或隐层单元增加时，将直接导致相应的学习率极小（为保证学习收敛），以至于不能提供可接受的逼近精度。对此，可利用下面将要介绍的动态反向传播学习算法，或对基本 Elman 网络进行扩展。

（2）动态反向传播学习算法

由上面的式子可知，

$$\boldsymbol{x}_{\mathrm{c}}(k)=\boldsymbol{x}(k-1)=\boldsymbol{f}(\boldsymbol{W}_{k-1}^{1}\boldsymbol{x}_{\mathrm{c}}(k-1)+\boldsymbol{W}_{k-1}^{2}\boldsymbol{u}(k-2))$$

又由于 $\boldsymbol{x}_{\mathrm{c}}(k-1)=\boldsymbol{x}(k-2)$，上式可继续展开。这说明 $\boldsymbol{x}_{\mathrm{c}}(k)$ 依赖于过去不同时刻的连接权 $\boldsymbol{W}_{k-1}^{1}$，$\boldsymbol{W}_{k-2}^{2}$，…，或者说 $\boldsymbol{x}_{\mathrm{c}}(k)$ 是一个动态递推过程。因此，可将相应推得的反向传播算法称为动态反向传播学习算法。

考虑如下总体误差目标函数

$$E=\sum_{P=1}^{N}E_{P}$$

其中，

$$E_{P}=\frac{1}{2}(\boldsymbol{y}_{\mathrm{d}}(k)-\boldsymbol{y}(k))^{\mathrm{T}}(\boldsymbol{y}_{\mathrm{d}}(k)-\boldsymbol{y}(k))$$

对隐层到输出层的连接权 $\boldsymbol{W}^3$，有

$$\frac{\partial E_P}{\partial \omega_{ij}^3}=-(y_{\mathrm{d},i}(k)-y_i(k))\frac{\partial y_i(k)}{\partial \omega_{ij}^3}=-(y_{\mathrm{d},i}(k)-y_i(k))g_i'(\cdot)x_j(k)$$

令 $\delta_i^0=(y_{\mathrm{d},i}(k)-y_i(k))g_i'(\cdot)$，则

$$\frac{\partial E_P}{\partial \omega_{ij}^3}=-\delta_i^0 x_j(k)\quad i=1,2,\cdots,m;\ j=1,2,\cdots,n$$

对输入层到隐层的连接权 $\boldsymbol{W}^2$，有

$$\frac{\partial E_P}{\partial \omega_{jq}^2}=\frac{\partial E_P}{\partial x_j(k)}\frac{\partial x_j(k)}{\partial \omega_{jq}^2}=\sum_{i=1}^{m}(-\delta_i^0\omega_{ij}^3)f_j'(\cdot)u_q(k-1)$$

同样令 $\delta_j^h=\sum_{i=1}^{m}(\delta_i^0\omega_{ij}^3)f_j'(\cdot)$，则有

$$\frac{\partial E_P}{\partial \omega_{jq}^2}=-\delta_j^h u_q(k-1)\quad j=1,2,\cdots,n;\ q=1,2,\cdots,r$$

类似地，对结构单元到隐层的连接权 $\boldsymbol{W}^1$，有

$$\frac{\partial E_P}{\partial \omega_{jl}^1}=-\sum_{i=1}^{m}(\delta_i^0\omega_{ij}^3)\frac{\partial x_j(k)}{\partial \omega_{jl}^1}\quad j=1,2,\cdots,n;\ l=1,2,\cdots,n$$

注意到上面的式子，$x_{\mathrm{c}}(k)$依赖于连接权 ω_{jl}^1，故

$$\begin{aligned}\frac{\partial x_j(k)}{\partial \omega_{jl}^1}&=\frac{\partial}{\partial \omega_{jl}^1}f_j\left(\sum_{i=1}^{n}\omega_{jl}^1 x_{\mathrm{c},i}(k)+\sum_{i=1}^{r}\omega_{jq}^2 u_i(k-1)\right)\\&=f_j'(\cdot)\left\{x_{\mathrm{c},l}(k)+\sum_{i=1}^{n}\omega_{jl}^1\frac{\partial x_{\mathrm{c},i}(k)}{\partial \omega_{jl}^1}\right\}\\&=f_j'(\cdot)\left\{x_l(k-1)+\sum_{i=1}^{n}\omega_{jl}^1\frac{\partial x_i(k-1)}{\partial \omega_{jl}^1}\right\}\end{aligned}$$

上式实际构成了梯度$\partial x_j(k)/\partial \omega_{jl}^1$的动态递推关系，这与沿时间反向传播的学习算法类似。由于

$$\Delta \boldsymbol{W}_{ij}=-\eta\frac{\partial E_P}{\partial \omega_{ij}}$$

故基本 Elman 网络的动态反向传播学习算法可归纳如下：

$$\begin{aligned}\Delta\omega_{ij}^3&=\eta\delta_i^0 x_j(k)\quad i=1,2,\cdots,m;\ j=1,2,\cdots,n\\\Delta\omega_{jq}^2&=\eta\delta_j^h u_q(k-1)\quad j=1,2,\cdots,n;\ q=1,2,\cdots,r\\\Delta\omega_{jl}^1&=\eta\sum_{i=1}^{m}(\delta_i^0\omega_{ij}^3)\frac{\partial x_j(k)}{\partial \omega_{jl}^1}\quad j=1,2,\cdots,n;\ l=1,2,\cdots,n\\\frac{\partial x_j(k)}{\partial \omega_{jl}^1}&=f_j'(\cdot)\left\{x_l(k-1)+\sum_{i=1}^{n}\omega_{jl}^1\frac{\partial x_i(k-1)}{\partial \omega_{jl}^1}\right\}\end{aligned}$$

这里

$$\delta_i^0=(y_{\mathrm{d},i}(k)-y_i(k))g_i'(\cdot)$$

$$\delta_j^h=\sum_{i=1}^{m}(\delta_i^0\omega_{ij}^3)f_j'(\cdot)$$

当 $x_l(k-1)$ 与连接权 ω_{jl}^1之间的依赖关系可以忽略时，由于

$$\partial x_j(k)/\partial \omega_{jl}^1=f_j'(\cdot)x_{\mathrm{c},l}(k)=f_j'(\cdot)x_l(k-1)$$

上述算法就退化为如下标准的BP学习算法

$$\Delta\omega_{ij}^{3} = \eta\delta_{i}^{0}x_{j}(k) \quad i = 1,2,\cdots,m;\ j = 1,2,\cdots,n$$

$$\Delta\omega_{jq}^{2} = \eta\delta_{j}^{h}u_{q}(k-1) \quad j = 1,2,\cdots,n;\ q = 1,2,\cdots,r$$

$$\Delta\omega_{jl}^{1} = \eta\delta_{j}^{h}x_{c,l}(k) \quad j = 1,2,\cdots,n;\ l = 1,2,\cdots,n$$

2. 修改的Elman网络

图7-5所示为一种修改Elman网络的结构示意图，这是解决高阶系统辨识的更好方案。

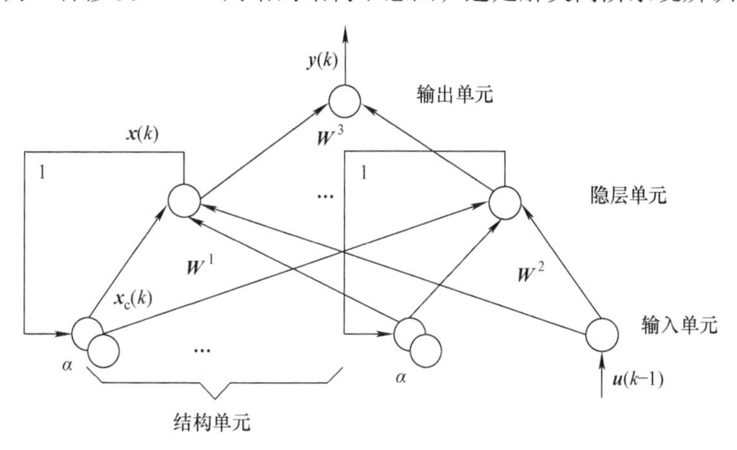

图7-5　一种修改Elman网络的结构示意图

比较图7-4及图7-5可以看出，两者的不同之处在于：修改的Elman网络在结构单元中，有一个固定增益α的自反馈连接。因此，结构单元在k时刻的输出，将等于隐层在$k-1$时刻的输出加上结构单元在$k-1$时刻输出值的α倍，即

$$\boldsymbol{x}_{c,l}(k) = \alpha\boldsymbol{x}_{c,l}(k-1) + \boldsymbol{x}_{l}(k-1) \quad l = 1,2,\cdots,n$$

其中，$\boldsymbol{x}_{c,l}(k)$和$\boldsymbol{x}_{l}(k)$分别表示第l个结构单元和第l个隐层单元的输出；α为自连接反馈增益。显然当相同的固定增益α为零时，修改的Elman网络就退化为基本的Elman网络。

与前面的式子类似，由修改Elman网络描述的非线性状态空间表达式为

$$\boldsymbol{x}(k) = \boldsymbol{f}(\boldsymbol{W}^{1}\boldsymbol{x}_{c}(k) + \boldsymbol{W}^{2}\boldsymbol{u}(k-1))$$

$$\boldsymbol{x}_{c}(k) = \boldsymbol{x}(k-1) + \alpha\boldsymbol{x}_{c}(k-1)$$

$$\boldsymbol{y}(k) = \boldsymbol{g}(\boldsymbol{W}^{3}\boldsymbol{x}(k))$$

由于对结构单元增加了自反馈连接，修改的Elman网络可利用标准的BP学习算法辨识高阶动态系统。与基本Elman网络标准BP学习算法的推导完全相同，容易得到修改Elman网络的标准BP学习算法为

$$\Delta\omega_{ij}^{3} = \eta\delta_{i}^{0}x_{j}(k) \quad i = 1,2,\cdots,m;\ j = 1,2,\cdots,n$$

$$\Delta\omega_{jq}^{2} = \eta\delta_{j}^{h}u_{q}(k-1) \quad j = 1,2,\cdots,n;\ q = 1,2,\cdots,r$$

$$\Delta\omega_{jl}^{1} = \eta\sum_{i=1}^{m}(\delta_{i}^{0}\omega_{ij}^{3})\frac{\partial x_{j}(k)}{\partial\omega_{jl}^{1}} \quad j = 1,2,\cdots,n;\ l = 1,2,\cdots,n$$

如前所述，由于在推导Elman网络的标准BP算法时，不考虑$x_{c,l}(k)$与ω_{jl}^{1}之间的依赖关系，故

$$\partial x_{j}(k)/\partial\omega_{jl}^{1} = f_{j}'(\cdot)x_{c,l}(k)$$

代入前面的式子，得

$$f_{j}'(\cdot)x_{c,l}(k) = f_{j}'(\cdot)x_{l}(k-1) + \alpha f_{j}'(\cdot)x_{c,l}(k-1)$$

因而有

$$\frac{\partial x_j(k)}{\partial \omega_{jl}^1}=f'_j(\cdot)x_l(k-1)+\alpha\frac{\partial x_j(k-1)}{\partial \omega_{jl}^1}$$

将上式与前面的式子比较，两者非常相近。这就回答了为什么修改的 Elman 网络只利用标准 BP 学习算法，就能达到基本 Elman 网络利用动态反传算法所达到的效果，即能有效地辨识高于一阶的动态系统。

3. 基于修改 Elman 网络的动态系统辨识

考虑如下三阶线性动态系统：

$$G(s)=\frac{K}{(s+1)(s+2)(s+3)}$$

假定该系统未知，为了辨识其正向动力学模型，不妨采用如图 7-1 所示的系统辨识结构。仿真中，400 个数据的样本集可由均匀分布产生，即网络的输入由具有均匀分布的随机数产生，训练规则为输出的均方根（r. m. s）误差。若取自反馈增益 $\alpha=0.65$，SBP 算法的学习率 $\eta=0.01$，动态项 $\alpha'=0.1$，采样周期 $T=0.1\text{s}$，网络结构采用 $1\times4\times1$。则在经过 200000 次学习迭代后，可使 r. m. s 误差 $E=0.025685$。

7.2 神经网络控制

神经网络控制是近几年刚刚兴起的比较活跃的智能控制之一。神经网络的特性和能力，引起了控制界的广泛关注，主要表现在以下 5 个方面。

1）神经网络对于复杂不确定性问题的自适应能力和学习能力，可以被用作控制系统中的补偿环节和自适应环节等。

2）神经网络对任意非线性关系的描述能力，可以被用于非线性系统的辨识和控制等。

3）神经网络的非线性动力学特性所表现的快速优化计算能力，可以被用于复杂控制问题的优化计算等。

4）神经网络对大量定性或定量信息的分布式存储能力、并行处理与合成能力，可以被用作复杂控制系统中的信息转换接口，以及对图像、语言等感觉信息的处理和利用。

5）神经网络的并行分布式处理结构所带来的容错能力，可以被用于非结构化过程的控制。

7.2.1 神经网络控制系统的结构

神经网络在控制系统中的作用主要有充当对象的模型、控制器、优化计算环节等。下面按照神经网络在控制系统中的作用，介绍各种可能控制系统结构。

1. 参数估计自适应控制系统

神经网络参数估计自适应控制系统利用神经网络的计算能力对控制器参数进行优化求解，如图 7-6 所示。

神经网络参数估计器的输入为来自环境因素的传感器信息和系统的输出信息，参数估计器根据控制性能、控制规律和环境约束建立目标函数，用类似于 Hopfield 网络等来实现目标函数的优化计算。神经网络的输出则为自适应控制器的参数。神经网络参数估计器设计应保证其输出矢量空间在拓扑结构上与控制器参数矢量空间相对应。

2. 前馈控制系统

神经网络前馈控制系统如图 7-7 所示。

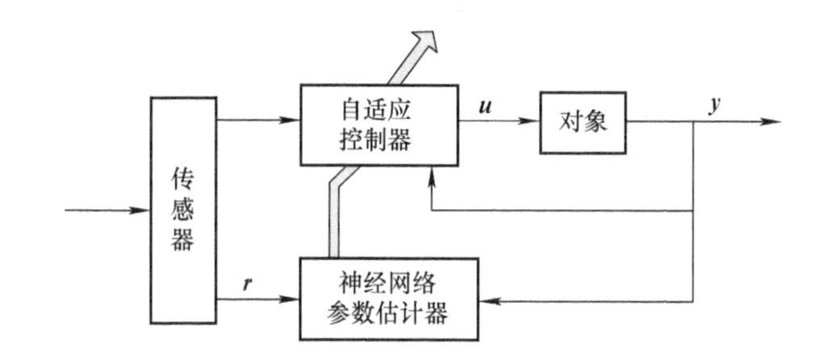

图 7-6　神经网络参数估计自适应控制系统

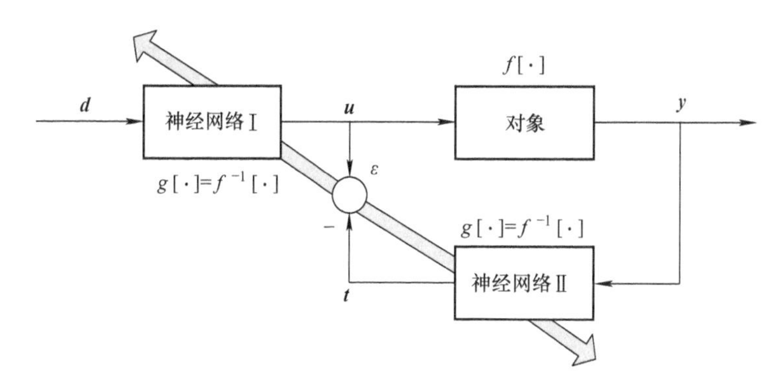

图 7-7　神经网络前馈控制系统

神经网络Ⅰ作为前馈控制器，它的特性恰好为对象特性的逆。设对象特性为$f[\cdot]$，则控制器的特性为$f^{-1}[\cdot]$。当控制器输入d为系统的期望输出时，则系统的实际输出y为

$$y = f[\boldsymbol{u}] = f[f^{-1}(\boldsymbol{d})]$$

即实现了理想的控制效果。系统中引进了神经网络Ⅱ，它的作用是通过间接学习，改变网络的连接权值，以便获得$f^{-1}[\cdot]$的映射特性。神经网络Ⅰ与神经网络Ⅱ具有相同的结构和连接权重，即具有相同的映射特性。神经网络的学习过程是：系统输出y作为神经网络Ⅱ的输入，其输出t与对象的控制量u相比较，用偏差ε调整神经网络的连接权重。显然ε为 0 时，神经网络具有对象的逆特性。设网络特性为$g[\cdot]$，则有

$$\boldsymbol{y} = f[\boldsymbol{u}]$$

$$\boldsymbol{t} = g[\boldsymbol{y}] = g[f(\boldsymbol{u})]$$

当$\varepsilon=0$时，$\boldsymbol{t}=\boldsymbol{u}$，则$g[\cdot]=f^{-1}[\cdot]$。

显然神经网络Ⅰ和Ⅱ均可采用 BP 网络实现。只要在$U\times Y$中取足够多的感兴趣的样本点，通过 BP 学习算法，将获得可逆函数$f[\cdot]$逆映射的逼近特性网络。

3. 模型参考自适应控制系统

非线性系统的神经网络模型参考自适应控制系统，在结构上与线性系统的模型参考自适应控制系统完全相同，如图 7-8 所示。只是对象的辨识模型由神经网络实现。

当非线性系统为仿射系统时，控制器特性由辨识模型直接获得。当非线性系统为非仿射系统时，控制器也采用神经网络实现。这时神经网络控制器的训练方式用类似于逆动态辨识的方案，但这时的误差函数为

$$\boldsymbol{e}^{\mathrm{T}} = \| \boldsymbol{y}^{p} - \boldsymbol{y}^{\mathrm{T}} \|$$

其中，$\boldsymbol{y}^{p}$为对象的实际输出，$\boldsymbol{y}^{\mathrm{T}}$为参考模型的输出。

4. 内模控制系统

内模控制具有较强的鲁棒性，神经网络内模控制系统如图 7-9 所示。

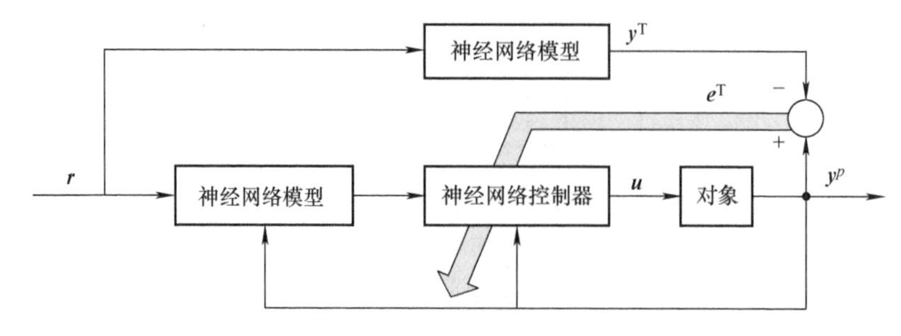

图 7-8 模型参考自适应控制系统

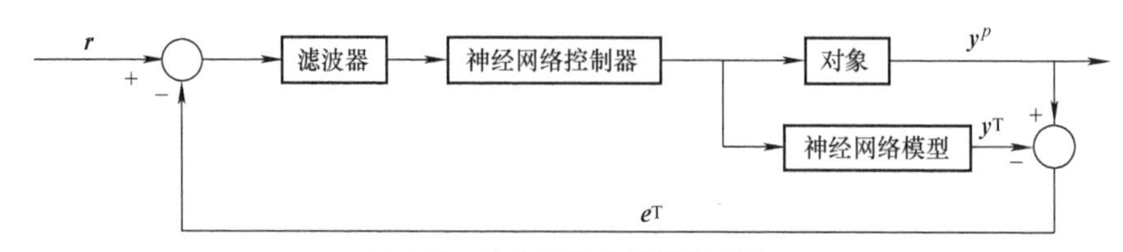

图 7-9 神经网络内模控制系统

系统的内模型和控制器均由前向动态神经网络实现。其中，内模型与被控对象相关联，控制器具有被控对象的逆动态特性。对象的输出与内模型输出之差作为反馈信号反馈到系统的输入端。仿真结果表明，神经网络内模控制系统对于具有开环稳定的线性系统，具有良好的控制效果。

5. 预测控制系统

神经网络预测控制系统是利用作为对象辨识模型的神经网络产生预测信号，然后利用优化算法，求使目标函数取最小值的控制矢量，从而实现非线性系统的预测控制，如图 7-10 所示。

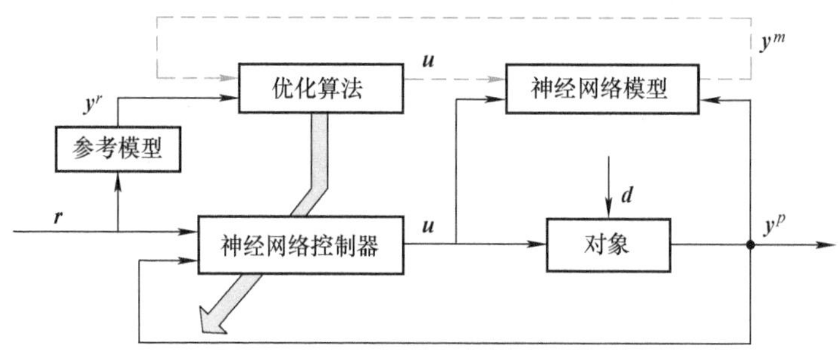

图 7-10 神经网络预测控制系统

在预测控制的基础上，若在得到最优控制轨线之后，训练另一个神经网络，使其逼近此控制函数，并且用这个网络作为控制器去控制对象，便可实现神经网络最优决策控制。

6. 变结构线性控制系统

在线性控制系统中直接采用 Hopfield 网络作为动态控制器。这时可以用变结构理论建造控制器，并用鲁棒性描述其特性。如图 7-11 所示。

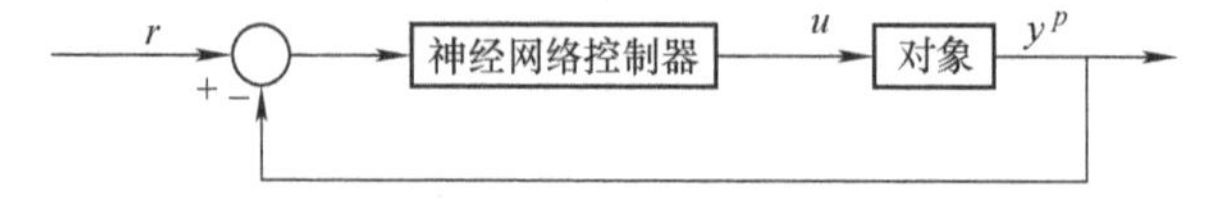

图 7-11 神经网络变结构线性控制系统

在这种控制系统中，可以采用标准方法对神经网络进行自适应训练。利用 Hopfield 网络的优化计算能力，可以实现对时变线性系统的自适应控制；或利用 Hopfield 网络的联想记忆能力实现对控制器的自整定。

除了在各种线性控制系统的结构框架上，引进神经网络，实现相应的非线性系统的智能控制外，神经网络还可以与专家系统控制结合，或与模糊控制相结合，实现智能控制。

7.2.2　基于神经网络的控制器设计

前面已经研究了各种典型的神经网络模型，并且系统地介绍了神经网络控制的结构方案。下面将结合具体的控制问题，从全局逼近、局部逼近的角度，分别给出两种实际的神经网络控制系统。

全局逼近网络是在整个权空间上对误差超曲面的逼近，即对输入空间中的任意一点，任意一个或多个连接权的变化都会影响到整个网络的输出，其泛化能力遍及全空间，如 BP 网络等。由于在全局逼近网络中，每一个训练样本都会使所有连接权发生变化，这就使相应的学习收敛速度极其缓慢。当网络规模较大时，这一特点使其实际上难以在线应用。而局部逼近网络只是对输入空间一个局部邻域中的点逼近，所以才有少数相关连接权发生变化，如 CMACRBF 网络等。鉴于在每次训练中只是修正少量连接权，而且可修正的连接权是线性的，因此其学习速度极快，并且可保证权空间上误差超平面的全局收敛特性。

正是由于全局与局部逼近神经网络的上述区别，使相应构成的神经网络控制系统，在选择结构方案和控制学习方法时，存在不同的侧重和考虑。将神经网络控制方法划分为基于全局与局部逼近网络的控制系统，既反映了各自的特点，同时又体现了迄今神经网络控制方法的发展过程。

值得指出的是，只考虑这两类网络的不同特点，在前述神经网络控制结构方案中，选择全局或局部逼近的神经网络，便可构成各种基于全局逼近或局部逼近网络的控制系统。因此，已无须再针对这种新的类型划分，对其结构方案做重复性论述了。本书之所以专门列出这几小节，一是试图突出这种划分的特点；二是尝试通过某些具体系统的研究，使在一般性地介绍各种典型控制结构方案后，能够对整个神经网络控制系统有一个更加系统的了解。

1. 基于全局逼近神经网络的异步自学习控制系统

早期的工作大多假定对象为线性或非线性离散时间系统，或人为地离散化为这样的系统，以便利用全局逼近的静态 BP 网络学习差分方程中的未知非线性函数，从而获得控制作用的正向传播和输出误差的反向传播等。由此将网络或者作为被控对象的直接或逆动力学模型，或者作为神经网络控制器，或者作为性能评价估计器，以便构成各种控制结构方案。典型的结构如应用于倒立摆的具有再励学习的自适应评判控制、自校正非线性控制、模型参考非线性控制、非线性内模控制与非线性系统辨识等。此外，将静态 BP 网络与动态环节相结合构成的所谓沿时间传播的动态 BP 网络，以及之前已指出的能描述状态空间表达式的部分递归网络，如 Elman 网络，实际上也都是全局逼近网络，由此构成的控制系统也都具有基于全局逼近网络控制方法的特点。

下面将结合两关节机械手的控制，具体讨论一种利用全局逼近网络的异步自学习控制系统。不失一般性，考虑如下非线性连续时间闭环系统：

$$\dot{\boldsymbol{x}}_k(t)=\boldsymbol{f}(\boldsymbol{x}_k(t),\boldsymbol{u}_k(t),t)\quad \boldsymbol{y}_k(t)=\boldsymbol{g}(\boldsymbol{x}_k(t),t)$$

其中，$\boldsymbol{x}_k(t)\in\boldsymbol{R}^n$ 为 t 时刻第 k 步学习时的状态；$\boldsymbol{y}_k(t)\in\boldsymbol{R}^m$ 为输出；$\boldsymbol{u}_k(t)\in\boldsymbol{R}^r$。

取异步自学习控制律为

$$\boldsymbol{u}_{k+1}(t)=\boldsymbol{u}_k(t)+\boldsymbol{\varphi}(\boldsymbol{e}_k(t),t)$$

其中，$\boldsymbol{\varphi}(\cdot,\cdot)$ 为异步自学习控制算子，且输出误差定义为

$$\boldsymbol{e}_k(t)=\boldsymbol{y}_{\mathrm{d}}(t)-\boldsymbol{y}_k(t)$$

其中，$\boldsymbol{y}_{\mathrm{d}}(t)$ 为给定的期望输出；$k=0,1,\cdots$为学习迭代次数。

异步自学习控制的基本思想是：第 $k+1$ 次学习时的输出 $\boldsymbol{u}_{k+1}(t)$ 将基于第 k 次学习时的经验 $\boldsymbol{\varphi}(\boldsymbol{e}_k(t),t)$ 和输入 $\boldsymbol{u}_k(t)$ 获得，并且随着其中"有效"经验的不断积累而使 $\boldsymbol{e}_k(t)\to 0$ 或 $\boldsymbol{y}_k(t)\to\boldsymbol{y}_{\mathrm{d}}(t)$，$k\to\infty$。从而使实际输出经过"学习"而逐渐逼近其期望输出。

典型的异步自学习控制方法包括早期的 PID 型学习控制，以及近期发展的最优学习控制、随机学习控制和自适应学习控制等，它们的本质区别在于学习算子 $\boldsymbol{\varphi}(\cdot,\cdot)$ 的具体形式，后者的选择需保证相应的学习收敛性。

基于上述讨论，下面将尝试利用全局逼近神经网络，通过定义二次型 Lyapunov 相应的代价函数，以实现对学习算子 $\boldsymbol{\varphi}(\cdot,\cdot)$ 的逼近，从而构成所谓神经网络异步学习控制系统。

若 $\boldsymbol{P}\in\boldsymbol{R}^{m\times m}$ 为正定对称加权阵，设 Lyapunov 函数为

$$\boldsymbol{v}(\boldsymbol{e}_k(t))=\boldsymbol{e}_k^{\mathrm{T}}(t)\boldsymbol{P}\boldsymbol{e}_k(t)$$

相应的代价函数定义为

$$J=\frac{(\boldsymbol{v}(\boldsymbol{e}_{k+1}(t))-\boldsymbol{v}(\hat{\boldsymbol{e}}_{k+1}(t)))^2}{\boldsymbol{v}(\hat{\boldsymbol{e}}_{k+1}(t))}$$

其中，$\hat{\boldsymbol{e}}_{k+1}(t)$ 为由学习动态特性的网络模型给出的输出误差，此网络模型由 BP 网络实现，可首先利用典型的异步自学习控制方法，如 PID 型学习控制进行离线学习。而 $\boldsymbol{e}_{k+1}(t)$ 则由如下收敛模型给出

$$\boldsymbol{e}_{k+1}(t)=\boldsymbol{A}_{\mathrm{c}}\boldsymbol{e}_k(t)$$

其中，$\boldsymbol{A}_{\mathrm{c}}\in\boldsymbol{R}^{m\times m}$为 Hurwitz 矩阵，它有预先配置的极点或期望的收敛性能，相当于一个参考模型。

易知，这时

$$\frac{\partial J}{\partial\boldsymbol{u}_k(t)}=\frac{\partial J}{\partial\hat{\boldsymbol{y}}_{k+1}(t)}\frac{\partial\hat{\boldsymbol{y}}_{k+1}(t)}{\partial\boldsymbol{u}_k(t)}$$

上式右端的第一项可由上述式子解析求出，即

$$\frac{\partial J}{\partial\hat{\boldsymbol{y}}_{k+1}(t)}=\frac{\partial J}{\partial\hat{\boldsymbol{e}}_{k+1}(t)}\frac{\partial\hat{\boldsymbol{e}}_{k+1}(t)}{\partial\hat{\boldsymbol{y}}_{k+1}(t)}=2\boldsymbol{P}\left[\left(\frac{\boldsymbol{v}(\boldsymbol{e}_{k+1}(t))}{\boldsymbol{v}(\hat{\boldsymbol{e}}_{k+1}(t))}\right)^2-1\right]\hat{\boldsymbol{e}}_{k+1}^{\mathrm{T}}(t)$$

而第二项则可由学习动态特性的网络模型反向传播给出，这与 BP 算法思路类似，只是对连接权 $\omega_{ij}(t)$的修正改成了对输入 $\boldsymbol{u}_k(t)$ 的学习修正。此时

$$\frac{\partial\hat{\boldsymbol{y}}_{k+1,i}(t)}{\partial\boldsymbol{u}_{k,l}(t)}=\sum_{j=1}^{m_{\mathrm{H}}}\frac{\partial\hat{\boldsymbol{y}}_{k+1,i}(t)}{\partial\boldsymbol{o}_j^{\mathrm{H}}}\frac{\partial\boldsymbol{o}_j^{\mathrm{H}}}{\partial\boldsymbol{net}_j^{\mathrm{H}}}\frac{\partial\boldsymbol{net}_j^{\mathrm{H}}}{\partial\boldsymbol{u}_{k,l}(t)}=\sum_{j=1}^{m_{\mathrm{H}}}\delta_j\boldsymbol{o}_j^{\mathrm{H}}(1-\boldsymbol{o}_j^{\mathrm{H}})\boldsymbol{\omega}_{jl}^{\mathrm{H}}$$

其中，$\delta_j=\hat{\boldsymbol{y}}_{k+1,i}(1-\hat{\boldsymbol{y}}_{k+1,i})\ \omega_{ij}^0$为反向传播到隐层的广义误差；$\hat{\boldsymbol{y}}_{k+1,i}(t)$ 表示 $y_{k+1}(t)$ 的第 i 个分量；$\boldsymbol{u}_{k,l}(t)$ 表示 $\boldsymbol{u}_k(t)$ 的第 l 个分量；$\boldsymbol{o}_j^{\mathrm{H}}$ 表示隐层第 j 个神经元的输出；$\boldsymbol{net}_j^{\mathrm{H}}$ 表示隐层第 j 个神经元的净输入；m_{H} 表示隐层神经元的个数。相应的神经网络异步自学习控制律为

$$\boldsymbol{u}_{k+1}(t)=\boldsymbol{u}_k(t)-\eta\frac{\partial J}{\boldsymbol{u}_k(t)}+\alpha(\boldsymbol{u}_k(t)-\boldsymbol{u}_{k-1}(t))$$

其中，$\eta>0$、$1\leqslant\alpha<1$，与 BP 算法类似，分别为学习率和动量项参数，它们可进一步采用各种高阶快速学习算法。

图 7-12 所示为神经网络异步自学习控制系统的框图。

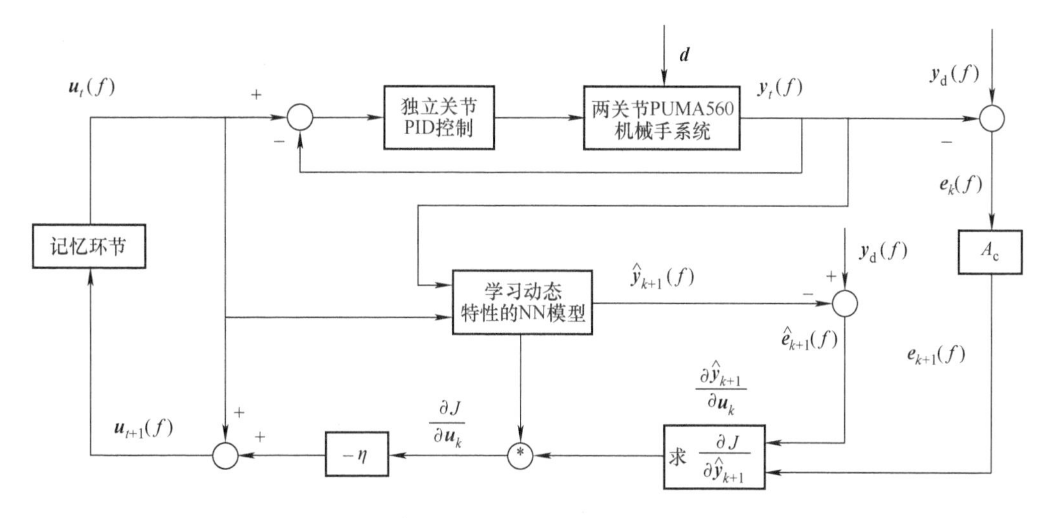

图 7-12　神经网络异步自学习控制系统的框图

现证明上述神经网络控制系统的稳定性。考虑到上面式子的 Lyapunov 函数的正定性，根据 Lyapunov 稳定性理论可知，这时只需证明其时间导数负定即可。

事实上，由上面式子容易得到

$$\begin{aligned}\Delta \boldsymbol{v}(\boldsymbol{e}_k(t)) &= \boldsymbol{v}(\boldsymbol{e}_{k+1}(t)) - \boldsymbol{v}(\boldsymbol{e}_k(t)) = \boldsymbol{e}_{k+1}^{\mathrm{T}}(t)\boldsymbol{P}\boldsymbol{e}_{k+1}(t) - \boldsymbol{e}_k^{\mathrm{T}}(t)\boldsymbol{P}\boldsymbol{e}_k(t)\\ &= \boldsymbol{e}_k^{\mathrm{T}}(t)(\boldsymbol{A}_{\mathrm{c}}^{\mathrm{T}}\boldsymbol{P}\boldsymbol{A}_{\mathrm{c}} - \boldsymbol{P})\boldsymbol{e}_k(t) = -\boldsymbol{e}_k^{\mathrm{T}}(t)\boldsymbol{Q}\boldsymbol{e}_k(t)\end{aligned}$$

因要求 $\Delta \boldsymbol{v}(\boldsymbol{e}_k(t))$ 负定，故 $\boldsymbol{Q}$ 必须正定，即 Lyapunov 方程 $\boldsymbol{A}_{\mathrm{c}}^{\mathrm{T}}\boldsymbol{P}\boldsymbol{A}_{\mathrm{c}} - \boldsymbol{P} = -\boldsymbol{Q}$，在给定正定对称阵 $\boldsymbol{Q}$ 时，需存在唯一正定解 $\boldsymbol{P}$，而这可由 $\boldsymbol{A}_{\mathrm{c}}$ 为 Hurwitz 矩阵予以保证，从而即可证得此神经网络异步自学习控制系统为学习渐近收敛（稳定）。

以 PUMA560 机械手关节 2（肩关节）和关节 3（肘关节）的轨迹跟踪控制为例。图 7-13 给出了当随机干扰 $\sigma_{\mathrm{d}}=0.1$ 的仿真结果（即非重复情形）。这里取仿真时间 $T_{\mathrm{TOL}}=2\mathrm{s}$，采样周期 $T=0.001\mathrm{s}$；独立关节的各 PID 控制参数整定为 $K_{\mathrm{p1}}=76.6$，$K_{\mathrm{d1}}=40.8$，$K_{\mathrm{i1}}=40.0$（关节 2），$K_{\mathrm{p2}}=57.7$，$K_{\mathrm{d2}}=15.7$，$K_{\mathrm{i2}}=40.0$（关节 3）；PID 型异步自学习控制各学习因子选择为 $KL_{\mathrm{p1}}=0.2$，$KL_{\mathrm{d1}}=KL_{\mathrm{i1}}=0$（关节 2），$KL_{\mathrm{p2}}=0.2$，$KL_{\mathrm{d2}}=KL_{\mathrm{i2}}=0$（关节 3）；$A_{\mathrm{c}}=0.707$；BP 网络的学习率 $\eta=0.87$，动量项参数 $\alpha=0.7$；初始条件 $\theta_{10}=\theta_{20}=0$；跟踪精度要求为 $E_{\mathrm{RMS},1}=E_{\mathrm{RMS},2}=0.05$；最大控制力矩限制为 $\tau_{\max,1}=520\mathrm{N}\cdot\mathrm{m}$（关节 2），$\tau_{\max,2}=260\mathrm{N}\cdot\mathrm{m}$（关节 3）。

单纯利用 PID 型异步自学习控制和独立关节 PID 控制时的学习动态特性（假定此时无干扰），首先由 BP 网络进行离线学习获得。从图 7-13 可以明显看出，由于各关节之间存在较强的耦合，单纯利用独立关节 PID 控制不能取得较好的跟踪效果（$E_{\mathrm{RMS}}\approx0.5$），但在采用上述方法后，经过 $I=25$ 步的学习就可达到相应的精度（$E_{\mathrm{RMS}}\approx0.05$），即大约提高了 1 个数量级之多。

由于神经网络控制器实际上是一个非线性控制器，因此一般难以对其进行稳定性分析，前面已指出，全局逼近网络在控制系统中的作用主要体现在两个方面：一是提供一个类似于传统控制器的神经网络控制器；二是为神经网络控制器进行在线学习，提供性能指标关于控制误差梯度的反向传播通道，如需要建立被控对象的正向网络模型等。除此之外，结合稳定性分析，对神经网络控制结构方案进行特别设计，常常可以为困难的分析问题提供一个有效的解决途径。本节的例子较好地说明了这一点。

从理论上说，相对于在权空间上局部逼近误差超曲面的网络而言，全局逼近网络在总体上

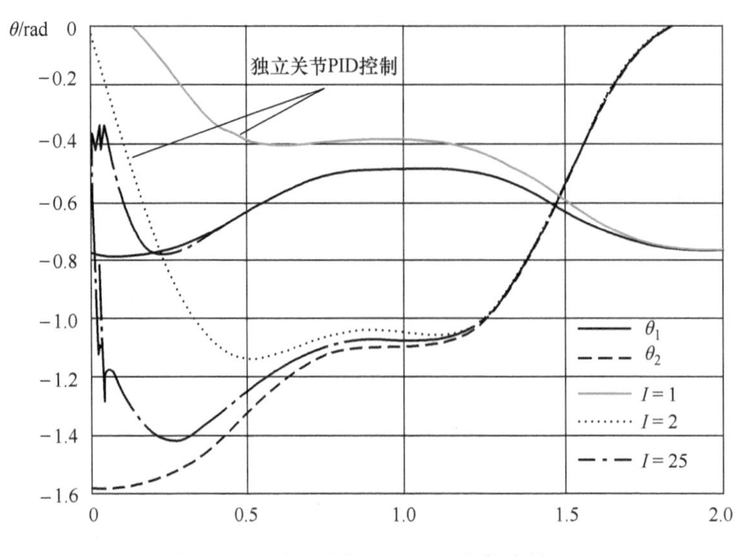

图 7-13 随机干扰 $\sigma_{\mathrm{d}}=0.1$ 的仿真结果

具有更大泛化能力。但对最感兴趣的轨迹附近，就某一局部而言，当误差超曲面比较复杂时，由于全局逼近网络存在严重的局部极值问题，再加之其缓慢的学习收敛速度，其泛化能力往往还不如局部逼近网络，因为后者对局部的逼近是线性"全局"最优的。一般来说，在基于全局逼近网络的控制系统中，缺乏鲁棒性和在线学习能力较差通常成为其实际应用的两个限制性"瓶颈"问题。

2. 基于局部逼近神经网络的控制

近几年的进展主要集中在采用局部逼近网络构成的控制系统。主要结果包括小脑模型关节控制器（CMAC）控制，此法已广泛应用于机器人控制。网络的特点是局部逼近，学习速度快，可以实时应用；不足之处是采用间断超平面对非线性超曲面的逼近，可能精度不够，同时也得不到相应的导数估计。采用高阶 B 样条的 BMAC 控制，则部分弥补了 CMAC 的不足，但计算量略有增加。基于高斯径向基函数（RBF）网络的直接自适应控制，这是有关非线性动态系统的神经网络控制方法中，较为系统、逼近精度最高的一种方法；但它需要的固定或可调连接权太多，且高斯径向非线性函数的计算也太多，利用目前的串行计算机进行仿真实现时，计算量与内存过大，很难实时实现。接下来将针对一类带参数变化的未知单输入单输出系统，介绍一种基于上升时间、超调量、稳态误差等时域指标的 CMAC 间接自校正控制系统。

图 7-14 所示为指标驱动 CMAC 控制系统的结构方案示意图。

从图 7-14 可以看出，该系统可分为 4 个部分：常规控制器与单位反馈；对象的 CMAC 正向模型；指标误差计算环节；CMAC 自校正模块。系统中采用两个 CMAC 模块，一个用于建立被控对象的正向网络模型，另一个用作神经网络非线性映射器。CMAC 模型与参考模型之间的输出被用来产生指标误差向量。CMAC 自校正模块将此指标误差映射为控制器增益变化，从而修正相应的控制规律。

为了简单起见，这里的常规控制器暂采用比例控制器。若采用 PID 控制器，则只需再增加两个 CMAC 自校正模块，或直接采用具有三个输出的 CMAC 自校正模块，以便网络输出对应于 PID 三个分量的变化。对于比较复杂的控制对象，可进一步采用非线性 PD 控制或其他自校正控制规律。

与此同时，CMAC 正向模型将在线地学习被控系统的动态特性，如果可能，它还将在线地

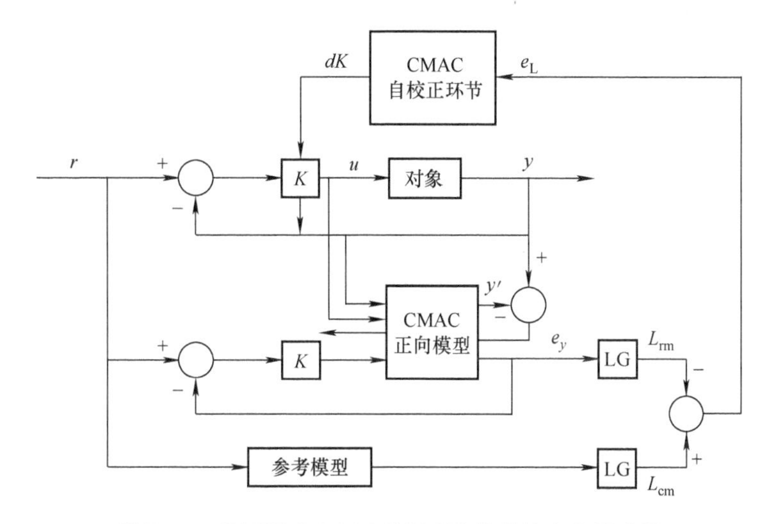

图7-14 指标驱动CMAC控制系统的结构方案示意图

学习传感器和执行机构的动态模型。前面已指出，这需要提供某些先验知识，如系统的阶次等，以便给出差分方程的结构模型。

在指标误差计算环节中，首先由两个指标生成模块LG（Label Generation）分别根据闭环CMAC正向模型与参考模型的每个响应曲线，计算各自的时域指标向量，然后完成如下的指标误差计算，即

$$\boldsymbol{e}_{\mathrm{L}}=\boldsymbol{L}_{\mathrm{cm}}-\boldsymbol{L}_{\mathrm{rm}}$$

其中，$\boldsymbol{L}_{\mathrm{cm}}$、$\boldsymbol{L}_{\mathrm{rm}}$分别为闭环CMAC正向模型与参考模型的时域指标向量。该环节在功能上相当于模式识别中的特征抽取。

核心的CMAC自校正模块，将此指标误差向量映射为比例控制的增益变化，以便对控制器进行学习修正。众所周知，人们习惯使用的并且具有明确物理意义的时频域指标与控制规律之间通常不存在解析关系。在这种情况下，应用神经网络通过建立两者的非线性映射关系，可能是一种较好的选择。

一般来说，指标向量可以分成两类，即品质指标与控制约束。对于定常或时变系统的动态特性，这里采用上升时间、超调、稳态误差等时域指标描述。针对具体的应用，当然也可以采用其他类型的指标。而控制约束则反映了实际所能采取的最大控制量。将这些数字量作为系统性能的特征，既符合习惯使用的性能表达，同时又能大大地压缩所需的训练量。

如果说上述指标反映了系统暂态响应的主要特征，那么上面式子的指标误差向量则体现了控制系统相对于参考模型的性能。这里的参考模型给出了期望的时域指标。进一步地，可以对此误差向量采用各种范数测度，如对其归一化或加权平均等，以便获得更加简洁有效的性能指标表示。

上述结构方案中，CMAC自校正模块在监督学习下将完成如下非线性映射：

$$\boldsymbol{e}_{\mathrm{L}}\rightarrow\Delta K$$

其难点是如何提供训练样本集。这可以说是本系统成败的关键。为此采用如下的方法，离线地提供训练样本集。

1）在图7-14所示的由网络模型组成的闭环控制系统中，给定一个初始比例增益K_0。

2）给定期望的时域性能指标$\boldsymbol{L}_{\mathrm{rm}}$。

3）令$r(t)=1$，对闭环网络模型的单位阶跃响应，计算相应的时域性能指标$\boldsymbol{L}_{\mathrm{cm},0}$，从而

得到指标误差向量$\boldsymbol{e}_{L,0}$。

4）在可能的工作范围内，以一定的量化等级，将控制器增益进行摄动ΔK，按步骤3）得到相应的指标误差向量$\boldsymbol{e}_{L,i}$，并记录下此对样本，这里$i=1, 2, \cdots, N$。

上述样本集反映了指标误差向量$\boldsymbol{e}_{L,j}$与控制器增益AK之间的点集映射关系。但用此N对样本训练CMAC自校正模块，可能存在一个严重的问题，即在线工作时，某个指标误差向量可能根本不出现在训练样本集中，从而有可能使网络的输出为0。这个问题不单是本系统存在，在前面介绍的所有全局或局部逼近网络中都会出现此类问题，这实际上体现了网络是否具有足够的泛化能力。

应该注意，这里得到的CMAC自校正模块是否真正有效，还取决于参考模型或期望的性能指标是否选择得合理，即对于给定的控制器和增益范围，系统是否真能达到这一指标。例如，对二阶系统，就不能要求在比例控制下同时达到超调量为0和稳态误差为0。

上述方法简单、实用，比较接近于人们在设计PID控制时所采用的经验。它通过学习来建立响应与PID增益之间的关系。显然，这种映射关系在进行大量离线训练之后，尚可进行在线学习，它不需要指定CMAC自校正网络的参数化结构模型。

该法已实际应用于燃气涡轮发动机系统。在Pham等人进行的仿真研究中，使用了数字控制系统与采样模型。被控对象假定为二阶线性系统，其参数任意选择为$\omega_n=1.0$，$\zeta=0.3$。参考模型选为比例增益为6.5时的闭环等价系统。CMAC自校正模块训练样本集的容量$N=17$，初始增益$P_0=5.0$，增益变化范围为[1.0，9.0]，步长为0.5。指标误差向量$\boldsymbol{e}_L$由超调量σ、上升时间t_r以及稳态误差SSE组成。采用单位阶跃响应。8个仿真结果见表7-1，其中P_i为初始控制增益。表7-2给出了分别对应与上述8个仿真的每次迭代时的增益值。

表7-1 仿真结果

序号	P_i	ω_n^p，ζ^p	P_{ref}	ω_n^{ref}，ζ^{ref}	$\boldsymbol{e}_L$的初值	$\boldsymbol{e}_L$的终值
1	3.0	1.0，0.3	6.5	1.0，0.3	23.09，-8.90，-0.10	0.34，-0.42，0.00
2	3.0	0.8，0.5	6.5	1.0，0.3	36.50，-12.61，-0.34	15.41，0.85，-0.22
3	3.0	1.2，0.2	6.5	1.0，0.3	14.88，-11.66，0.08	-1.03，-0.85，0.10
4	3.0	0.8，0.2	6.5	1.0，0.3	14.91，-13.85，-0.24	-0.30，-2.50，-0.18
5	3.0	1.2，0.5	6.5	1.0，0.3	36.46，-10.40，0.00	14.96，0.70，0.08
6	3.0	1.0，0.3	5.0	1.2，0.4	9.64，-7.24，-0.18	-0.45，-2.28，-0.14
7	3.0	1.0，0.3	OL	1.0，0.3	16.26，-25.74，0.88	16.26，-25.74，0.88
8	3.0	1.2，0.4	6.5	1.2，0.4	22.95，-12.15，-0.08	1.02，-0.33，-0.02

表7-2 8个仿真结果中每次迭代时的增益值

在线迭代次数	仿真1	仿真2	仿真3	仿真4	仿真5	仿真6	仿真7	仿真8
0	3.00	3.00	3.00	3.00	3.00	3.00	3.00	3.00
1	5.30	5.59	4.56	5.57	4.64	5.30	—	5.45
2	6.58	5.62	5.10	5.21	5.87	5.13	—	6.19
3	6.44	—	4.99	5.04	5.98	4.97	—	—
4	6.40	—	—	4.90	—	4.81	—	—
5	6.38	—	—	4.77	—	4.65	—	—
6	—	—	—	4.68	—	4.49	—	—

（续）

在线迭代次数	仿真1	仿真2	仿真3	仿真4	仿真5	仿真6	仿真7	仿真8
7	—	—	—	—	—	4.33	—	—
8	—	—	—	—	—	4.18	—	—
9	—	—	—	—	—	4.03	—	—
10	—	—	—	—	—	3.98	—	—

从表7-2中可以看出，当增益变化ΔP落入某个预先设定的阈值后，如这里的0.02，学习过程必定收敛。现在来分析表7-1的仿真结果。

在第1个仿真结果中，对象和参考模型具有同样的参数，因此有可能得到零指标误差。由表7-2可知，此时自校正过程只需5次迭代即可完成，其中全部变化值的95%发生在前两步。在第2～5个仿真例子中，让对象参数与参考模型略有不同，此时指标误差虽迅速减小，但不会到0。在第6个仿真结果中，选择参考模型参数使其与对象模型略有不同，这时收敛速度明显减慢，尽管在第1步已发生了65%的变化。在第7个仿真结果中，对给定的二阶被控系统，选择了一个“坏”的期望指标，即要求其响应具有大的上升时间和零稳态误差，此时，由于CMAC网络表现出对该指标误差“无知”，从而导致网络输出为0。最后一个仿真例子说明了映射特性或网络拓扑的重要性。此时，虽然所选参数与前几次仿真不同，但系统不仅可获得零指标误差，而且只需大约两步就可达到。

通过考查样本数据，可进一步归纳出期望映射$\boldsymbol{e}_{\mathrm{L}}\to\Delta P$之间的定性关系，即

$$
\begin{array}{ccc}
\boldsymbol{e}_{\mathrm{L}} & & \Delta P \\
+,\ -,\ - & \rightarrow & + \\
0,\ 0,\ 0 & \rightarrow & 0 \\
-,\ +,\ + & \rightarrow & -
\end{array}
$$

本小节介绍了一种利用CMAC自校正模块的比例控制间接自适应系统。仿真结果表明，该法简单、实用，具有明显的几何意义，可进一步推广为PID控制或其他自校正控制，以便应用于更加一般的时变线性系统或非线性系统。

综上所述，作为另外一种处理非线性、不确定性的有力工具，神经网络控制方法在不长的时间内已取得长足的进展，尽管人们已认识到它的许多局限性。例如，网络本身的黑箱式内部知识表达，使其不能利用初始经验进行学习，易于陷入局部极小值；分布并行计算的优点还有赖于硬件实现技术的进步等。但作为一种控制方法，认为其存在的主要问题如下。

1）缺乏一种专门适合于控制问题的动态神经网络。上述方法，不论是全局逼近还是局部逼近的方法，其本质都是用静态网络处理连续时间动态系统的控制问题，这就不可避免地带来了差分模型的定阶及网络规模随阶次迅速增加的复杂性问题。

2）鲁棒性较差使其较少实际应用。神经网络的泛化能力在相当程度上决定了控制系统的鲁棒性。全局逼近方法的泛化能力受大量局部极值与缓慢学习收敛速度的制约，而上述局部逼近方法则受存储容量与实时性的严重限制，这种矛盾无法用上述网络模型解决。

7.3 神经网络控制系统的分析

非线性动态系统的复杂性，使得常规的数学方法难以对它的控制特性进行精确的分析，至今还没有建立完整的非线性系统控制理论。采用神经元网络可以对一类非线性系统进行辨识和

控制。有关能控性和稳定性的分析大都建立在直觉和定性的基础上，本节拟根据 Narendra 等人提出的方法，对神经元网络控制的非线性系统能控性和稳定性分析方法作一些概略的介绍。要指出的是，这里把讨论只局限在可以线性化的系统范畴内。分析的思路是：先给出原非线性系统稳定和可控条件，然后分析采用神经元网络后这些条件是否还满足。

如果考虑调节器问题，且假定系统的状态是可以获得的。对离散时间，系统可描述为

$$\sum: \quad x(k+1) = f[x(k), u(k)] \tag{7-1}$$

对系统估计采用图 7-15 所示的结构，图中 NN_f 为神经元网络。经过训练之后，设过程是能够准确地由模型来表示：

$$\hat{x}(k+1) = NN_f[\hat{x}(k), u(k), \hat{\theta}] = NN_f[\hat{x}(k), u(k)] \tag{7-2}$$

$$NN_f[0,0] = 0$$

其中，θ 为辨识参数。

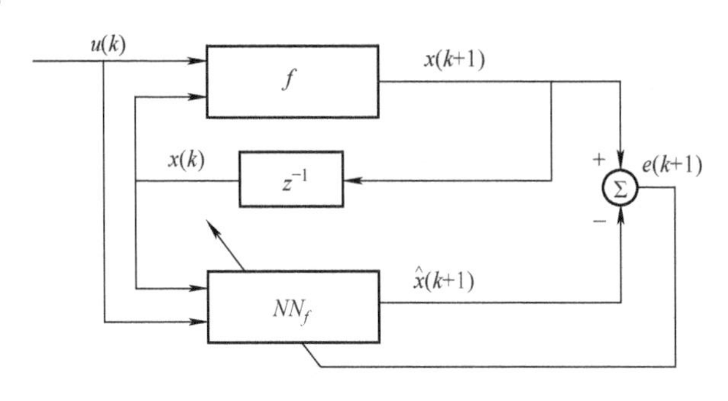

图 7-15 f 的估计结构

现在讨论通过反馈线性化的非线性系统的控制稳定性问题。给定非线性系统式（7-1），问题是：经过以下两种变换，该系统是否局部等效于一个线性系统？

1）状态空间坐标变换 $x = \boldsymbol{\Phi}(x)$，$\boldsymbol{\Phi}(\cdot)$ 可逆且连续可微。

2）存在反馈律 $u(k) = \boldsymbol{\Psi}[x(k), v(k)]$。

如果反馈律可以实现，则对任意所希望的平衡点附近，采用线性系统理论和工具就可以使控制系统式（7-1）稳定。

应用上述变换，有

$$z(k+1) = \boldsymbol{\Phi}[x(k+1)] = \boldsymbol{\Phi}[f(\boldsymbol{\Phi}^{-1}(z(k)), \boldsymbol{\Psi}(\boldsymbol{\Phi}^{-1}(z(k)), v(k)))] \tag{7-3}$$

其中，$z(k)$ 是状态；$v(k)$ 是新的输入。如果这种变换存在，它使式（7-3）为线性，则该系统称为反馈可线性的；如果变换只存在于（0，0）的邻域，则系统在（0，0）点是局部反馈可线性的。

系统成为局部反馈可线性的充要条件可在有关的文献中找到，这里给出其中一种描述方法。为此需要一个定义。

定义 7-6 令 $Y \in \boldsymbol{R}^n$ 为一个集合，在此集合中确定 d 个平滑函数 s_1，s_2，…，s_d：$Y \to \boldsymbol{R}^n$ 在任意给定点 $x \in Y$，向量 $\boldsymbol{s}_1(x)$，$\boldsymbol{s}_2(x)$，…，$\boldsymbol{s}_d(x)$ 组成一个向量空间（$\boldsymbol{R}^n$ 的子空间），令这个取决于 $\boldsymbol{x}$ 的向量空间由 $\Delta(\boldsymbol{x})$ 来表示

$$\Delta(\boldsymbol{x}) = \mathrm{span}[\boldsymbol{s}_1(x), \boldsymbol{s}_2(x), \cdots, \boldsymbol{s}_d(x)]$$

由此，对每一个 x，赋予一个向量空间。这种赋予称为一个分配。

再回到式（7-1），令

$$f_x(x,u) = \frac{\partial}{\partial x} f(x,u) \qquad\qquad f_u(x,u) = \frac{\partial}{\partial u} f(x,u)$$

定义以下在 $\boldsymbol{R}^n$ 中取决于 u 的分配：

$$\Delta_0(x,u)=0$$

$$\Delta_1(x,u)=f_x^{-1}(x,u)\mathrm{Im}f_u(x,u)$$

$$\Delta_{i+1}(x,u)=f_x^{-1}(x,u)[\Delta_i(f(x,u),u)+\mathrm{Im}f_u(x,u)]$$

其中，$\mathrm{Im}f_u(x,\ u)$ 是 f_u 值域；$f_x^{-1}V$ 表示在线性映射下 f_x 子空间 V 的逆像；$\Delta_i(\ \cdot\ ,\ u)$ 是取决于 u 的分配，可以证明

$$\Delta_0(x,u)\subset\Delta_1(x,u)\subset\Delta_2(x,u)\cdots$$

其中，Δ_i 是最多 n 步后获得最大秩。最后，对 x 和 u，f 的雅可比表示为 $\mathrm{d}f=(f_x,\ f_u)$。这样，有以下的定义：

定义 7-7 令（$x=0$，$u=0$）为系统式（7-4）的平衡点，有

$$J=\sum_{j=t_1}^{t_2}\leqslant[y_r(t+j)-y_m(t+j)]^2+\sum_{j=t_1}^{t_2}\leqslant\lambda_i[u'(t+j)-u'(t+j)]^2 \tag{7-4}$$

并且假定 $\mathrm{rank}[\mathrm{d}f(0,0)]=n$ ［式（7-1）］在（0，0）为局部反馈可线性的充分必要条件为 $\Delta_1(x,u)$，$\Delta_2(x,\ u)$，…都是维数恒定且在（0，0）附近与 u 无关，$\dim\Delta_n(0,\ 0)=n$。

对一个线性系统：$x(k+1)=Ax(k)+bu(k)$，其求解公式为 $\Delta_0(x,\ u)=A^{-1}\mathrm{Im}b$，$\Delta_{i+1}$ 可由 $\Delta_{i+1}(x,u)=A^{-1}(\Delta_i+\mathrm{Im}b)$ 递推求得。

可以看到，对线性系统，如 Δ_i 描述了子空间，该子空间可以在 i 步内控制到原点。显然，对线性系统，这些子空间都是维数恒定且与 u 无关的。因此，定性地说，上述定理可以解释为这些性质在反馈和二次坐标变换情况下是不变的，只有那些原来就拥有这些性质的系统才能变换成线性。

【例 7-1】 给定二阶系统

$$x_1(k+1)=x_2(k)$$

$$x_2(k+1)=[1+x_1(k)]u(k)$$

对此系统，有

$$\boldsymbol{f}_x(x,u)=\begin{pmatrix}0&1\\u&0\end{pmatrix}\quad \boldsymbol{f}_u(x,u)=\begin{pmatrix}0\\1+x_1\end{pmatrix}$$

在原点秩的条件满足

$$\Delta_0(x,u)=0,\Delta_1(x,u)=\mathrm{span}\begin{pmatrix}1\\0\end{pmatrix},\Delta_2(x,u)=R^2$$

因此，这个系统是局部反馈可线性的，根据上述简单的例子，具有下面形式的任何输入

$$u(k)=\frac{v(k)}{1+x_1(k)}$$

可使系统局部线性化。

【例 7-2】 给定系统

$$x_1(k+1)=f_1[x_1(k),x_2(k)]$$

$$x_2(k+1)=f_2[x_1(k),x_2(k),u(k)]$$

这里 u 只直接影响一个状态。对此系统，有

$$f_x(x,u)=\begin{pmatrix} f_{11}(x) & f_{12}(x) \\ f_{21}(x,u) & f_{22}(x,u) \end{pmatrix}$$

$$f_u(x,u)=\begin{pmatrix} 0 \\ f_{2u}(x,u) \end{pmatrix}$$

其中，$f_{ij}\equiv(\partial f_i)/(\partial x_j)$；$x=(x_1,\ x_2)$。

如果 $f_{2u}(x,\ u)\neq 0$ 和 $f_{12}(x)\neq 0$，在原点秩的条件满足。分配由下面给出：

$$\Delta_0=0$$

$$\Delta_1=\text{span}\begin{pmatrix} -f_{12}(x) \\ f_{11}(x) \end{pmatrix}$$

Δ_1 只决定于 x，Δ_1 和 f_u 一起组成了整个空间

$$\Rightarrow \Delta_2=\boldsymbol{R}^2$$

因此系统是局部反馈线性的。

现在利用上面的结果来讨论利用神经元网络后系统的稳定性问题。

如果已有了对象的方程式，而且它们满足反馈线性化条件，并已知其解存在，那么接下来的任务就是寻求两个映射，Φ：$\boldsymbol{R}^n\rightarrow\boldsymbol{R}^n$ 和 Ψ：$\boldsymbol{R}^{n+1}\rightarrow\boldsymbol{R}$，并受以下约束：

$$z=\Phi(x),\quad \boldsymbol{v}=\Psi(x,u)$$

和

$$\begin{aligned} z(k+1)&=\Phi[\boldsymbol{x}(k+1)]=\Phi[f(\boldsymbol{x}(k),\Psi(\boldsymbol{x}(k),\boldsymbol{u}(k)))] \\ &=\boldsymbol{A}z(k)+\boldsymbol{b}\,\boldsymbol{v}(k) \end{aligned}$$

其中，$\boldsymbol{A}$、$\boldsymbol{b}$ 是可控对。

另一方面，如果只有一个实际对象的模型，它由式（7-2）给出，那么问题是：式（7-1）可反馈线性化是否也意味式（7-2）也可反馈线性化？

根据辨识过程，假定在运行区 D，模型的误差为 $\varepsilon\ll 1$，即

$$\|NN_f(x,u)-f(x,u)\|=\|e(x,u)\|<\varepsilon\quad 对所有\ x,u\in D$$

对 NN_f 施加 Φ 和 Ψ 变换，得

$$\Phi[NN_f(\boldsymbol{x}(k),\Psi(\boldsymbol{x}(k),\boldsymbol{u}(k)))]=\Phi[f(x,k),\Psi(\boldsymbol{x}(k),\boldsymbol{u}(k))+e(\boldsymbol{x}(k),\Psi(\boldsymbol{x}(k),\boldsymbol{u}(k)))]\tag{7-5}$$

因为 $\Phi(\cdot)$ 是一个平滑函数，如果 $\|e(\cdot,\ \cdot)\|<\varepsilon$，且假定 ε 小，则式（7-3）可以写成

$$\begin{aligned} &\Phi[f(\boldsymbol{x}(k),\Psi(\boldsymbol{x}(k),\boldsymbol{u}(k)))]+e_1[x,u,\Psi(\cdot),\Phi(\cdot)] \\ &=\boldsymbol{A}z(k)+\boldsymbol{b}\boldsymbol{v}(k)+e_1[x,u,\Psi(\cdot),\Phi(\cdot)] \end{aligned}\tag{7-6}$$

e_1 的界是 ε 和 $\sup\|\partial\Phi/\partial x\|$ 的函数。因此，如果式（7-2）足够准确，它就可以转换成式（7-5）形式，近似于一个线性系统。现在的目的是同时训练两个神经网络 NN_Ψ 和 NN_Φ（见图7-16），使得当模型输入 $v=NN_\Psi(x,\ u)$ 时，$\hat{z}=NN_\Phi(x)$ 跟踪线性模型输出 $z(k)$。模型的方程为

$$z(k+1)=\boldsymbol{A}z(k)+\boldsymbol{b}\boldsymbol{v}(k)\tag{7-7}$$

其中，$\boldsymbol{A}$、$\boldsymbol{b}$ 是可控对。

不失一般性，可以假定 $\Phi(0)=0$（将 x 的原点映射到 z 的原点）。因此，如果两个系统都

在原点开始，瞬时误差由下式给定：$e(k)=z(k)-\hat{z}(k)$，在区间内的特性指标可由 I 来表征：

$$I=\sum_k \|z(k)-\hat{z}(k)\|^2 \equiv \sum_k \|e(k)\|^2$$

因为 NN_Ψ 是直接连到输出，它的权可以用静态反传法来调节。但模型包含反馈回路。为了计算特性指标相对于 NN_Ψ 权值的梯度，需要应用动态反传的方法。

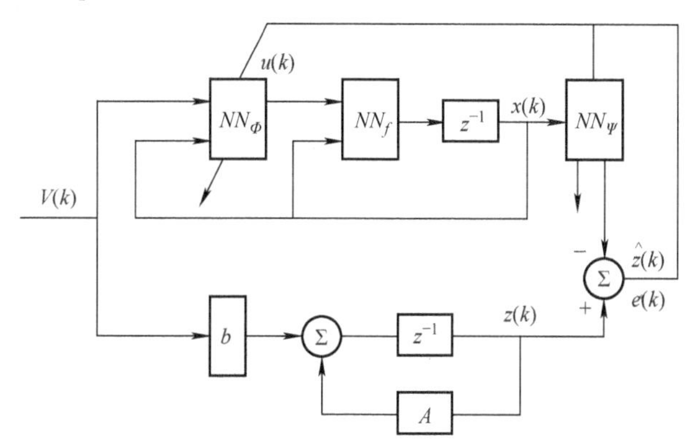

图7-16 反馈线性化结构

假定 $\theta\in\Theta(NN_\Psi)$，式中 Θ 是 NN_Ψ 参数的集合，I 对 θ 的梯度推导如下

$$\mathrm{d}I/\mathrm{d}\theta=-2\sum_k[z(k)-\hat{z}(k)]^{\mathrm{T}}\frac{\mathrm{d}\hat{z}(k)}{\mathrm{d}\theta} \tag{7-8}$$

$$\frac{\mathrm{d}\hat{z}(k)}{\mathrm{d}\theta}=\sum_j\frac{\partial\hat{z}(k)}{\partial x_j(k)}\ \frac{\partial x_j(k)}{\partial\theta} \tag{7-9}$$

$$\frac{\mathrm{d}x_j(k)}{\mathrm{d}\theta}=\sum_j\frac{\partial x_j(k)}{\partial x_j(k-1)}\ \frac{\partial x_j(k-1)}{\partial\theta}+\frac{\partial x_j(k)}{\partial\theta} \tag{7-10}$$

因此输出对 θ 的梯度由线性系统的输出给出

$$\frac{\mathrm{d}x(k+1)}{\mathrm{d}\theta}=A\frac{\mathrm{d}x(k)}{\mathrm{d}\theta}+b\frac{\mathrm{d}v(k)}{\mathrm{d}\theta}$$

$$\frac{\mathrm{d}\hat{z}(k)}{\mathrm{d}\theta}=c^{\mathrm{T}}\frac{\partial v(k)}{\partial\theta} \tag{7-11}$$

其中，$(\mathrm{d}x(k))/(\mathrm{d}\theta)$ 是状态向量，$(\mathrm{d}v(k))/(\mathrm{d}\theta)$ 是输入。a、b、c 由下式决定：

$$a_{ij}=\partial x_i(k+1)/(\partial x_j(k))$$

$$b_i=1$$

$$c_i=\partial\hat{z}(k)/(\partial x_i(k))$$

状态初始条件设置为0。

一旦 NN_Φ 和 NN_Ψ 训练完毕，$\hat{z}(k)$ 的特性由下式给定

$$\begin{aligned}\hat{z}(k+1)&=NN_\Phi\{NN_f[x(k),NN_\Psi(x(k),u(k))]\}\\&=A\hat{z}(k)+bv(k)+e_2[x(k),u(k)]\end{aligned} \tag{7-12}$$

这里 e_2 是一个小误差，代表了变换后的系统与理想线性模型的偏差。

前面已经证明，式（7-1）的反馈线性化将保证式（7-1）的近似反馈线性化，反之亦然。从式（7-12），有

$$\begin{aligned}z(k+1)&=NN_\Phi[f(x(k),NN_\Psi(x(k),u(k)))]\\&=Az(k)+bv(k)+e_l[x(k),u(k)]\end{aligned} \tag{7-13}$$

其中，$e_l = e_1 + e_2$。第一项是由辨识不准确造成的；第二项是由模型不理想线性化所引起的。

根据 Lyapunov 关于稳定性理论，可以知道，对于非线性系统，有

$$x(k+1) = f[x(k)] \tag{7-14}$$

如果 f 在平衡点附近是 Lipschitz 连续的，那么系统式（7-13）在扰动作用下强稳定的充要条件是该系统是渐近稳定的。

现在系统式（7-7）在输入为零时是渐近稳定的，因此按上述理论，它在扰动作用下是强稳定的，即对于每一个 ε_0，存在 $\varepsilon_l(\varepsilon_0)$ 和 $r(\varepsilon_0)$，如果

$$\| e_l(x,0) \| < \varepsilon_l \quad 对所有 \| x \| < r$$

则

$$\tilde{z}(k+1) = A\tilde{z}(k) + e_l(x(k),0) \tag{7-15}$$

将收敛于围绕原点的 ε_0 球（B_{ε_0}）。

为了了解扰动 e_l 对式（7-15）的影响，令 $\tilde{z}(k, z_i)$ 表示式（7-15）的解，且 $\tilde{z}(k, z_i) = z_i$；同样，令 $z(k, z_i)$ 表示线性方程 $z(k+1) = Az(k)$ 的解，令 $e_l^n(z_i) \equiv \tilde{z}(n, z_i) - z(n, z_i)$。

有以下定义。

定义 7-8 如果存在一个集合 S，对所有 $z \in S$，$\| e_l^n(z) \| < \varepsilon_l^n$，则对所有 S 内部的初始条件，式（7-12）至多 n 步收敛到围绕原点 ε_l^n 球。

证明很简单，因为对 $k \geqslant n$，有 $A^k x = 0$。

最后，因为 NN_Φ 训练需要把 z 的原点映射到 x 的原点，所以

$$x(k+1) = NN_f[x(k), NN_\Psi(x(k),0)]$$

也将收敛到以原点为球心的 ε_l 球，这里 ε_l 由 $NN_\Phi^{-1}(B_{\varepsilon_l})$ 确定。

本节只对反馈线性化这个特殊的非线性问题做了稳定性分析。对于其他情况也可以用类似的思路进行能控性和稳定性的分析。至今在这方面的研究还比较浅，大多数是定性的，还有很多理论问题有待进一步深入研究。

7.4 神经网络控制系统的应用

在前几节中，介绍和讨论了各种类型的神经网络控制系统，在智能控制系统中，神经网络控制在系统辨识或建模中有更好的性能，本节通过两个具体的例子来说明神经网络控制系统的应用。

7.4.1 神经网络的模型辨识

下面介绍利用神经网络来获取氧气吹炼过程的模糊模型。在转炉氧气吹炼过程中，首先从高炉中将熔化的生铁倒入转炉内，然后加入锰矿石和生石灰等以调整熔钢的成分。在投入锰矿石和生石灰后，将氧气吹入转炉，使熔钢中的杂质（如磷、碳）氧化，成为炉渣被分离。在氧气吹炼过程中，取熔钢少量，以观察熔钢的状态。

转炉吹炼的目的不仅是提高熔钢的纯度，而且要增加锰的含量，以提高钢的品质。但是在吹炼过程中，一部分锰也被氧化成炉渣去掉，因此要保证较高含量的锰是比较困难的。虽然从取样的熔钢中所含的锰量可以知道最后熔钢的锰含量，但是要分析取样的熔钢中的锰含量需花很长的时间，无法及时利用。另外，如果最后熔钢中的锰含量太低，还必须进行后处理。因此有必要根据转炉的状态等建立熔钢中锰含量的准确预报模型。但由于转炉在吹炼过程中的化学

反应极其复杂，用回归分析很难建立高精度的预报模型。长谷川等人利用等价结构的神经网络成功地获得了实用的模糊模型。在此模型中，使用的输入变量如下：

x_1：I/PMn　　吹炼开始时的锰含量

x_2：T – CaO　　补充材料中生石灰的总重量

x_3：SL – T　　取样熔钢的温度

x_4：P – I/PMn　　转炉前次吹炼后熔钢中的锰含量

其中，x_1 是吹炼前生铁中的锰含量和加入的锰矿石中的锰含量之和。

在预报模型中，每个输入变量具有两个模糊集：小和大，其隶属函数分别用一个神经元单元即可实现。总的规则数为 $2^4=16$，因此网络（C）层的节点数为 16。网络在学习前，先将输入变量和输出变量按照现场收集的 166 个样本进行规格化，即将其值域按下式进行变换：

$$\frac{x_{ij}-\min\limits_{1\leqslant j\leqslant 166}\{x_{ij}\}}{\max\limits_{1\leqslant j\leqslant 166}\{x_{ij}\}-\min\limits_{1\leqslant j\leqslant 166}\{x_{ij}\}}\qquad i=1,2,3,4$$

及

$$\frac{y_i}{\max\limits_{1\leqslant j\leqslant 166}\{y_j\}}$$

网络在学习后所获得的对应模糊系统的模糊规则见表 7-3，输入变量的隶属度函数如图 7-17所示，图中虚线是学习前的隶属度函数。图 7-18 给出了模糊模型的输出值（预报值）和实际测量值之间的曲线。由图 7-18 可见，建模用（训练网络用）的数据和评价模型用的数据均集中在直线的附近，因此建立的预报模型是比较准确的。事实上预报模型的预报相对误差在 6% 以内，比现场经验规定的实用精度 7% 还小。

表 7-3　锰含量预报模型的模糊规则

<table>
<tr><td colspan="2" rowspan="2"></td><td colspan="8">T – CaO</td></tr>
<tr><td colspan="4">小</td><td colspan="4">大</td></tr>
<tr><td rowspan="6">P – I/PMn</td><td rowspan="4">小</td><td colspan="2" rowspan="2"></td><td colspan="2">SL – T</td><td colspan="2" rowspan="2"></td><td colspan="2">SL – T</td></tr>
<tr><td>小</td><td>大</td><td>小</td><td>大</td></tr>
<tr><td rowspan="2">I/PMn</td><td>小</td><td>0.57</td><td>0.47</td><td rowspan="2">I/PMn</td><td>小</td><td>0.39</td><td>0.54</td></tr>
<tr><td>大</td><td>0.67</td><td>0.78</td><td>大</td><td>0.63</td><td>0.82</td></tr>
<tr><td rowspan="2">大</td><td rowspan="2">I/PMn</td><td>小</td><td>0.49</td><td>0.50</td><td rowspan="2">I/PMn</td><td>小</td><td>0.38</td><td>0.54</td></tr>
<tr><td>大</td><td>0.83</td><td>1.03</td><td>大</td><td>0.82</td><td>0.88</td></tr>
</table>

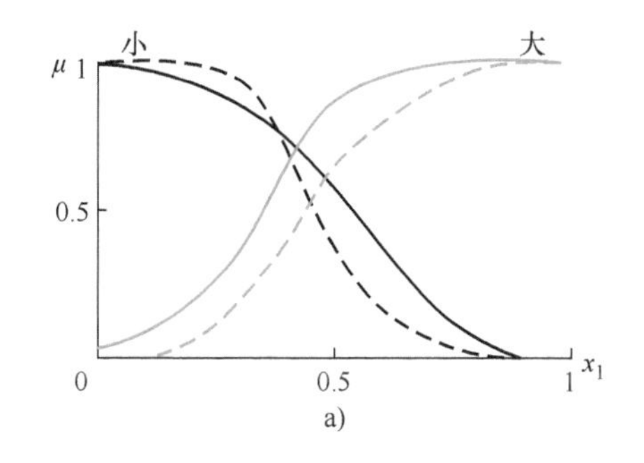

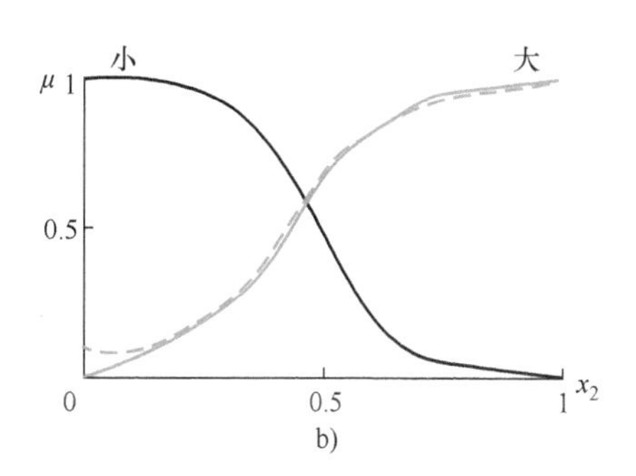

图 7-17　隶属度函数

a) I/PMn　b) T – CaO

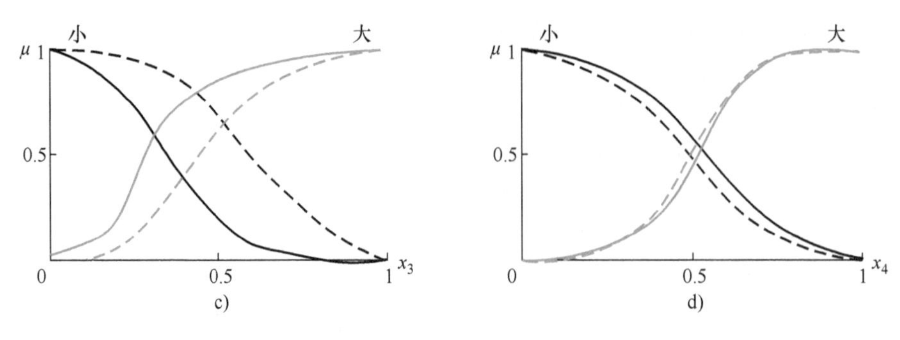

图 7-17 隶属度函数（续）

c）SL－T d）P－I/PMn

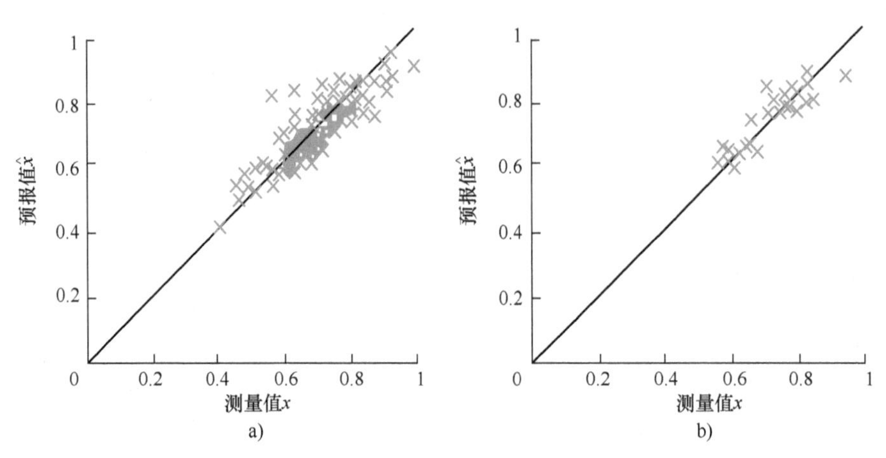

图 7-18 预报模型输出值和测量值

a）建模用数据 b）评价用数据

另外，表 7-4～表 7-9 还对现场操作员的经验规则和获得的模糊规则进行了比较，发现预报模型中的模糊规则和实际的经验规则非常吻合，这进一步说明了所建立的预报模型的准确性和可信赖性。

表 7-4 现场操作员的经验规则（I/PMn，SL－T）

		I/PMn	
		小	大
SL－T	小	小	中大
	大	中小	大

表 7-7 预报模型的对应规则（I/PMn，SL－T）

		I/PMn	
		小	大
SL－T	小	0. 39	0. 63
	大	0. 54	0. 82

表 7-5 现场操作员的经验规则（I/PMn，T－CaO）

		I/PMn	
		小	大
T－CaO	小	中小	大
	大	小	中大

表 7-8 预报模型的对应规则（I/PMn，T－CaO）

		I/PMn	
		小	大
T－CaO	小	0. 57	0. 67
	大	0. 39	0. 63

表 7-6 现场操作员的经验规则（SL－T，T－CaO）

		T－CaO	
		小	大
SL－T	小	中小	大
	大	小	中小

表 7-9 预报模型的对应规则（SL－T，T－CaO）

		T－CaO	
		小	大
SL－T	小	0. 83	1. 03
	大	0. 82	0. 88

7.4.2 基于神经元网络的机械手控制

在柔性自动化领域中，机械手已成为十分重要的设备。其基本的要求是高速和高精度地跟踪期望的轨迹。但是，工业应用时，即使是在良好结构环境中，机械手总要遭受结构或非结构的不确定性的影响。结构不确定性是由于机械手连杆不精密、负载不固定、执行器力矩常数不准确以及其他因素所造成的动态模型参数的不确定性。非结构不确定性是由不可建模的动力学所致，而不可建模的动力学是由机械手出现高频模态、受忽视的延时和非线性摩擦等所造成的。

为了克服机械手的结构和非结构的不确定性，提高机械手的跟踪性能，人们提出了自适应控制方法。这种方法虽然可有效地克服结构性的不确定性，但对非结构性不确定性往往无能为力。因此人们借助于神经元网络，利用 NN 的学习能力、非线性映射和并行处理能力对机械手进行控制。通常用得比较多的是在神经网络中建立受控对象的逆动力学模型。由于很难事先求得未知受控对象所需的期望响应，因此，训练信号难以获取，神经网络不能正确地学习，它的学习收敛性也就存在问题。

下面介绍的方法是用力矩计算法来近似地推导受控对象的模型，并用神经元网络来补偿机械手的不确定性，而不是用神经网络来学习逆动力学模型，这样可以很好地改善机械手的高速、高精度的跟踪性能。

由几个连接于铰链的刚性连杆所组成的机械手，其运动方程可给出为

$$\boldsymbol{\tau}=\boldsymbol{M}(\boldsymbol{\theta})\boldsymbol{u}+\boldsymbol{h}(\boldsymbol{\theta},\dot{\boldsymbol{\theta}}) \tag{7-16}$$

其中，$\boldsymbol{\tau}$ 表示 $n\times1$ 由执行机构提供的机械手关节力矩向量；$\boldsymbol{M}$ 是 $n\times n$ 机械手惯量矩阵；$\boldsymbol{h}$ 是 $n\times1$ 离心和 Coriolis 力向量；$\boldsymbol{\theta}$、$\dot{\boldsymbol{\theta}}$、$\ddot{\boldsymbol{\theta}}$ 分别代表 $n\times1$ 关节的角度、角速度和角加速度向量。

用力矩计算法的控制系统表示如图 7-19 所示。非线性补偿部分的方程式为

$$\boldsymbol{\tau}=\hat{\boldsymbol{M}}(\boldsymbol{\theta})\boldsymbol{u}+\hat{\boldsymbol{h}}(\boldsymbol{\theta},\dot{\boldsymbol{\theta}}) \tag{7-17}$$

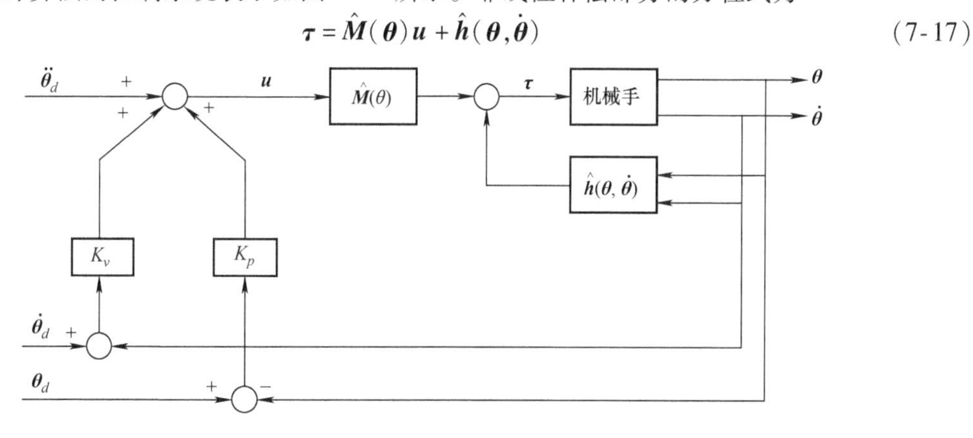

图 7-19 用力矩计算法的控制器

其中，$\hat{\boldsymbol{M}}$ 和 $\hat{\boldsymbol{h}}$ 分别表示真实参数 $\boldsymbol{M}$ 和 $\boldsymbol{h}$ 的估计值。伺服部分为

$$\boldsymbol{u}=\ddot{\boldsymbol{\theta}}_d+\boldsymbol{K}_v\dot{\boldsymbol{e}}+\boldsymbol{K}_p\boldsymbol{e} \tag{7-18}$$

其中，伺服向量误差 $\boldsymbol{e}=[e_1\ e_2\cdots\ e_n]^{\mathrm{T}}$ 定义为

$$\boldsymbol{e}=\boldsymbol{\theta}_d-\boldsymbol{\theta} \tag{7-19}$$

$\boldsymbol{K}_v$ 和 $\boldsymbol{K}_p$ 表示 $n\times n$ 恒定对角增益矩阵，由对角线上正参数构成；$\boldsymbol{\theta}_d$ 代表所期望的关节角度。当结构和非结构不确定性不存在时，系统的误差动力学方程可由式（7-16）~式（7-19）导出

$$\hat{\boldsymbol{M}}(\ddot{\boldsymbol{\theta}}_d+\boldsymbol{K}_v\dot{\boldsymbol{e}}+\boldsymbol{K}_p\boldsymbol{e})+\hat{\boldsymbol{h}}=\boldsymbol{M}\ddot{\boldsymbol{\theta}}+\boldsymbol{h} \tag{7-20}$$

利用 $\hat{\boldsymbol{M}}=\boldsymbol{M}$，$\hat{\boldsymbol{h}}=\boldsymbol{h}$，式（7-20）可重写为

$$\ddot{\boldsymbol{e}}+\boldsymbol{K}_v\dot{\boldsymbol{e}}+\boldsymbol{K}_p\boldsymbol{e}=0 \tag{7-21}$$

如果参数 $\boldsymbol{K}_v$ 和 $\boldsymbol{K}_p$ 选择得好，误差便渐近为零。然而一般情况下，机械手的精确参数（如连杆的性质）是难于辨识的。因此在存在不确定性时，机械手的动态方程由下式给出

$$\boldsymbol{\tau}=\boldsymbol{M}(\boldsymbol{\theta})\ddot{\boldsymbol{\theta}}+\boldsymbol{h}(\boldsymbol{\theta},\dot{\boldsymbol{\theta}})+\boldsymbol{F} \tag{7-22}$$

其中，$\boldsymbol{F}$ 是非结构性不确定性。由此，如果 $\hat{\boldsymbol{M}}^{-1}$ 存在，误差方程可重写为

$$\ddot{\boldsymbol{e}}+\boldsymbol{K}_v\dot{\boldsymbol{e}}+\boldsymbol{K}_p\boldsymbol{e}=\hat{\boldsymbol{M}}^{-1}(\Delta\boldsymbol{M}\ddot{\boldsymbol{\theta}}+\Delta\boldsymbol{h}+\boldsymbol{F}) \tag{7-23}$$

其中，$\Delta\boldsymbol{M}$ 和 $\Delta\boldsymbol{h}$ 是由结构不确定性造成的误差，表示为

$$\begin{aligned}\Delta\boldsymbol{M}&=\boldsymbol{M}-\hat{\boldsymbol{M}}\\ \Delta\boldsymbol{h}&=\boldsymbol{h}-\hat{\boldsymbol{h}}\end{aligned} \tag{7-24}$$

式（7-23）表明，即使增益参数选择得很好，在存在结构和非结构不确定性的情况下，稳态误差照样存在。

可以有许多方法把神经元网络安插到力矩计算法中去，例如可以用两个网络分别放在估计模型 $\hat{\boldsymbol{M}}$ 和 $\hat{\boldsymbol{h}}$ 的地方，一个去辨识惯量矩阵 $\boldsymbol{M}$，另一个去辨识离心力和非结构不确定性 $\boldsymbol{F}$。在这种情况下，神经元网络不仅要学习不确定性，还要学习机械手的结构。神经元网络学习太多，有效性就会受影响。因此这里只用一个神经元网络，连同模型 $\hat{\boldsymbol{M}}$ 和 $\hat{\boldsymbol{h}}$ 共同补偿控制系统中的不确定性。所以神经元网络仅作为机械手的补偿器而存在。神经元网络控制机械手的原理如图 7-20 所示。

为了完全补偿机械手结构和非结构的不确定性，必须获取相应于机械手力矩所需补偿的训练信号。

如图 7-20 所示，令神经元网络补偿器的输出为 $\boldsymbol{\tau}_N$，控制系统的误差方程给出为

$$\hat{\boldsymbol{M}}(\ddot{\boldsymbol{\theta}}_d+\boldsymbol{K}_v\dot{\boldsymbol{e}}+\boldsymbol{K}_p\boldsymbol{e})+\hat{\boldsymbol{h}}+\boldsymbol{\tau}_N=\boldsymbol{M}\ddot{\boldsymbol{\theta}}+\boldsymbol{h}+\boldsymbol{F} \tag{7-25}$$

上式可重写为

$$\ddot{\boldsymbol{e}}+\boldsymbol{K}_v\dot{\boldsymbol{e}}+\boldsymbol{K}_p\boldsymbol{e}=\hat{\boldsymbol{M}}^{-1}(\Delta\boldsymbol{M}\ddot{\boldsymbol{\theta}}+\Delta\boldsymbol{h}+\boldsymbol{F}-\boldsymbol{\tau}_N) \tag{7-26}$$

如果神经元网络利用如下的训练信号 $\boldsymbol{\tau}_t$：

$$\boldsymbol{\tau}_t=\Delta\boldsymbol{M}\ddot{\boldsymbol{\theta}}+\Delta\boldsymbol{h}+\boldsymbol{F} \tag{7-27}$$

则式（7-26）的右边就为零。

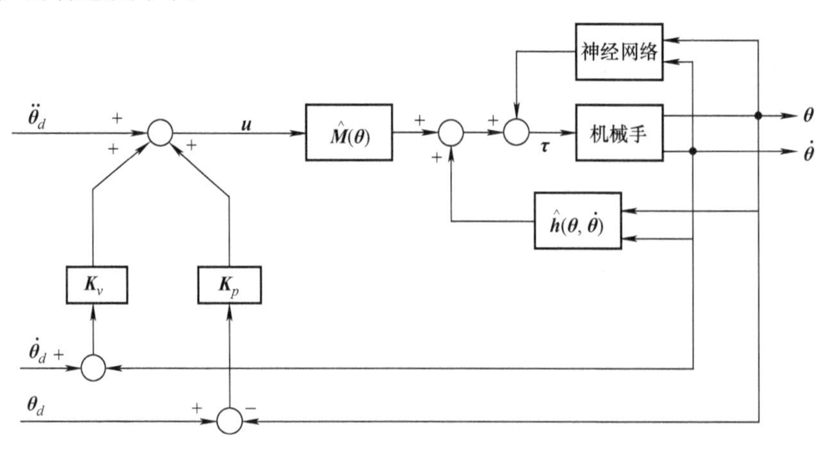

图 7-20 神经元网络控制机械手的原理

图7-21为实现神经元网络补偿器训练信号的控制系统。

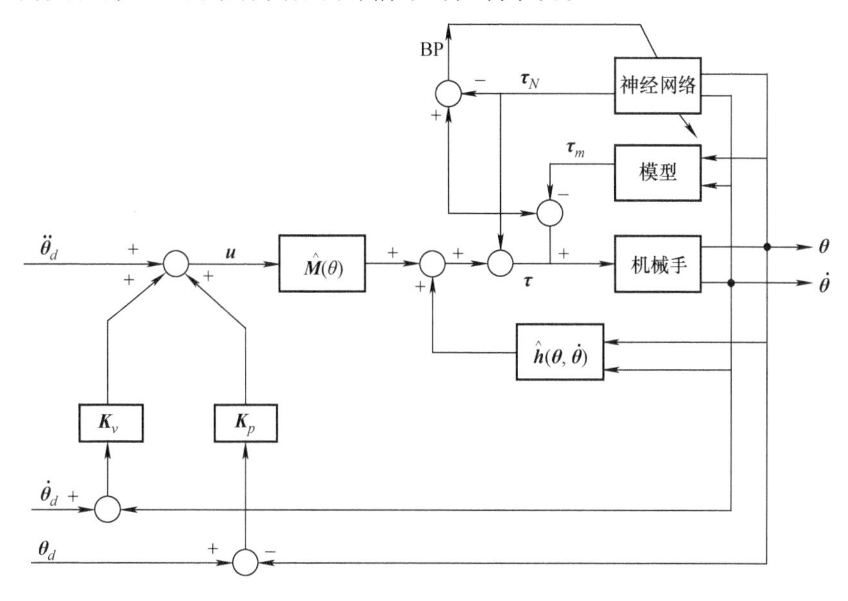

图7-21 神经元网络补偿器训练信号的控制系统

图7-21中，在非线性补偿部分，建立了以下的动态：

$$\boldsymbol{\tau}_m=\hat{\boldsymbol{M}}\ddot{\boldsymbol{\theta}}+\hat{\boldsymbol{h}} \tag{7-28}$$

受控对象的输入和输出关系为

$$\boldsymbol{\tau}=\boldsymbol{M}\ddot{\boldsymbol{\theta}}+\boldsymbol{h}+\boldsymbol{F} \tag{7-29}$$

将式（7-29）减去式（7-28），得

$$\begin{aligned}\boldsymbol{\tau}-\boldsymbol{\tau}_m&=\boldsymbol{M}\ddot{\boldsymbol{\theta}}+\boldsymbol{h}+\boldsymbol{F}-(\hat{\boldsymbol{M}}\ddot{\boldsymbol{\theta}}+\hat{\boldsymbol{h}})\\&=\Delta\boldsymbol{M}\ddot{\boldsymbol{\theta}}+\Delta\boldsymbol{h}+\boldsymbol{F}\end{aligned} \tag{7-30}$$

于是可得式（7-28）所表达的训练信号。神经元网络补偿器实现了从变量 $\boldsymbol{\theta}$、$\dot{\boldsymbol{\theta}}$ 和 $\ddot{\boldsymbol{\theta}}$ 到式（7-28）所表达的 $\boldsymbol{\tau}_t$ 的映射。$\ddot{\boldsymbol{\theta}}$ 由 $\dot{\boldsymbol{\theta}}$ 的差分来近似

$$\ddot{\boldsymbol{\theta}}(n)=\frac{\dot{\boldsymbol{\theta}}(n)-\ddot{\boldsymbol{\theta}}(n-1)}{T_S} \tag{7-31}$$

其中，n 为时间指数；T_S 为采样周期。图7-21中的神经网络可用BP网络来实现。BP中的Sigmoid函数可用下式来表达：

$$f(x)=\frac{2}{1+\exp(-x)}-1 \tag{7-32}$$

神经元网络补偿器的结构如图7-22所示。

根据上述的方法，可用简单的两个自由度的机械手来进行仿真试验，图7-23和表7-6分别表示了二自由度机械手的结构及其参数，在系统中，非结构的不确定性就是Coulomb摩擦力，定义为

$$\begin{cases}\boldsymbol{F}_1=T_1\operatorname{sgn}(\dot{\boldsymbol{\theta}}_1)\\\boldsymbol{F}_2=T_2\operatorname{sgn}(\dot{\boldsymbol{\theta}}_2)\end{cases} \tag{7-33}$$

连杆的惯量和重心位置是难以测量的主要参数。这里假定参数的不确定性为连杆重心位置的偏移：

$$\begin{cases}\hat{\boldsymbol{K}}_1=0.9\boldsymbol{K}_1\\\hat{\boldsymbol{K}}_2=0.9\boldsymbol{K}_2\end{cases} \tag{7-34}$$

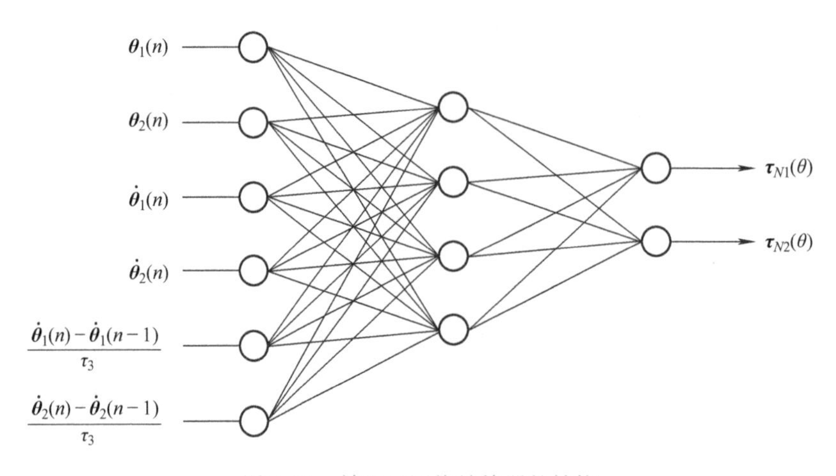

图 7-22 神经元网络补偿器的结构

$\hat{\boldsymbol{K}}_1$ 和 $\hat{\boldsymbol{K}}_2$ 用于计算力矩计算法中的 $\hat{\boldsymbol{M}}$ 和 $\hat{\boldsymbol{h}}$，在控制律中没有涉及摩擦力。

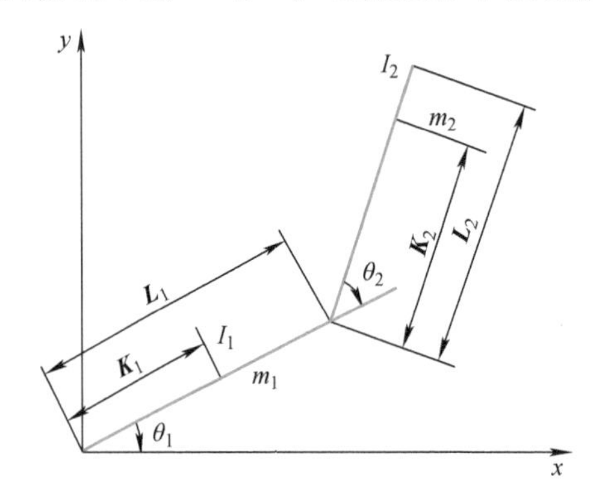

图 7-23 二自由度机械手结构图

表 7-6 二自由度机械手参数

参数	连杆 1	连杆 2	单位
臂长 L	0.25	0.16	m
连杆重心 K	0.20	0.14	m
质量 m	9.5	5.0	kg
惯量 I	4.3×10^{-3}	6.1×10^{-3}	kg · m^2
传速比 M	40	30	—
摩擦系数 T_m	0.20	0.20	N · m^2
马达惯量 J_m	4.61×10^{-5}	2.65×10^{-5}	kg · m^2
马达阻尼系数 D_m	3.84×10^{-3}	1.39×10^{-3}	N · s · m^{-1}

图 7-24 所示为利用神经元网络控制器的轨迹控制的仿真结果。图 7-24 中表示了第 1 次学习和第 100 次学习后在 xy 平面上画圆的结果。仿真开始时，连接权值 ω_{ij} 是随机设定的。采样周期为 2ms，在 xy 平面上画圆时间为 3s。比例增益矩阵的各对角元素为 20，微分增益矩阵对角元素为 5，隐层的单元数为 4。在神经元网络的学习过程中，机械手的轨迹很好地跟随期望轨迹，在第 100 次学习后，跟踪误差已收敛到一个很小值。它的效果要比自适应控制好。跟踪误差 E 的定义为

$$E = \sum_{i=1}^{N} \{ (x_{di} - x_i)^2 + (y_{di} - y_i)^2 \} \tag{7-35}$$

其中，N 表示在一次学习中采样次数；x_{di}、y_{di}是在 xy 平面上，采样点 i 所要求的轨迹；x_i 和 y_i 为实际轨迹。应用证明，神经元网络控制的稳定误差远比常规控制方法小得多。

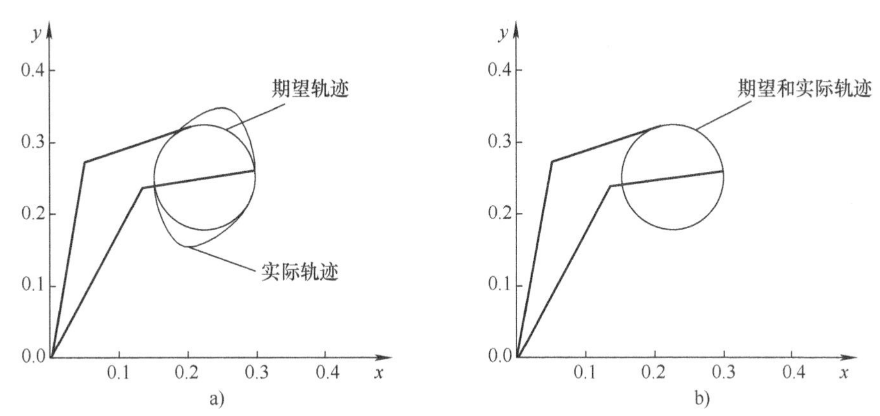

图7-24　利用神经元网络控制器的轨迹控制的仿真结果

a）第1次学习　b）第100次学习

7.4.3　基于深度学习的自适应动态规划

深度学习在控制领域的研究已初现端倪。就已有的研究报道，目前的研究主要集中在控制目标识别、状态特征提取、系统参数辨识、控制策略计算等方面。尤其是深度学习和强化学习的结合已经产生了令人振奋的研究成果，如强化学习方法中的自适应动态规划方法在深度控制系统的实现中起到重要的作用，它和深度学习的结合是研究深度学习控制的关键领域。

最优控制以性能指标最优为目的，是在20世纪50年代起发展起来的重要控制领域。其不但在工程控制中具有重要意义，在社会经济系统的管理中也有着重要的应用。由 Bellman 提出的动态规划方法以倒推的思想，求解最优控制的 Bellman 方程为

$$J^*(x(k)) = \min_{u(k)} \{ l(x(k), u(k)) + J^*(x(k+1)) \} \tag{7-36}$$

$$J(x(k)) = \sum_{i=k}^{\infty} l(x(i), u(i)) \tag{7-37}$$

$$\text{s.t. } x(k+1) = F(x(k), u(k)), k = 0, 1, \cdots \tag{7-38}$$

需要存储不同状态下的最优性能指标 $J^*(x(k))$，进而通过求解 Bellman 方程中式（7-36）的最优性能条件得到针对任意状态的最优控制。动态规划方法可用于求解闭环形式的最优控制，且广泛地适用于线性系统、非线性系统、离散系统和连续系统等各种情况。然而，在使用动态规划方法求解复杂最优控制问题时，会面临所谓“维数灾难”，即算法所需存储量和计算量随状态空间的维数增长而迅速提高。1977年，Werbos 首次提出使用多层神经网络逼近动态规划方法中的性能指标函数和控制策略以近似地满足 Bellman 方程，从而时间向前（Forward－in－Time）获得最优控制和最优性能指标函数。近年来，基于这种自适应动态规划（Adaptive Dynamic Programming，ADP）思想的研究层出不穷，但使用的名称不尽相同，如 Adaptive Critic Design、Approximate Dynamic Programming、Asymptotic Dynamic Programming、Relaxed Dynamic Programming、Neuro－Dynamic Programming、Neural Dynamic Programming 等，因其思路相同或相近，可将其统称为自适应动态规划。近年来，自适应动态规划成果斐然，学者

结合神经网络和强化学习思想实现了对不确定系统的鲁棒控制、大型系统的分散式控制、自适应系统的可持续激励控制等。

启发式动态规划（Heuristic Dynamic Programming，HDP）是一种自适应动态规划近似结构。如图7-25所示，在这种自适应动态规划的近似结构中，为了近似性能指标函数，神经网络扮演了重要的角色。该结构由模型网络、评价网络和执行网络三个多层神经网络组成。模型网络用于近似状态方程式（7-38）。评价网络根据Bellman方程中最优性的满足程度，对系统输入的控制信号进行评价，给出评价信号，即最小化的误差

$$E_c = |J(k) - l(k) - J(k+1)|^2 \tag{7-39}$$

执行网络则根据评价网络的评价信号更新并获得近似的最优控制，最小化性能指标对控制的偏导

$$E_a = \left\| \frac{\partial l(x_k, u_k)}{\partial u_k} + \frac{\partial J(x_{k+1})}{\partial x_{k+1}} \frac{\partial F(x_k, u_k)}{\partial u_k} \right\| \tag{7-40}$$

由此可见，早期的自适应动态规划研究中已经包含了深层神经网络的思想。然而自适应动态规划中的深层神经网络并未运用预训练等现代深度学习技术，无法利用未标记数据，对于过深的结构还不能摆脱陷入局部收敛的困境。

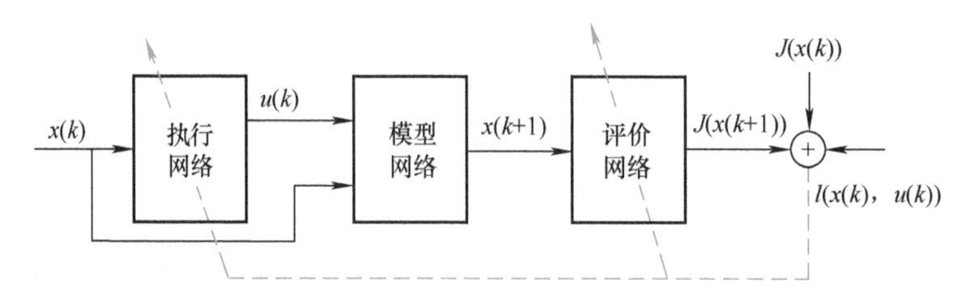

图7-25 自适应动态规划的神经网络结构

2002年，Murray等人率先提出了对连续状态方程的自适应动态规划迭代型算法。迭代型ADP依然可以使用神经网络近似性能指标函数，在每次迭代中都更新现有的最优性能指标及最优控制律。迭代型ADP最显著的优势是从理论上可以证明迭代算法的稳定性和收敛性，是自适应动态规划研究中的重大进展。目前主要有值迭代ADP和策略迭代ADP两类算法。

依然以离散系统为例，值迭代自适应动态规划方法首先以 $J_0^*(x_k) = 0$ 作为最优性能指标函数的初值。对每次迭代 $i=0, 1, 2, \cdots$，求解迭代的近似最优控制

$$u_i(x_k) = \arg\min_{u_k} \{ l(x_k, u_k) + J_i^*(x_{k+1}) \} \tag{7-41}$$

随后求得迭代的近似最优性能指标函数

$$J_{i+1}^*(x_k) = l(x_k, u_i(x_k)) + J_i^*(F(x_k, u_i(x_k))) \tag{7-42}$$

策略迭代自适应动态规划方法多数讨论连续系统。对于离散系统，可用一种策略迭代ADP算法，该算法的稳定性和收敛性是可以证明的。策略迭代ADP初始于一个给定的容许控制律 $u_0(x_k)$。对每次迭代 $i=0, 1, 2, \cdots$，求解近似的最优性能指标函数 J_i 以满足

$$J_i^*(x_k) = l(x_k, u_i(x_k)) + J_i^*(F(x_k, u_i(x_k))) \tag{7-43}$$

随后求得迭代的近似最优控制

$$u_{i+1}(x_k) = \arg\min_{u_k} \{ l(x_k, u_k) + J_i^*(x_{k+1}) \} \tag{7-44}$$

7.4.4 基于深度学习的平行控制

平行控制是一种反馈控制，是ACP（Artificial Societies，Computational Experiments，Parallel Execution）方法在控制领域的具体应用，其核心是利用人工系统进行建模和表示，通过计算实

验进行分析和评估，最后以平行执行实现对复杂系统的控制。平行控制是自适应控制的自然扩展，在图7-25中，被控对象往往并无自主行为的能力，使用神经网络模型可以得到近似的微分方程或差分方程以描述系统状态变化。在控制包含具有自主行为代理的复杂系统时，无法使用状态方程近似被控对象状态对控制输入的变化。控制与管理、试验与评估、学习与培训代替了经典控制系统中单一的控制变量，复杂的人工系统则代替了被控对象的模型网络，如图7-26所示。

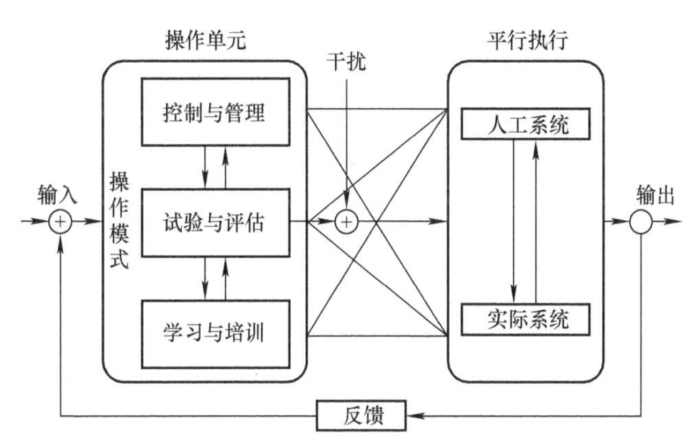

图7-26 平行控制系统

神经网络在平行控制中依然扮演重要的角色。一方面，尽管无法使用神经网络模型近似系统状态方程式（7-38），人们却可以使用神经网络模型近似剥离了代理模型自主行为的方程

$$x(k+1) = F(x(k), u(k), u_1(k), \cdots, u_n(k)) \tag{7-45}$$

其中，u_1，…，u_n 为代理1，…，n 的主动行动，通过在实际系统中充分激励代理行为和系统控制，可获得上述方程的近似。另一方面，自适应动态规划中通过迭代求解的近似最优性能指标，在平行控制中则拓展为以计算实验和涌现观测获得的性能指标估计，在对控制策略的评估中，评价网络依然可以作为这一性能指标估计的近似手段。平行控制是自适应控制方法在复杂系统中的扩展，以自适应动态规划和基于代理的控制（Agent - Based Control，ABC）作为主要计算方法，已经成功应用于社会计算、智能交通、健康等领域。

但是，人们应该看到深度学习用于控制系统中的理论研究仍然欠缺。目前没有理论能够评估使用了深度学习的控制系统的稳、准、快等性能。虽然深度学习在控制系统中能够表现出一定的控制效果，但是仅仅通过试错等方式不能保证控制性能。这方面理论上的欠缺有可能阻碍深度学习在控制系统中的研究发展，所以对于理论方面的研究还需进一步发展。

7.5 习题

1. 试用 Stone - Weierstrass 定理证明一个三层 BP 网络可以在任意紧集上逼近一个任意的非线性系统。

2. 说明用神经网络进行系统辨识的基本原理和步骤。在线辨识和离线辨识有什么区别?

3. 动态系统辨识有哪两种结构? 举出不同的辨识结构及所用的动态网络。

4. 设被控对象为

$$y(k+1) = g[y(k), \cdots, y(k-n+1); u(k), \cdots, u(k-m+1)] + f[y(k), \cdots, y(k-n+1); u(k), \cdots, u(k-m+1)]u(k)$$

其中，u、y分别为系统的输入、输出；$g[\cdot]$和$f[\cdot]$为非零未知非线性函数，试针对该类系统设计神经网络控制器，给出系统结构和控制器的形式。

5. PID控制器的一般形式为

$$u(k)=k_pe(k)+k_i\sum_{j=0}^{k}e(j)+k_d[e(k)-e(k-1)]$$

可写成等价形式：

$$u(k)=k_1u_1(k)+k_2u_2(k)+k_3u_3(k)$$

其中，$u_1(k)=e(k)$；$u_2(k)=\sum_{j=0}^{k}e(k)$；$u_3(k)=\Delta e(k)=e(k)-e(k-1)$；$k_1$、$k_2$和$k_3$为PID控制器$k_p$、$k_i$和$k_d$三个参数的线性表示。这一形式可以看成以$u_1(k)$、$u_2(k)$和$u_3(k)$为输入，$k_1$、$k_2$和$k_3$为权系数的神经网络结构，试推导自适应神经网络PID控制器参数调整的学习算法。

6. 一个被控对象的模型为

$$y(k+1)=g[y(k)]+au(k)=0.8\sin[y(k)]+u(k)$$

参考模型为

$$y_m(k+1)=0.6y_m(k)+r(k)$$

其中，

$$r(k)=\begin{cases}\sin(2\pi k/25) & k<75\\ 0.2\sin(2\pi k/25)+0.8\sin(2\pi k/50) & k\geqslant 75\end{cases}$$

试设计一神经网络自适应控制系统，给出系统结构和设计过程。

第 8 章　智能控制中的现代优化方法

8.1 遗传算法的基本原理

遗传算法在本质上是一种不依赖具体问题的直接搜索方法。遗传算法在模式识别、神经网络、图像处理、机器学习、工业优化控制、自适应控制、生物科学、社会科学等方面都得到了应用。在人工智能研究中，人们认为“遗传算法、自适应系统、细胞自动机、混沌理论与人工智能一样，都是对今后 10 年的计算技术有重大影响的关键技术”。

遗传算法是根据生物进化思想的启发而得出的一种全局优化算法。遗传算法的概念最早是由 J. D. Bagley 在 1967 年提出的；而对遗传算法的理论和方法的系统性研究则始于 1975 年，这一开创性工作是由 Michigan 大学的 J. H. Holland 进行的。当时，其主要目的是说明自然和人工系统的自适应过程。

8.1.1 遗传算法的生物学基础

1. 遗传与变异

生物在自然界中的生存繁衍，显示出了其对自然环境优异的自适应能力。受其启发，人们致力于对生物各种生存特性的机理研究和行为模拟，为人工自适应系统的设计和开发提供了广阔的前景。

遗传算法（Genetic Algorithm，GA）就是这种生物行为的计算机模拟中令人瞩目的重要成果。基于对生物遗传和进化过程的计算机模拟，遗传算法使得各种人工系统具有优良的自适应能力和优化能力。遗传算法所借鉴的生物学基础就是生物的遗传和进化。

世界上的生物从其亲代继承特性或性状，这种生命现象称为遗传（Heredity），研究这种生命现象的科学叫作遗传学（Genetics）。由于遗传的作用，人们可以种瓜得瓜、种豆得豆，也使得鸟仍然在天空中飞翔，鱼仍然在水中遨游。

遗传信息是由基因（Gene）组成的，生物的各种性状由其相应的基因所控制，基因是遗传的基本单位。细胞通过分裂得以自我复制，在细胞分裂的过程中，其遗传基因也同时被复制到下一代，从而其性状也被下一代所继承。

经过生物学家的研究，现在人们已经明白控制并决定生物遗传性状的染色体主要是由一种叫作脱氧核糖核酸（Deoxyribonucleic Acid，DNA）的物质所构成，低等生物中还含有一种叫作核糖核酸（Ribonucleic Acid，RNA）的物质，它的作用和结构与 DNA 类似。基因就是 DNA 或 RNA 长链结构中占有一定位置的基本遗传单位。

DNA中，遗传信息在一条长链上按一定的模式排列，即进行了遗传编码。一个基因或多个基因决定了组成蛋白质的20种氨基酸的组成比例及其排列顺序。遗传基因在染色体中所占据的位置称为基因座（Gene Locus），同一基因座可能有的全部基因称为等位基因（Allele）。某种生物所特有的基因及其构成形式称为该生物的基因型（Genotype），而该生物在环境中呈现出的相应的性状称为该生物的表现型（Phenotype）。一个细胞核中所有染色体所携带的遗传信息的全体称为一个基因组（Genome）。

细胞在分裂时，遗传物质DNA通过复制（Reproduction）而转移到新产生的细胞中，新细胞就继承了旧细胞的基因。另外，在进行细胞复制时，虽然概率很小，但也有可能产生某些复制差错，从而使DNA发生某种变异（Mutation），产生出新的染色体。这些新的染色体表现出新的性状。因此，遗传基因或染色体在遗传的过程中会由于各种各样的原因而发生变化。

2. 进化

生物在其延续生存的过程中，逐渐适应于其生存环境，使得其品质不断得到改良，这种生命现象称为进化（Evalution）。

生物的进化是以集团的形式共同进行的，这样的一个集团称为群体（Population），组成群体的单个生物称为个体（Individual），每一个个体对其生存环境都有不同的适应能力，这种适应能力称为个体的适应度（Fitness）。

达尔文（Darwin）的自然选择学说（Natural Selection）构成了现代进化论的主体。自然选择学说认为，通过不同生物间的交配以及其他一些原因，生物的基因有可能发生变异而形成一种新的生物基因，这部分变异了的基因也将遗传到下一代。虽然这种变化的概率是可以预测的，但具体哪一个个体发生变化是偶然的。这种新的基因依据其与环境的适应程度决定其增殖能力，有利于生存环境的基因逐渐增多，而不利于生存环境的基因逐渐减少。通过这种自然的选择，物种将逐渐地向适应生存环境的方向进化，从而产生出优良的物种。

3. 遗传与进化的系统观

虽然人们还未完全揭开遗传与进化的奥秘，既没有完全掌握其机制，也不完全清楚染色体编码和译码过程的细节，更不完全了解其控制方式，但遗传与进化的以下几个特点却为人们所共识。

- 生物的所有遗传信息都包含在其染色体中，染色体决定了生物的性状。
- 染色体是由基因及其有规律的排列所构成的，遗传进化过程发生在染色体上。
- 生物的繁殖过程是由其基因的复制过程来完成的。
- 通过同源染色体之间的交叉或染色体的变异会产生新的物种，使生物呈现新的性状。
- 对环境适应性好的基因或染色体经常比适应性差的基因或染色体有更多的机会遗传到下一代。

8.1.2 遗传算法的基本概念

由于遗传算法是由进化论和遗传学机理产生的直接搜索优化方法，故而在这个算法中要用到各种进化和遗传学的概念。这些基本概念如下。

1）串（String）。它是个体（Individual）的形式，在算法中为二进制串，并且对应于遗传学中的染色体（Chromosome）。

2）群体（Population）。个体的集合称为群体，串是群体的元素。

3）群体大小（Population Size）。在群体中个体的数量称为群体的大小。

4）基因（Gene）。基因是串中的元素，基因用于表示个体的特征。例如有一个串 $S=$

1011，则其中的1、0、1、1这4个元素分别称为基因。

5）基因位置（Gene Position）。一个基因在串中的位置称为基因位置，有时也简称为基因位。基因位置由串的左向右计算，例如在串 $S=1101$ 中，0的基因位置是3。基因位置对应于遗传学中的地点（Locus）。

6）基因特征值（Gene Feature）。在用串表示整数时，基因的特征值与二进制数的权一致。例如在串 $S=1011$ 中，基因位置3中的1，它的基因特征值为2；基因位置1中的1，它的基因特征值为8。

7）串结构空间。在串中，基因任意组合所构成的串的集合称为串结构空间。基因操作是在串结构空间中进行的。串结构空间对应于遗传学中的基因型（Genotype）的集合。

8）参数空间。这是串结构空间在物理系统中的映射，它对应于遗传学中的表现型（Phenotype）的集合。

9）非线性。它对应于遗传学中的异位显性（Epistasis）。

10）适应度（Fitness）。表示某一个体对于环境的适应程度。

遗传算法还有一些其他的概念，这些概念在介绍遗传算法的原理和执行过程时，再进行说明。

8.1.3　遗传算法的基本实现

下面具体介绍遗传算法的各个基本操作。

1. 编码

在遗传算法的运行过程中，它不对所求解问题的实际决策变量直接进行操作，而是对表示可行解的个体编码施加选择、交叉、变异等遗传运算，通过这些遗传操作来达到优化的目的，这是遗传算法的特点之一。

遗传算法通过这种对个体编码的操作，不断搜索出适应度较高的个体，并在群体中逐渐增加其数量，最终寻求出问题的最优解或近似最优解。

编码是应用遗传算法时要解决的首要问题，也是设计遗传算法时的关键步骤。在遗传算法中，把一个问题的可行解从其解空间转换到遗传算法所能处理的搜索空间的转换方法称为编码。编码方法除决定了个体的染色体排列形式之外，还决定了个体从搜索空间的基因型变换到解空间的表现型时的解码方法，同时也影响到交叉操作、变异操作等遗传操作的运算方法。由此可见，编码方法在很大程度上决定了如何进行群体的遗传进化运算以及遗传进化运算的效率。一个好的编码方法，有可能会使得交叉运算、变异运算等遗传操作可以简单地实现和执行。而一个差的编码方法，却有可能会使得交叉运算、变异运算等遗传操作难以实现，也有可能会产生很多在可行解集合内无对应可行解的个体，这些个体经解码处理后所表示的解称为无效解。虽然有时产生一些无效解并不完全都是有害的，但大部分情况下它却是影响遗传算法运行效率的主要因素之一。

针对一个具体应用问题，设计一种完美的编码方案一直是遗传算法的应用难点之一，也是遗传算法的一个重要研究方向。可以说目前还没有一套既严密又完整的指导理论及评价准则能够帮助人们设计编码方案。作为参考，美国De. Jong博士曾提出了两条操作性较强的实用编码原则。

编码原则一（有意义积木块编码原则）：应使用易于产生与所求问题相关的具有低阶、短定义长度模式的编码方案。

编码原则二（最小字符集编码原则）：应使用能使问题得到自然表示或描述的具有最小编

码字符集的编码方案。

第一个编码原则中，模式是指具有某些基因相似性的个体的集合，而具有短定义长度、低阶且适应度较高的模式称为构造优良个体的积木块或基因块。这里可以把该编码原则理解成应使用易于生成适应度较高的个体的编码方案。

第二个编码原则说明了偏爱于使用二进制编码方法的原因，因为它满足这条编码原则的思想要求。事实上，理论分析表明，与其他编码字符集相比，二进制编码方案能包含最大的模式数，从而使得遗传算法在确定规模的群体中能够处理最多的模式。

需要说明的是，上述 De. Jong 编码原则仅仅是给出了设计编码方案时的一个指导性大纲，它并不适合于所有的问题。所以对于实际应用问题，仍必须对编码方法、交叉运算方法、变异运算方法、解码方法等统一考虑，以寻求到一种对问题的描述最为方便、遗传运算效率最高的编码方案。

由于遗传算法应用的广泛性，迄今为止人们已经提出了许多种不同的编码方法。总体来说，这些编码方法可以分为三大类：二进制编码方法、浮点数编码方法、符号编码方法。

2. 选择

在生物的遗传和自然进化过程中，对生存环境适应程度较高的物种将有更多的机会遗传到下一代，而对生存环境适应程度较低的物种遗传到下一代的机会就相对较少。模仿这个过程，遗传算法使用选择操作（或称复制操作，Reproduction Operator）来对群体中的个体进行优胜劣汰操作：适应度较高的个体被遗传到下一代群体中的概率较大；适应度较低的个体被遗传到下一代群体中的概率较小。遗传算法中的选择操作就是用来确定如何从父代群体中按某种方法选取某些个体遗传到下一代群体中的一种遗传运算。

选择操作的主要目的是避免基因缺失，提高全局收敛性和计算效率。

最常用的选择操作是基本遗传算法中的比例选择操作。但对于各种不同的问题，比例选择操作并不是最合适的，所以人们提出了其他一些选择操作。下面介绍几种常用选择操作的操作方法。

（1）比例选择（Proportional Model）

比例选择是一种随机采样的方法。有的论文里叫作适应度比例模型（Fitness Proportional Model）、赌轮（Roulette Wheel）、蒙特卡罗选择（Monte Carlo Choice）。

比例选择的基本思想是：各个个体被选中的概率与其适应度大小成正比。由于随机操作的原因，这种选择方法的选择误差比较大，有时甚至连适应度较高的个体也选择不上。

设群体大小为 M，个体 i 的适应度为 F_i，则个体 i 被选中的概率 P_{is} 为

$$P_{is} = \frac{F_i}{\sum_{i=1}^{M} F_i} \quad i = 1,2,\cdots,M \tag{8-1}$$

由式（8-1）可见，适应度越高的个体被选中的概率 P_{is} 也越大；反之，适应度越低的个体被选中的概率也越小。

（2）最优保存策略（Elitist Model）

在遗传算法的运行过程中，通过对个体进行交叉、变异等遗传操作而不断地产生新的个体。虽然在群体的进化过程中会产生越来越多的优良个体，但由于选择、交叉、变异等遗传操作的随机性，它们也有可能破坏掉当前群体中适应度最好的个体。这并不是人们所希望发生的，因为它会降低群体的平均适应度，并且对遗传算法的运行效率、收敛性都有不利的影响。所以，人们希望适应度最好的个体要尽可能地保留到下一代群体中。为达到这个目的，可以使

用最优保存策略进化模型来进行优胜劣汰操作，即当前群体中适应度最高的个体不参与交叉运算和变异运算，而是用它来替换掉本代群体中经过交叉、变异等遗传操作后所产生的适应度最低的个体。

最优保存策略进化模型的具体操作过程如下。

1）找出当前群体中适应度最高的个体和适应度最低的个体。

2）若当前群体中最佳个体的适应度比总的迄今为止的最好个体的适应度还要高，则将当前群体中的最佳个体作为新的迄今为止的最好个体。

3）用迄今为止的最好个体替换掉当前群体中的最差个体。

最优保存策略可视为选择操作的一部分。该策略的实施可保证迄今为止所得到的最优个体不会被交叉、变异等遗传运算破坏，它是遗传算法收敛性的一个重要保证条件。但是，它也容易使某个局部最优个体不易被淘汰掉反而快速扩散，从而使得算法的全局搜索能力不强。所以该方法一般要与其他一些选择操作方法配合起来使用，才能有良好的效果。

另外，最优保存策略还可加以推广，即在每一代的进化过程中保留多个最优个体不参加交叉、变异等遗传运算，而直接将它们复制到下一代群体中。这种选择方法也称为稳态复制。

（3）随机联赛选择（Stochastic Tournament Model）

随机联赛选择，也叫作联赛选择（Tournament Selection Model），也是一种基于个体适应度之间大小关系的选择方法。其基本思想是每次从群体里选取几个个体，适应度最高的一个个体遗传到下一代群体中。在联赛选择中，每次进行适应度大小比较的个体数目称为联赛规模。一般情况下，联赛规模 N 的取值为 2。

联赛选择的具体操作过程如下。

1）从群体中随机选取 N 个个体进行适应度大小的比较，将其中适应度最高的个体遗传到下一代群体中。

2）将上述过程重复 M 次，就可得到下一代群体中的 M 个个体。

（4）排序选择（Rank - based Model）

排序选择（Rank - based Model）的主要思想是：对群体中的所有个体按其适应度大小进行排序，基于这个排序来分配各个个体被选中的概率。其具体操作过程如下。

1）对群体中的所有个体按其适应度大小进行降序排序。

2）根据具体求解问题，设计一个概率分配表，将各个概率值按上述排列次序分配给各个个体。

3）以各个个体所分配到的概率值作为其能够被遗传到下一代的概率，基于这些概率值用比例选择的方法来产生下一代群体。

例如，表 8-1 所示为进行排序选择时所设计的一个概率分配表。由该表可以看出，各个个体被选中的概率只与其排列序号所对应的概率值有关，即只与个体适应度之间的大小次序有关，而与其适应度的具体数值无直接关系。

表 8-1　概率分配表

个体排列序号	适应度	选择概率	个体排列序号	适应度	选择概率
1	200	0.25	5	60	0.1
2	120	0.19	6	50	0.08
3	90	0.17	7	10	0.03
4	80	0.15	8	5	0.03

该方法的实施必须根据对所研究问题的分析和理解情况预先设计一个概率分配表，这个设计过程无一定规律可循。此外，虽然依据个体适应度之间的大小次序给各个个体分配了一个选中概率，但由于具体选中哪一个个体仍是使用了随机性较强的比例选择方法，所以排序选择方法仍具有较大的选择误差。

概率表生成方法有很多，例如经常用到的标准化几何分布排列法（Normalized Geometric Ranking），如式（8-2）和式（8-3）所示。

$$P_{is}=q'(1-q)^{r-1} \tag{8-2}$$

$$q'=\frac{q}{1-(1-q)^{P}} \tag{8-3}$$

其中，P_{is}为个体i被选中的概率；r为个体排列序号；q为最佳个体被选中的概率；P为父代中个体数目。

3. 交叉

遗传算法中的交叉运算，是指对两个相互配对的染色体按某种方式相互交换其部分基因，从而形成两个新的个体。交叉操作是遗传算法区别于其他进化算法的重要特征，它在遗传算法中起着关键作用，是产生新个体的主要方法。

遗传算法中，在交叉运算之前还必须先对群体中的个体进行配对。目前常用的配对策略是随机配对，即将群体中的M个个体以随机的方式组成$[M/2]$对配对个体组（$[M/2]$表示不大于$[M/2]$的最大的整数），交叉操作是在这些配对个体组中的两个个体之间进行的。下面介绍几种常用的交叉操作方法。

（1）单点交叉（One - point Crossover）

单点交叉又称为简单交叉（Simple Crossover），它是指在个体编码串中只随机设置一个交叉点，然后在该点相互交换两个配对个体的部分染色体。

单点交叉是最常用和最基本的交叉操作。单点交叉的具体执行过程如下。

1）对群体中的个体进行两两随机配对。若群体大小为M，则共有$[M/2]$对相互配对的个体组。

2）对每一对相互配对的个体随机设置某一基因座之后的位置为交叉点。若染色体的长度为n，则共有$(n-1)$个可能的交叉点位置。

3）对每一对相互配对的个体，依设定的交叉概率P_c在其交叉点处相互交换两个个体的部分染色体，从而产生两个新的个体。

单点交叉操作示意图如图8-1所示。

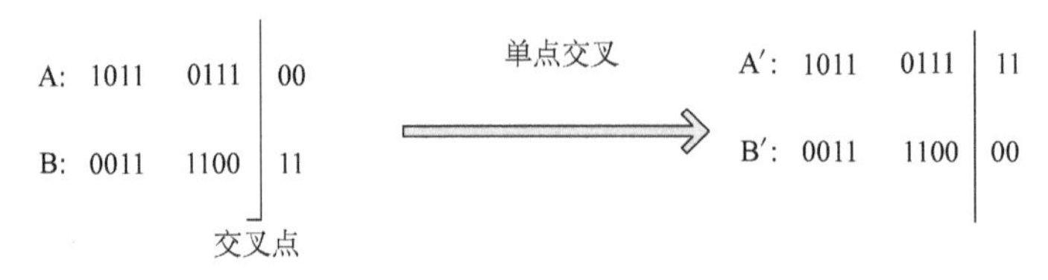

图8-1 单点交叉操作示意图

（2）双点交叉（Two - point Crossover）

双点交叉是指在个体编码串中随机设置了两个交叉点，然后进行部分基因交换。双点交叉的具体操作过程如下。

1）在相互配对的两个个体编码串中随机设置两个交叉点。

2）交换两个个体在所设定的两个交叉点之间的部分染色体。

双点交叉操作示意图如图 8-2 所示。

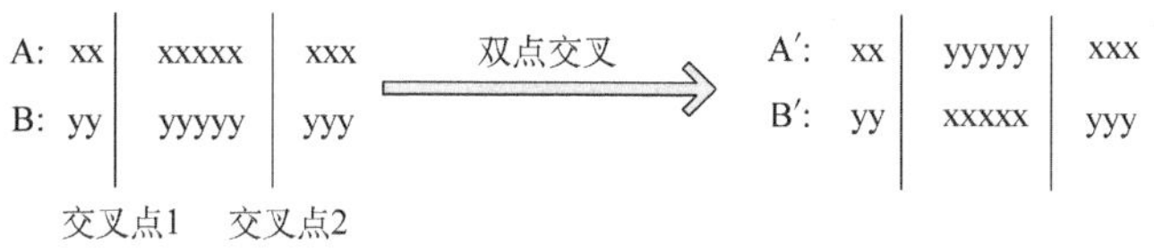

A: xx | xxxxx | xxx　双点交叉 ⇒　A′: xx | yyyyy | xxx

B: yy | yyyyy | yyy　　　　　　　B′: yy | xxxxx | yyy

交叉点1　交叉点2

图 8-2　双点交叉操作示意图

（3）多点交叉（Multi－point Crossover）

将单点交叉和双点交叉的概念加以推广，可得到多点交叉的概念。多点交叉是指在个体编码串中随机设置了多个交叉点，然后进行基因交换。

多点交叉又称为广义交叉，其操作过程与单点交叉和双点交叉类似。

图 8-3 所示为有三个交叉点时的多点交叉操作示意图。

A: xx | xx | xxx | xxx　三点交叉 ⇒　A′: xx | yy | xxx | yyy

B: yy | yy | yyy | yyy　　　　　　　B′: yy | xx | yyy | xxx

三个交叉点

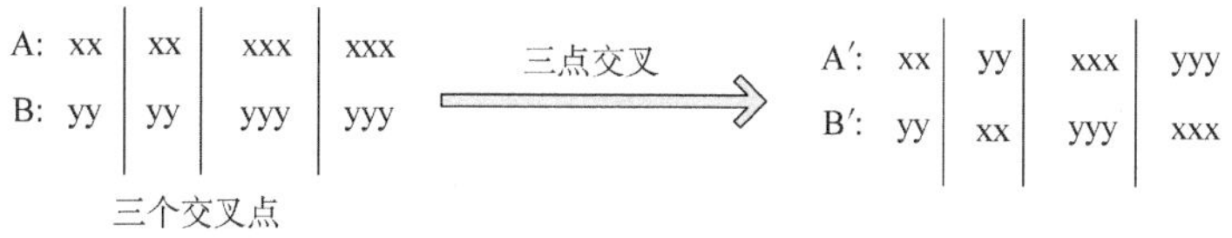

图 8-3　三个交叉点时的多点交叉操作示意图

（4）算术交叉（Arithmetic Crossover）

算术交叉的操作对象一般是由浮点数编码所表示的个体。

算术交叉是指由两个个体的线性组合而产生的两个新的个体。

假设在两个个体 X_A^t、X_B^t之间进行算术交叉，则交叉运算后所产生的两个新个体是

$$\begin{cases} X_A^{t+1} = \alpha X_B^t + (1-\alpha) X_A^t \\ X_B^{t+1} = \alpha X_A^t + (1-\alpha) X_B^t \end{cases} \tag{8-4}$$

其中，α 为一参数，它可以是一个常数，此时所进行的交叉运算称为均匀算术交叉；它也可以是一个由进化代数所决定的变量，此时所进行的交叉运算称为非均匀算术交叉。

算术交叉的主要操作过程是：确定两个个体进行线性组合时的系数 α，依据式（8-4）生成两个新的个体。

（5）经验交叉（Heuristic Crossover）

经验交叉是唯一一个用到适应度信息的操作，它产生父类个体的线性外插。为了能够进行线性组合运算，经验交叉的操作对象一般是由浮点数编码所表示的个体。

假设在两个个体 X_A^t、X_B^t 之间进行经验交叉，则交叉运算后所产生出的两个新个体是

$$\begin{aligned} X_A^{t+1} &= X_A^t + r(X_A^t - X_B^t) \\ X_B^{t+1} &= X_A^t \end{aligned} \tag{8-5}$$

其中，r 为［0，1］范围内符合均匀概率分布的一个随机数。X_A^t 的适应度大于或等于 X_B^t。

将计算出的新个体 $X_A^{t+1} = x_1 x_2 \cdots x_k \cdots x_l$ 代入式（8-6），

$$feasibility = \begin{cases} 1 & x_i > a_i,\ x_i < b_i,\ \forall i \\ 0 & \text{其他} \end{cases} \tag{8-6}$$

如果 $feasibility = 1$，则新个体 X_A^{t+1} 和 X_B^{t+1} 有效；如果 $feasibility = 0$，X_A^{t+1} 和 X_B^{t+1} 无效。若

结果 X_A^{t+1} 和 X_B^{t+1} 无效，则需重新计算 X_A^{t+1} 和 X_B^{t+1}，也就是需重新产生一个 r，代入计算。

为了保证操作的停止，当到达人为定义的最大重试次数时，返回两个父类个体 X_A^t、X_B^t。

4. 变异

遗传算法中的变异操作，是指将个体染色体编码串中的某些基因座上的基因值用该基因座的其他等位基因来替换，从而形成一个新的个体。例如，对于二进制编码的个体，其编码字符集为 {1, 0}，变异操作就是将个体在变异点上的基因值取反，即用0替换1，或用1替换0；对于浮点数编码的个体，若某一变异点处的基因值的取值范围为 $[U_{\min}, U_{\max}]$，变异操作就是用该范围内的一个随机数去替换原基因值；对于符号编码的个体，若其编码字符集为 $\{A, B, C, \cdots\}$，变异操作就是用这个字符集中的一个随机指定的且与原基因值不相同的符号去替换变异点上的原有符号。下面介绍几种常用的变异操作方法。

（1）基本位变异（Simple Mutation）

基本位变异是变异操作的基础。

基本位变异操作是指对个体编码串中以变异概率 P_m 随机指定的某一位或某几位基因座上的基因值做变异运算。

基本位变异操作改变的只是个体编码串中的个别几个基因座上的基因值，并且变异发生的概率也比较小，所以其发挥的作用比较慢，作用的效果也不明显。

基本位变异操作是最简单和最基本的变异操作。对于基本遗传算法中用二进制编码符号串所表示的个体，若需要进行变异操作的某一基因座上的原有基因值为0，则变异操作将该基因值变为1；反之，若原有基因值为1，则变异操作将其变为0。浮点制编码与此相似。

基本位变异操作的执行过程如下。

1）对个体的每一个基因座，依变异概率 P_m 指定其为变异点。

2）对每一个指定的变异点，对其基因值做取反运算或用其他等基因值来代替，从而产生出一个新的个体。

基本位变异运算的示意图如图8-4所示。

图8-4 基本位变异运算的示意图

（2）均匀变异（Uniform Mutation）

均匀变异操作是指分别用符合某一范围内均匀分布的随机数，以某一较小的概率来替换个体编码串中各个基因座上的原有基因值。

均匀变异的操作过程如下。

1）依次指定个体编码串中的每个基因座为变异点。

2）对每一个变异点，以变异概率 P_m 从对应基因的取值范围内取一随机数来替代原有基因值。

假设有一个体为 $X = x_1x_2\cdots x_k\cdots x_l$，若 x_k 为变异点，其取值范围为 $[U_{\min}^k, U_{\max}^k]$，在该点对个体 X 进行均匀变异操作后，可得到一个新的个体 $X' = x_1x_2\cdots x'_k\cdots x_l$，其中变异点的新基因值是

$$x'_k = r(U_{\max}^k - U_{\min}^k) + U_{\min}^k \tag{8-7}$$

其中，r 为 [0，1] 范围内符合均匀概率分布的一个随机数。

均匀变异操作特别适合应用于遗传算法的初期运行阶段，它使得搜索点可以在整个搜索空间内自由地移动，从而可以增加群体的多样性，使算法处理更多的模式。

(3) 边界变异 (Boundary Mutation)

边界变异操作是均匀变异操作的一个变形遗传算法。在进行边界变异操作时，随机地取基因座的两个对应边界基因值之一去替代原有基因值。

在进行由 $X = x_1x_2\cdots x_k\cdots x_l$ 向 $X' = x_1x_2\cdots x'_k\cdots x_l$ 的边界变异操作时，若变异点 x_k 处的基因值取值范围为 $[U^k_{\min}, U^k_{\max}]$，则新的基因值 x'_k 由下式确定：

$$x'_k = \begin{cases} U^k_{\min} & random(0,1) = 0 \\ U^k_{\max} & random(0,1) = 1 \end{cases} \tag{8-8}$$

其中，$random$ (0，1) 表示以均等的概率从 0、1 中任取其一。

当变量的取值范围特别宽，并且无其他约束条件时，边界变异会带来不好的作用。但它特别适用于最优点位于或接近于可行解的边界时的一类问题。

(4) 非均匀变异 (Non - uniform Mutation)

均匀变异操作是指取某一范围内均匀分布的随机数来替换原有基因值的变异遗传算法。均匀变异操作可使个体在搜索空间内自由移动，但它不便于对某一重点区域进行局部搜索。为改进这个性能，人们不是取均匀分布的随机数去替换原有的基因值，而是对原有基因值做一随机扰动，以扰动后的结果作为变异后的新基因值。对每个基因座都以相同的概率进行变异运算之后，相当于整个解向量在解空间中做了一个轻微的变动。这种变异操作方法就称为非均匀变异。

非均匀变异的具体操作过程与均匀变异类似，但它重点搜索原个体附近的微小区域。在进行由 $X = x_1x_2\cdots x_k\cdots x_l$ 向 $X' = x_1x_2\cdots x'_k\cdots x_l$ 的非均匀变异操作时，若变异点 x_k 处的基因值取值范围为 $[U^k_{\min}, U^k_{\max}]$，则新的基因值 x'_k 由下式确定：

$$x'_k = \begin{cases} x_k + \Delta(t, U^k_{\max} - v_k) & \text{if } random(0,1) = 0 \\ x_k - \Delta(t, v_k - U^k_{\min}) & \text{if } random(0,1) = 1 \end{cases} \tag{8-9}$$

其中，$\Delta(t, y)$ [在 $random$ (0，1) =0 时，y 代表 $U^k_{\max} - v_k$；在 $random$ (0，1) =1 时，y 代表 $v_k - U^k_{\min}$] 表示 [0，y] 范围内符合非均匀分布的一个随机数，要求随着进化代数 t 的增加，$\Delta(t, y)$ 接近于 0 的概率也逐渐增加。例如，$\Delta(t, y)$ 可按下式定义：

$$\Delta(t,y) = y\left[r\left(1 - \frac{t}{T}\right)\right]^b \tag{8-10}$$

其中，r 为 [0，1] 范围内符合均匀概率分布的一个随机数；T 是最大进化代数；b (形状参数) 是一个系统参数，它决定了随机扰动对进化代数的依赖程度。

由式 (8-10) 可知，非均匀变异可使遗传算法在其初始运行阶段 (t 较小时) 进行均匀随机搜索，而在其后期运行阶段 (t 较接近于 T 时) 进行局部搜索，所以它产生的新基因值比均匀变异所产生的基因值更接近于原有基因值。故随着遗传算法的运行，非均匀变异就使得最优解的搜索过程更加集中在某一最有希望的重点区域中。

(5) 多点非均匀变异 (Multi - non - uniform Mutation)

多点非均匀变异操作是上述非均匀变异操作的一个变形遗传算法。它将上述非均匀变异操作用于串 X 的所有位。

5. 适应度

遗传算法在进化搜索中基本上不用外部信息，仅用目标函数（即适应度函数）为依据。在具体应用中，适应度函数的设计要结合求解问题本身的要求而定。从某种意义上说，适应度函数又独立于整个遗传算法。适应度函数评估是选择操作和某些交叉操作和变异交叉的基础的依据。适应度函数直接影响到遗传算法的性能。

6. 遗传算法实现的基本步骤和意义

（1）初始化

选择一个群体，即选择一个串或个体的集合 b_i（$i=1, 2, \cdots, n$）。这个初始的群体也就是问题假设解的集合。一般取 $n=30 \sim 160$。

通常以随机方法产生串或个体的集合 b_i（$i=1, 2, \cdots, n$）。问题的最优解将通过这些初始假设解进化而求出。

（2）选择

根据适者生存原则选择下一代的个体。在选择时，以适应度为选择原则。适应度准则体现了适者生存，不适者淘汰的自然法则。

给出目标函数 f，则 $f(b_i)$ 称为个体 b_i 的适应度。以

$$p[b_i] = \frac{f(b_i)}{\sum_{j=1}^{n} f(b_j)} n \tag{8-11}$$

为选中 b_i 为下一代个体的次数。

显然，从式（8-11）可知：

1）适应度较高的个体，繁殖下一代的数目较多。

2）适应度较低的个体，繁殖下一代的数目较少，甚至被淘汰。

这样，就产生了对环境适应能力较强的后代。从问题求解角度来讲，就是选择出和最优解较接近的中间解。

（3）交叉

对于选中用于繁殖下一代的个体，随机地选择两个个体的相同位置，按交叉概率 P 在选中的位置实行交换。这个过程反映了随机信息交换。目的在于产生新的基因组合，即产生新的个体。交叉时，可实行单点交叉或多点交叉。

例如，有个体 $S1=100101$，$S2=010111$，选择它们的左边3位进行交叉操作，则有 $S1=010101$，$S2=100111$。

一般而言，交叉概率 P 取值为 $0.25 \sim 0.75$。

（4）变异

根据生物遗传中基因变异的原理，以变异概率 P_m 对某些个体的某些位执行变异。在变异时，对执行变异的串的对应位求反，即把1变为0，把0变为1。变异概率 P_m 与生物变异极小的情况一致，所以，P_m 的取值较小，一般取 $0.01 \sim 0.2$。

例如，有个体 $S=101011$ 对其第1、4位置的基因进行变异，则有 $S'=001111$。

单靠变异不能在求解中得到好处。但是，它能保证算法过程不会产生无法进化的单一群体。因为在所有的个体一样时，交叉是无法产生新的个体的，这时只能靠变异产生新的个体。也就是说，变异增加了全局优化的特质。

（5）全局最优收敛

当最优个体的适应度达到给定的阈值，或者最优个体的适应度和群体适应度不再上升时，

则算法的迭代过程收敛，算法结束。否则，用经过选择、交叉、变异所得到的新一代群体取代上一代群体，并返回到第（2）步（即选择操作处）继续循环执行。

图 8-5 所示为遗传算法的执行过程。

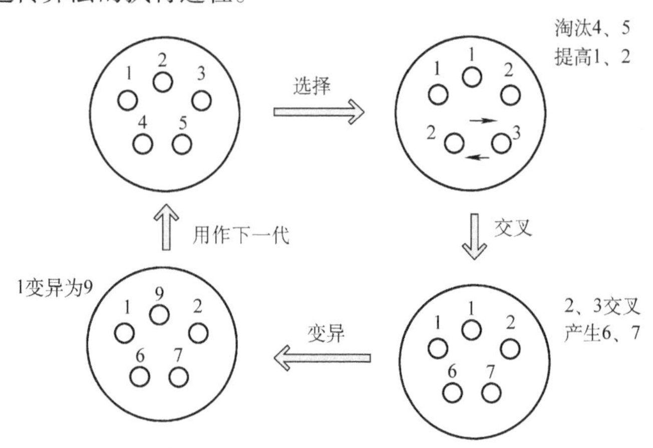

图 8-5　遗传算法的执行过程

8.1.4　遗传算法的特点

为解决各种优化计算问题，人们提出了各种各样的优化算法，如单纯形法、梯度法、动态规划法、分支定界法等。这些优化算法各有长处，适用范围和限制也各不相同。遗传算法是一类可用于复杂系统优化计算的鲁棒搜索算法，与其他一些优化算法相比，主要有下述几个特点。

1）遗传算法以决策变量的编码作为运算对象。传统的优化算法往往直接利用决策变量的实际值来进行优化计算，但遗传算法不是直接以决策变量的值为运算对象，而是以决策变量的某种形式的编码为运算对象。这种对决策变量的编码处理方式，使得在优化计算过程中可以借鉴生物学中染色体和基因等概念，模仿自然界中生物的遗传和进化等机理，也可以方便地应用遗传算法进行操作。特别是对一些无数值概念或很难有数值概念，而只有代码概念的优化问题，编码处理方式更显示出了其独特的优越性。

2）遗传算法直接以目标函数值作为搜索信息。传统的优化算法不仅需要利用目标函数值，而且往往需要目标函数的导数值等其他一些辅助信息才能确定搜索方向。而遗传算法仅使用由目标函数值变换来的适应度函数值，就可确定进一步的搜索方向和搜索范围，无须目标函数的导数值等其他一些辅助信息。对于很多无法求或很难求导数的目标函数的优化问题以及组合优化问题等，应用遗传算法就显得比较方便，因为它避开了函数求导这个障碍。再者，直接利用目标函数值或个体适应度，也可以把搜索范围集中到适应度较高的部分搜索空间中，从而提高了搜索效率。

3）遗传算法同时使用多个搜索点的搜索信息。传统的优化算法往往是从解空间中的一个初始点开始最优解的迭代搜索过程。单个搜索点所提供的搜索信息毕竟不多，所以搜索效率不高，有时甚至使搜索过程陷于局部最优解而停滞不前。遗传算法从由很多个体所组成的一个初始群体开始最优解的搜索过程，而不是从一个单一的个体开始搜索。对这个群体所进行选择、交叉、变异等运算，产生新一代的群体，在这之中包括了很多群体信息。这些信息可以避免搜索一些不必搜索的点，所以实际上相当于搜索了更多的点，这是遗传算法所特有的一种隐含并行性。

4）遗传算法使用概率搜索技术。很多传统的优化算法往往使用的是确定性的搜索方法，一个搜索点到另一个搜索点的转移有确定的转移方法和转移关系，这种确定性往往也有可能使搜索永远达不到最优点，因而也限制了算法的应用范围。而遗传算法属于一种自适应概率搜索技术，其选择、交叉、变异等运算都是以一种概率的方式来进行的，从而增加了其搜索过程的灵活性。虽然这种概率特性也会使群体中产生一些适应度不高的个体，但随着进化过程的进行，新的群体中总会更多地产生许多优良的个体，实践和理论都已证明了在一定条件下遗传算法总是以概率 l 收敛于问题的最优解。当然，交叉概率和变异概率等参数也会影响算法的搜索效果和搜索效率，所以选择遗传算法的参数在其应用中是一个比较重要的问题。此外，与其他一些算法相比，遗传算法的鲁棒性又会使得参数对其搜索效果的影响尽可能低。

8.1.5 遗传算法的应用

遗传算法提供了一种求解复杂系统优化问题的通用框架，它不依赖于问题的具体领域，对问题的种类有很强的鲁棒性，所以广泛应用于很多学科。在遗传算法的应用中，应先明确其特点和关键问题，才能对这种算法深入了解，灵活应用，以及进一步研究开发。

遗传算法应用的基础理论是图式定理，它的有关内容如下。

（1）图式（Scheme）概念

一个基因串用符号集｛0，1，*｝表示，则称为一个因式；其中*可以是0或1。例如：

$$H=1**0**$$

是一个图式。

（2）图式的阶和长度

图式中0和1的个数称为图式的阶，用 $0(H)$ 表示。图式中第1个符号和最后1个符号间的距离称为图式的长度，用 $\delta(H)$ 表示。对于图式 $H=1**0**$，有 $0(H)=2$，$\delta(H)=4$。

（3）Holland 图式定理

低阶、短长度的图式在群体遗传过程中将会按指数规律增加。当群体的大小为 n 时，每代处理的图式数目为 $O(n^3)$。遗传算法这种处理能力称为隐含并行性（Implicit Parallelism）。它说明遗传算法的内在具有并行处理的特质。

遗传算法在应用中最关键的问题有如下3个。

（1）串的编码方式

这本质是问题编码。一般把问题的各种参数用二进制编码，构成子串，然后把子串拼接构成“染色体”串。串长度及编码形式对算法收敛影响极大。

（2）适应函数的确定

适应函数（Fitness Function）也称为对象函数（Object Function），这是问题求解品质的测量函数，往往也称为问题的“环境”。一般可以把问题的模型函数作为对象函数，但有时需要另行构造。

（3）遗传算法自身参数设定

遗传算法自身参数有3个，即群体大小 n、交叉概率 P_c 和变异概率 P_m。

群体大小 n 太小时难以求出最优解，太大则增长收敛时间。一般 $n=30\sim160$。交叉概率 P_c 太小时难以向前搜索，太大则容易破坏高适应值的结构。一般取 $P_c=0.25\sim0.75$。变异概率 P_m 太小时难以产生新的基因结构，太大使遗传算法成了单纯的随机搜索。一般取 $P_m=0.01\sim0.2$。

遗传算法虽然可以在多个领域有实际应用，并且具有宽广前景，但是，遗传算法还有大量的问题需要研究，目前也还有各种不足。首先，在变量多、取值范围大或无给定范围时，收敛速度下降；其次，可找到最优解范围，但无法精确确定最优解位置；最后，遗传算法的参数选择尚未有定量方法。对遗传算法，还需要进一步研究其数学基础理论，还需要在理论上证明它与其他优化技术的优劣及原因，还需要研究硬件化的遗传算法，以及遗传算法的通用编程和形式等。

8.2 遗传算法在加热炉控制系统建模中的应用

以冶金行业中使用的某型号两段式步进梁式加热炉为例，如图 8-6 所示，加热炉可分为 4 段：炉尾段、预热段、加热段、均热段。其中，1 表示上预热带，2 表示上加热带，3 表示上均热带，4 表示下预热带，5 表示下加热带，6 表示下均热带。在加热炉入口侧，装钢机将板坯装入加热炉内，当板坯温度满足轧制温度时，出口侧的抽钢机动作将板坯抽出加热炉。

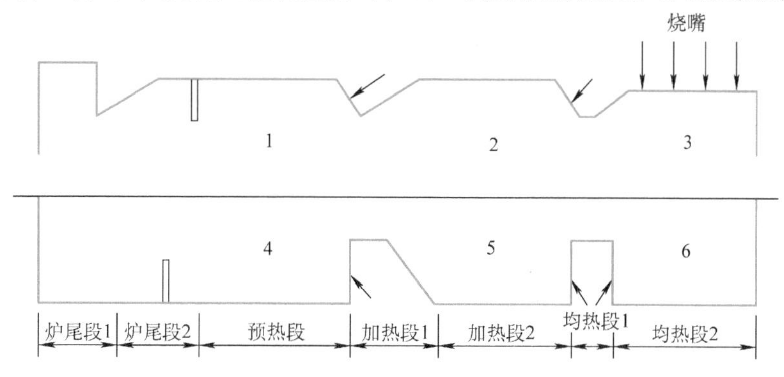

图 8-6　某型号加热炉结构示意图

加热炉本身是一个非常复杂的系统，加热炉模型有如下特点。

- 系统多输入多输出：具有空气、燃料 12 路输入，温度 6 路输出。
- 强互耦：加热炉下游环节受上游环节的影响，例如，加热炉预热段在理论上受其他各段的影响，因为其他各段的燃烧废气都要从本段排出。

8.2.1 遗传算法建模原理

采用遗传算法来建立常微分方程组建模的困难来自两方面：一方面是模型结构形式难以选择；另一方面是模型结构确定之后，由于其参数选取不当，仍会导致所建立的系统不稳定。以传统的设计方法为基础，提出应用遗传算法优化模型结构，并且在遗传建模的每一代采用遗传算法优化模型参数，进而与数据的预处理、模型的简洁化和规范化、系统的预测等辅助步骤相结合，可实现常微分方程组的建模。算法的结构描述如下。

```
{
    输入原始数据矩阵 X(0)；
    数据预处理得到 X(1)；
    随机初始化常微分方程组种群 P(0)；
    计算 P(0)中个体的适应值；
    t = 0；
    while(不满足终止条件 I)
    {
```

```
        for (k=0;k<MAX; k++) /*(A) */
        /* MAX为每代选择进行参数优化的模型个数 */
        {
            从P(t)中随机挑选个体pi;
            分离pi中方程的参数;
            s=0;
            随机初始化参数种群P*(s);
            计算P*(s)中个体的适应值;
            while (不满足终止条件II)
            {
                    根据个体的适应值和选择策略从P*(s)中选择生成下一代的父体P*(s+1);
                    根据遗传概率执行杂交、变异和再生操作来重组P*(s+1);
                    计算P*(s+1)中个体的适应值;
                    s=s+1;
            }
            用P*(s)中的最好个体替换P(t)中个体pi的对应参数项;
        }
        根据个体的适应值和选择策略从P(t)中选择生成下一代的父体P(t+1);
        根据自适应的遗传概率执行杂交、变异和再生操作来重组P(t+1);
        处理P(t+1)中的同类模型;
        计算P(t+1)中个体的适应值;
        t=t+1;
    }
}
```

利用遗传算法可实现动态系统的常微分方程组建模过程自动化，该算法能在合理运行时间内由计算机自动发现多个较优的常微分方程组模型，和现有的建模方法（如灰色系统方法）相比较，它具有建模过程智能化与自动化、模型结构更加灵活多样、方法适用性更广、数据拟合和预测的精度更高等优点。

8.2.2 加热炉对象的遗传算法建模

根据所采集的现场数据，并定义模型变量、模型结构，通过大量加热炉遗传算法建模实验来寻找模型输入、输出之间的关系。

模型变量包括模型输入、输出变量。模型输入变量为：

x1—预热带上部燃气流量
x2—预热带下部燃气流量
x3—加热带上部燃气流量
x4—加热带下部燃气流量
x5—均热带上部燃气流量
x6—均热带下部燃气流量
x7—预热带板坯吸热能力
x8—加热带板坯吸热能力
x9—均热带板坯吸热能力
y1(t-1)—前一时刻预热带上部温度

y2(t-1)—前一时刻预热带下部温度
y3(t-1)—前一时刻加热带上部温度
y4(t-1)—前一时刻加热带下部温度
y5(t-1)—前一时刻均热带上部温度
y6(t-1)—前一时刻均热带下部温度

模型输出变量为：

y1(t)—当前时刻预热带上部温度
y2(t)—当前时刻预热带下部温度
y3(t)—当前时刻加热带上部温度
y4(t)—当前时刻加热带下部温度
y5(t)—当前时刻均热带上部温度
y6(t)—当前时刻均热带下部温度

假设模型结构为

y1(t) = f1(x1,x2,x3,x4,x5,x6,x7,x8,x9,y1(t-1),y2(t-1),y3(t-1),y4(t-1),
y5(t-1),y6(t-1))
y2(t) = f2(x1,x2,x3,x4,x5,x6,x7,x8,x9,y1(t-1),y2(t-1),y3(t-1),y4(t-1),
y5(t-1),y6(t-1))
y3(t) = f3(x3,x4,x5,x6,x8,x9,y3(t-1),y4(t-1),y5(t-1),y6(t-1))
y4(t) = f4(x3,x4,x5,x6,x8,x9,y3(t-1),y4(t-1),y5(t-1),y6(t-1))
y5(t) = f5(x5,x6,x9,y5(t-1),y6(t-1))
y6(t) = f6(x5,x6,x9,y5(t-1),y6(t-1))

8.2.3 遗传算法建模实验及仿真验证

取前 800 组数据进行遗传算法建模，得到模型后再对后 600 组数据进行预测，考查模型的外推性。得到的建模效果用拟合误差和预测误差来度量。所建模型如下。

1. 预热带上部温度

模型结构为

y1(i,1) = 1000 * ((18.805/(((x8(i,1) + (-15.553)) * (x1(i,1) - (-16.187))) -
((-48.623) - (x1(i,1) * (-19.890))))) + 1.225413);

模型仿真如图 8-7 所示。

2. 预热带下部温度

模型结构为

y2(i,1) = 1000 * (((((x8(i,1)/(-2.059)) - (13.495 - x3(i,1)))/6.558)/13.908) +
1.225992);

模型仿真如图 8-8 所示。

3. 加热带上部温度

模型结构为

y3(i,1) = 1000 * ((((5.680 - x4(i,1)) + (-6.282))/((x8(i,1) * 2.000) *
(-12.904))) + 1.226543);

模型仿真如图 8-9 所示。

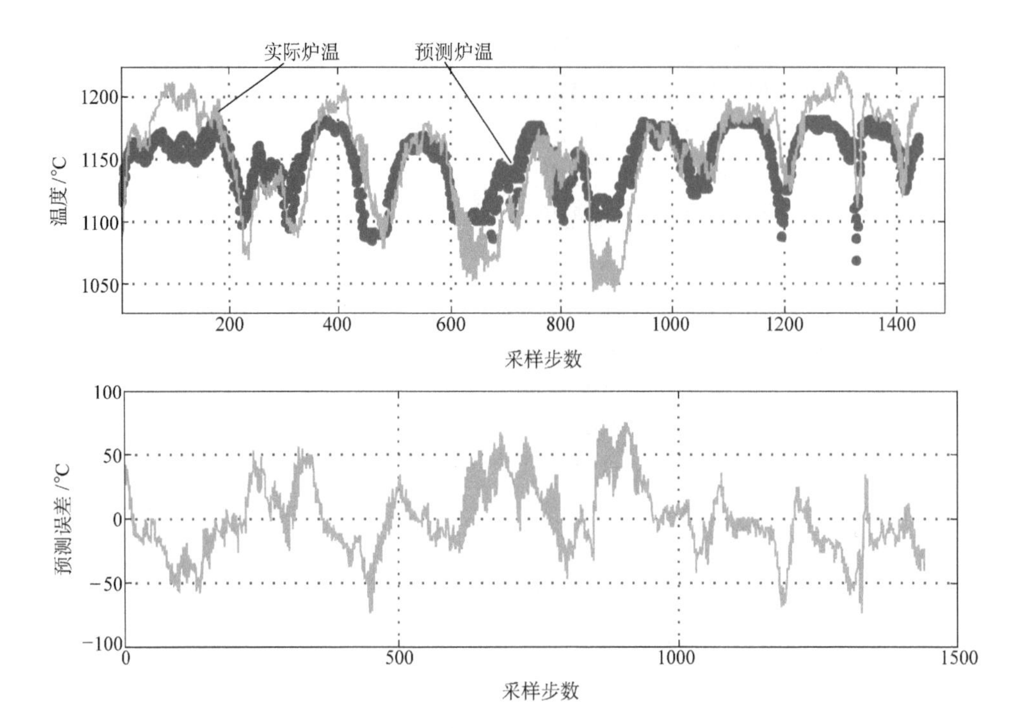

图 8-7 预热带上部温度模型仿真

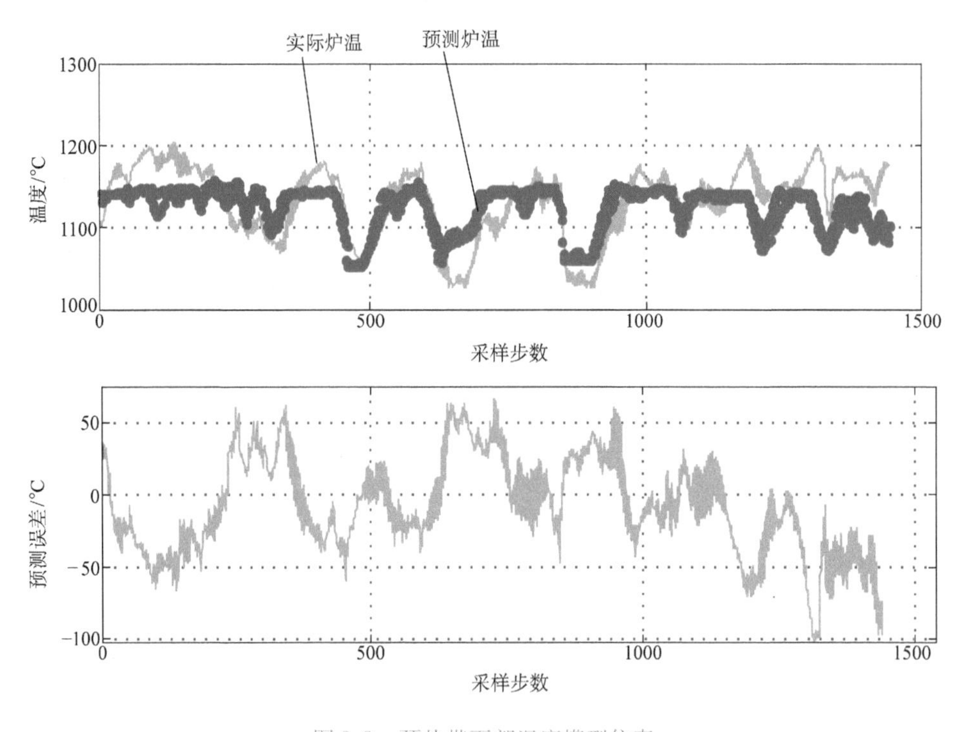

图 8-8 预热带下部温度模型仿真

4. 加热带下部温度

模型结构为

y4(i,1) = 1000 * ((((x3(i,1) − 0.159) * ((y3(i − 1,1) − 1.226543)/x9(i,1)))/((x5(i,1)/x4(i,1)) + (1.847 − (y5(i − 1,1) − 1.227660)))) + 1.227092);

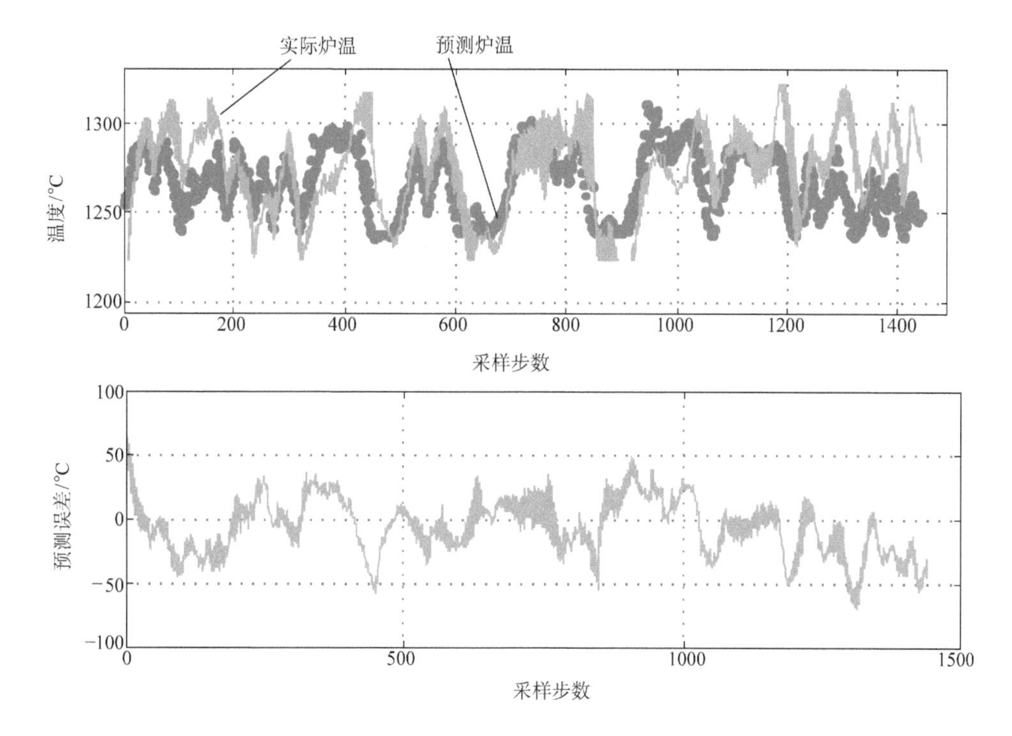

图 8-9　加热带上部温度模型仿真

模型仿真如图 8-10 所示。

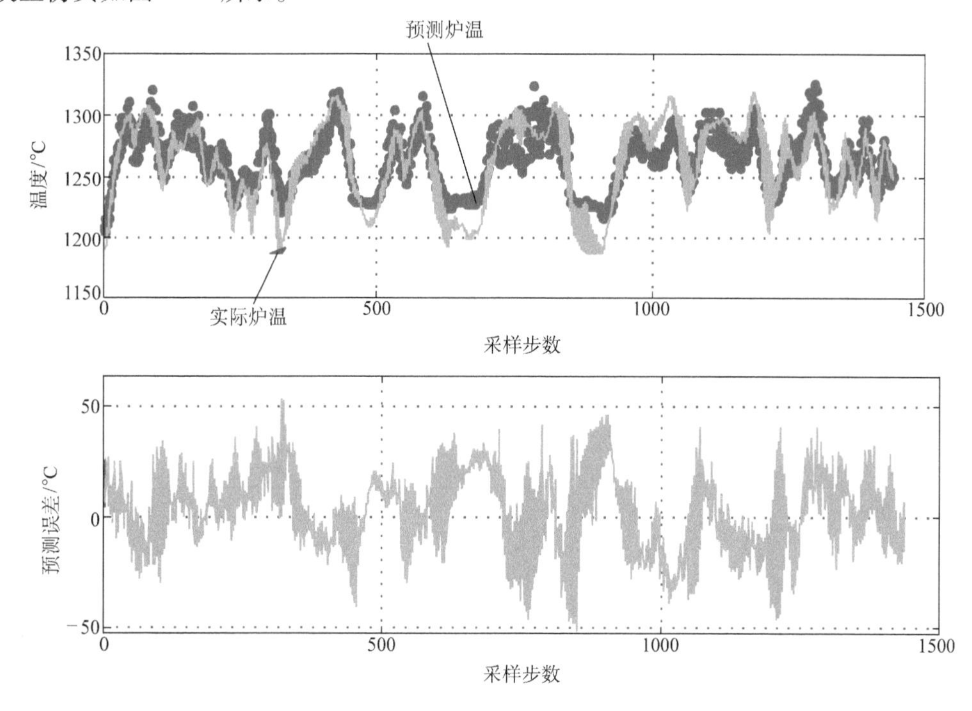

图 8-10　加热带下部温度模型仿真

5. 均热带上部温度

模型结构为

y5(i,1) = 1000 * ((((y6(i-1,1) - 1.228157) * (y6(i-1,1) - 1.228157)) * (x5(i,1) * x6(i,1))) + 1.227660);

模型仿真如图8-11所示。

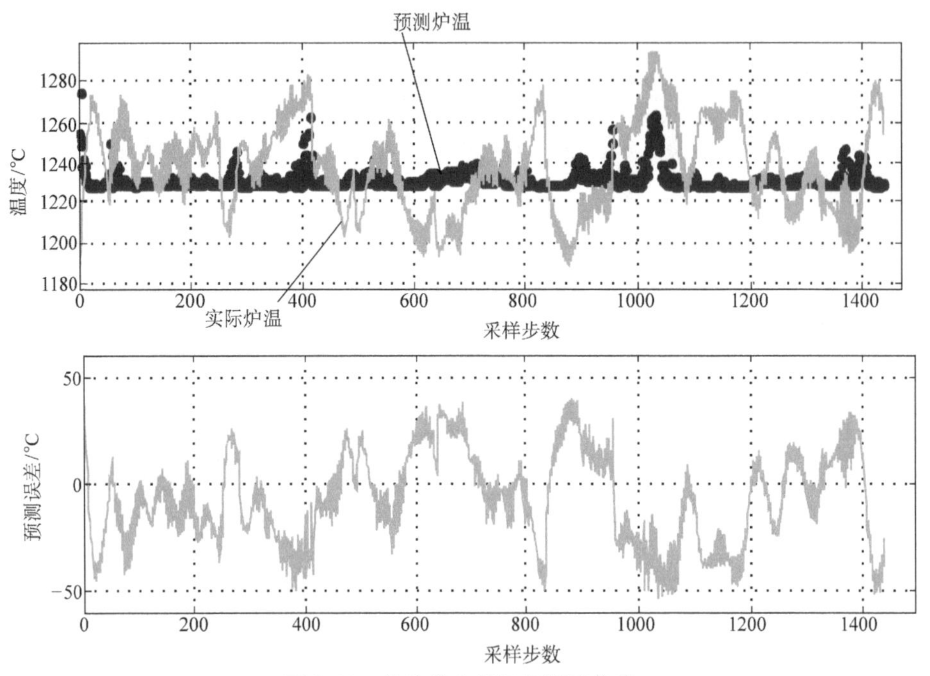

图8-11 均热带上部温度模型仿真

6. 均热带下部温度

模型结构为

y6(i,1) = 1000 * (((−0.044)/(x5(i,1) + 0.254)) + 1.228157);

模型仿真如图8-12所示。

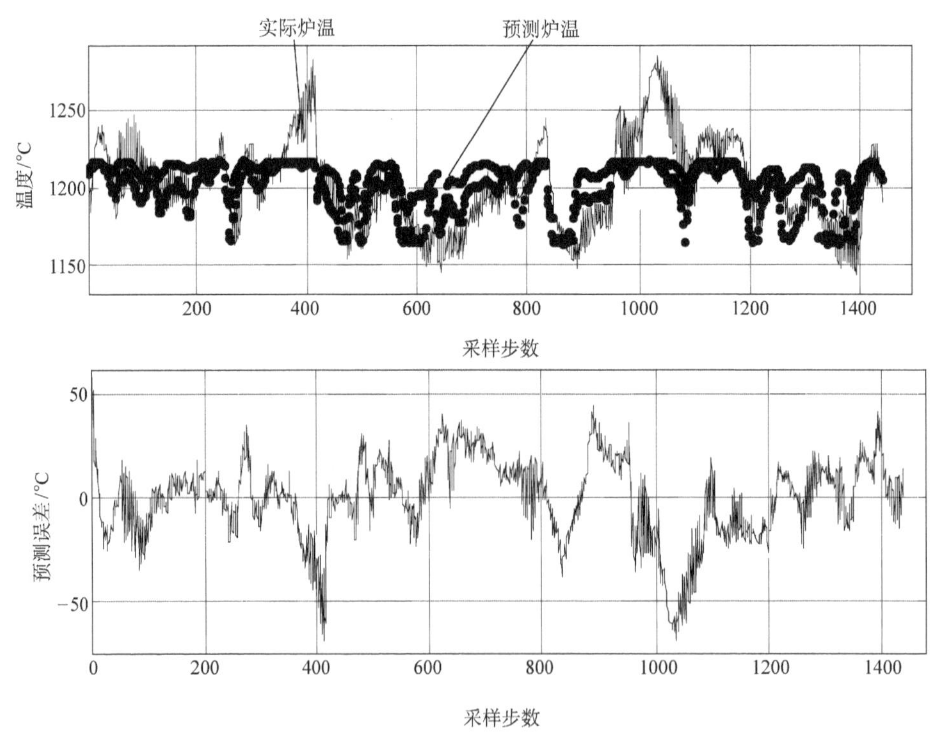

图8-12 均热带下部温度模型仿真

利用遗传算法建立加热炉对象模型是一种探索性的研究，遗传算法本身是一种发展中的技术。可以看出，遗传算法建模适用的范围广，建模具有一定的精度，是一种很有前途的技术。另外，目前遗传算法建模发展还不是很成熟，建模过程中存在模型结构不确定、模型难以解释等问题。

8.3 遗传算法在模糊控制器设计中的应用

在工业过程控制中存在着大量复杂的不确定系统，而人们对控制性能的要求却不断提高。传统的控制理论依靠精确的数学模型来实现对控制系统的设计，因此常常不能得到理想的控制效果。模糊控制中，控制量的大小仅取决于系统的状态，而与模型无关，因此也就成了研究的热点。隶属度函数的细化及比例因子的选择在模糊控制中是一个很关键的因素。在基于合成推理方法的设计中，近年来提出了基于 BP 算法的多层前馈人工神经网络来记忆和优化模糊推理规则，得到了很好的效果。但是当目标函数不可微时，便无法用 BP 算法实现隶属度函数的细化和比例因子的寻优，而 GA 是用适应度函数来进行评价的，它不要求适应度函数的可微性，因此可以用来进行模糊控制器的设计。

工业过程控制中，许多模型都可以用二阶模型进行近似描述。现采用下面的两个模型（一个没有延迟环节，另一个有延迟环节）为例来说明遗传算法在模糊控制器设计中的应用：

$$G(x)=\frac{2}{(0.2s+1)(s+1)} \tag{8-12}$$

$$G(x)=\frac{2\mathrm{e}^{-0.2s}}{(0.2s+1)(s+1)} \tag{8-13}$$

选取采样时间为 $T_{\mathrm{s}}=0.1\mathrm{s}$，离散化后得到的差分方程分别为

$$y(t)=1.5114y(t-1)-0.5488y(t-2)+0.0412u(t-1)+0.0337(t-2) \tag{8-14}$$

$$y(t)=1.5114y(t-1)-0.5488y(t-2)+0.0412u(t-3)+0.0337(t-4) \tag{8-15}$$

系统采用图 8-13 所示的结构。为了减小系统的稳态误差，将模糊控制器的输出量改为控制量的修正量 Δu，即实际的控制量为控制器的输出量与前次控制量之和，$u(t)=u(t-1)+\Delta u(t)$。设误差为 e，误差的变化 $\mathrm{d}e/\mathrm{d}t$ 和控制量的修正量 Δu 的模糊变量分别为 E、EC 和 ΔU，它们的论域均采用 $\{-3, -2, -1, 0, 1, 2, 3\}$，语言值为 $\{NB, NM, NS, ZE, PS, PM, PB\}$，隶属度函数采用三角形函数，推理方法为基于最小最大原理的合成推理方法。GA 中的相应参数分别为 $N_1=10$、$N_3=30$、$P_{\mathrm{c}}=019$、$P_{\mathrm{m}}=01001$，采用二进制编码和一点交换法。根据这一思想及对象的模型，采用表 8-2 的控制规则。模糊控制规则的基本思想是：若当前输出误差为负且仍向负的方向发展时，则减小控制量；若当前输出误差为正且仍向正的方向发展时，则增加控制量。根据误差及误差变化的不同，分别进行不同的修正。

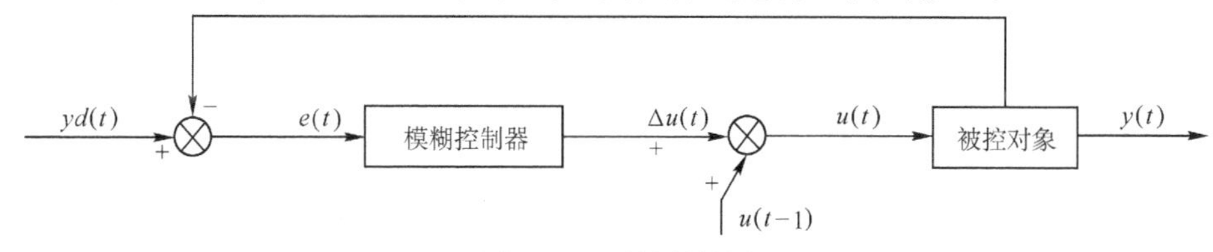

图 8-13　系统结构图

表 8-2 模糊控制规则

ΔU		E						
		NB	NM	NS	ZE	PS	PM	PB
EC	NB	NB	NB	NM	NM	NS	NS	NE
	NM	NB	NM	NM	NS	NS	ZE	PS
	NS	NM	NM	NS	NS	ZE	PS	PS
	ZE	NM	NS	NS	ZE	PS	PS	PM
	PS	NS	NS	ZE	PS	PS	PM	PM
	PM	NS	ZE	PS	PS	PM	PM	PB
	PB	ZE	PS	PS	PM	PM	PB	PB

根据遗传算法的原理，进行以下几个方面的改进和特殊处理。

8.3.1 对解进行编码

由于语言变量值的隶属度函数采用三角形函数，每个三角形被它的三个顶点所决定。设第 i 个语言变量的隶属度函数所对应三角形顶点在 x 轴上的坐标从左向右依次为 L_i、C_i 和 R_i，设 7 个语言变量值 NB、NM、NS、ZE、PS、PM、PB 的隶属度函数分别为 $P_1(x)$，$P_2(x)$，…，$P_7(x)$，因此，要决定所有语言变量的隶属度函数，则要求有 19 个参数（L_1 为负无穷，R_7 为正无穷，二值不考虑）。为了简化计算，根据工业过程控制的模型和模糊控制规则，对语言变量的隶属度函数进行以下限制：$P_1(x)$与$P_7(x)$、$P_2(x)$与$P_6(x)$、$P_3(x)$与$P_5(x)$、$P_4(x)$ 分别以 y 轴对称，有 $L_{8-i}=-R_i$，$C_{8-i}=-C_i$，$R_{8-i}=-L_i$，$R_3=L_5=0$（$i=1,2,3,4$）。这样限制后，可变的参数减少为 8 个。考虑到误差、误差变化及控制量的比例因子 k_e、k_{ec}和 k_u，遗传算法中每条染色体包含的参数为 11 个。每个参数用4 位二进制表示其整数位，用 10 位二进制表示其小数位，因此每条染色体使用二进制表示时有 154 位，每一位表示一个基因。在仿真过程中，由于受计算机内存的限制，染色体是以十进制数的形式保存的，在基因交换或基因变异时，仅对被选中的基因位所在的参数进行二进制编码，操作完成后，再用十进制数保存。

8.3.2 对解进行寻优

按下面的方法对 GA 进行改进并设计模糊控制器。

1）用初始解构成一条染色体，然后对这条染色体的参数加或减很小的随机数，产生 N_1 条染色体，分别以其作为解构造模糊控制器应用到系统中。选择某一稳定时刻 T，计算各自输出误差 e_i，对每条染色体定义一个表示其“寿命”的变量 age，并赋予初始值 1。

2）根据每个解的误差，分别计算其适应度函数f_i，定义$f_i=1/(e_i-a*e_{\min})$，其中，a 为 0.8～0.9，$e_{\min}$为 N_1 个解中的最小误差。设每个解应复制的数目为 n_i，这样定义适应度函数，能保证当染色体群集表示的解构成的模糊控制器，其输出误差变化比较小时，它们的适应度值都有比较大的差异，以利于性能较优的染色体有更多的复制机会。

3）产生新的染色体，以交换概率 P_c，从 N_2 条染色体中随机地选择两条染色体进行交换操作；以变异概率 P_m，随机地选择一条染色体进行变异，即随机地对某个基因位求反。反复进行，直到产生的染色体数目为 N_3。

4）将上一代性能最好的一个，加入到 N_3 中去，形成 N_3+1 条染色体，对新的染色体集进行评价，若有满足问题的解，则结束；否则，计算各自的适应度值f_i。为防止“近亲繁殖”

而出现退化或早熟的现象，对于两个很“相似”的染色体（两个解向量之间的空间距离很小），仅保留适应度值大的一个。经过这样的选择，若剩余的染色体少于 N_1，则按步骤1）的方法，产生新的染色体；否则，保留性能最优的 N_1 个作为新的一代。

5）保存群体中性能最优的解，并对最优解的 *age* 进行加1操作。加1后如果其值大于10，则把它作为局部最优解从染色体群中删去，以加快系统的收敛速度。

6）达到一定数目代的进化，则结束；否则，返回到步骤2）继续。

8.3.3 仿真及结果

通过给定系统的 E、EC、ΔU 语言值隶属度函数初始状态，其中：$e_q = k_e$，$e_{cq} = k_{ec}$，$\Delta U = \Delta u/k$。初始状态相应的比例因子选择为 $k_e = 3$，$k_{ec} = 20$，$k_u = 105$。

对式（8-12）描述的模型进行仿真，经过100代，选择输出误差最小的解，用它构造模糊控制器，得到相应的隶属度函数曲线，取比例因子为 $k_e = 3.1143$，$k_{ec} = 19.8539$，$k_u = 0.2670$。从得出的系统对于单位阶跃函数的响应特性可得出如下结论：采用改进的GA设计的模糊控制器比传统方法设计的控制器上升时间要小一个数量级。

对式（8-13）描述的模型进行仿真，经过100代，选择输出误差最小的解，用它构造模糊控制器，得到相应的隶属度函数曲线，取比例因子为 $k_e = 218496$，$k_{ec} = 2015260$，$k_u = 010613$，通过数字仿真可以得到结论如下：采用改进的GA设计的模糊控制器比传统方法设计的控制器的超调量要小，调节时间也要小。

将遗传算法应用到模糊控制器的设计中去，可使系统具有良好的动态品质。遗传算法对于多变、目标函数不可微或不确定问题解的寻优，比传统的优化方法有着更广泛的适应性。由于遗传算法处理的是字符串，因此非常适合于模糊控制规则的自校正和量化因子的寻优，这就克服了在传统设计中仅仅依靠操作者的经验或专业人员的理论知识，造成设计过程不仅费时而且设计的控制器缺乏适应性这一缺陷。

8.4 遗传算法在神经网络控制器设计中的应用

8.4.1 神经网络为什么需要遗传算法

对于一个实际问题建立神经网络通常包括下面4个阶段：第一，研究者根据自己的理论、经验和研究兴趣选择一个问题域，如模式识别、神经控制、经济预测等。第二，根据学习任务设计网络结构，包括处理单元个数、各层的组织结构及处理单元之间的联结。第三，根据已知的网络结构和学习任务用梯度下降学习算法（如BP算法）来训练联结权值。第四，研究者以测量到的目标性能，如解决特殊问题的能力、学习速度和泛化能力，对训练过的网络进行评价。这个过程可以不断重复以获得期望的结果。

描述一个ANN模型结构的主要参数有网络层数、每层单元数、单元间的互联方式等。设计ANN的结构，实际上就是根据某个性能评价准则确定适合于解决某个问题或某类问题的参数的组合。当待解决的问题比较复杂时，用人工的方法设计ANN是比较困难的。即使小的网络的行为也难以理解，大规模、多层、非线性网络更是十分神秘，几乎没有什么严格的设计规则。Kolmogorov定理说明在有合理的结构和恰当的权值的条件下，三层前馈网络可以逼近任意的连续函数，但定理中没给出如何确定该合理结构的方法，研究者只能凭以前的设计经验或遵循这样一句话“问题越困难，你就需要越多的隐单元”来设计ANN的结构。而标准工程设计方法对于神经网络的设计也是无能为力，网络处理单元间复杂的分布交互作用使模块化设计中的分解处理技术变得不可行，也没有直接的分析设计技术来处理这种复杂性，更困难的是，即使发现了一种足以完成某一特定任务的网络，又怎能确定人们没有丢失一个性能更好的网络？到目前为止，人们花费了大量的时间和精力来解决这一难题，而神经网络的应用也正向大规模、复杂的形式发展，人工设计网络的方法应该抛弃，ANN 需要高效的自动的设计方法，GA（遗传算法）则为其提供了一条很好的途径。遗传算法用于 ANN 的另一个方面是用遗传算法学习神经网络的权重，也就是用遗传算法来取代一些传统的学习算法。评价一个学习算法的标准是简单性、可塑性和有效性。一般来说，简单的算法并不有效，可塑的算法又不简单，而有效的算法则要求算法的专一性、完美性，从而又与算法的可塑性、简单性相冲突。

目前广泛研究的前馈网络中采用的是 Rumelhart 等人推广的误差反向传播（BP）算法，BP 算法具有简单和可塑的优点，但是 BP 算法是基于梯度的方法，这种方法的收敛速度慢，且常受局部极小点的困扰，采用 GA 则可摆脱这种困境。当然，使用 GA 可以把神经网络的结构优化和权值学习合并起来一起求解，但这对计算机的处理能力要求很高。

8.4.2 遗传算法在神经网络中的应用

基于遗传算法的人工神经网络的应用的基本原理是用 GA 对神经网络的联结权值进行优化学习，利用 GA 的寻优能力来获取最佳权值。由于遗传算法具有鲁棒性强、随机性、全局性以及适于并行处理的优点，所以被广泛应用于神经网络中，其中有许多成功的应用。

改进的 MGA 中，采用了自适应交叉率和变异率，并且把 GA 和 BP 结合起来。将误差反传算法（BP）、实数编码遗传算法（GA）、改进型（MGA）三种算法应用于神经网络短期地震预报中，并给出了三种方法的结果比较。其中，网络选用三层 BP 网络，前一年的最大震级、最大震级之差、累计能量及累计能量之差为网络的输入，网络的输出是下一年的震级，隐层节点数为 30，这个 4-30-1 网络共有 150 个可调权值，各层的激发函数均为 Sigmoid 型函数。BP 算法中，学习率 $\eta=0.7$，惯量系数 $\alpha=0.2$。实数 GA 中，群体容量 $n=40$，交叉率 $P_c=0.12$，变异率 $P_m=0.1$，亲代度量 $S=0.9$，各参数在算法运行过程中保持不变。MGA 中，常量 $k_c=0.1$，$k_m=0.11$。从三种算法的运行结果来看，BP 算法的运算结果振荡最大，收敛最慢；GA 算法的运算结果其次；MGA 算法的运算结果收敛最快。由实验结果可以看出，遗传算法具有快速学习网络权重的能力，并且能够摆脱局部极小点的困扰。

遗传算法在神经网络中的应用主要反映在 3 个方面：网络学习、网络结构设计、网络分析。

1. 遗传算法在网络学习中的应用

在神经网络中，遗传算法可用于网络的学习。

1）学习规则的优化。用遗传算法对神经网络学习规则实现自动优化，从而提高学习速率。

2）网络权系数的优化。用遗传算法的全局优化及隐含并行性的特点提高权系数优化速度。

2. 遗传算法在网络结构设计中的应用

用遗传算法设计一个优秀的神经网络结构，首先是要解决网络结构的编码问题；然后才能以选择、交叉、变异操作得出最优结构。编码方法主要有下列 3 种。

（1）直接编码法

这是把神经网络结构直接用二进制串表示，在遗传算法中，“染色体”实质上和神经网络是一种映射关系。通过对“染色体”的优化就实现了对网络的优化。

（2）参数化编码法

参数化编码采用的编码较为抽象，编码包括网络层数、每层神经元数、各层互联方式等信息。一般对进化后的优化“染色体”进行分析，然后产生网络的结构。

（3）繁衍生长法

这种方法不是在“染色体”中直接编码神经网络的结构，而是把一些简单的生长语法规则编码入“染色体”中。然后，由遗传算法对这些生长语法规则不断进行改变，最后生成适合所解的问题的神经网络。这种方法与自然界生物的生长进化相一致。

3. 遗传算法在网络分析中的应用

遗传算法可用于分析神经网络。神经网络由于有分布存储等特点，一般难以从其拓扑结构直接理解其功能。遗传算法可对神经网络进行功能分析、性质分析、状态分析。

8.5 其他现代优化方法

现代优化算法主要包括蚁群算法、禁忌搜索算法等。这些算法主要是解决优化问题中的难解问题。由于这些算法在求解时不依赖于梯度信息，因而特别适用于传统方法无法解决的大规模复杂问题。

组合优化问题是人们在工程技术、科学研究和经济管理等众多领域经常遇到的问题，其中许多问题如旅行商问题、图着色问题、装箱问题等，都被证明为 NP 难解问题。用确定性的优化算法求 NP 完全问题的最优解，其计算时间使人难以忍受或因问题的高难度而使其计算时间随问题规模的增加以指数速度延长。用近似算法（如启发式算法）求解得到的近似解不能保证其可行性和最优性，甚至无法知道所得解同最优解的近似程度。因而在求解大规模组合优化问题时，传统的优化算法就显得无能为力了。20 世纪 50 年代中期创立了仿生学，人们从生物进化的机理中受到启发，提出了许多用以解决复杂优化问题的新方法，如遗传算法、蚁群算法、禁忌搜索算法等，取得了一系列较好的实验结果。它们的出现为解决 NP 困难问题提供了一条新的途径。

遗传算法是源于自然界的生物进化过程。生物是通过自然选择和有性繁殖两个基本过程不断进化的。通过自然淘汰、变异、遗传进行进化，以适应环境的变化，产生最适合环境的个体。人们将搜索和优化过程模拟成生物体的进化过程，用搜索空间中的点模拟自然界中的生物个体，将求解问题的目标函数度量成生物体对环境的适应能力，将生物的优胜劣汰过程类比为搜索和优化过程中用好的可行解取代较差可行解的迭代过程。

蚁群算法是受到对真实的蚁群行为的研究的启发而提出的。仿生学家经过大量细致观察和研究发现，蚂蚁个体之间是通过一种称之为外激素（Pheromone）的物质进行信息传递的。在运动过程中，蚂蚁能够在它所经过的路径上留下该种物质，而且蚂蚁在运动过程中能够感知这种物质，并以此指导自己的运动方向，因此，由大量蚂蚁组成的蚁群的集体行为便表现出一种信息正反馈现象：某一路径上走过的蚂蚁越多，则后来者选择该路径的概率就越大。蚂蚁个体之间就是通过这种信息的交流达到搜索食物的目的。人们便通过模拟蚂蚁搜索食物的过程来求解一些组合优化问题。

禁忌搜索算法是模拟人的思维的一种智能搜索算法，即人们对已搜索的地方不会立即去搜索，而去对其他地方进行搜索，若没有找到，可再搜索已去过的地方。禁忌搜索算法从一个初始可行解出发，选择一系列的特定搜索方向（移动）作为试探，选择实现使目标函数值减少最多的移动。为了避免陷入局部最优解，禁忌搜索中采用了一种灵活的“记忆”技术，即对已经进行的优化过程进行记录和选择，指导下一步的搜索方向，这就是 tabu 表的建立。tabu

表中保存了最近若干次迭代过程中所实现的移动，凡是处于 tabu 表中的移动，在当前迭代过程中是不允许实现的，这样可以避免算法重新访问在最近若干次迭代过程中已经访问过的解群，从而防止了循环，帮助算法摆脱局部最优解。另外，为了尽可能不错过产生最优解的“移动”，禁忌搜索还采用“释放准则”的策略。

蚁群算法、禁忌搜索算法都是随机搜索算法。它们的搜索过程都具有非确定性，具有避免陷入局部最优以收敛于全局最优（或次优）的能力。这些算法已在求解组合优化问题上得到广泛的应用，并出现了很多改进的算法，取得了令人满意的效果。

8.5.1 基本思想

组合优化问题是遗传算法、蚁群算法、粒子群算法、禁忌搜索算法共同应用的领域，组合优化问题实质上是建立问题的目标函数，求目标函数的最优解，因而问题转化为函数优化问题

$$\min_{X \in \Omega} f(X) \tag{8-16}$$

$$X = (x_1, x_2, \cdots, x_n), c_i \leqslant x_i \leqslant d_i, \ i = 1, 2, \cdots, n$$

其中，$f(X)(R_n \to R)$是被优化的目标函数；c_i、d_i 是变量 x_i 的取值范围；Ω 是优化问题的可行域。

1. 蚁群算法

蚁群算法是最近几年由意大利学者 M. Dorigo 等人首先提出的一种新型的模拟进化算法，称为蚁群系统（Ant Colony System）。采用该方法求解旅行商问题（TSP）、任务分配问题（Assignment Problem）、Job Shop 调度问题，取得了一系列较好的实验结果。受其影响，蚁群系统模型逐渐引起了其他研究者的注意，并用该算法来解决一些实际问题。虽然对此方法的研究刚刚起步，但这些研究已显示出蚁群算法在求解复杂优化问题（特别是离散优化问题）方面的一些优越性，证明它是一种很有发展前景的方法。蚁群算法通过候选解组成的群体的进化过程来寻求最优解，该过程包含两个基本阶段：适应阶段和协同工作阶段。在适应阶段，各候选解根据积累的信息不断调整自身结构；在协同工作阶段，候选解之间通过信息交流，以期产生性能更好的解。具体过程如下。

（1）状态转移规则

设蚂蚁位于节点 i，从 V（节点集合）中找出可能的下一点集 $J(i)$，这里 $J(i)$是其相邻节点集已经排出不符合状态的节点。蚂蚁按照式（8-17）给出的状态转移规则从可能的下一点集 $J(i)$中选择下一点 j 前进。

$$j = \begin{cases} \arg\max\limits_{u \in J_{(i)}} \{[\tau(u)] \cdot [\eta(i,u)^{\beta}]\} & q \leqslant q_0 \\ Sold & \text{其他} \end{cases} \tag{8-17}$$

其中，$\tau(u)$是节点 u 上存储的蚂蚁分泌的气味；$\eta(i,u)$是节点 i 和 u 间的距离的倒数（此处目标是求最短路径，$\eta(i,u)$也可以是其他性能参数，如费用的反增长函数）；参数 β 是权衡气味浓度和局部距离的重要程度；q 是［0，1］之间分布的随机数，参数 q_0 的范围是 $0 \leqslant q_0 \leqslant 1$。

（2）下一点的选择

Sold 是根据蚂蚁系统中采用的随机比例规则，按概率 $P(i,j)$随机选择下一点 j。概率 $P(i,j)$由下式确定：

$$P(i,j) = \begin{cases} \dfrac{[\tau(i,j)] \cdot [\eta(i,j)]^{\beta}}{\sum\limits_{u \in J(i)} [\tau(i,u)] \cdot [\eta(i,u)]^{\beta}} & Sold \in J(i) \\ 0 & \text{其他} \end{cases} \tag{8-18}$$

（3）局部更新

蚂蚁根据状态转移规则确定要经过的下一点，重复这个过程而形成一条路径，直到找到目标点 t。蚂蚁每经过一个端点，按照式（8-19）局部更新规则来更新这个端点的气味

$$\tau(j) = (1-\rho) \cdot \tau(j) + \rho \cdot \tau_0 \tag{8-19}$$

其中，参数 ρ 是气味蒸发因子$(0<\rho<1)$；τ_0 是局部更新常数，取初始气味值。在一次迭代中，当所有蚂蚁都完成了自己的路径时，应用全局更新规则，对连接图的各端点的气味进行更新。为了使搜索更直接，仅对所有已走过路径中最短的一条路径的各端点上的气味进行更新，其他端点上的气味只是进行衰减。

（4）全局更新

更新规则为

$$\tau(j) = (1-\rho) \cdot \tau(j) + \rho \cdot V\tau(j) \tag{8-20}$$

其中，$V\tau(j)$是全局更新因子，由下式确定：

$$V\tau(j) = \begin{cases} (L_{gb})^{-1} & j \in \text{最短路程} \\ 0 & \text{其他} \end{cases} \tag{8-21}$$

其中，L_{gb}是所有路径中最短路径长度。

所有端点都走过或无更短的路径，算法结束。

2. 禁忌搜索算法

禁忌搜索算法最早是由 Glover 提出的，它是一种“局部搜索”的修正方法，从一些初始解开始，试图找到更好的解，然后从这个新的解开始，继续寻找好的解，这一过程不断重复，直到找到的解不再改善为止。

禁忌搜索算法有两个概念：“移动”和“邻域”，移动是从一个解 s'到另一个解 s''，“移动值”等于$f(s')-f(s'')$，当移动值为负值时，移动得到改善。$N(s)$是解 S 的邻域集合，$N(s)<S$。该算法在每一迭代步，对 $N(s)$内的所有移动都进行检查，包括已改善的解和没有改善的解。为了避免盲目搜索，该算法用了一个所谓的“禁忌条件”，即移动是可接受的，否则，移动是禁忌的。禁忌只有在一定的迭代次数内是禁忌的。“期望条件”是为了保证某些“特殊”的移动。如果满足“期望条件”，禁忌移动也是可以接受的。也就是说，如果一个移动是特殊的，该算法是可以忽略其禁忌状态的。禁忌条件和期望条件就使得该算法具有从以前的迭代中获取信息的能力，对解空间的搜索具有智能性。在每次迭代中的可行移动中，接受移动值最小的移动，这一移动可能不是较好的，但它可以不会因为缺少改善的移动而失败，从而“跳出”局部最小值。禁忌移动是由“禁忌表”来控制的，其大小根据具体的问题来选取。“禁忌表”用来存放禁忌解，当禁忌表装满后，再来一个禁忌解时，就将表中的第一个禁忌解从表中移出，这时该解又是可移动的，如此不断更新。在每次迭代中，都可以得到一个最优解，这样就构成一个解序列f_{13}，f_{23}，…，f_{n3}，选取其中最小者，即为所要寻找的最优解。主要步骤如下。

1）产生初始解 X_{int}。

2）设当前解 $X_{current}=X_{int}$，当前最好解 $X_{best}=X_{int}$。

3）重复下列步骤，直到满足停止条件。

① 在 X_{int}的邻域内产生 N_s 个测试解 X_i（$1 \leqslant i \leqslant N_s$）。

② 求出目标函数$f(X_i)$。

③ 判断测试解是否在禁忌表中，若不在禁忌表或在禁忌表中但其目标函数值比 X_{best}还好，则把它作为新的当前解 $X_{current}$并转到④；否则，继续测试下一个测试解。若所有测试解都在禁忌表中，则转到①。

④ $X_{best}=X_{current}$。

⑤ 若禁忌表已满，则按先进先出的原则更新禁忌表。

⑥ 把当前解 $X_{current}$ 插入禁忌表。

4）记下最优解 X_{best}，结束算法。

8.5.2 两种算法的特点

1. 蚁群算法的特点

1）蚁群算法具有很强的发现较好解的能力。因为算法本身采用了正反馈原理，加快了进化过程，且不易陷入局部最优解。

2）蚁群算法具有很强的并行性，个体之间不断进行信息交流和传递，有利于发现较好解。单个个体容易收敛于局部最优，多个个体通过合作，可很快收敛于解空间的某一子集，有利于对解空间的进一步探索，从而发现较好解。存在的问题是该算法本身很复杂，一般需要较长的搜索时间；容易出现停滞现象，即搜索进行到一定程度后，所有个体所发现的解完全一致，不能对解空间进一步进行搜索，不利于发现更好的解。

2. 禁忌搜索算法的特点

禁忌搜索算法的特点是采用了禁忌技术。所谓禁忌就是禁止重复前面的工作，它避免了局部邻域搜索陷入局部最优的主要不足，用一个禁忌表记录下已经到达过的局部最优点，在下一次搜索中，就利用禁忌表中的信息不再或有选择地搜索这些点，以跳出局部最优。

禁忌搜索算法的缺陷是对于初始解具有较强的依赖性，一个较好的初始解可使禁忌搜索在解空间中搜索到更好的解，而一个较差的初始解则会降低禁忌搜索的收敛速度，搜索到的解也相对较差；此外，其搜索在搜索过程中初始解只能有一个，在每代也只是把一个解移动到另一解。

上面对模拟自然现象和人类思维的两种随机算法进行了论述和比较，这些算法在解决实际问题中得到了广泛的应用，但这两种算法还都存在一些需要进一步研究的问题。

1）要从理论和实验上研究算法的计算复杂性，证明它们的全局收敛性问题，探讨禁忌搜索算法的禁忌表长度和邻域大小的确定，蚁群算法的气味矩阵的构造及蚁群大小的选择。

2）加强算法搜索的目的性，蚁群算法、禁忌搜索算法的搜索过程不是完全盲目的，带有一定的目的性，如果引入一些启发式策略，可对搜索过程给予更加明确的引导。

3）进一步研究算法的并行性，以提高计算效率。

8.6 习题

1. 简要叙述遗传算法的基本原理及应用的具体步骤。

2. 用遗传算法求解 $\max f(x)=1-x^2, x\in[0,1]$，对解的误差要求是1/16。

3. 针对工业过程中常见的二阶纯滞后模型 $G(s)=\dfrac{e^{-0.2s}}{s^2+3s+4}$，利用遗传算法设计它的模糊控制器。

4. 举一个实例，说明遗传算法在神经网络控制器设计中的应用。

5. 举例说明遗传算法在神经网络学习中的应用。

6. 列举几种主要的现代优化算法，说明它们各自的工作原理，并比较它们的优点和缺点。

7. 分别用遗传算法、蚁群算法、禁忌搜索算法求解感兴趣的控制器设计问题，并比较它们的计算效果。

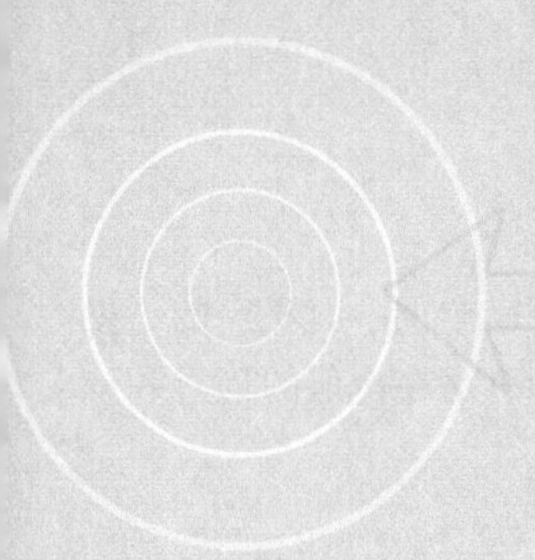

第 9 章　控制系统数据处理的智能方法

9.1 数据挖掘与信息处理的基本概念

9.1.1 数据挖掘的基本概念

什么是数据挖掘？简单地说，数据挖掘就是从大量的数据中提取或挖掘知识。

过去的几十年中，计算机硬件的不断进步，性能的稳步提升，使计算机的功能日益强大，数据收集设备和存储介质不断扩容。这些技术使得越来越多的数据被收集和存储。

数据的丰富带来了对强有力数据分析工具的需求。快速增长的海量数据被收集和存放在大型和大量数据库中，但如果没有强有力的工具，理解它们便远远超出了人的能力。这样的结果是，大量的决策不是依据数据库中信息丰富的数据，而是依赖于直觉，这也主要是因为缺乏从海量数据中提取有价值知识的工具。而数据挖掘技术就是可提供此种工具的技术之一。通过数据挖掘，可以发现重要的数据模式，对各行各业可产生巨大的帮助。

此外，还有一个近似的术语——知识发现。为了更好地理解数据挖掘，需要了解一下知识发现的过程。知识发现的过程如下。

1）数据清理：消除噪声或不一致数据。

2）数据集成：组合多种不同的数据源。

3）数据选择：检索与分析任务相关的数据。

4）数据变换：通过汇总或聚集操作，将数据变换成适合挖掘的形式。

5）数据挖掘：使用智能方法提取数据模式。

6）数据评估：根据某种兴趣度来度量、识别表示知识的真正有用模式。

7）知识表示：向用户提供挖掘的知识。

因此，从狭义来说，数据挖掘只是整个过程中的一步，它的功能是提取数据模式。而广义的观点是数据挖掘和知识发现类同，即数据挖掘是从存放在数据库、数据仓库或其他信息库中的大量数据中挖掘感兴趣的知识的过程。

数据挖掘是多学科技术的集成，包括了数据库技术、统计学、机器学习、高性能计算、模式识别、神经网络、数据可视化、信息检索、图像与信号处理和空间数据分析。通过数据挖掘，可以从数据库中提取有用的知识、规律或高层信息，并从不同角度观察或浏览。发现的知识可以用于决策、过程控制、信息管理、查询处理等。

9.1.2 信息处理的基本概念

数据挖掘可以看作信息处理的一个工具。信息处理是从大量的、不完全的、有噪声的、模糊的、随机的实际数据中，提取出隐含在其中的、人们事先不知道的、有潜在价值的信息和知识的过程。

9.2 基于智能技术的控制系统数据挖掘

9.2.1 数据挖掘中的常用技术

在数据挖掘中，常用到的技术有神经网络（NN）技术、决策树技术、遗传算法等。遗传算法上章已经介绍过。下面介绍一下神经网络和决策树。

1. 神经网络

神经网络近年来越来越受到科学技术工程人员的关注，因为它为解决大复杂度问题提供了一种相对来说比较有效的简单方法。神经网络可以较容易地解决具有上百个参数的问题（当然实际生物体中存在的神经网络要比这里所说的程序模拟的神经网络要复杂得多）。神经网络常用于处理两类问题：分类和回归。

在结构上，可以把一个神经网络划分为输入层、输出层和隐层（见图9-1）。输入层的每个节点对应一个预测变量。输出层的节点对应目标变量，可有多个。在输入层和输出层之间是隐层（对神经网络使用者来说不可见），隐层的层数和每层节点的个数决定了神经网络的复杂度。

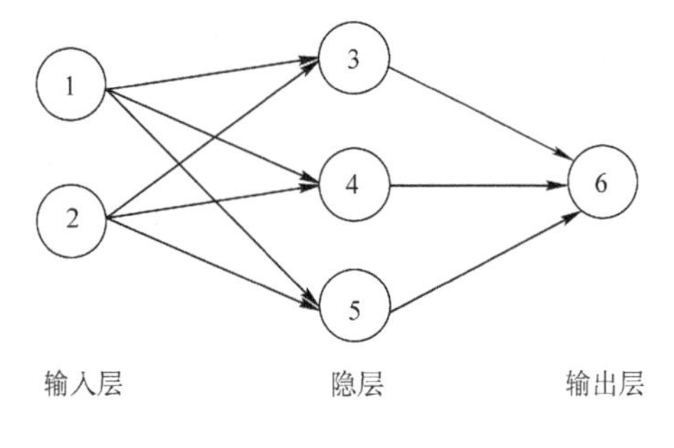

图9-1 一个神经网络

除了输入层的节点，神经网络的每个节点都与很多其前面的节点（称为此节点的输入节点）连接在一起，每个连接对应一个权重 W_{xy}，此节点的值就是通过它所有输入节点的值与对应连接权重乘积的和作为一个函数的输入而得到，把这个函数称为活动函数或挤压函数。图9-2中节点4输出到节点6的值可通过如下方式计算得到：

$$W_{14} \times 节点1的值 + W_{24} \times 节点2的值$$

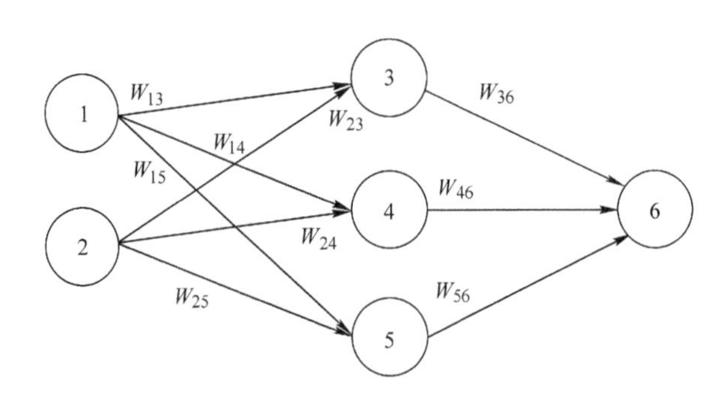

图9-2 带权重 W_{xy} 的神经网络

神经网络的每个节点都可表示成预测变量（节点1、2）的值或值的组合（节点3~6）。注意节点6的值已经不再是节点1、2的线性组合，因为数据在隐层中传递时使用了活动函数。实际上如果没有活动函数的话，神经网络就等价于一个线性回归函数，如果此活动函数是某种特定的非线性函数，那神经网络又等价于逻辑回归。

调整节点间连接的权重就是在建立（也称训练）神经网络时要做的工作。最早的也最基本的权重调整方法是BP算法，现在较新的有随机梯度下降法、小批量梯度下降法、Adagrad算法和Adam算法等。无论采用哪种训练方法，都需要有一些参数来控制训练的过程，如防止训练过度和控制训练的速度。

决定神经网络拓扑结构（或体系结构）的是隐层及其所含节点的个数，以及节点之间的连接方式。要从头开始设计一个神经网络，必须要决定隐层和节点的数目、活动函数的形式以及对权重做哪些限制等，可以采用成熟的软件工具帮助决定这些问题。

在诸多类型的神经网络中，最常用的是前向传播式神经网络，下面将详细讨论。为讨论方便，假定只含有一层隐层节点。

可以认为BP训练法是变化坡度法的简化，其过程如下。

1）前向传播，数据从输入到输出的过程是一个从前向后的传播过程，后一节点的值通过它前面相连的节点传过来，然后把值按照各个连接权重的大小加权输入活动函数再得到新的值，进一步传播到下一个节点。

2）回馈，当节点的输出值与预期的值不同，也就是发生错误时，神经网络就要“学习”（从错误中学习）。可以把节点间连接的权重看成后一节点对前一节点的“信任”程度（它自己向下一个节点的输出更容易受它前面那个节点输入的影响）。学习的方法是采用惩罚的方法，过程如下：如果某一节点输出发生错误，那么看它的错误是受哪个（些）输入节点的影响而造成的，是不是它最信任的节点（权重最高的节点）陷害了它（使它出错），如果是则要降低对它的信任值（降低权重），惩罚它，同时升高那些做出正确建议节点的信任值。对那些受到惩罚的节点来说，它也需要用同样的方法来进一步惩罚它前面的节点。就这样把惩罚一步步向前传播直到输入节点为止。

对训练集中的每一条记录都要重复这个步骤，用前向传播得到输出值，如果发生错误，则用回馈法进行学习。当把训练集中的每一条记录都运行过一遍之后，称完成一个训练周期。要完成神经网络的训练可能需要很多个训练周期，经常是几百个。训练完成之后得到的神经网络就是通过训练集发现的模型，描述了训练集中响应变量受预测变量影响的变化规律。

由于神经网络隐层中的可变参数太多，如果训练时间足够长的话，神经网络很可能把训练集的所有细节信息都“记”下来，而不是建立一个忽略细节只具有规律性的模型，这种情况称为训练过度。显然这种“模型”对训练集会有很高的准确率，而一旦离开训练集应用到其他数据，准确度很可能会急剧下降。为了防止这种训练过度的情况，必须知道在什么时候要停止训练。有些软件实现中会在训练的同时用一个测试集来计算神经网络在此测试集上的正确率，一旦这个正确率不再升高甚至开始下降时，就认为现在神经网络已经达到最好的状态了，可以停止训练。

2. 决策树

决策树提供了一种展示类似在什么条件下会得到什么值这类规则的方法。比如，在贷款申请中，要对申请的风险大小做出判断，图9-3所示为解决这个问题而建立的一棵简单的决策树，从中可以看到决策树的基本组成部分：决策节点、分支和叶子。

决策树中最上面的节点称为根节点，是整个决策树的开始。本例中根节点是“年收入>40000元”，对此问题的不同回答产生了“是”和“否”两个分支。

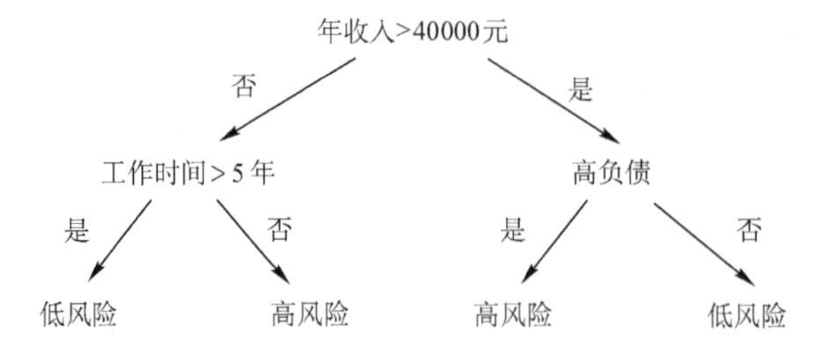

图9-3 一棵简单的决策树

决策树的每个节点子节点的个数与决策树使用的算法有关。如CART算法得到的决策树每个节点有两个分支，这种树称为二叉树。允许节点含有多于两个子节点的树称为多叉树。

每个分支要么是一个新的决策节点，要么是树的结尾，称为叶子。在沿着决策树从上到下遍历的过程中，在每个节点都会遇到一个问题，对每个节点上问题的不同回答导致不同的分支，最后会到达一个叶子节点。这个过程就是利用决策树进行分类的过程，利用几个变量（每个变量对应一个问题）来判断所属的类别（最后每个叶子会对应一个类别）。

假如负责借贷的银行官员利用上面这棵决策树来决定支持哪些贷款和拒绝哪些贷款，那么他就可以用贷款申请表来运行这棵决策树，用决策树来判断风险的大小。“年收入>40000元”和“高负债”的用户被认为是“高风险”，同时“年收入≤40000元”但“工作时间>5年”的申请，则被认为“低风险”而建议贷款。

数据挖掘中决策树是一种经常要用到的技术，可以用于分析数据，同样也可以用来做预测（就像上面的银行官员用它来预测贷款风险）。常用的算法有CHAID、CART、Quest和C5.0。

建立决策树的过程，即树的生长过程是不断地把数据进行切分的过程，每次切分对应一个问题，也对应着一个节点。对每个切分都要求分成的组之间的“差异”最大。

各种决策树算法之间的主要区别就是对这个“差异”衡量方式的区别。在此只需要把切分看成是把一组数据分成几份，份与份之间尽量不同，而同一份内的数据尽量相同。这个切分的过程也可称为数据的“纯化”。在例子中，包含两个类别——低风险和高风险。如果经过一次切分后得到的分组，每个分组中的数据都属于同一个类别，显然达到这样效果的切分方法就是所追求的。

到现在为止，所讨论的例子都是非常简单的，树也容易理解，当然实际中应用的决策树可能非常复杂。假定利用历史数据建立了一个包含几百个属性、输出的类有十几种的决策树，这样的一棵树对人来说可能太复杂了，但每一条从根节点到叶子节点的路径所描述的含义仍然是可以理解的。决策树的这种易于理解性对数据挖掘的使用者来说是一个显著的优点。

然而决策树的这种明确性可能也会带来误导。比如，决策树每个节点对应分割的定义都是非常明确的，但在实际生活中这种明确可能会带来麻烦。例如，为何年收入40001元的人具有较小的信用风险而年收入40000元的人就没有。

建立一棵决策树可能只要对数据库进行几遍扫描之后就能完成，这也意味着需要的计算资源较少，而且可以很容易地处理包含很多预测变量的情况，因此决策树模型可以建立得很快，并适合应用到大量的数据上。

对最终用于分析的决策树来说，在建立过程中让其生长得太“枝繁叶茂”是没有必要的，这样既降低了树的可理解性和可用性，同时也使决策树本身对历史数据的依赖性增大，也就是说，这棵决策树对此批历史数据可能非常准确，一旦应用到新的数据时准确性却急剧下降，称这种情况为训练过度。为了使得到的决策树所蕴含的规则具有普遍意义，必须防止训练过度，同时也减少了训练的时间。因此需要有一种方法能在适当的时候停止树的生长。常用的方法是设定决策树的最大高度（层数）来限制树的生长。还有一种方法是设定每个节点必须包含的最少记录数，当节点中记录的个数小于这个数值时就停止分割。

与设置停止增长条件相对应的是在树建立好之后对其进行修剪。先允许树尽量生长，然后再把树修剪到较小的尺寸，当然在修剪的同时要求尽量保持决策树的准确度尽量不要下降太多。

对决策树常见的批评是说其在为一个节点选择怎样进行分割时使用“贪心”算法。此种算法在决定当前这个分割时根本不考虑此次选择会对将来的分割造成什么样的影响。换句话说，所有的分割都是顺序完成的，一个节点完成分割之后不可能有机会回过头来再考查此次分割的合理性，每次分割都是依赖于前面的分割方法，也就是说决策树中所有的分割都受根节点的第一次分割的影响，只要第一次分割有一点点不同，那么由此得到的整个决策树就会完全不同。目前的研究还不是很清楚，但至少这种方法使建立决策树的计算量成倍地增长。

而且，通常的分割算法在决定怎样对一个节点进行分割时，都只考查一个预测变量，即节点用于分割的问题只与一个变量有关。这样生成的决策树在有些本应很明确的情况下可能变得复杂而且意义含混，为此目前新提出的一些算法开始在一个节点同时用多个变量来决定分割的方法。比如以前的决策树中可能只能出现类似“年收入 < 35000 元”的判断，现在则可以用“年收入 < （0.35 × 抵押）”或“年收入 > 35000 元或抵押 < 150000 元”这样的问题。

决策树很擅长处理非数值型数据，这与神经网络只能处理数值型数据比起来，就免去了很多数据预处理工作。甚至有些决策树算法专为处理非数值型数据而设计，因此当采用此种方法建立决策树且又要处理数值型数据时，反而要做把数值型数据映射到非数值型数据的预处理。

9.2.2 数据挖掘的功能特性

数据挖掘所涉及的学科领域和方法很多，下面介绍了4种常见的发现任务。

1）数据总结，其目的是对数据进行浓缩，给出它的紧凑描述。数据挖掘主要关心从数据泛化的角度来讨论数据总结。数据泛化是一种把数据库中的有关数据从低层次抽象到高层次上的过程。

2）分类，其目的是学会一个分类函数或分类模型（也称作分类器），该模型能把数据库的数据项映射到给定类别中的某一个。

3）聚集，把一组个体按照相似性归类，即“物以类聚”。它的目的是使属于同一类别的个体之间的距离尽可能小，而不同类别的个体间的距离尽可能大。

4）关联规则，就是形式如下的一种规则：“在购买面包和黄油的顾客中，有90%的人同时也买了牛奶”（面包 + 黄油 + 牛奶）。关联规则发现的思路还可以用于序列模式发现。用户在购买物品时，除了具有上述关联规律，还有时间或序列上的规律。本章将主要介绍关联规则的挖掘。

1. 聚集

聚集是把整个数据库分成不同的群组。它的目的是要群与群之间差别很明显，而同一个群之间的数据尽量相似。与分类不同，在开始聚集之前通常不知道要把数据分成几组，也不知道怎么分（依照哪几个变量）。因此，在聚集之后需要解释这样分群的意义。很多情况下一次聚集所得到的分群可能并不理想，这时需要通过删除或增加变量以影响分群的方式，经过几次反复之后才能最终得到一个比较理想的结果。神经网络和k－均值是比较常用的聚集算法。

2. 分类

数据分类是一个两步的过程。

第一步，建立一个模型，描述预定的数据类集或概念集。通过对由属性描述的数据项的分析，构造模型。为建立模型而被分析的数据样本是已知属于某个类的。就是说，相对于聚类的无指导学习，这种学习是一种有指导的学习。通常，学习模型用分类规则、判定树或数学公式的形式提供。

第二步，使用模型进行分类。首先评估模型的预测准确性。然后如果认为模型的准确性可以接受，就利用此模型对未分类的数据项进行分类。

分类要解决的问题是为一个事件或对象归类。在使用上，既可以用此模型分析已有的数据，也可以用它来预测未来的数据。例如，用分类来预测哪些客户最倾向于对直接邮件推销做出回应，又有哪些客户可能会换他的手机服务提供商，或在医疗领域上遇到一个病例时用分类来判断应使用哪些药品比较好。

数据挖掘算法的工作方法是通过分析已知分类信息的历史数据总结出一个预测模型。这里用于建立模型的数据称为训练集，通常是已经掌握的历史数据。训练集也可以是通过实际的实验得到的数据。举一个商业应用的例子，比如从包含公司所有顾客的数据库中取出一部分数据做实验，向他们发送介绍新产品的推销信，然后收集对此做出回应的客户名单，然后就可以用这些推销回应记录建立一个预测哪些用户会对新产品感兴趣的模型，最后把这个模型应用到公司的所有客户上。

3. 挖掘关联规则

关联规则是寻找在同一个事件中出现的不同项的相关性，比如在一次购买活动中所买不同商品的相关性。关联规则可记为 $A \Rightarrow B$，A 称为前提和左部（LHS），B 称为后续或右部（RHS）。如关联规则“买锤子的人也会买钉子”，左部是“买锤子”，右部是“买钉子”。

一般用两个参数来描述关联规则的属性。

（1）可信度（Confidence）

可信度即“值得信赖性”。

设 A、B 是项集，对于事务集 D，$A \in D$，$B \in D$，$A \cap B = \varnothing$，$A \Rightarrow B$ 的可信度定义为

可信度（$A \Rightarrow B$）＝包含 A 和 B 的元组数/包含 A 的元组数

可信度表达的就是在出现项集 A 的事务集 D 中，项集 B 也同时出现的概率。如上面的例子中购买锤子的顾客中有 80% 也同时购买了钉子，关联规则为

锤子⇒钉子的可信度为 80%。

（2）支持度（Support）

支持度（$A \Rightarrow B$）＝包含 A 和 B 的元组数/元组总数。

支持度描述了 A 和 B 这两个项集在所有事务中同时出现的概率。例如在一个商场中，某天共有 1000 笔业务，其中有 100 笔业务同时买了锤子和钉子，则锤子⇒钉子关联规则的支持度为 10%。

下面用一个例子来更详细地解释这些概念：

总交易笔数（事务数）：1000

包含“锤子”：50

包含“钉子”：80

包含“钳子”：20

包含“锤子”和“钉子”：15

包含“钳子”和“钉子”：10

包含“锤子”和“钳子”：10

包含“锤子”“钳子”和“钉子”：5

则可以计算出：

“锤子和钉子”的支持度=1.5%（15/1000）

“锤子、钉子和钳子”的支持度=0.5%（5/1000）

“锤子⇒钉子”的可信度=30%（15/50）

“钉子⇒锤子”的可信度=19%（15/80）

“锤子和钉子⇒钳子”的可信度=33%（5/15）

“钳子⇒锤子和钉子”的可信度=25%（5/20）

给定一个事务集 D，挖掘关联规则问题就是产生支持度和可信度分别大于用户给定的最小支持度和最小可信度的关联规则。

关联规则的种类如下。

1）基于规则中处理变量的类型，关联规则可以分为布尔型和数值型。布尔型考虑的是项集的存在与否，而数值型则是量化的关联。

例如：教育=“大专”⇒职业=“秘书”　布尔型

教育=“大专”⇒平均收入=2000　数值型

2）基于规则中数据的抽象层次，可以分为单层关联规则和多层关联规则。单层关联规则指所有的变量都没有考虑到现实的数据具有多个层次。而多层关联规则考虑了数据的多层性。

3）基于规则中涉及的数据的维数，关联规则可分为单维的和多维的。在单维的关联规则中，只涉及数据的一个维，如用户购买的物品。在多维的关联规则中，要处理的数据会涉及多个维。

例如：锤子（物品）⇒钳子（物品）单维的关联规则

教育=“大专”⇒职业=“秘书”　多维的关联规则

关联规则挖掘的经典算法如下。

Apriori 算法是一个挖掘数据库中项集间的关联规则的重要方法，其核心是基于两阶段频集思想的递推算法。该关联规则在分类上属于单维、单层、布尔关联规则。Apriori 使用一种逐层扫描的迭代方法，k 项集用于寻找（$k+1$）项集。首先，找出频繁 1 项集的集合，该集合记为 $L1$。$L1$ 用于寻找频繁 2 项集的集合 $L2$，而 $L2$ 用于寻找 $L3$。循环直到找不到频繁 k 项集。

先介绍一下基本概念。将所有支持度大于最小支持度的项集称为频繁项集，或简称项集。而同时满足最小支持度阈值和最小可信度阈值的规则称为强规则。

算法的基本思想是，首先找出所有的频集，这些项集出现的频繁性至少和预定义的最小支持度一样。然后由频集产生强关联规则，这些规则必须满足最小支持度和最小可信度。

挖掘关联规则的总体性能由第一步决定，第二步相对容易实现。

频繁项集的性质是，频繁项集的所有非空子集都必须也是频繁的。根据这个性质，分析如何由 $L(k-1)$ 推出 Lk。算法分两步完成。

（1）连接步

为了找 Lk，通过与自己连接产生候选 k 项集，该候选项集记为 Ck。

设 $L1$ 和 $L2$ 是 $L(k-1)$ 中的项集，记号 $Li[j]$ 表示 Li 的第 j 项。如果 $(L1[1]=L2[1])\wedge\cdots\wedge(L1[k-2]=L2[k-2])\wedge(L1[k-1]<L2[k-1])$，则 $L(k-1)\infty L(k-1)$ 连接条件是两个项的前 $k-2$ 项相同，连接结果为 $L1[1]L2[1]\cdots L1[k-1]L2[k-1]$。

(2) 剪枝步

联结之后的结果 Ck 是 Lk 的超集，它的成员可能是不频繁的，这时就要从扫描数据库确定 Ck 中每个候选的计数，从而确定 Lk。

确定 Lk 可用频繁项集的性质对 Ck 进行剪枝，把子集不在 $L(k-1)$ 中的候选 k 项从 Ck 中删除。

下面用一个事例进行说明，设有事务数据库，有9个事务（见表9-1），并假设事务的项按字典顺序存放。

设最小支持度阈值为2，按算法的步骤依次求频繁项集。

1）求候选1项集。对每个项的出现次数记数（求记数代替概率），见表9-2。

表9-1 示例数据库

TID	项ID的列表
T 100	$I1$, $I2$, $I5$
T 200	$I2$, $I4$
T 300	$I2$, $I3$
T 400	$I1$, $I2$, $I4$
T 500	$I1$, $I3$
T 600	$I2$, $I3$
T 700	$I1$, $I3$
T 800	$I1$, $I2$, $I3$, $I5$
T 900	$I1$, $I2$, $I3$

表9-2 候选1项集及其支持度计算

$C1$：

项集	支持度计算
$I1$	6
$I2$	7
$I3$	6
$I4$	2
$I5$	2

2）由于最小支持度阈值为2，故频繁1项集 $L1=C1$。

3）为发现频繁2项集 $L2$，算法使用 $L1\infty L1$，产生候选2项集 $C2$，$C2$ 的个数为 $C2|L1|$。

$C2$:

项集
$I1$, $I2$
$I1$, $I3$
$I1$, $I4$
$I1$, $I5$
$I2$, $I3$
$I2$, $I4$
$I2$, $I5$
$I3$, $I4$
$I3$, $I5$
$I4$, $I5$

对每个候选 →

项集	支持度
($I1$, $I2$)	4
($I1$, $I3$)	4
($I1$, $I4$)	1
($I1$, $I5$)	2
($I2$, $I3$)	4
($I2$, $I4$)	2
($I2$, $I5$)	2
($I3$, $I4$)	0
($I3$, $I5$)	1
($I4$, $I5$)	0

4）扫描 D 中事务，计算 $C2$ 中每个候选项集的支持度。

5）求出频繁2项集 $L2$：

项集	支持度计算
$I1$, $I2$	4
$I1$, $I3$	4
$I1$, $I5$	2
$I2$, $I3$	4
$I2$, $I4$	2
$I2$, $I5$	2

6）求候选3项集 $C3$。$C3=L2\ \infty\ L2$：

$C3=\{\{I1,I2\},\{I1,I3\},\{I1,I5\},\{I2,I3\},\{I2,I4\},\{I2,I5\}\}\ \infty\ \{\{I1,I2\},\{I1,I3\},\{I1,I5\},\{I2,I3\},\{I2,I4\},\{I2,I5\}\}$

$$= \{\{I1, I2, I3\}, ①\\ \{I1, I2, I5\}, ②\\ \{I1, I3, I5\}, ③\\ \{I2, I3, I4\}, ④\\ \{I2, I3, I5\}, ⑤\\ \{I2, I4, I5\}\} ⑥$$

求 Lk，对 $C3$ 进行剪枝。

其中①、②的子集均在 $L2$ 中，故保留，

③的子集 $\{I3, I5\} \notin L2$，删除③，

④的子集 $\{I3, I4\} \notin L2$，删除④，

⑤的子集 $\{I3, I5\} \notin L2$，删除⑤，

⑥的子集 $\{I4, I5\} \notin L2$，删除⑥，

所以，$C3 = \{\{I1, I2, I3\}, \{I1, I2, I5\}\}$。

7）求 $L3$。比较候选支持度计数与最小支持度计数，得

项集	支持度计算
I1，I2，I3	2
I1，I2，I5	2

所以 $L3 = C3$。

8）求 $C4 = L3 \infty L3 = \{I1, I2, I3, I5\}$。

子集 $\{I2, I3, I5\} \notin L3$，故减去。

故 $C4 = \varnothing$，算法终止。

9）结果为 $L = L1 \cup L2 \cup L3$。

由频繁项集产生关联规则，可信度用如下公式表示为

$$\text{Confidence}(A \Rightarrow B) = \text{support\_count}(A \cup B) / \text{support\_count}(A)$$

其中，support _ count （$A \cup B$）是包含项集 $A \cup B$ 的事务数，support _ count （A）是包含项集 A 的事务数。

关联规则的产生方法如下。

1）对于每个频繁项集 L，产生 L 的所有非空子集。

2）对于 L 的每个非空子集 S，如果

$$\text{support\_count}(L) / \text{support\_count}(S) \geqslant \text{minconf}$$

则输出规则“$S \Rightarrow (L - S)$”。

其中，minconf 是最小可信度阈值。

例：设频繁项集 $L = \{I1, I2, I5\}$，由 L 产生的关联规则如下：

求 L 的非空子集	支持度计算
I1，I2	4
I1，I5	2
I2，I5	2
I1	6
I2	7
I5	2

support _ count（L）=2，关联规则如下：

$<A>$ $I1 \wedge I2 \Rightarrow I5$　　Confidence = 2/4 = 50%

$<B>$ $I1 \wedge I5 \Rightarrow I2$　　Confidence = 2/2 = 100%

$<C>$ $I2 \wedge I5 \Rightarrow I1$　　Confidence = 2/2 = 100%

$<D>$ $I1 \Rightarrow I2 \wedge I5$　　Confidence = 2/6 = 33%

$<E>$ $I2 \Rightarrow I1 \wedge I5$　　Confidence = 2/7 = 29%

$<F>$ $I5 \Rightarrow I1 \wedge I2$　　Confidence = 2/2 = 100%

若最小可信度阈值为70%，则输出的关联规则为$<B>$ $<C>$ $<F>$。

下面给出了Apriori算法（找频繁项集算法）和其相关过程的伪代码。

Apriori算法使用根据候选生成的逐层迭代找出频繁项集。

输入：事务数据库D；最小支持度阈值min _ sup。

输出：D中的频繁项集L。

方法：

```
L1 = {large1 - itemsets}
For (k = 2; L_{k-1} ≠ ∅; k + +) do begin
Ck = Apriori - gen (L_k - 1) //新的候选项集
For all transaction t ∈ D do begin
   Ct = subset (Ck, t); //变量t中所包含的候选集
   for all candidates c ∈ Ct do
       C. count + +;
   end
  L_k = {C ∈ Ck | C. count ≥ min _ sup}
 end
 Answer = ÜL_k
Procedure apriori - gen (L_{k-1}: frequent (k - 1) - itemsets; min _ sup: minimum support threshold)
  for each itemset L1 ∈ L_{k-1}
   for each itemset L2 ∈ L_{k-1}
    if L1[1] = L2[1] ∧ L1[2] = L2[2] ∧ … ∧ L1[k - 2] = L2[k - 2] ∧ L1[k - 1] ≠ L2[k - 1] then {
         C = L1 ∞ L2 //join step; generate candidates
         if has _ infrequent _ subset (C, L_{k-1}) then
         delete C; //Prunestep;
         else add C to Ck;
         }
  return Ck

Procedure has _ infrequent _ subset (C: candidate K - itemset; L_{k-1}: frequent (k - 1) - itemsets)
     for each (k - 1) - subset S of C
       if S ∉ L_{k-1} then
       return true
     return false.
```

该算法使用递推算法生成所有频繁项集。首先产生频繁项集$L1$，然后是频繁项集$L2$，直到某个r使得Lr为空，这时算法停止。

在第k次循环中，先产生候选k项集的集合Ck，Ck的项集是用来产生频繁项集的候选集。

Ck 中的每个元素需在交易数据库中进行验证，决定是否加入 Lk。

下面介绍一些提高 Apriori 算法有效性的方法。

（1）基于散列技术的方法

该算法是由 Park 等在 1995 年提出的。通过实验发现寻找频繁项集的主要计算是在生成频繁 2 项集 $L2$ 上，Park 就是利用这个性质引入散列技术来改进产生频繁 2 项集的方法。

其基本思想是：当扫描数据库中每个事务，由 $C1$ 中的候选 1 项集产生频繁 1 项集 $L1$ 时，对每个事务产生所有的 2 项集，将它们散列到散列表结构的不同桶中，并增加对应的桶计数，在散列表中对应的桶计数低于支持度阈值的 2 项集不可能是频繁 2 项集，可从候选 2 项集中删除，这样就可大大压缩了要考虑的 2 项集。

（2）事务压缩

Agrawal 等提出压缩进一步迭代扫描的事务数的方法。因为不包含任何 k 项集的事务，不可能包含任何（$k+1$）项集，可对这些事务加上删除标志，扫描数据库时不再考虑。

（3）杂凑

一个高效的产生频集的基于杂凑的算法由 Park 等提出。通过实验可以发现寻找频集主要的计算是在生成频繁 2 项集 Ck 上，Park 等就是利用了这个性质引入杂凑技术来改进产生频繁 2 项集的方法。

（4）划分

Savasere 等设计了一个基于划分的算法，这个算法先把数据库从逻辑上分成几个互不相交的块，每次单独考虑一个分块并对它生成所有的频集，然后把产生的频集合并，用来生成所有可能的频集，最后计算这些项集的支持度。这里分块的大小选择要使得每个分块可以被放入主存，每个阶段只需被扫描一次。而算法的正确性是由每一个可能的频集至少在某一个分块中是频集保证的。上面所讨论的算法是可以高度并行的，可以把每一分块分别分配给某一个处理器生成频集。产生频集的每一个循环结束后，处理器之间进行通信来产生全局的候选 k 项集。通常这里的通信过程是算法执行时间的主要瓶颈；此外，每个独立的处理器生成频集的时间也是一个瓶颈。其他的方法还有在多处理器之间共享一个杂凑树来产生频集。

（5）选样

选样的基本思想是在给定数据的一个子集挖掘。对前一遍扫描得到的信息，仔细地组合分析，可以得到一个改进的算法，Mannila 等先考虑了这一点，他们认为采样是发现规则的一个有效途径。随后又由 Toivonen 进一步发展了这个思想，先使用从数据库中抽取出来的采样得到一些在整个数据库中可能成立的规则，然后对数据库的剩余部分验证这个结果。Toivonen 的算法相当简单并显著地减少了 I/O 代价，但是一个很大的缺点就是产生的结果不精确，即存在所谓的数据扭曲（Data Skew）。分布在同一页面上的数据常常是高度相关的，可能不能表示整个数据库中模式的分布，由此而导致的是采样 5% 的交易数据所花费的代价可能同扫描一遍数据库相近。

（6）动态项集计数

动态项集计数算法由 Brin 等人给出。动态项集计数技术将数据库划分为标记开始点的块。不像 Apriori 算法仅在每次完整的数据库扫描之前确定新的候选，在这种变形中，可以在任何开始点添加新的候选项集。该技术动态地评估被计数的所有项集的支持度，如果一个项集的所有子集已被确定为频繁的，则添加它作为新的候选。此算法需要的数据库扫描比 Apriori 算法少。

不产生候选挖掘频繁项集的方法有 FP－树频集算法。

Apriori 算法的缺点是，可能产生大量的候选集。例如，如果有 104 个频繁 1 项集，则 Apriori 算法需要产生 107 个候选 2 项集，并累计和检查它们的频繁性；为发现长度为 100 的频繁模式，它必须产生多达 1030 个候选。

针对 Apriori 算法的固有缺陷，J. Han 等提出了不产生候选挖掘频繁项集的方法——FP - Tree 频集算法。采用分而治之的策略，在经过第一遍扫描之后，把数据库中的频集压缩进一棵频繁模式树（FP - Tree），同时依然保留其中的关联信息，随后再将 FP - Tree 分化成一些条件库，每个库和一个长度为 1 的频集相关，然后再对这些条件库分别进行挖掘。当原始数据量很大的时候，也可以结合划分的方法，使得一个 FP - Tree 可以放入主存中。实验表明，FP - Tree 频集算法对不同长度的规则都有很好的适应性，同时在效率上较 Apriori 算法有很大的提高。

9.2.3 数据挖掘在控制系统中的应用：SAS 技术在配矿系统中的应用

通过对关联规则的挖掘，可以发现某个或某些输入对性能指标的某种联系。通过这种联系可以达到改善控制性能的目的。而且，能自动发现出某些不正常的数据分布，暴露制造和装配操作过程中变化情况和各种因素，从而协助质量工程师注意到问题发生的范围和采取改正措施。

1. 智能型的数据挖掘集成工具 SAS/EM 的介绍

SAS/EM 是一种智能型的数据挖掘集成工具，拥有图形化界面、可视化操作。SAS/EM 可实现同数据仓库和数据集市、商务智能及报表工具的无缝集成，它内含完整的数据获取工具、数据取样工具、数据筛选工具、数据变量转换工具、数据挖掘数据库、数据挖掘过程以及数据挖掘评价工具。

2. 基于传统统计算法的数据挖掘工具 SAS/INSIGHT、SAS/STAT 以及 SAS/ETS 等的介绍

SAS/INSIGHT 是一个可视化数据探索与分析工具，它将统计方法与交互式图形显示融合在一起，提供全新的使用统计分析方法的环境。SAS/INSIGHT 可以考查单变量（或指标）的分布，显示多变量（或指标）数据，用回归分析、方差分析和广义线形模型等方法去建立模型。SAS/STAT 软件包中包含实用数理统计方法，提供多个过程进行不同类型模型与不同特点数据的回归分析，具有多种形式模型化的选择方法，可处理多种复杂数据，并为多种试验设计模型提供方差分析工具。SAS/ETS 提供丰富的计量经济学和时间序列分析方法，用以研究复杂系统和进行预测。它提供方便的模型设定手段与多样的参数估计方法。

3. 在宝钢配矿系统中的应用

宝钢在冶炼钢铁的过程中要使用多种矿石原料，这使得配矿一直是宝钢努力研究解决的问题。1995 年，宝钢将配矿系统的研究开发列为重大科研项目，希望利用计算机和信息技术，结合宝钢十多年来的配矿经验，探索出配矿规律，提高烧结矿质量，降低配矿成本。

在配料过程中，烧结矿的质量控制问题十分复杂：矿石以及辅料的种类越多，越难以把握矿石配比；矿石之间的相互作用和交叉影响，使得配矿具有很强的非线性特征，难以进行单因素分析；因为成本过高，不能进行工业实验等。

宝钢在配矿上迫切需要解决的问题有如下几点。

1）选用什么矿石，用怎样的比例混匀，才能保证烧结矿的质量？

2）如何评价各种矿石以及它们对烧结矿的影响？

3）如何形成多种配矿方案，以应付各种情况？

4）怎样降低配矿成本？

宝钢多年来的计算机化管理，积累的大量数据，为数据挖掘提供了最基本的条件。因此，为解决上述问题，宝钢采用数据挖掘技术，应用 SAS 全套的数据挖掘和数据分析软件产品。

在系统中，宝钢应用 SAS 的聚类分析技术解决配矿方案分类和矿石分类的问题；采用 SAS 神经网络来探索配矿规律，建立配矿模型；应用 SAS 全面的数据分析技术，对配矿方案整体优化，寻求配矿方案中“足够优”的答案。

整个配矿系统由数据转换和数据编辑、矿石评价和分类、训练、方案预测、方案优化和回归分析等模块组成。数据转换和数据编辑模块用来将多种异构的数据源转换为 SAS 格式；矿石评价和分类模块用来进行聚类分析和综合评价矿石；利用训练模块训练形成各种配矿模型；而方案预测模块根据需求调用相应的模型对新方案进行质量预测；方案优化模块利用配矿模型产生优化的配矿方案。回归分析模块提供多个过程进行不同类型模型与不同特点数据的回归分析。

运用的结果是相当成功的。给出的配比关系和模型，经过实际运行，达到了预期的效能，合理地选择了矿石的配比以对应不同的情况和条件。

9.3 基于智能技术的控制系统数据校正与数据融合

9.3.1 数据校正

数据校正的目的是消除随机误差和剔除过失误差。

在数据校正前通常要对过程变量进行分类，以确定哪些信息是有用的，哪些信息是冗余的。从其他已测数据中根据平衡方程计算出来的数据称为冗余型数据；未测数据中可以根据平衡方程由其他已测数据唯一确定的数据称为可观测型数据。冗余型数据又可分为空间冗余型数据和时间冗余型数据。空间冗余型数据是根据物质、能量平衡方程或系统的传递函数模型由其他的已测数据计算出来的。时间冗余型数据由历史数据计算得来。利用冗余数据对测量数据进行随机误差去除来使其满足约束关系的过程称数据协调。对未测量的数据中可观测型数据进行估计的过程称为参数估计。显著误差的存在会污染数据协调所获得的数据估计值，及时准确地检测显著误差的存在，进而剔除或补偿，将有助于数据协调的正确完成。这一过程为显著误差的检测。将数据协调和显著误差检测统一称为数据校正。

数据校正的步骤可以分为以下三步。

1）变量分类：确定变量的可观/不可观、冗余性等。

2）过失误差的检测：辨识过失误差的位置，并进行剔除或补偿。

3）参数估计和数据协调：对可观但没有能测量的变量进行参数估计，利用数据协调改善对过程的认识，两者可同时进行。

实际上，步骤 2）和 3）并不存在绝对的顺序关系。因为数据协调有一个关键性的假设，即误差是正态分布的，而如果有显著误差，这个假设显然不存在。所以一般进行显著性误差检测。可用迭代的方法，交替进行步骤 2）和 3）。

1. 过程测量模型

过程测量的基本模型可表示为

$$\boldsymbol{Y}=\boldsymbol{X}+\boldsymbol{E}$$

其中，$\boldsymbol{Y}\in\boldsymbol{R}^{n\times1}$表示被测变量的测量值；$\boldsymbol{X}\in\boldsymbol{R}^{n\times1}$表示被测变量的真实值；$\boldsymbol{E}\in\boldsymbol{R}^{n\times1}$表示测量误差。

引入一维向量表示未测变量或从已测变量中删去的变量，约束条件表示为

$$F(X,U)=0$$

建立上述模型时假设过程处于稳态、测量数据线性无关、线性约束。

2. 数据协调

数据协调是 Kueh 等于 1961 年利用 Lagrange 乘子法寻求数据的最佳调整时提出的，主要目的是消除测量数据中的随机干扰因素，补偿随机误差的影响，使调整后的测量值接近于真值并满足约束方程。针对过程测量模型和等式约束条件，数据协调在测量值的基础上寻求最优估计值的 $\widetilde{X}$ 和 $\widetilde{U}$，使得在满足约束条件的基础上，估计值和测量值的偏差的平方和最小。在数学上可以表示为如下最小二乘法目标函数的最优解

$$\text{P1}: \min\left[\sum_{i=1}^{n}(\widetilde{X}_i - Y_i)^2/\sigma_i^2\right]$$

$$\text{s. t. } F(\widetilde{X}, \widetilde{U}) = 0$$

其中，$\widetilde{X}_i$ 是测量数据 Y_i 的估计值；σ_i^2 是测量误差方差；$\widetilde{U}$ 是未测向量 U 的估计值。在线性等式的约束下，将 P1 用矩阵形式表示为

$$\text{P2}: \min\left[(\widetilde{X}-Y)^{\mathrm{T}}Q^{-1}(\widetilde{X}-\widetilde{Y})\right]$$

$$\text{s. t. } A\widetilde{X}+B\widetilde{U}+C=0$$

其中，A 和 B 是已知常数矩阵，分别称为已测变量和未测变量的平衡矩阵；C 是已知的约束向量；Q 是以 T 为对角元素的对角矩阵。

采用投影矩阵法得到的数据校正和参数估计问题的解分别为

$$\widetilde{X}=\left[I-QA^{\mathrm{T}}(AQA^{\mathrm{T}})^{-1}A\right]Y$$

$$\widetilde{U}=(B^{\mathrm{T}}Q^{-1}B)B^{\mathrm{T}}Q^{-1}(Y-C)$$

在线性等式约束下，上述估计是最小方差的无偏估计。

实际生产过程数据大多带有一定的限制，如非负性、上下限约束等。因此在进行数据协调处理时加入不等式约束更具有实用意义。带边界的不等式约束问题可以表示为

$$\text{P3}: \min\left[(\widetilde{X}-Y)^{\mathrm{T}}Q^{-1}(\widetilde{X}-Y)\right]$$

$$\text{s. t. } A\widetilde{X}=0$$

$$X_i \leqslant U_i \qquad i=1,2,3,\cdots,n$$

$$X_i \geqslant L_i \qquad i=1,2,3,\cdots,n$$

其中，U_i 和 L_i 分别为过程变量 X_i 的上、下限值。

将非负松散（Slack）因子引入上式，可以将不等式约束问题转化为等式约束问题进而采用二次规划的方法来求解。

以上方法均基于线性约束的假设，在实际过程中存在大量的非线性因素，因此，需要对非线性约束下的数据协调进行研究。

3. 显著误差的检测

当存在显著误差时，过程的测量模型可以表示为

$$Y=X+W+G$$

其中，W 表示随机误差向量；G 表示显著误差向量。

在检测显著误差的主要方法中，统计检验法由于只对数据本身有要求，对现有的硬件不作过多的要求，便于在线计算而得到广泛的重视和发展。其基本原理是利用误差的显著性进行统计假设检验。首先设以下两种假设。

H0：不存在显著误差；

H1：存在一个或多个显著误差。

统计检验的步骤是：选择合适的残差表达式并确定相应的统计量，在一定的显著性水平下，根据统计量的值针对假设 H0 做出肯定或否定的判断。对于检验出含有显著误差的数据，一般采用顺序消去法和顺序补偿法两种方法进行处理。顺序消去法的消去过程可能在系统降维的同时带来冗余度的下降，在检测到多个显著误差时更是如此。顺序补偿法可以有效地避免这一问题，但必须考虑补偿量的正确性。

4. 动态过程数据校正

实际过程都具有动态性，因此研究动态过程数据校正更具有实际应用的意义。与稳态过程不同，在动态过程中，物料平衡、能量平衡等守恒方程在过程操作处于动态的情况下不能提供任何冗余信息，必须引入过程动态模型作为约束条件的补充，而且模型中引入的未知参数的数目要小于模型的方程数。

目前的动态过程数据校正的主要方法是滤波方法和以模型为基础的非线性规划技术。滤波方法的目的是获得满足动态模型方程的最小方差估计，并提供过程的输入输出变量的估计值，使性能指标或所有变量的估计方差最小化。在已知测量和过程噪声协方差矩阵的情况下进行参数整定，计算非常有效，并能在线实现。由于滤波方法基于线性模型或局部线性化的模型，模型的误差会导致明显的偏差。此外还需要进行参数的调整和掌握有关测量值的协方差矩阵及过程噪声等先验知识。

非线性规划技术在参数变化时的响应、模型存在误差时的鲁棒性及系统存在严重非线性时，相对于前者有明显的优越性，但计算时间长。

5. 基于神经网络的数据校正技术

传统的统计测试法加上运用各种非线性优化技巧，已成功地用于数据协调和过失误差检测、校正，但这种方法需要进行多步迭代，计算量大、耗时多，不适合在线运行，而且要求过程的精确模型，要求过程为线性的，对非线性过程得到的结果不理想。如果模型不够准确，则数据校正将可能由于模型失配而失败。而神经网络模型在过程分析、控制和故障诊断等领域有成功的应用，同样，它也可以用于数据校正。

应用神经网络进行数据校正，包括随机误差和过失误差的校正。网络结构采用一般的前向网络，网络学习采用监督式学习法，因此需要目标值。如果是仿真数据，过程变量的真实值已知，可作为网络的目标值用于网络训练，以求得估计值；但对于实际过程，过程变量的真实值是未知的，为求得训练用的目标值，可采用迭代方法。具体步骤如下。

1）计算所有样本中的各变量的平均值作为目标值。

2）以此目标值与样本中的变量值构成样本组进行训练。

3）将样本输入训练好的网络，得到各变量的校正值。

4）求得校正值的平均值作为网络目标值。

5）重复步骤 2）~4），直到校正变量的均方差不再改变。

已有的一些研究表明，神经网络不仅能校正只含随机误差的变量，而且能对含一个或几个过失误差的数据和自相关数据进行校正。由于神经网络能很好地表示模型和滤波噪声，因此它与非线性规划等传统方法相比，有明显的优越性。但要将神经网络法用于实际过程，有待于进一步提高其可靠性和更好地利用过程的先验知识。

由于神经网络能很好地映射和滤波噪声，而数据校正就是为了消除随机误差和剔除过失误差，因此两者可以同时进行，也可以分开进行，在以下的研究方法中采用分开进行的方式。而不管是数据协调还是过失误差检测，所要求的神经网络映射都不是一个非常精确的映射。用于数据校正的网络结构往往比较庞大，各层节点数多，如果采用模糊神经网络，由于模糊化过程使得中间层节点成指数增长，反而影响了训练的速度和效果，因此，采用三层前向网络结构。网络的学习算法用BP算法。

神经网络结构和学习算法，采用三层前向网络，如图9-4所示。

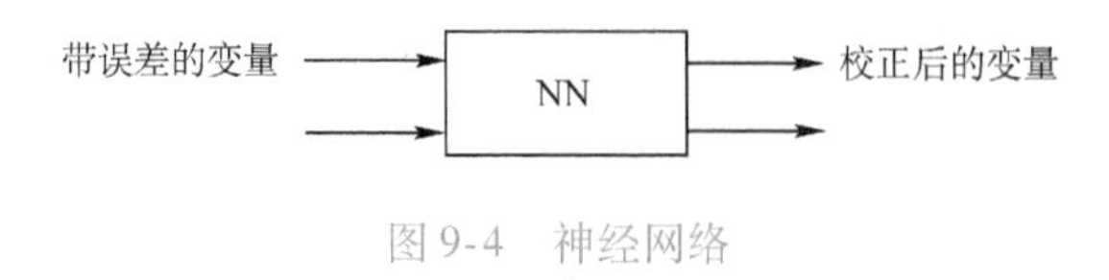

图9-4　神经网络

在选择输入层节点数时，输入为测量值，其节点数为测量值的个数。

在选择输出层节点数时，使输出层的节点数等于输入层的节点数。对数据协调过程，其输出即为校正后的测量值；对过失误差检测过程，每个输出用于判断测量值是否有过失误差，因此每个测量值只有两种可能：含有或不含有过失误差。从理论上，可以用布尔逻辑值表示这两种可能。在实际应用中，由于神经网络的节点输出不可能恰为0或1，所以在实际应用中，设定一个下限和上限。当输出大于上限时，认为存在过失误差；当输出小于下限时，认为不存在过失误差。

在选择隐层节点时，根据经验，在建立多层神经网络模型时，首先应考虑只选一个隐层的情况。如果选用了一个隐层而增加节点数还不能得到满意的结果，可以尝试增加隐层节点数，但一般应减少总的节点数。另外采用合适的隐层节点数非常重要，要确定一个最优节点数，首先可以从一个较少的数开始，选择一个合适的网络性能评价准则，训练并检测网络的性能，然后稍增加隐层节点数，再重复训练和检验，直到网络性能下降时，不再增加隐层节点数，选定一个具有最优性能的网络。

神经网络的学习算法有很多，使用广泛的是BP算法。由于BP算法运行速度慢，而且易于陷入局部最小点，因此在实际应用中，可将BP算法和遗传算法结合进行训练。遗传算法提供的是一种全局最优法。在训练开始时可用遗传算法获得权向量的初值，因为它可以为寻求结果而查看权向量的所有区域，BP算法则用于收敛那些由其他算法产生的权向量空间。即首先用遗传算法初始化网络，再用BP算法进行训练。

9.3.2　数据融合

1. 数据融合的起源与基本原理

“数据融合”出现在20世纪70年代，并于20世纪80年代发展为一门专门技术。它是人类模仿自身信息处理能力的结果。

生物系统，特别是人类感官的感知能力，为认识外部世界提供了重要手段。人类利用五官所具有的听觉、视觉、味觉、触觉功能，可以将外部世界的事物变成生物电信号送入大脑进行综合处理，大脑根据先验知识进行分析、估计和推理，理解、判断和推测外部事物。人类感观具有不同的度量特征，因而可以测出不同空间范围内的各种物理现象。人类对复杂事物的综合认识、判断与处理过程具有自适应性，但人们把各种信息或数据（如图像、声音、气味及物理形状）转换成对环境的有价值的准确解释，不仅需要大量不同的高智能化处理，而且需要足够丰富的适用于解释组合信息含义的知识库及先验知识。因此，人的先验知识越丰富，综合处理信息的能力就越强。

一个智能化的检测、控制系统，需要获得有关周围环境的认识，必须应用传感器技术。因此，传感器是智能系统感知外部世界信息的“感观”，具有数据融合功能的智能系统，是对人类高智能化信息处理能力的一种模仿。

多传感器数据融合的基本原理也像人脑综合处理信息一样，充分利用多个传感器资源，通过对多传感器及其观测信息的合理支配和使用，把多传感器在空间或时间上可冗余或互补的信息，依据某种准则进行组合，以获得对被测对象的一致性解释或描述。

在模仿人脑综合处理复杂问题的数据融合系统中，各种传感器的信息可能具有不同的特征：实时的或非实时的，快变的或缓变的，模糊的或确定的，相互支持或互补的，也可能是互相矛盾和竞争的。

多传感器数据融合系统与所有单传感器信号处理或低层次的多传感器数据处理方式相比，单传感器信号处理或低层次的多传感器数据处理都是对大脑信息处理的一种低水平模仿，它们不能像多传感器数据融合系统那样有效地利用多传感器资源。多传感器系统可以更大限度地获取被测目标和环境的信息量。多传感器数据融合与经典信号处理方法之间也存在本质的区别，其关键在于数据融合所处理的多传感器信息具有更复杂的形式，而且可以在不同的信息层次上出现，这些信息抽象层次包括数据层（像素层）、特征层和决策层。

随着智能检测系统的飞速发展，多传感器系统在工业与民用方面得到了广泛应用。数据融合应用于智能检测系统，无疑将有助于改善智能检测系统的性能，使智能检测系统具有专家系统的特征。

2. 数据融合的定义

目前的数据融合是针对一个系统中使用多种传感器（多个或多类）这一特定的问题而进行的新的信息处理方法，因此，数据融合又称为多传感器信息融合（MSF）。

数据融合比较确切的定义可概括为：充分利用不同时间与空间的多传感器信息资源，采用计算机技术对按时序获得的多传感器观测信息在一定准则下加以自动分析、综合、支配和使用，获得对被测对象的一致性解释和描述，以完成所需的决策和估计任务，使系统获得比它的各组成部分更优越的性能。

因此，多传感器系统是数据融合的硬件基础，多源信息是数据融合的加工对象，协调优化和综合处理是数据融合的核心。

3. 数据融合的级别

数据融合有不同的层次，即数据层（像素层）融合、特征层融合和决策层融合。

（1）像素层融合

像素层融合是直接在采集到的原始数据层上进行融合，在各种传感器的原始测报未经预处理前就进行数据的综合和分析。这是最低层次的融合，如成像传感器中通过对包含若干像素的模糊图像进行图像处理和模式识别来确认目标属性的过程就属于像素层融合。这种融合的主要优点是能保持尽可能多的现场数据，提供其他融合层次所不能提供的微细信息。但其局限性也是很明显的，具体如下。

1）它所要处理的传感器数据量太大，故处理代价高，处理时间长，实时性差。

2）这种融合是在信息的最底层进行的，传感器原始信息的不确定性、不完全性和不稳定性要求在融合时有较高的纠错处理能力。

3）要求各传感器信息之间具有精确到一个像素的校准精度，所以要求各传感器信息来自同质传感器。

4）数据通信量较大，抗干扰能力较差。

像素层融合通常用于多源图像复合、图像分析和理解；同类（同质）雷达波形的直接行合成；多传感器数据融合的卡尔曼滤波等。

（2）特征层融合

特征层融合属于中间层次，它先对来自传感器的原始信息进行特征提取，然后对特征信息进行综合分析和处理。一般来说，提取的特征信息应是像素信息的充分表示量或充分统计量，然后按照特征信息对多传感器数据进行分类、汇集和综合。特征层融合的优点在于实现了可观的信息压缩，有利于实时处理，并且由于所提取的特征直接与决策分析有关，因而融合结果能最大限度地给出决策分析所需要的特征信息。特征层融合可划分为两大类，即目标数据融合和目标特征融合。

特征层的目标数据融合主要用于多传感器目标跟踪领域。融合系统首先对传感器数据进行预处理以完成数据校准，然后主要实现参数相关和状态向量估计。

目标特征融合就是特征层联合识别，具体的融合方法仍是模式识别的相应技术，只是在融合前必须先对特征进行相关处理，把特征向量分类成有意义的组合。

（3）决策层融合

决策层融合是一种高层次融合，其结果为指挥控制决策提供依据。因此，决策层融合必须从具体决策问题的需求出发，充分利用特征层融合所提取的测量对象的各类特征信息，采用适当的融合技术来实现。决策层融合是三级融合的最终结果，是直接针对具体决策目标的，融合结果直接影响决策水平。

决策层融合的主要优点如下。

1）具有很高的灵活性。

2）系统对信息传输带宽要求较低。

3）能有效地反映环境或目标各个侧面的不同类型信息。

4. 数据融合系统的应用

数据融合可广泛用于下列领域。

（1）智能检测系统

利用智能检测系统的多传感器进行数据融合，可以消除单个或单类传感器检测的不确定性，提高检测系统的可靠性，获得对检测对象更准确的认识。

（2）工业过程监视

工业过程监视是一个明显的数据融合应用领域。融合的目的是识别引起系统状态超出正常运行范围的故障条件，并据此触发若干报警器。

（3）工业机器人

随着使用灵活、价格便宜、结构合理的传感器的不断发展，可在机器人上设置更多的传感器，使机器人更自由灵活地动作。而计算机则根据多传感器的观测信息完成各种数据融合，控制机器人的动作，实现机器人的功能。

（4）空中交通管制

在目前的空中交通管制系统中，主要由雷达和无线电提供空中图像并由空中交通管制器承当数据处理的任务。

（5）全局监视

监视较大范围内的人和事物都可以运用数据融合技术。例如，根据各种医疗传感器、病历、病史、气候、季节等观测信息，可实现对病人的自动监护；从空中和地面传感器监视庄稼生长情况可预测产量；根据卫星云图、气流、温度、压力等观测信息可预报天气。

（6）军事应用

数据融合在军事上应用最早、范围最广，涉及战术或战略上的检测、指挥、控制、通信和情报任务的各个方面。

5. 数据融合方法简介

作为一种智能化数据综合处理技术，数据融合是许多传统学科和新技术的集成和应用。广义的数据融合涉及检测技术、信号处理、通信、模式识别、决策论、不确定性理论、估计理论、最优化理论、计算机科学、人工智能和数据网络等诸多学科。数据融合所采用的信息表示和处理方法来自上述领域。

目前，多传感器数据融合的理论方法主要如下。

（1）判断或检查检测理论

该理论是通过把被测对象的测量值与被选假设进行比较，以确定哪个假设能最佳地描述观测值。Bayes 理论用测量值的概率描述和先验知识，计算每个假设的概率值。当系统获得一个新的检验值时，依据 Bayes 方法可以由先验知识与这一新的检测值对所有假设的可信度进行更新。Bayes 理论还可用于检测系统中多传感器数据处理的二元判断或多元判断。

（2）估计理论

一个参数的估计要使用多个观测变量的测量值，而这些观测量又直接与该参量相关。用于估计问题的各种优化准则如下。

1）使观测残差的平方和达到最小。

2）加权的最小平方法。

3）使一个似然函数达到极大。

4）使误差方差达到极小。

最小二乘法、极大似然估计法、卡尔曼滤波等方法都是估计理论的有效理论依据。

（3）数据关联

对于多传感器数据源，可以将测量值按来源不同分成不同的集合实现数据关联。要实现数据关联，首先必须进行相关处理，对所有的测量值的相关性进行定量的度量，在相关性度量的基础上把测量值按数据源准确地分为若干个集合。但随着检测系统传感器数量的增加和测量内容的增多，关联问题越来越复杂。而且测量时间间隔、测量对象的变化以及传感器本身的误差对关联的影响较大。

6. 智能数据融合

如前所述，多传感器数据融合有三个层次。以军事应用为例：第一层为位置/身份估计，用于处理各种数值数据。位置估计一般以最优估计技术（如卡尔曼滤波）为基础；身份估计一般以参数匹配技术为基础，从比较简单的技术（如多数表决法）到更为复杂的统计方法（如 Bayes、D－S 证据推理等）。第二层为态势评定，第三层为威胁估计。第二、三层要处理大量的反映数据之间关系、含义的抽象数据（如符号），因此要使用推断或推理技术。人工智能（AI）技术的符号处理功能有助于数据融系统获得这种推理能力。

AI 技术在三个层次的数据融合中的应用功能如下。

（1）AI 技术在第一层多传感器数据融合中的应用

专家系统（ES）中存有各种实例信息，利用这些信息辅助传统的分析方法，可以进行身份估计。

用一个军事上的应用来说明，以海上目标识别多传感器数据融合系统为例，在身份估计中，通常要将观测目标（如舰艇）的行为与存储的航线、任务一览表、政治疆界、起航基地、海上航道以及交战规则等进行匹配。这是一种逻辑相容性检验，可由专家系统加以利用。海上目标识别多传感器数据融合系统可以按照敌舰的任务类型层次来表达规则集的层次，也可以将专家系统的规则集直接用于观测值或由它们导出的参数用专家系统方法代替传统的统计方法。

由于与目标有关的许多参数一般就性质上来说是“模糊”的，因此推理规则或专家对数据的解释就与用于多传感器数据融合的统计方法一样有用，甚至更重要。

专家系统方法在分类过程与位置估计过程最优融合方面也获得了实际应用。

（2）AI 技术在第二层多传感器数据融合中的应用

在第二层多传感器数据融合中，AI 技术可以起如下作用。

1）提供实现或支援模式匹配（或样板匹配）功能的方法，把观测目标实体和事件与数据融合系统的决策或任务层次相联系。

2）提供辅助解释各种性能模型结果的方法，这样的方法属于智能辅助范畴。

3）提供一定范围的决策辅助，声援各功能的性能。

近几年发展较快的综合工作站中，要使用互相协作的专家系统、自然语言处理（NLP）以及 NLP 人机接口、立体数据库管理系统、语音输入输出等技术。未来的融合系统还会包括学习能力和系统的自适应能力，可实行所谓的“冷”合成处理，即不需要任何（或需要有限）先验信息（即数据库），也可实现数据合成。

（3）AI 技术在第三层多传感器数据融合中的应用

Al 技术在第三层多传感器数据融合中的应用正处于研究发展阶段，实际应用的潜力很大。这方面的研究方向主要如下。

1）使用多个互相协作的专家系统。真正利用多个领域的知识进行信息综合。

2）使用学习系统，使数据融合系统具有自适应能力。目前的各种学习系统中，以神经网络为基础的学习研究最为活跃。

3）使用先进的立体数据库管理技术，实现更高的第三层推理过程。

专家系统在多传感器数据融合中的应用如下。

专家系统汇聚了人类专家在某一技术领域的专业知识，利用计算机的强大软件功能，根据专家知识和经验导出一系列规则，由计算机代替、模仿人类专家做出系统决策，其基本结构如图 9-5 所示。

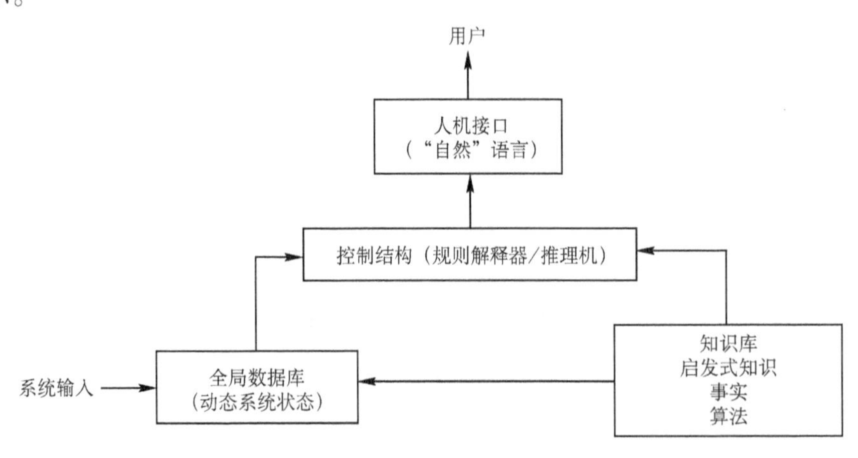

图 9-5 专家系统的基本结构

随着智能检测技术和计算机技术的发展，专家系统已在民用和军事方面得到广泛的实际应用，成为多功能的新型高智能化检测控制系统。将专家系统方法应用于多传感器智能检测系统，或者说，把多传感器数据融合技术应用于专家系统。

图 9-6 所示为一个使用专家系统技术的数据融合系统框图。

数据融合系统的数据源有两类：一类是多传感器的观测结果，另一类是消息（源数据）。为处理消息，系统配备了一个自然语言处理机，该处理机可使系统通过理解输入的文本语法，确定文本的语义并赋予文本一个计算机可理解的意义，比如以英语形式对系统输入指令与信息。

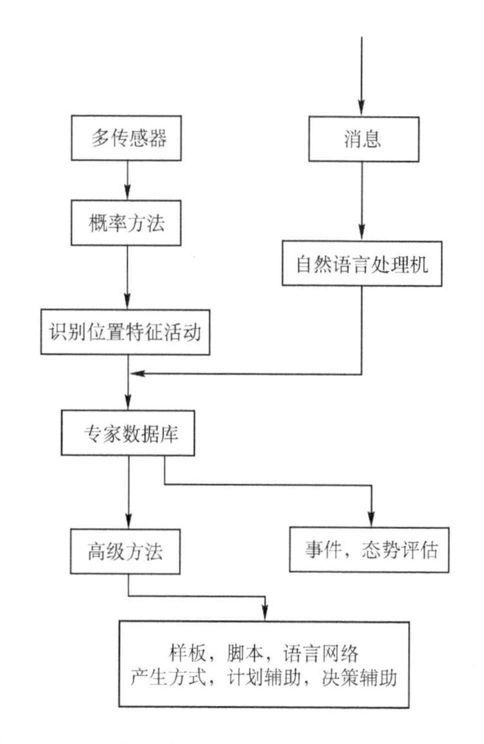

图 9-6　一个使用专家系统技术的数据融合系统框图

图 9-6 中的概率方法用于从各个数据集推断结论，所使用的方法主要有 Bayes、D-S证据推理、模糊集合论、聚类分析、估计理论以及熵等数据融合方法。对输入的数据进行标识和分类后，可以将数据进行组合。

数据融合系统中使用专家系统方法的关键是知识的工程化处理。知识库的开发需要知识工程师和相关的系统工程专家共同努力。系统工程专家把知识提供给知识工程师，然后由知识工程师解释，并以计算机可读的形式表示知识和基于知识的推理方法。知识和推理方法存放在计算机的知识库与推理机中。

9.4 基于数据驱动的 TBM 地质适应性控制与辅助决策实例

本节将在实际工程背景下，借助对硬岩掘进机的控制应用实例展现系统数据处理的智能方法（见 9.4.2 节）以及遗传算法在现代优化方法中的应用（见 9.4.3 节）。

9.4.1 TBM 介绍

全断面大型掘进装备（Tunnel Boring Machine，TBM）是一种能用于机械切削围岩、出碴、成洞、注浆并支护实行连续挖掘作业的综合设备，是集机械、电气、液压、控制等技术于一体化的大型工厂化隧道施工作业系统，具有推进速度快、施工工期短、作业环境好、对生态环境影响小、综合效益高等优点，是国内外地铁隧道、国防工程、铁路隧道等施工的重要方法之一，具有非常广阔的市场前景。

掘进参数与地质状况的及时匹配是装备安全、稳定、高效掘进的关键。掘进装备施工过程面临复杂多变的围岩状况，其机电液多系统耦合非线性导致掘进参数的可行操作域难以确定，人工操作同时调整多个掘进参数时，由于缺少决策支持，导致掘进参数设定的保守性高，掘进效率低下。而掘进装备施工过程中的实时施工数据和相应的地质勘探数据内蕴含着大量非常有价值的行业经验信息。因此急需建立整合海量异构数据的综合信息平台，基于数据驱动的方法建立复杂地质条件下掘进参数优化决策方法，进而实现掘进装备的地质适应性控制与优化运行。

9.4.2 基于 TPI 和 FPI 指数的数据分类与统计

1. 聚类分析

TBM 在掘进施工过程中涉及众多参数，但依靠工程实践经验，刀盘转矩 T、刀盘转速 ω、

总推力 F 和推进速度 V_t 最能够反映当前的围岩情况，尤其是推力和转矩与地质岩石情况的变化有着显著联系。通常采用转矩切深指数 TPI（Torque per Incision）和场切深指数 FPI（Force per Incision）来表征地质情况，TPI 和 FPI 的定义如下：

$$\mathrm{TPI}=\frac{T}{P_{\mathrm{rev}}},\mathrm{FPI}=\frac{F}{P_{\mathrm{rev}}},P_{\mathrm{rev}}=\frac{V_{\mathrm{t}}}{\omega} \tag{9-1}$$

P_{rev}为每转切深，也称贯入度，TPI 和 FPI 分别表示每单位切深所需要的转矩和总推力，能够反映出围岩环境对与刀盘的切向作用力与法向作用力，从而反映掘进地质状况对掘进性能的影响。TPI 越大，表明在产生相同的每转切深下需要的转矩越大，当前掘进的岩石比较坚硬；而 TPI 越小，则表明产生同样的贯入度所需要的刀盘转矩较小，当前掘进的岩石较软。FPI 则可表明产生同样的贯入度所需推力的大小，从而可以反映出当前地质下的围岩的软硬程度。

按照式（9-1）求得实际施工数据的 TPI 和 FPI 指数，如图 9-7a 所示，从图中可以看出，TPI 和 FPI 之间具有良好的线性关系，对于硬岩地层下 TPI 和 FPI 的特征进一步分类，一般采用如图 9-7b 所示的分区方法。

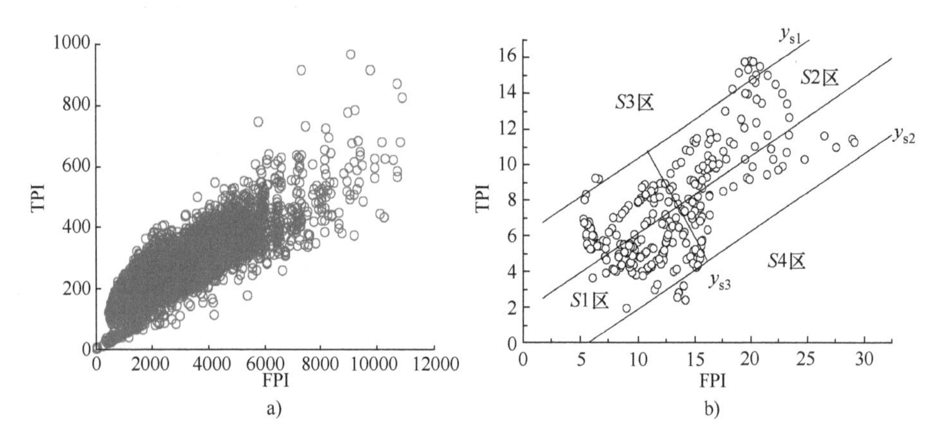

图 9-7 硬岩地质区域分类

对 FPI 和 TPI 两个指数进行回归分析，可以得到线性回归的预测模型：

$$y_{\mathrm{s}}=\beta_1+\beta_2 x \tag{9-2}$$

以 $\hat{\sigma}_{\mathrm{e}}$ 表示残差，$u_{1-\alpha/2}$ 为正态分布的上分位点，在显著性水平 α 下，y_{s} 的置信区间为 $[y_{\mathrm{s}}-\hat{\sigma}_{\mathrm{e}}u_{1-\alpha/2},\ y_{\mathrm{s}}+\hat{\sigma}_{\mathrm{e}}u_{1-\alpha/2}]$，因此图 9-7b 中上下限的直线方程可以表示为

$$\begin{aligned} y_{\mathrm{s1}}&=\beta_1+\beta_2 x-\hat{\sigma}_{\mathrm{e}}u_{1-\alpha/2}\\ y_{\mathrm{s2}}&=\beta_1+\beta_2 x+\hat{\sigma}_{\mathrm{e}}u_{1-\alpha/2} \end{aligned} \tag{9-3}$$

通过所有数据的中心点 $M(x_{\mathrm{o}},\ y_{\mathrm{o}})$，可得到与 y_{s} 斜率垂直的直线方程 y_{s3}：

$$y_{\mathrm{s3}}=-\frac{1}{\beta_2}(x-x_{\mathrm{o}})+y_{\mathrm{o}} \tag{9-4}$$

y_{s3}将数据分为两类，可以表示岩石软硬程度下掘进参数的分布。其中上部的数据产生相同贯入度的推力和转矩都较大，表明此类岩石比较坚硬，而下方数据代表的岩石为较软的岩石。

考虑到某工程的围岩情况主要为中硬岩 - 坚硬岩类（如砂岩、砂砾岩、凝灰岩、花岗岩）中的一种或多种。其中一段时间内的数据的分布情况如图 9-8 和图 9-9 所示。从图中可以看出，掘进参数之间存在一定的线性关系，但对于不同的数据簇，如图 9-8 所示，当推进速度变

化时，总推力的变化趋势存在一定差异性，对于刀盘转矩等掘进参数也是如此。因此可以根据实际的围岩情况采用对 FPI/TPI 聚类的方式来区分不同的岩石类型。

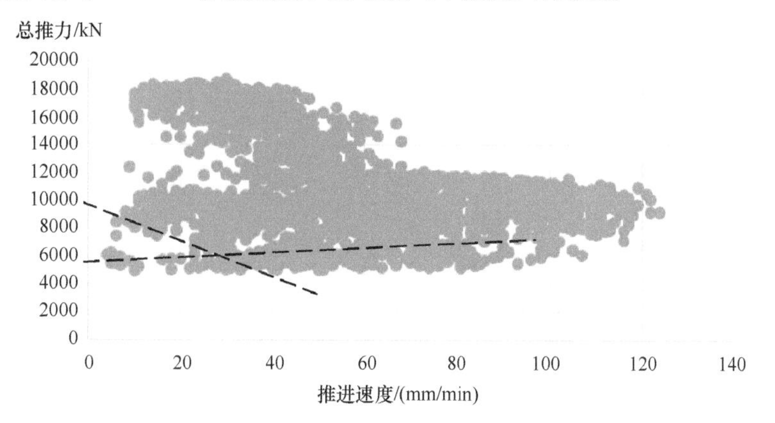

图 9-8 推进速度与总推力分布情况

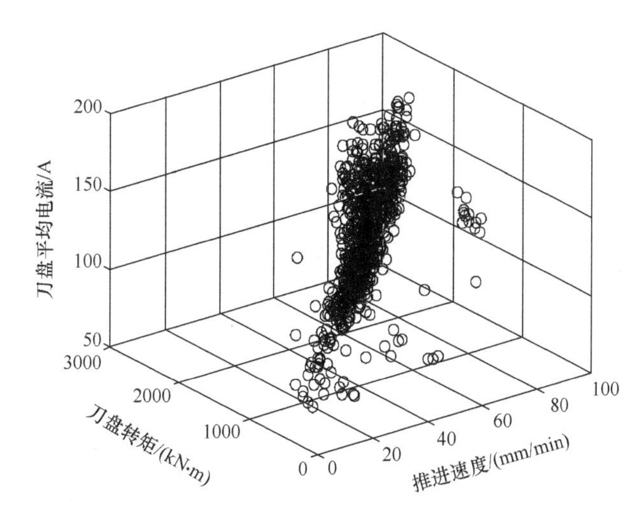

图 9-9 刀盘转速恒定时主要掘进参数分布

基于 TPI 和 FPI 参数对数据进行聚类分析，由于采集到的数据并不一定包含所有的岩石类型，因此按照岩石的坚硬程度和实际岩石的情况尝试将数据聚类为 2～5 类，最终证明将数据分为三类可以较好地表征实际的岩石情况。将数据稀疏化后，聚类结果如图 9-10 所示，用于后续掘进参数统计特性的分析。

为了证实将数据聚为三类的可靠性，进一步分析了各掘进参数之间的相互关系。在不同岩石情况下，相同的速度变化引起的推力和转矩的变化范围并不相同。我们分析了各个掘进参数两两之间的关系，为了便于分析，首先分析了将数据聚类为三类时，类别 1 的各个参数之间的拟合关系，并得到了拟合方程。其他聚类类数与分析方法类似。

图 9-11 所示为刀盘转矩与推进速度之间的拟合关系，图中圆点表示实际的数据点，图中的直线为线性拟合直线。

推进速度与刀盘转矩之间的关系可用如下线性公式表达：

$$y = 9.64x + 981.8 + \Delta E \tag{9-5}$$

1）图 9-12 所示为推进缸压力与推进速度之间的拟合关系，通常根据岩石强度的不同，设置推力在一定范围内变化，可以看出，推进缸压力随推进速度的变化不大。

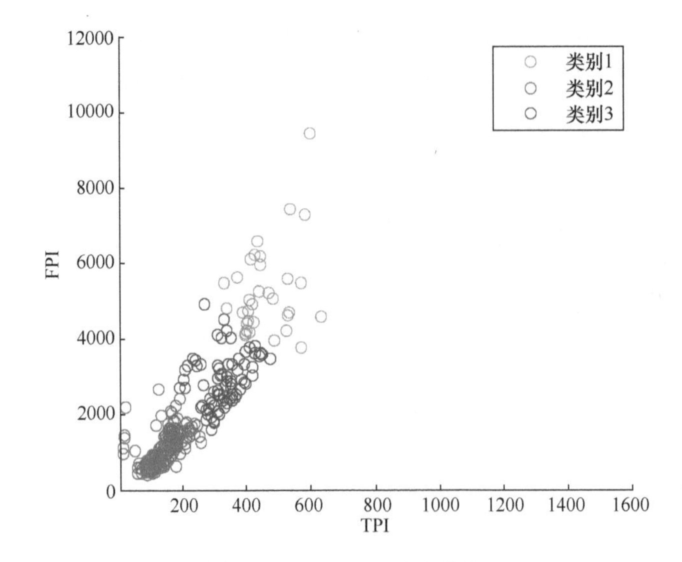

图 9-10 TPI/FPI 聚类结果

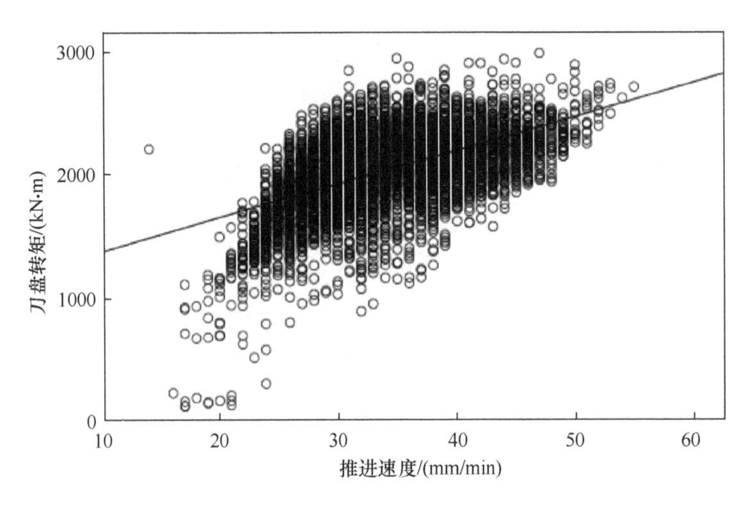

图 9-11 刀盘转矩与推进速度之间的拟合关系

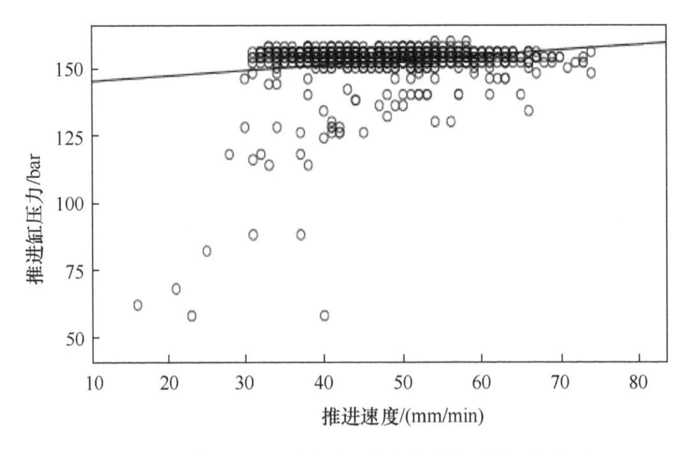

图 9-12 推进缸压力与推进速度之间的拟合关系

2）刀盘转矩的大小主要通过主电动机平均电流值调整，图 9-13 所示为刀盘平均电流与推进速度之间的拟合关系，可以看出，两者之间存在着明显的联系。可以用下面的公式拟合推进速度与刀盘平均电流之间的关系：

$$y = 0.48x + 126.35 + \Delta E \tag{9-6}$$

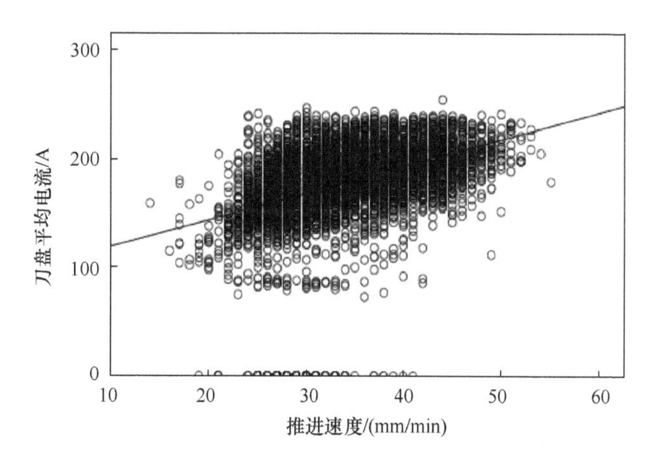

图 9-13　刀盘平均电流与推进速度之间的拟合关系

3）掘进参数调整时还需考虑推进力的范围，图 9-14 所示为总推力与推进速度之间的拟合关系，可以看出，两者之间存在线性关系：

$$y = -20.35x + 12832.7 + \Delta E \tag{9-7}$$

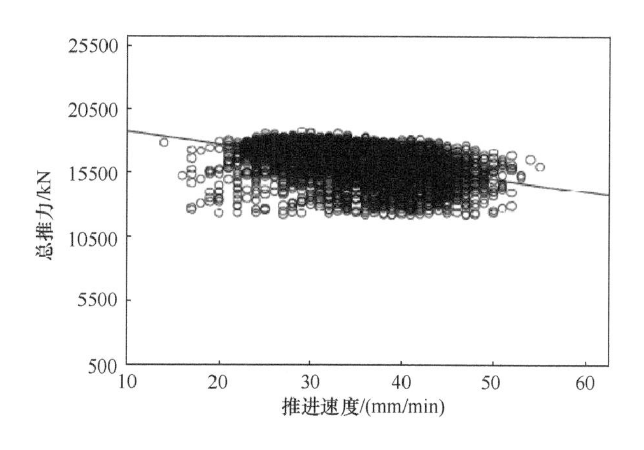

图 9-14　总推力与推进速度之间的拟合关系

对于其他两类的分析可得拟合关系见表 9-3，表中每一格的两个数字分别代表掘进参数拟合曲线的斜率和截距。

表 9-3　聚为 3 类时掘进参数之间的拟合关系

类别	推力－速度	转矩－速度	电流－速度
1	－20.4　12832	9.64　981	0.48　126
2	－2.2　17137	63.7　427	2.73　91
3	－76.4　19219	32.4　97	2.87　82

用类似的分析方法，尝试了将上述数据聚为 4 类和 5 类时，掘进参数之间拟合得到的斜率和截距见表 9-4 和表 9-5。

表9-4 聚为4类时掘进参数之间的拟合关系

类别	推力-速度	转矩-速度	电流-速度
1	-15.1 12321	10 859	0.55 119
2	-3.76 17583	72 43	3.3 75
3	-3.02 17110	74 321	2.8 90
4	-67.7 19401	31 890	2.27 103

表9-5 聚为5类时掘进参数之间的拟合关系

类别	推力-速度	转矩-速度	电流-速度
1	-13.7 11969	12 624	12.9 112
2	-5.4 16840	82 232	3.84 77
3	-51.5 18664	43 617	3.35 68
4	-4.3 17180	75 262	3.2 77
5	-55.3 17630	40 224	3.25 135

从上述的分析中可以看出，当将数据聚为4类或者5类时，会有一组或多组拟合参数相似的情形，说明这两类数据可能处于一类岩石中，将数据聚为3类时，数据的拟合关系差异性较大，说明数据处于不同的岩石中，从而验证了将数据聚为3类时，效果最好。这与实际勘探到的岩石情况也比较相符。

最终，将数据聚为3类，进行后续分析，得到不同类别情况下掘进参数的变化范围。

2. 掘进参数分布范围统计分析

根据施工经验，为了保证施工的安全，不同岩石类别情况下掘进参数会有不同的设置范围。对于原有的工程实践总结的经验，不同围岩状况下推进速度、转矩、转速及压力的选择方式如下。

对于较完整的硬岩，一般选择刀盘转速为5.9~6.0r/min，推进压力一般选择为24~27MPa，转矩主要通过电流来调整，主机的电流一般选择为140~170A；而对于节理较发育的中硬岩，刀盘转速一般为5.5~6.0r/min，推进压力为25~27MPa，主机电流为170~200A；对于节理较发育的软硬岩，刀盘速度一般为4.5~6.0r/min，推进压力在13.8MPa左右，主机电流需要小于230A；而在断层破碎带时，应将刀盘转速调至低速状态，即3.0~4.0r/min，推进压力为8.9~11.7MPa，主机电流选择为115~135A。

因此，从上述工程的实践经验总结中可以看出，不同的岩石软硬程度或不同地质下，掘进参数的选择都有一定的安全约束范围。参考上述参数设置的原理，基于实际数据的统计分析，给出不同类别对应的岩石状况下的掘进参数的选择范围。

一般刀盘转速通常是通过高低档位调节，因此转速范围比较集中。通过对不同聚类样本对应的施工参数（如推进速度、总推力、刀盘转矩、刀盘电流、刀盘转速）进行了分析，施工数据中，掘进参数的平均数、中位数、众数以及最大值和最小值等统计特性见表9-6、表9-7和表9-8。从表中可以看出不同岩石类别下的掘进参数分布情况。表9-6~表9-8中参数变化范围可以作为后续进行掘进性能优化时的范围约束。

表9-6 统计数据——类别1

	推进速度/(mm/min)	总推力/kN	刀盘转速/(r/min)	刀盘转矩/(kN·m)	刀盘平均电流/A
平均数	19.15	17126	5.6	1616.6	142.2
中位数	20	17612	6.0	1616	147

（续）

	推进速度/(mm/min)	总推力/kN	刀盘转速/(r/min)	刀盘转矩/(kN·m)	刀盘平均电流/A
众数	21	17794	2.6	1608	138
最小值	11	5220	1.1	1264	101
最大值	28	18650	6.8	2029	165

表 9-7　统计数据——类别 2

	推进速度/(mm/min)	总推力/kN	刀盘转速/(r/min)	刀盘转矩/(kN·m)	刀盘平均电流/A
平均数	31.62	15433.5	5.6	1844.8	168
中位数	32	16544	6	2001	178
众数	29	17408	6	1081	162
最小值	20	5003	2.8	1018	84
最大值	55	18008	7.2	2284	254

表 9-8　统计数据——类别 3

	推进速度/(mm/min)	总推力/kN	刀盘转速/(r/min)	刀盘转矩/(kN·m)	刀盘平均电流/A
平均数	61.61	10527.87	6.1	1324.8	135.8
中位数	59	9581	6.3	1343	132
众数	57	11705	6.5	901	107
最小值	46	5004	0	802	97
最大值	128	14143	7.4	1544	146

施工操作人员在进行掘进参数设定时，往往根据围岩地质的划分，将总推力、推进速度、刀盘平均电流和刀盘转矩设定在一定的范围内。根据电流和实际推力与围岩情况调整推进速度和刀盘转速的大小。当增大或减小推进速度与刀盘转速时，需保证刀盘转矩和总推力的变化在一定的安全范围以内。根据操作人员在不同地质条件下 TBM 掘进参数的选择经验，可以得到不同聚类结果下主要参考的掘进参数的调整范围，见表 9-9。

表 9-9　不同聚类结果施工参数调整范围

	刀盘转矩/(kN·m)	刀盘平均电流/A	推进速度/(mm/min)	总推力/kN
类别 1	1200 ~ 2100	100 ~ 160	10 ~ 28	17000 ~ 19000
类别 2	1000 ~ 2300	80 ~ 250	20 ~ 55	15000 ~ 18000
类别 3	800 ~ 1600	100 ~ 150	46 ~ 128	9000 ~ 15000

9.4.3　考虑 TBM 掘进性能的多目标优化模型与求解

1. 掘进能耗评价函数

TBM 掘进时需要消耗大量能量，包括刀盘破岩、液压支撑、液压推进、管片拼接、出渣等动作所做的功，其中能耗最大的部分由刀盘系统克服侧向载荷做功和液压推进系统克服轴向载荷做功组成，因此掘进能耗可以认为主要由这两部分组成。可以通过总推力 F_n、刀盘转矩 T、推进速度 v 和刀盘转速 ω 计算 TBM 掘进的单位时间能耗 E，能耗 E 等于刀盘转矩做功 E_1 与总推力做功 E_2 的和：

$$E = E_1 + E_2 \tag{9-8}$$

$$E_1 = \omega \sum_{m=1}^{N} T_m = \omega T(v,\omega) \tag{9-9}$$

$$E_2 = v \sum_{x=1}^{2} F_x = vF_n(v,\omega) \tag{9-10}$$

其中，ω 为刀盘转速；T_m 为第 m 个电动机的转矩；T 为刀盘转矩；E_1 表示刀盘转矩做功；v 为推进速度；F_n 表示总推力；E_2 表示总推力做功。T 和 F_n 可由经验公式计算得出。

通过以上分析，TBM 能耗水平与 TBM 掘进参数和地质参数等性能评价指标间有密切的关系，不同掘进参数对能耗波动的影响程度不同。该指标可以反映 TBM 掘进能耗水平的优劣。

2. 掘进性能多目标优化模型

TBM 掘进中通常希望在保证设备安全稳定运行的基础上效率最高，基于以上分析，接下来以掘进进度最快、刀盘滚刀磨损程度最小、刀盘振动最小和能耗最小为优化目标，建立优化模型如下。

掘进进度最快：

$$\max f_1(v,\omega) = \min \eta(v,\omega) \tag{9-11}$$

刀盘滚刀磨损程度最小：

$$\min f_2(v,\omega) = \min \kappa = \min \frac{X_0(v,\omega)R_i/R_0}{p(v,\omega)} \tag{9-12}$$

刀盘振动最小：

$$\min f_3(v,\omega) = \min Vib_{\mathrm{rms}} = \min -0.13p(v,\omega)^2 + 2.88p(v,\omega) - 1.3 \tag{9-13}$$

能耗最小：

$$\min f_4(v,\omega) = \min E = \min vF_n(v,\omega) + \omega T(v,\omega) \tag{9-14}$$

系统的约束条件包括 TBM 掘进参数之间的关系约束，即轴向的总推力和转矩与推进速度与刀盘转速的关系：

$$[F_n, T] = h(v,\omega) \tag{9-15}$$

此外，结合施工人员的经验，在不同地质条件下，推进速度、刀盘转速、总推力、刀盘转矩的操作范围也不相同，因此多目标模型中还包括掘进参数的约束范围限制。通过以上的聚类和统计分析可得到不同类别下掘进参数的操作范围，见表 9-7，根据施工数据计算得到 TPI/FPI 指数，以与各聚类中心的隶属度最大值来决定该时刻掘进参数的操作范围。

综上所述，TBM 性能多目标优化模型可表示为

$$\begin{cases} \min F(v,\omega) = \min(f_1, f_2, f_3, f_4) \\ \text{s.t.}\ [F_n, T] = h(v,\omega) \\ \quad V_{\min} < v < V_{\max} \\ \quad F_{\min} < F < F_{\max} \\ \quad \omega_{\min} < \omega < \omega_{\max} \\ \quad T_{\min} < T < T_{\max} \end{cases} \tag{9-16}$$

3. 基于差分进化算法的多目标优化模型求解

从式（9-16）可以看出，掘进参数优化模型是一个多目标优化问题。群智能算法在一次搜索后可以得到多个解，适用于多目标优化问题的求解，已在工程与科研中被使用。差分进化（Differential Evolution，DE）算法是一种采用实数编码方式的优化方法，具有简单易用和全局

寻优能力强等优点，在多目标优化问题的求解过程中已被广泛使用。接下来采用多目标差分进化算法（Differential Evolution for Multi - objective Optimization，DEMO）进行 TBM 掘进性能多目标优化模型的求解，首先寻找包含全部或者部分良好的 Pareto 最优解的解集，然后根据合适的决策准则从 Pareto 最优解集中选取一个最终的满意解。具体操作步骤如下。

（1）参数设置和种群初始化

初始化最大迭代次数、变异率、交叉概率因子、缩放因子、种群规模 N_p 以及最大进化代数 G_{max} 等参数，并令初始种群为 $X^0=\{X_1^0, X_2^0, X_3^0, \cdots, X_{N_p}^0\}^T$，其中种群每个个体代表一组待优化的变量，在此处即为推进速度与刀盘转速。

（2）变异算子

随机选取当前种群中的两个互异个体，根据其差异产生变异个体：

$$V_i^{G+1}=X_{r1}^G+F(X_{r2}^G-X_{r3}^G) \tag{9-17}$$

其中，G 表示当前的进化代数；X_{r1}^G 为父代个体，X_{r2}^G 和 X_{r3}^G 为随机产生的与父代不同的两个个体；F 为缩放因子，表示两个互异个体的差分向量对于下一代的影响程度。

（3）交叉算子

为了保持种群的多样性，对父代个体 X_{r1}^G 与变异个体 V_i^{G+1} 进行交叉，产生新的试验个体：

$$U_{ij}^{G+1}=\begin{cases} V_{ij}^{G+1} & \text{rand}_j(0,1)\leqslant C_R \text{ or } j=j_{\text{rand}} \\ U_{ij}^G & \text{其他} \end{cases} \tag{9-18}$$

其中，C_R 表示交叉概率因子；rand_j（0，1）产生［0，1］之间的随机数；j_{rand} 为一个随机产生的 $1\sim n$ 的整数。

（4）选择算子

采用式（9-19）的原理进行个体的选择

$$X_i^{G+1}=\begin{cases} U_i^{G+1} & f_k(U_i^{G+1})\leqslant f_k(X_{i,G})\ \forall k\in\{1,2,\cdots,m\} \\ X_i^G & f_k(X_i^G)\leqslant f_k(U_i^{G+1})\ \forall k\in\{1,2,\cdots,m\} \\ X_i^G\cup U_i^{G+1} & \text{其他} \end{cases} \tag{9-19}$$

其中，f_k 表示第 k 个目标函数的适应度值；U_i^{G+1} 为试验个体；X_i^G 为父代个体；X^* 表示临时种群，当试验个体的所有目标函数值都小于或等于父代个体的目标函数值时，则使试验个体进入 X^* 中，当父代个体的所有目标函数都小于试验个体时，父代个体进入 X^*，若以上条件都不满足，则两个个体都进入 X^*。这样就产生了一个 N_p 和 $2N_p$ 之间的临时种群 X^*。

对于得到的临时种群，按照 NSGA - Ⅱ（Nondominated Sorting Genetic Algorithm Ⅱ）的非支配排序值和拥挤距离比较机制对临时种群进行排序和剪切，然后得到一大小为 N_p 的下一代父代种群。

在进行掘进参数实际优化中，需要从一组 Pareto 最优解中选择均衡掘进进度和振动磨损等其他性能的最优方案。在进行选择时，可采用模糊隶属度函数计算各个目标函数对应的满意度，综合各个满意度找出最优折中解。

$$\mu_i=\frac{f_{i,\max}-f_i}{f_{i,\max}-f_{i,\min}},\ f_{i,\min}<f_i<f_{i,\max} \tag{9-20}$$

其中，f_i 表示第 i 个目标函数值；$f_{i,\min}$ 和 $f_{i,\max}$ 分别表示第 i 个目标函数的最小值和最大值。

综合满意度可由各个目标函数的满意度进行加权求和，见式（9-21），其权重可参考实际施工中各个目标的重要程度。满意度权值见表 9-10。

$$\mu = \frac{1}{m}\sum_{i=1}^{m}\lambda_i\mu_i \tag{9-21}$$

其中，μ 为标准综合满意度值；λ_i 为满意度权值；m 为优化目标函数的个数。

表 9-10 满意度权值

重要程度	同等重要	稍微重要	明显重要	强烈重要
λ_i	1	2	3	4

4. 仿真试验结果分析

本部分采用上文建立的掘进参数多目标优化函数，采用差分进化算法针对实际施工数据进行求解。首先，对多目标优化函数中的地质参数、TBM 装备参数和差分进化算法的最大进化代数、交叉概率因子、变异率等参数进行初始化。TBM 基本参数和 EA 参数见表 9-11 和表 9-12。

表 9-11 TBM 基本参数

刀盘直径/m	刀具类型	刀尖宽度/mm	刀具数量	滚刀半径/mm	滚刀总安装半径/mm
8.03	滚刀	20	54	216	156.24

表 9-12 EA 参数

种群规模	最大迭代数	变异率	交叉概率因子
100	500	0.7	0.5

基于掘进参数多目标优化模型和 DEMO 算法优化仿真结果见表 9-13 和图 9-15。

表 9-13 一组 Pareto 最优解

推进速度	刀盘转速	目标函数 1：掘进进度	目标函数 2：刀盘磨损	目标函数 3：刀盘振动	目标函数 4：能量消耗
53.97871	5.323626	287.3625	134.3265	14.53652	566551.6
53.58385	5.457358	292.4263	143.8575	14.44494	583252.2
43.74155	5.455641	238.6382	191.4026	13.4341	517268.2
44.79371	5.915968	264.9982	121.6612	13.05348	579328.6
47.15695	5.557723	262.0852	279.9433	13.77738	554826.6
55.10264	5.054422	278.512	115.2325	14.64679	533458.5
22.54368	5.025213	113.2868	268.2938	9.003729	287075.8
28.25641	5.655663	159.8087	259.4412	9.843878	391070.7
24.87538	5.59737	139.2367	109.1028	8.931537	348573
52.93057	5.485765	290.3647	248.2384	14.3856	583409.1
39.79951	5.927041	235.8933	259.7772	12.17723	534997.1
⋮	⋮	⋮	⋮	⋮	⋮
45.8001	5.675276	259.9282	196.2527	13.47545	558969
52.0176	6.09267	316.9261	193.0834	13.8126	660796.1
50.50978	5.981639	302.1312	192.9693	13.74967	634230.9
27.01456	5.303998	143.2852	332.0999	9.996195	352156.3
31.32422	5.796302	181.5646	334.0918	10.46736	435849.5
33.2959	5.539191	184.4324	281.7015	11.31446	434479.5
20.42849	5.000896	102.1607	408.8876	8.295398	263005.1
34.51226	6.200126	213.9804	341.9365	10.70318	506228.9

随机选择一组数据，其推进速度为 15mm/min，刀盘转速为 5.5r/min，在软件中利用该组数据求解多目标优化模型，可得到该组数据对应的 Pareto 最优解，见表 9-13，根据式（9-22）计算下一时刻的预测估计值：

$$y_{\mathrm{p}}(k+1)=\hat{y}(k+1)+e(k) \tag{9-22}$$

其中，若对于 MIMO 有约束多变量系统的实际输出为 $y(k)$；预测值为 $\hat{y}(k)$，则系统的实际输出与预测输出的偏差量为

$$e(k)=y(k)-\hat{y}(k) \tag{9-23}$$

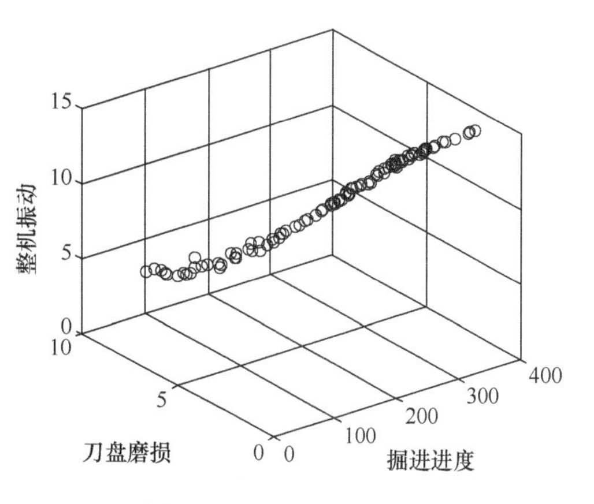

图 9-15　Pareto 最优前沿

k 时刻控制量的目标函数为

$$\arg\min F(u)=\sum_{i=1}^{m}[y_{\mathrm{r}i}(k+1)-y_{\mathrm{p}i}(k+1)]^2+\sum_{j=1}^{n}\lambda_j[u_j(k)-u_j(k-1)]^2$$
$$\text{s.t.}\quad u_{j\min}\leqslant u_j(k)\leqslant u_{j\max} \tag{9-24}$$

计算 Pareto 最优解中的每一个解的综合满意度，最终可计算得到综合满意度最高的解对应的推进速度为 11mm/min，刀盘转速为 5.25r/min，与原来数据相比较，此时 TBM，在当前掘进状况下，稍微减小推进速度和刀盘转速，对于整机的振动和刀盘的磨损有减弱作用。

根据上述原理，采用某一时间段连续数据进行仿真。优化后的推进速度设定、刀盘转速设定以及掘进进度、刀盘磨损、刀盘振动和能量消耗的结果如图 9-16、图 9-17 所示，仿真结果显示差分进化算法可用于掘进参数多目标优化模型。

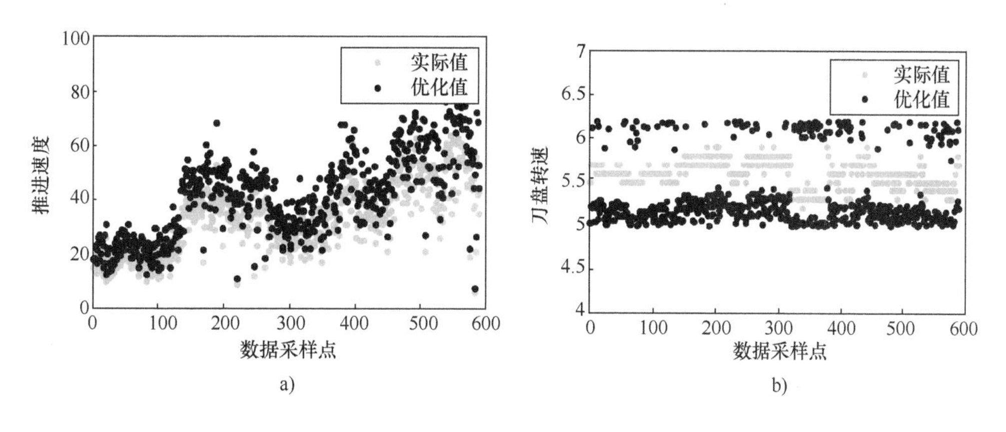

图 9-16　掘进参数优化前后对比

a）推进速度优化前后对比　b）刀盘转速优化前后对比

从上述仿真结果可以看出，在整体水平上，优化后推进速度整体较优化前有所提升，同时不会造成刀盘磨损和刀盘振动的增大，但是能量消耗比优化前升高了。考虑到实际工程中，通常比较关注掘进的进度和 TBM 的安全性，即刀盘磨损尽量小、刀盘振动尽量小，在满足刀盘的磨损与振动在安全范围下，希望能够加快施工的进度，能量消耗的增加在一定程度上是允许的。因此，该优化方法对于 TBM 施工的推进速度与刀盘转速的设定有着一定的指导意义。

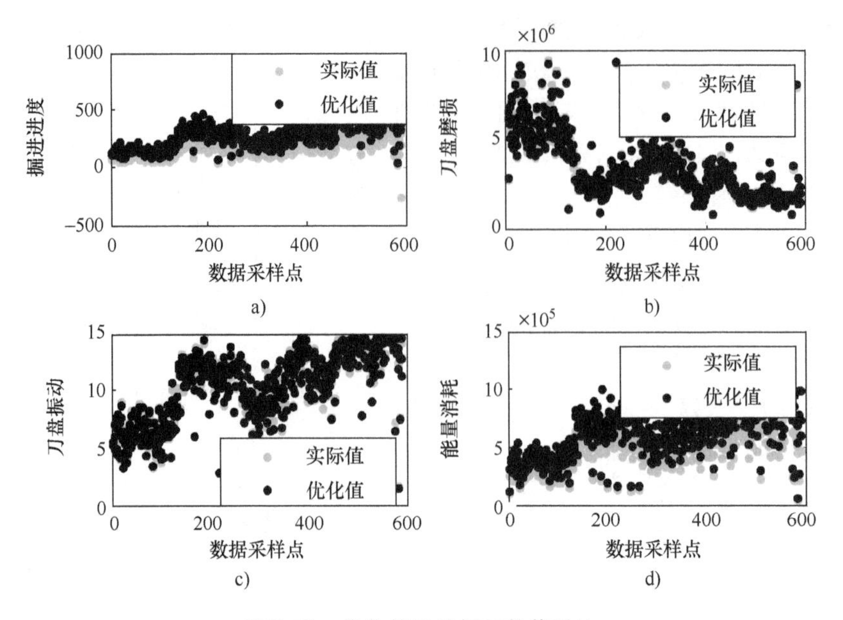

图 9-17 优化前后目标函数值对比

9.5 习题

1. 按照自己的理解，解释什么是数据挖掘。
2. 给出一个可以运用数据挖掘的例子。
3. 举出在数据挖掘中常用到的几项技术。
4. 在神经网络的设计中，需要注意哪些问题？
5. 解释神经网络中的“训练过度”及其影响。
6. 基于如下决策树模型，对样本 A、B、C 分别进行分类。

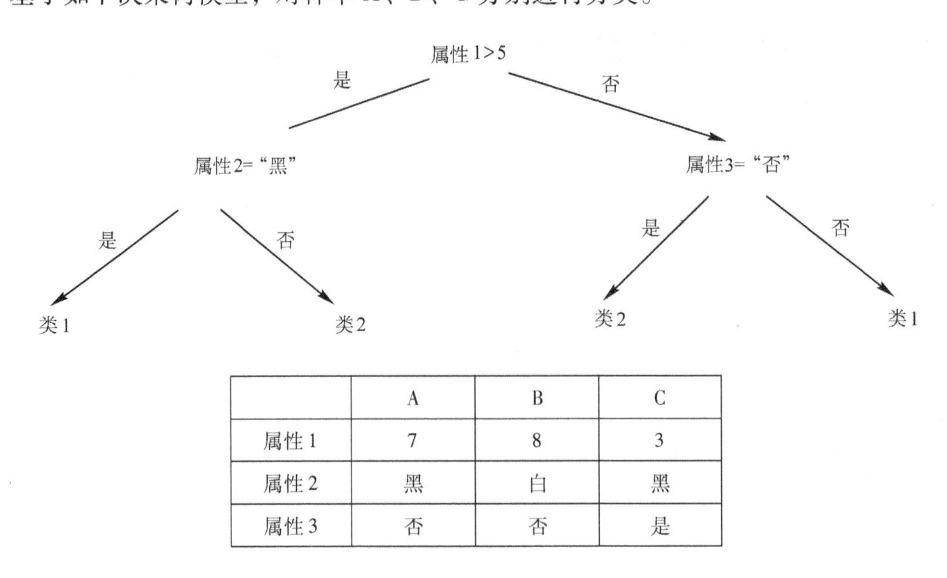

	A	B	C
属性 1	7	8	3
属性 2	黑	白	黑
属性 3	否	否	是

7. 数据挖掘中通常的发现任务有哪些？
8. 运用 Apriori 算法，获得以下一个简单数据库的频繁项集，其最小支持度为 2。

TID	项 ID 的列表
T 001	$I1$，$I3$，$I4$
T 002	$I2$，$I3$，$I5$
T 003	$I1$，$I2$，$I3$，$I5$
T 004	$I2$，$I5$

9. 利用上题最后产生的频繁项集 L，假设置信度为 80%，获得其产生的关联规则。
10. 所有被发掘的关联规则都是有意义的吗？试用反例讨论说明。
11. 对数据校正进行描述。
12. 数据协调的主要思想是什么？
13. 对数据融合进行概括。

第10章　智能控制的进一步发展：自适应与学习控制

自动控制的目的在于克服被控对象或环境的不确定性，部分代替人的体力和脑力劳动。反馈控制原理在一定范围内能较好地处理不确定性问题，但对于复杂的和具有很大不确定性的对象，就要求控制系统能调整自身的结构和参数以适应这种变化。因而发展了自适应控制（Adaptive Control）、模糊控制（Fuzzy Control）、神经网络控制（Neural Network Based Control）、基于知识的控制（Knowledge Based Control）或专家系统控制（Expert Control）、复合智能控制（Hybrid Intelligent Control）、学习控制（Learning Control）和基于进化机制的控制（Evolutionary Mechanism Based Control）等高级控制系统。其中，模糊控制、神经网络控制、专家系统控制等已经在本书前几章中介绍，本章将进一步为读者介绍自适应控制和学习控制，并在最后的总结中对两者进行比较以便读者更好地了解两者各自的优缺点。

10.1　自适应控制

要成功地设计一个性能良好的控制系统，不论是通常的反馈控制系统或是最优控制系统，都要掌握被控过程的数学模型。然而，实际上有一些被控对象或过程的数学模型难以确定，或者它们的数学模型存在时变不确定特性。对于这类对象，使用常规控制往往难以取得良好的控制效果。自适应控制就是为了解决此类问题而发展起来的一种高级控制方法。

在日常生活中，自适应是指生物能改变自身习性以适应新环境的一种特征或能力。因此，直观地讲，自适应控制应该能够通过设定的控制策略来调整系统特性以适应对象动态特性变化和内外界扰动对整个系统的影响。

自适应控制的研究对象是具有一定程度不确定性的系统。这里所说的“不确定性”是指描述被控对象及其环境的数学模型不是完全确定的，其中包含一些时变因素、未知因素和随机因素。

任何一个实际系统都具有不同程度的不确定性，这些不确定性有时表现在系统内部，有时表现在系统外部。从系统内部来讲，设计者事先并不一定能准确知道描述被控对象的数学模型的结构和参数。作为外部环境对系统的影响，一般可以等效地用系统扰动来表示。这些扰动通常是不可预测的并且可能是随机的。此外，还有一些测量时产生的不确定因素进入系统。面对客观存在的各种不确定性，如何设计适当的控制策略，使得能够达到某一指定的性能指标并保持最优、近似最优或某种程度的满意，这就是自适应控制所要研究并解决的问题。

10.2 学习控制

学习控制与自适应控制一样，是传统控制技术发展的高级形态，但随着智能控制的兴起和发展，已被看作脱离传统范畴的新技术、新方法，可形成一类独立的智能控制系统。

智能控制的任务也可以这样来表示：要使闭环控制系统在相当广泛的运行条件范围和运行时间范围内保持系统的完善功能和期望性能。而实现这一任务的困难是被控对象和系统的性能目标具有一定的复杂性和不确定性。例如，被控对象通常存在非线性和时变性；有些被控对象的动力学特性往往建模不良，也可能是设计者主观上未能完整表达所致，或者是客观上无法得到对象的合适模型；此外，还有多输入多输出、高阶结构、复杂的性能目标函数、运行条件有约束、测量不完全、部件发生故障等因素。

学习控制的作用是解决由于被控对象的非线性和系统建模不良所造成的不确定性问题，即努力降低这种缺乏必要的先验知识给系统控制带来的困难。

在设计一个工程控制系统时，如果被控对象或过程的先验知识全部是已知的，而且能确定地描述，那么从合适的常规控制到最优控制的各种方法都可利用，求得满意的控制性能；如果被控对象或过程的先验知识是全部或者局部已知的，但只能得到统计的描述（如概率分布、密度函数等），那么就要利用随机设计或统计设计技术来解决控制问题。如果被控对象或过程的先验知识是全部或者局部未知的，这时就谈不上完整的建模，传统的优化控制设计方法就无法进行，甚至常规控制方法也不能简单地使用。

对于先验知识未知的情况，可以采取两种不同的解决方法。一种方法是忽略未知部分的先验知识，或者对这些知识预先猜测而把它们视同已知，这样就可以基于知识“已知”来设计控制，采取保守的控制原则，在相对低效下实现次优的结果；另一种方法是，在运行过程中对未知信息进行估计，基于估计信息采用优化控制方法，如果这种估计能逐渐逼近未知信息的真实情况，那么就可与已知全部先验知识一样，得到满意的优化控制性能。

由于对未知信息的估计逐步改善而导致控制性能的逐步改善，这就是学习控制。

应当指出，学习控制所面临的系统特征在一定环境条件下实际上是确定的，而不是不确定的，只是在于事先并不清楚，但随着过程的进展可以设法弄清楚。换言之，不可知的信息无法学习，学习是对事先未知的规律性知识的学习。

学习这一概念在日常生活中使用极其广泛，非常通俗，目前没有公认的统一定义。人们从不同的学科角度、不同的理解层次来表述学习、学习控制和学习控制系统。

从物种随时间变异的现象给出了学习的最一般的定义：具有生存能力的动物，使那些在它的个体的一生中，能被它所经历的环境所改造的动物；一个能繁殖的动物，至少能够产生与它自己大略相似的动物，虽然这种动物不会完全相似，且随时间推移不再发生变化。如果这种变化是自我可遗传的，则就有了一种能受自然选择的原料；如果这种变化是以某种行为形式显示出来的，则只要该行为不是有害的，则这种变化就会一代代地继续下去。这种从一代到下一代的变化形式就称为种族学习或系统发育学习，而特定个体中发生的行为变化或行为学习，就称为个体发育学习。

Shannon 对于学习的定义考虑了所有可能的个体发育学习中的一个子集：假定一个有机体或一台机器处于某类环境中，或者同该类环境有联系；而且假定存在一个对该环境是“成功”的量度或“自适应”的量度；进一步假定，这种量度在时间上是比较局部的量度，即人们能在比该有机体生命期更短的时间内，测定这个成功的量度。如果对于所考虑的这类环境，这种局部的成功量度有随时间而改善的趋向，就可以说，相对于所选择的成功量度，该有机体或机器正在为适应这类环境而学习着。

Osgood 从生理学角度表述了学习的定义：所谓学习是指在同类特征的重复情境中，由集体或个体靠自己的自适应性，使自己的行为和在竞争反应中的选择不断地改变、增强。这类选择变异是由个体的经验形成的。

上述定义对学习本质的认识，有助于人们在工程控制系统中研究开发学习功能。

K. S. Fu 详细阐述了学习控制的意义，指出学习控制器的任务是在系统运行中估计未知的信息并基于这种估计的信息确定最优控制，逐步改进系统的性能。

Y. Z. Tsypkin 把系统中的学习一次理解为一种过程，通过重复各种输入信号，并从外部校正该系统，从而使系统对特定输入具有特定响应。而自学习就是不具有外来校正的学习，没有给出关于系统反应正确与否的任何附加信息。

G. N. Saridis 认为，如果一个系统能对一个过程或其环境的未知特征所固有的信息进行学习，并将得到的经验用于进一步估计、分类、决策或控制，从而使系统的品质得到改善，那就称此系统为学习系统。而学习系统将其得到的学习信息用于控制具有未知特征的过程，就成为学习控制系统。

综合上述各种解释，有一种比较完整、规范的学习控制表述是值得推荐的：一个学习控制系统是具有这样一种能力的系统，它能通过与控制对象和环境的闭环交互作用，根据过去获得的经验信息，逐步改进系统自身的未来性能。

这种表述说明了学习控制的一般特点。

1）有一定的自主性，学习控制系统的性能是自我改进的。

2）是一种动态过程，学习控制系统的性能随时间而变，性能的改进在与外界反复作用的过程中进行。

3）有记忆功能，学习控制系统需要积累经验，用以改进其性能。

4）有性能反馈，学习控制系统需要明确其当前性能与某个目标性能之间的差距并施加改进操作。

10.3 学习控制和自适应控制的关系

自适应控制系统能在不确定的环境下进行有条件的决策，是高级控制的开端。随着控制理论和应用的发展，控制问题涉及的范围越来越广，在不确定的、复杂的环境中进行决策，要求控制系统具有更多的智能因素。自学习系统是自适应系统的发展和延伸，它能按照运行过程中的“经验”和“教训”（某种控制对应的效果）不断改进算法（知识），更广泛地模拟高级的推理、决策和模式识别等人类优秀行为和功能。

自适应控制和学习控制都是解决系统不确定性问题的方法，且它们处理不确定性问题都基于在线的参数调整算法，都要使用与环境、对象闭环交互得到的实验信息。但二者对于不确定性问题处理的程度、着重点和目的存在着重要的区别。

自适应控制着眼于瞬时观点，它的目标是针对干扰和动态特性随时间变化的情况，维持某种期望的闭环性能。实际中，当系统的工作点出现变化时，动态特性随时间变化的现象可能是由于非线性引起的。大多数自适应控制的规律一般都不能在较广的范围内把控制作用表示为当前运行状态的函数，因此它的控制器是缺乏记忆的，即使是时不变的非线性特性，而且是以前经历过的特性，它也要重新适应，补偿所有的瞬时变化。进一步，甚至在理想的环境下，每当对象特性变化时，自适应过程的动态特性还会引起期望控制作用的滞后。这就意味着不合适的控制作用也可能持续一段时间。对于时不变的非线性对象特征，不合适的控制作用将可能导致不必要的过渡过程，从而造成控制性能的下降。而对于线性的动态特性，如果变化非常快，仅依靠自适应作用也可能无法维持期望的控制性能。并且自适应控制系统在未知环境下的控制决策是有条件的，因为其控制算法依赖于对被控对象数学模型较精确的辨识，并要求被控对象或环境的参数和结构往往会发生大范围突变。这就要求控制器有较强的适应性、实时性和保持良好的控制品质。这时自适应控制算法将显得过于复杂，计算量大，并难以满足实时控制和其他控制要求。

相比之下，学习控制要求把过去的经验与过去的控制局势相联系，能针对一定的控制局势来调用适当的经验。学习控制强调记忆，而且记忆的是控制作用表示为运动状态的函数的经验信息。因此，学习控制对于那些单纯依赖于运行状态的对象特性变化具有较快的反应能力。这种情况典型地表现为非线性特性。

从智能控制的观点看，自适应过程与学习过程各具特色，功能互补。自适应过程是用于缓慢的时变特性以及新型的控制局势，而对于非线性严重的问题则往往失效；学习控制适合于建模不良的非线性特性，但不宜用于时变动态特性。为此，有一种看法主张控制系统实际上由三个子系统组成：一个先验的补偿器（常规反馈环），一个自适应环，一个学习环。

参考文献

[1] 郭大蕾. 模糊系统理论及应用［M］. 北京：科学出版社，2021.

[2] 佟绍成，李永明，刘艳军. 非线性系统的自适应模糊控制［M］. 2 版. 北京：科学出版社，2020.

[3] 石辛民，郝整清. 模糊控制及其 MATLAB 仿真［M］. 2 版. 北京：北京交通大学出版社，2018.

[4] 佟绍成，王巍，李元新. 模糊控制系统的设计及稳定性分析［M］. 2 版. 北京：科学出版社，2022.

[5] 曹立佳，王永超，张胜修. 高超声速飞行器模糊控制技术［M］. 北京：国防工业出版社，2018.

[6] 张玉军. 等径双辊倾斜铸轧及其自适应模糊控制方法［M］. 沈阳：东北大学出版社，2018.

[7] 张乐. 基于 T－S 模糊模型的几种模糊系统的稳定性分析与鲁棒可靠控制［M］. 沈阳：东北大学出版社，2014.

[8] 冯泽虎. 模糊控制在交通信号系统中应用的研究［M］. 北京：九州出版社，2017.

[9] 李成栋，易建强，张桂青，等. 知识与数据驱动的二型模糊方法及应用［M］. 北京：科学出版社，2017.

[10] 韦巍. 智能控制技术［M］. 2 版. 北京：机械工业出版社，2016.

[11] 张智海，李冬妮，苏丽颖，等. 制造智能技术基础［M］. 北京：清华大学出版社，2022.

[12] 李国勇，杨丽娟. 神经・模糊・预测控制及其 MATLAB 实现［M］. 3 版. 北京：电子工业出版社，2013.

[13] 段艳杰，吕宜生，张杰，等. 深度学习在控制领域的研究现状与展望［J］. 自动化学报，2016，42（5）：643－654.

[14] GAO C H，JIAN L，LUO S H. Modeling of the Thermal State Change of Blast Furnace Hearth With Support Vector Machines［J］. IEEE Transactions on Industrial Electronics，2012，59（2）：1134－1145.

[15] LIU S T，GAO X W，HE H F，et al. Soft sensor modelling of acrolein conversion based on hidden Markov model of principle component analysis and fireworks algorithm［J］. The Canadian Journal of Chemical Engineering，2019，97（12）：3052－3062.